1623

Iulio   Ex observationibus Domini Gassendi

Die 26 H 13   ☉ distabam a limiti humoro ♂ ♃ 6 . 53 ʒ   Ioui   ♂'
      Ad Australiori ♃ Borea partearum 13   33   13 21 ♏ 6 37 ½
      Tabula Ricciolana Danisonda dant   13 28 ♏ 5 28   Aust

                  Differentia   7'   1 . 9

Die 28 H 13   ☉ ♃ a sinistro ♃ ♂   6   25 ʒ 12 ♏ 6   31   Aust
      ab austral 2 ♃ borea   12   145 ʒ
        partearum
      Tabula praefata dant   13 28   5 . 8

                  Differentia   7'   1 . 29

Die 30 H 12½   ☉ ♃ ab iisdem stellis   5   40 ʒ 12 4 ♏ 6 26   Aust
                       11   47 ʒ   6 —
      Tabula supra dicta dant sic agit   12 . 5

Augusto   Differentia   1

Die 5 H 12½   ☉ ab iisdem stellis   4   42 ʒ   11 . 4   6 . 11   Aust
                       10   1975 ʒ
      praefata tabula dant   11 . 4

Die 6 H 14   ☉ ab iisdem stellis   4   26 ʒ 10 48½ 6 . 6½
                       10   315 ʒ
      Tabula supra prememorata   10 48½

Die 18 H 11   ☉ ab iisdem stellis   2   486 ʒ   7 47 ♏ 5 . 55
                       7   435 ʒ
      ♃ tabulis supra dictis   7 4739 ʒ 5 48
                  Differentia   39'   7

Die 19 H 11   ☉ ab iisdem stellis   2   28 ʒ   7 33 ♏ 5 . 54   Aust
                       7   315 ʒ
      Tabula praedicta

Die 20 H 11   ☉ ab iisdem stellis   2   24 ʒ   7 10 ♏ 5 . 54
                       7   135 ʒ
      Tabula praedicta

Die 26 H 10½   ☉ ab iisdem   2   32 ʒ   6 17 ♏ 5 . 54
                       6   285 ʒ
      Tabula praefata

Die 27 H 10½   ☉ ab iisdem stellis   2   30 ʒ   6 11 ♏ 5 48   Aust
                       6   205 ʒ
      Tabula praedicta

3

NOVVELLE THEORIE DES PLANETES.

Conforme aux Obſeruations de Ptolomée, Copernic, Tycho, Lansberge, & autres excellens Aſtronomes, tant anciens que modernes.

AVEC

LES TABLES RICHELIENNES ET PARISIENNES,

exactement calculées ;

Par leſquelles on pourra tres-facilement trouuer le vray lieu des Planetes & des Eſtoiles fixes ; & auſſi calculer les Ecliſpſes du Soleil & de la Lune, & tout ce qui dépend de l'Aſtronomie, à quelque temps que ce ſoit.

Dédié à Monſeigneur l'Eminentiſſime

CARDINAL DVC DE RICHELIEV.

Par N. DVRRET, Profeſſeur és ſciences Mathematiques.

Ne extra hanc Bibliothecam efferatur. Ex obedientiâ.

A PARIS,

Chez Gervais Alliot, au Palais, prés la Chapelle ſainct Michel.

M. DC. XXXV.

AVEC PRIVILEGE DV ROY.

A
MONSEIGNEVR
L'EMINENTISSIME
CARDINAL DVC
DE RICHELIEV.

MONSEIGNEVR,

*Tant de grands personnages ont pris plaisir,
beaucoup trauaillé, & infiniment dépensé pour cognoistre & faire voir au public l'excellence & vtilité des Mathematiques; Ptolomée Alexandrin en-
uoya aux principaux lieux du monde les plus expers, pour obseruer le temps auquel arriuoient les
Eclipses qu'il auoit predit, & par ce moyen prendre
des fondemens pour iustement asseoir chaque ville au
lieu de son éleuation: de là est venuë la cognoissance*

A ij

EPISTRE.

de la Geographie & Hydrographie. Alphonse X.
Roy de Castille & d'Espagne, restaura l'Astronomie lors peu recherchée, & fit auec grands frais
dresser les Tables des Mouuemens Celestes, qui se
nomment, Tabulæ Alphonsinæ: L'Empereur Rudolphe a fait construire par Kepler son principal
Mathematicien les Tables intitulées, Tabulæ Rudolphinæ, fondées sur les obseruations de Tycho
Brahe Seigneur Danois.

    Et voyant que les François negligeoient de prendre
part à cette gloire, afin de leur en faire naistre l'enuie,
il y a quelques années qu'à l'imitation de Magin, ie
pris resolution d'y trauailler, faisant sur Lansberge
ce qu'iceluy Magin a fait sur Copernic, & dresser vne
nouuelle Theorie des Planetes, auec des Tables
Astronomiques, calculées pour le Meridien de Paris ville capitale de ce Royaume, Oeuure fort desirée
de ceux qui prennent plaisir en l'Astronomie, Geographie, & Hydrographie, desquelles ils receuront
vn grand soulagement, d'autant qu'ils estoient contraints se seruir des Tables estrangeres, & reduire
nostre Meridien à celuy de leur païs, qui oblige à
plusieurs operations beaucoup de peine & perte de
temps: Mais ayant trouué ce trauail plus long que
ie ne m'estois proposé, & qu'il m'ostoit celuy d'en-
seigner, ie l'auois delaissé, & fust demeuré impar-
fait, si ie n'eusse esté aduerty que Vostre Eminence
blasmoit les François de leur peu de curiosité pour ce

ſujet. *L'aſſeurance que l'on m'en a donné m'a fait reprendre courage, & abandonner tout pour eſſayer de faire quelque choſe qui vous agrée. A quoy i'ay tellement trauaillé que l'œuure eſt à preſent en eſtat de paroiſtre en public, qui en ſera grandement ſoulagé, le calcul des Mouuemens Celeſtes eſtant rendu plus prompt, la Theorie, les Preceptes, & l'vſage des Tables en meilleur ordre, & en noſtre langue. Mais comme les Autheurs des precedentes Tables leur ont donné leur nom, ou celuy de leur demeure; Celles-cy plus ambitieuſes, ont deſiré l'vn & l'autre: de ſorte que puis que c'eſt Voſtre Eminence qui leur donne l'eſtre, & fait voir le iour, apres vn trauail de neuf ans, & que Paris eſt le lieu de leur naiſſance, elles ſupplient tres humblement Voſtre Eminence d'excuſer la liberté qu'elles prennent de ſe vouloir faire cognoiſtre & porter le nom de* TABLES RICHELIENNES ET PARISIENNES. *C'eſt choſe qui n'a eſté deſagreable aux Empereurs, & aux Rois, & qui apprendra à la France, ſi elles luy apportent quelque contentement, que c'eſt à Voſtre Eminence à qui elle en ſera redeuable, & qu'outre ſes continuels trauaux qu'elle pren pour la grandeur, le bien & le repos de cet Eſtat, elle a encor le ſoin des moindres choſes qui peuuent tourner à ſa gloire; L'aſſeurance que des perſonnes de qualité m'ont donné que vous les receuriez auec vos faueurs ordinaires, & que deſirez que ie trauaille en la compoſition des*

EPISTRE.

Ephemerides, me fait finir celle-cy, pour obeïr à vos commandemens, priant Dieu qu'il luy plaise augmenter la santé de Vostre Eminence, la conseruer longues années, auec l'accomplissement de vos saints desirs, estant,

MONSEIGNEVR,

Vostre tres-humble, tres-obeïssant &
tres-affectionné seruiteur,

N. DVRRET.

PREFACE

AV LECTEVR,

Sur l'origine & certitude des Tables Astronomiques.

ES premiers Astronomes ne colligeoient pas les mouuemens des Astres par les Tables, comme on fait maintenant ; ils les obseruoient tousiours au Ciel, ainsi que rapporte Ptolomée en son Almageste ; mais Hipparche enuiron 140. deuant nostre Seigneur Iesus-Christ, voyant que cela estoit trop laborieux & incommode, il s'adonna long-temps aux obseruations du Soleil & de la Lune, & dressa le premier des Tables des moyens mouuemens du Soleil & de la Lune seulement, où il reussit assez bien ; mais il ne peut faire le mesme aux autres Planetes, d'autant que les hypotheses de ses antecesseurs Astronomes n'estoient pas conformes à celles

B.

PREFACE

de son temps ; joint aussi qu'il estoit destitué de
bonnes & exactes obseruations. Ses Tables eurent cours l'espace de 285. ans, iusques au temps
de Ptolomée Alexandrin Prince de l'Astronomie, lequel composa des Tables, tant pour les
Planetes, que pour les Estoiles fixes, enuiron
l'an 120. aprés la Natiuité de Iesus-Christ, lesquelles ont esté en vsage iusques à 880. Et lors
en Syrie florissoit Albategne Arabe, lequel par
frequentes obseruations descouurit le premier
que les Tables de Ptolomée n'estoient plus conformes aux obseruations celestes, & principalement pour le Soleil & la Lune, & les Estoiles
fixes, & en composa d'autres qui eurent cours
presque l'espace de deux siecles, iusqu'au temps
d'Arzaël, qui descouurit par ses obseruations
que le mouuement du Soleil ne correspondoit
pas du tout à ses obseruations. Car Albategne
mettoit l'Apogée du Soleil au 22. de Gemini, &
Arzaël 190. aprés Albategne, démonstra par 402.
obseruations celestes que l'Apogée du Soleil
estoit seulement au 17. de Gemini, qui est vne
difference intolerable en l'Astronomie. En aprés
Dieu par sa prouidence & bonté voyant que
l'Astronomie n'estoit plus cultiuée comme auparauant, & alloit comme en decadence, suscita
Alphonse X. Roy de Castille & d'Espagne, lequel fit assembler de toutes parts les plus experts

Aftronomes, & par l'ayde d'iceux fit conftruire
à Tolete des nouuelles Tables de tous les mouuemens celeftes l'an 1251. où il employa (à ce que
l'on tient) 400000. efcus pour la conftruction
d'icelles, lefquelles furent nommées pour eter-
nelle memoire, *Tabulæ Alphonfinæ*, elles furent
fort eftimées par toute la Chreftienté l'efpace de
200. ans, iufques à l'an 1460. que Purbachius &
Regiomontanus, celebres Mathematiciens en
Alemagne, lefquels s'adonnans iournellement à
obferuer les mouuemens des Aftres, apperceu-
rent de l'erreur aux Tables Alphonfines. I. Regiomontanus auoit entrepris de les corriger,
mais la mort luy rompit fon deffein : Et quelques années aprés la mort de Regiomontanus,
Nicolas Copernic, homme ingenieux & fubtil,
voyant auffi que les Tables d'Alphonfe n'e-
ftoient pas conformes aux obferuations celeftes, & de plus qu'il s'enfuiuoit de l'abfurdité
en fes hypothefes (pofant la 8e Sphere eftre
meuë par la 9e en l'efpace de 49000. ans, par vn
mouuement propre de trepidation, qui fe fai-
foit d'Occident en Orient fur deux petits cercles égaux defcrits en la concauité de la 9e Sphere, vers les commencemens d'Aries & de Libra
de la mefme 9e Sphere, les demidiametres defquels cercles contenoient chacun 9 degrez, ce
qui repugne aux obferuations des Aftronomes)

PREFACE

il compofa vne nouuelle Aftronomie enuiron
l'an 1520. felon les obferuations de tous les excellens Aftronomes, faites en diuers temps, & vne
hypothefe auffi nouuelle, tenant la terre mobile,
auec des Tables compendieufes, lefquelles Rhe-
noldhus rendit plus parfaites & accomplies, qui
furent intitulees *Tabula Prutenica*, & apres luy
Magin les compila & reduit encor plus faciles au
calcul ; elles ont eu cours prés de cent ans, iufques au temps de Ticho Brahé Seigneur Danois :
lequel apres auoir fait vne grande quantité d'obferuations auec de grands & amples inftrumens
exactement diuifez, a recognu que les Tables
Pruteniques n'eftoient pas conformes à fes
obferuations Celeftes, cela luy a donné fuiet de
reformer les hypothefes & periodes des mouuemens Celeftes de Copernic, & felon fes obferuations a dreffé des Tables pour le mouuement du
Soleil & de la Lune, comme auffi des Eftoilles
fixes, lefquelles ont efté mifes en lumiere ; mais
celles des autres Planetes n'ont point veu le iour.
Il auoit bien deliberé lors qu'il alla en Boheme
de les faire imprimer : mais la mort trop foudai-
ne l'en empefcha, & cependant Longomontanus, *In Aftron. Danica*, dreffa fes Tables Aftronomiques, prefque conformes à celles d'iceluy
Tycho. Et apres fa mort le docte Kepler Mathematicien de l'Empereur Rudolphe, entreprit

la compofition des Tables de tous les mouuemens Celeftes, felon les obferuations de Tycho,
qui furent intitulees *Tabulæ Rudolphinæ*, mais elles ne fe trouuent pas du tout conformes aux
obferuations Celeftes, comme luy-mefme con-
feffe que les lieux des Planetes que Ptolomee a
obferué, different de ceux qui fe trouuent par le
calcul de fes Tables d'vn deg. 3. minutes, & de
plus les Eclipfes des luminaires n'aduiennent pas
iuftement au temps marqué par les Ephemerides
qu'il a fuppofé felon fes Tables. Voyant donc
la difconuenance qu'il y auoit entre les Tables
Rudolphines, & les obferuations des Aftronomes, laquelle eftoit encore plus grande en celles
des precedens Auteurs : Cela ma occafionné de
prendre les periodes des mouuemens Celeftes,
que Lansberge tres-docte & tres-experimenté
en l'Aftronomie a reformé (retenant toufiours
l'ancienne & commune hypothefe de l'immobilité de la terre) apres auoir fait grande quantité
d'obferuations l'efpace de plus de 30. ans, & con-
feré les obferuations de Tycho, auec fes hypothefes & periodes des mouuemens Celeftes, &
de plufieurs autres Aftronomes, tant anciens que
modernes, comme on peut voir en fon trefor
des obferuations Aftron. & apres a compofé
auec grande induftrie vne Theorie des Planetes,
& dreffé des Tables des mouuemens Celeftes,

où il a heureusement reüssi, estant entierement
conformes à ses obseruations, & à celles de tous
les excellens Astronomes : Mais considerant
qu'il auoit approprié ses Theories à l'hypothese
de Copernic, i'ay trouué à propos de les changer,
& les ay renduës conformes à l'immobilité de la
terre, auec vne demonstration à chaque Theorie ; & des Exemples où i'ay estimé estre besoin:
i'ay enseigné vne maniere fort facile pour calculer la longitude & latitude des Planetes, comme
aussi les Eclipses des deux luminaires par la doctrine des Triangles, & voyant encore que le calcul des Tables de Lansberge se faisoit par les sexagenes, & qu'il falloit reduire le temps donné
en sexagenes de temps, ce qui est ennuyeux, &
long à ceux qui ne sont pas prompts au calcul,
i'ay compilé & reduit ces Tables en telle maniere
qu'on aura plus expedié de calcul en vne heure,
qu'en deux auec les siennes, ou de quelque autre
Auteur que ce soit. I'en ay dressé de deux sortes,
les premieres sont perpetuelles, & les autres
pour 150. ans seulement, commençant à l'an
1550. & finissant à 1700. où les Racines de tous
les moyens mouuemens des Planetes & des
Estoiles fixes, sont calculées au Meridien de Paris d'vn an à l'autre, auec vne Table de la Prostapherese ou Equation des Equinoxes, aussi calculée pour 150. ans, ce qui soulagera beaucoup

ceux qui se delectent en l'Astronomie, & d'autant qu'on baille ordinairement à ces Tables Astronomiques la denomination ou du chef de Royaume ou Empire, comme les Tables Rudolphines du nom de l'Empereur Rudolphe, ou du nom du païs, comme les Tables Pruteniques, ou de la ville capitale, comme les Tables d'Anuers, I'ay trouué à propos de nommer ces Tables icy (apres celuy de Monseignevr l'Eminentissime Cardinal Dvc de Richeliev) du nom de la ville de Paris, estant la capitale de la France, & la plus celebre & renommee de toute l'Europe: laquelle ne doit manquer d'aucune chose qui concerne les sciences, & principalement pour l'Astronomie, qui est la plus noble & diuine partie des Mathematiques, ayant pour son subiet le Ciel, qui est (comme dit le Prophete Royal Dauid) l'œuure par laquelle on admire la gloire de Dieu, laquelle se manifeste par tesmoignages & grands argumens : Car premierement elle se manifeste par sa puissance, ayant suspendu vn si grand & spatieux corps, comme est la terre, sans l'ayde & appuy d'aucuns instrumens en l'air au milieu de ce grand & vaste firmament. La grandeur de Dieu se recognoist aussi par sa sapience en l'incomparable varieté, vertu & operation des Astres, & en la parfaite harmonie qu'il y a entr'eux : Car combien qu'il y ait plusieurs

efpeces d'eftoilles; neantmoins chacune eft diftante de l'autre d'vn certain interualle, & leurs
periodes & mouuemens tellement reglez & determinez, que l'vn ne contrarie pas l'autre : elle
fe manifefte encore par fa bonté & benignité,
ayant creé tout cela pour le bien de l'vniuers.
Que fi on tire la dignité des fciences de l'excellence de leur fubiet (comme l'enfeigne Arifto-
te) le Ciel eftant le fubiet de l'Aftronomie eft le
premier, & par confequent le plus digne : puis
que c'eft vne circonference qui en fa perfection
comprend toutes chofes. Et quand à fon vtilité,
il n'y a perfonne qui doute que la cognoiffan-
ce des mouuemens Celeftes ne foit grandement neceffaire & vtille à la vie humaine;
Car delaiffant toutes fes autres vtilitez, la diftin-
ction du temps, & principallement la iufte
defcription de l'an fe collige de la raifon des
mouuemens celeftes; elle apporte vne grande
vtilité aux autres fciences : car fans la cognoif-
fance d'icelle on ne peut parfaitement entendre
la Philofophie, la Medecine, l'Hiftoire, la Geographie & l'Hydrographie, ny mefmes plufieurs
arts, tant liberaux, que Mechaniques. Bref il n'y
a rien de plus agreable à l'homme, que de co-
gnoiftre la nature, la fcituation, l'ordre, le nombre, le mouuement & la grandeur des parties du
monde, ny de plus delectable que d'entendre
les

les affections & apparences des corps celestes
Car par ce moyen la vie de l'homme s'immorta-
lise & s'approche de la Diuinité. Il est vray que
ces speculations icy ne font pas accroistre le
reuenu à certaines personnes auares, qui ne ten-
dent qu'à s'agrandir par les richesses, mesprisant
les sciences & ceux qui en font profession : mais
les sciences speculatiues, comme font les Mathematiques, ne visent point au gain; ains leur
effet principal est d'embellir la plus noble partie
de l'homme, qui est l'entendement, par la cognoissance d'vne certaine & infaillible verité.
Or afin de faire voir à vn instant la certitude &
conformité des Tables Astronomiques de Lansberge, & par consequent des Richeliennes &
Parisiennes, i'ay extraict des obseruations faites
par tous les excellens Astronomes depuis le
temps d'Eratosthene iusques à present, la Table
suiuante, en laquelle font specifiez les Auteurs
vis-à-vis du nombre des Obseruations.

C

TABLE DES OBSERVATIONS

Astronomiques, ausquelles le calcul des Tables Richeliennes & Parisiennes est conforme.

E la distance des Tropiques. 9 *Eratosthenes, Ptolomée, &c.*

Des Equinoxes du printemps. 6 *Hipparchus, Ptolom. &c.*

Des Equinoxes d'Automne. 6 *Hippar. Ptolom. &c.*

Des solstices d'Esté. 3 *Euctemon.*

Des Eclipses de la Lune. 38 *Albategnius, Purbach. Regiom. Copernic, Tycho, &c.*

Des quadratures du Soleil & de la Lune ausquelles aduient la plus grande inegalité de la Lune. 4 *Hipp. Ptol. Lansb.*

Des semiquadratures du Soleil & de la Lune. 2 *Hipparchus.*

Des semidiametres de la Lune, de l'Ombre & du Soleil. 11 *Keplerus, Lansb. Clau.*

Des parallaxes de la Lune au cercle de hauteur. 11 *Lansb.*

Des Eclipses du Soleil. 21 *Clauius, Tycho, Gemma, Iessen, Mœst. Kepler, Tycho, Long. Iœstel, Longom. Gassend. [Copernic.*

De l'abbord & rencontre de la Lune aux Estoilles fixes, sçauoir aux Pleiades, à Aldebaran, Regulus & à l'Espic de la Vierge. 15 *Tymochar. Agripp &c. VValter.*

Et à vingt-cinq autres. 25 *Hortensius, Menelaus, Tycho, &c.*

Des cinq Planetes en longitude, & premierement de ♄ 5 *Ptol. Tycho, Lansb. Hort.*

De ♃. 6 *Ptol. VValter, Tycho.*

De ♂. 7 *Ptol. Regiomontanus, Tycho.*

De ♄ & ♂, & de la ☽ & ♂ 2 *VValterius, Hortens.*

De ☿ 7 *Tymoch. VValt. Mastlin.*

De ☿ & de la ☽, & de ☿ & ♂. 4 *Copern. Hortens.*

De ☿ 7 & de ☿ & ♄ 1. sont 8 *Hipparchus, Ptol. VValt.*

De ♃ & ♂. 2 *Tycho, Hortens. &c.*

Somme des Obseruations 184.

DEMONSTRATION
de la certitude des Tables Richeliennes & Parisiennes.

LEs Tables Aftron. les plus certaines & exactes font celles dont le calcul eft conforme aux obferuations Celeftes, faites en toutes fortes de fiecles, comme de celuy d'Eratofthene, Tymochare, Hipparche, Ptol. Albategne, &c. iufques au noftre : Car les obferuations Aftronomiques font comme les principes & fondemens fur lefquels font appuyees les demonftrations de l'Aftronomie.

Or le calcul fait par les Tables Rich. & Par. eft entierement conforme à toutes les obferuations des Auteurs contenus en la Table precedente.

Donc les Tables Aftron. Rich. & Par. font les plus certaines & exactes de toutes celles qui ont precedé.

Par exemple, Albategne obferua le lieu du Soleil l'an 882. le 18. iour de Septembre en la fection d'Automne, auquel temps le calcul des Tables Rich. & Par. eft du tout conforme, comme il appert au 3. exemple du 5. ch. de la Theorie des Planetes. Les Tables Pruteniques mettent cet Equinoxe à 23. heures 40. min. les Tychoniennes & Rudolphines à 3. heures 55. apres midy du iour fuiuant, tellement qu'en celles-là il y a erreur de 10. heures 16. min. & en celles-cy de 14. heures 36. min. qui eft vn erreur trop notable.

Extraict du Priuilege du Roy.

PAr grace & Priuilege du Roy, il est permis à NOEL DVRRET Professeur és sciences Mathematiques, de faire imprimer par tel Libraire & Imprimeur qu'il voudra choisir, vn liure par luy composé & intitulé, Nouuelle Theorie des Planetes, conforme aux Obseruations de Ptolomée, Copernic, Tycho, Lansberge, & autres excellens Astronomes, tant anciens que modernes ; Auec les Tables Richeliennes & Parisiennes, exactement calculées. Auec defenses à tous Libraires, Imprimeurs & autres, de l'imprimer, faire imprimer ny exposer en vente pendant le terme de neuf ans, à commencer du iour qu'il sera acheué d'imprimer, que du consentement dudit DVRRET, à peine aux contreuenans de trois mil liures d'amende, de confiscation des liures contrefaits, & de tous despens, dommages & interests, ainsi que plus amplement est contenu és lettres dudit Priuilege, données à Paris le 1. iour d'Aoust 1635. Par le Roy en son Conseil,

Signé,   RENOVARD.

Ledit sieur DVRRET a cedé son Priuilege au sieur GERVAIS ALLIOT, Marchand Libraire à Paris, pour en iouyr suiuant ce qui a esté conuenu & arresté entre eux le 3. iour d'Aoust 1635.

Obmissions suruenuës en l'impression.

Pour trouuer le Nœud Ascendant de la Lune, appellé la Teste du Dragon.

Cecy se doit mettre à la fin du 8. ch. ap. page 21.

ADiouste au vray mouuement de la latitude de la Lune depuis le limite Boreal 1. sex. & 30. deg. & viendra le vray lieu de la latitude de la Lune depuis le Nœud Ascendant, lequel estant osté du vray mouuement de la Lune, le reste sera le vray lieu de la Teste du Dragon, & la Queuë d'iceluy est tousiours en son opposite.

Exemple. Le vray mouuement de la latitude de l'Exemple precedent a esté trouué 2 sex. 56 deg. 55 min. à quoy adjoustant 1 sex. 30 deg. il vient 4 sex. 26 deg. 55 min. pour le vray mouuement de la latitude de la Lune depuis le Nœud Ascendant, lequel estant osté du vray mouuement de la Lune 1 sex. 27 deg. 12 min. le reste est 3 sex. 0 deg. 17 min. pour le vray lieu de la Teste du Dragon, c'est à sçauoir 0 deg. 17 min. de Libra, & partant la Queuë du Dragon à 0 deg. 17 minut. d'Aries.

Cecy se doit mettre à la fin de la Table de la Prostaph. de la longitude de Mars aux Acroniches, pag. 59.

Nota. Quand le lieu apparent de Mars se trouue en Leo depuis le sixiéme degré, iusques à la fin de Virgo, il faut oster (du calcul d'iceluy) 9 minutes, au commencement de Scorpio 12 minutes, & au commencement du Sagittaire 8.

PRE-

PREMIERE PARTIE
DE
LA THEORIE
DES PLANETES.

CHAPITRE PREMIER.

Definition & diuision de l'Astronomie.

'ASTRONOMIE eſt vne ſcience, qui recherche & explique les mouuemens des corps Celeſtes. Elle eſt l'ame de la Geographie & de l'Hydrographie : Car la cognoiſſance des Climats & Paralelles, comme auſſi de la longitude & latitude des lieux, &c. qui ſont les principaux fondemens, tant de la Geographie que de l'Hydrographie, ſe prend de l'Aſtronomie. Elle contient deux parties principales.

LA PREMIERE eſt la doctrine de la Sphere ou du premier mobile ; d'autant qu'en la Sphere materielle côme image & repreſentation du premier mobile, elle examine & donne les raiſons du premier mouuement où l'on conſidere les Aſcenſions & Deſcenſions des ſignes, tant en la Sphere droicte, qu'en l'oblique ; le leuer & coucher des Eſtoilles, la diuerſité des Climats & Paralelles, la varieté des iours & des nuicts artificiels, & pluſieurs autres choſes qui en dependent.

Aa

LA SECONDE eſt la Theorie des Planetes , laquelle comme image & repreſentation du ſecond mobile monſtre & expoſe les cauſes des apparences du ſecond mouuement, où l'on conſidere les Phenomenes ou apparéces, les diuers Cours, Anomalies, les periodes des mouuemens Celeſtes, & toutes les paſſions & affections des Planetes.

La raiſon de ces deux parties principales eſt que les mouuemens Celeſtes s'apperçoiuent en deux manieres , l'vne par laquelle nous voyons que toute la machine des Cieux eſt portée d'Orient en Occident en 24. heures , & l'autre par laquelle tous les orbes Celeſtes qui ſont deſſous le premier mobile ſont portez par vn mouuement contraire d'Occident en Orient. Ptolomée explique la premiere partie és deux premiers liures de ſon Almageſte, & l'autre és liures ſuiuants.

Les principes ſur leſquels eſt fondée cette ſcience, ſont les Obſeruations, les Hypotheſes, la Geometrie & l'Arithmetique. Car premierement les Aſtronomes ont auec vn labeur & eſtude continuel recherché les mouuemés Celeſtes, par le moyen de certaines organes & inſtrumens preparez à grãds fraiz, puis ont enuoyé par eſcrit ſoigneuſemét leurs obſeruations aux plus curieux & experts en l'Aſtronomie, afin que par l'ayde d'icelles elle fuſt mieux perfectionnée: les principaux obſeruateurs ſont *Euctemon, Timochare, Eratoſthene, Hipparche, Ptolomée, Albategnius, Arzahel, Almeõ, Prophatius Iuif, Purbachius, Regiomõtanus, Copernicus, Tycho Brahe & Lansberge.* Et apres auoir obſerué les mouuemens & periodes des Aſtres , ils ont feint les hypotheſes, qui ſont certaines ſuppoſitions des Aſtronomes , par leſquelles ils rendent raiſon de toutes les choſes qui nous apparoiſſent ordinairement à cauſe du mouuemẽt des Cieux, imitant tant qu'il ſe peut leurs cours: Car ayant conſideré la varieté des obſeruations & la conuenance qu'il y auoit en quelques-vnes, les Aſtronomes ont taſché de penetrer aux cauſes , pourquoy les eſpeces apparoiſſent à nos yeux bien eſloignées de la verité , & ces eſpeces ſont appellées par les Aſtronomes Phenomenes. Et comme les eſprits ſont diuers , ainſi ils ſçauent pluſieurs diuerſitez des apparences par quelque forme ou figure vray ſemblable des mouuemens Celeſtes , & ſe faict que par l'excogitation de telles formes de mouuemens , l'vn approche plus prés que l'autre de la nature meſme des choſes, ce qui cauſe les diuerſes hypotheſes qu'on voit

en ce siecle, comme celles de Copernicus, Tycho Brahe, Keplerus, Longomontanus, Lansberge. La Geometrie adiouste les demonstrations lineaires aux hypotheses, & monstre qu'elles conuiennent auec les apparences.

L'Arithmetique determine par nombres chaque chose demon-
strée, & mesure les mouuemens Annuels, Diurnes, les periodes &
temps des mouuemens. Platon appelloit ces deux sciences les aisles
de l'Astronomie, disant qu'il estoit esleué au Ciel par icelles.

Parquoy le commencement de l'Astronomie consiste aux obseruations des mouuemens Celestes.

Le milieu & progrez aux hypotheses.

Et la fin, à la cognoissance des mouuemens pour quelque temps
que ce soit, qui est le seul subiect de la composition des tables perpetuelles des mouuements Celestes, & des Ephemerides.

CHAP. II.

De la Theorie du dixiéme Ciel.

1. E dixiémé Ciel est vn certain mouuement reciproque qui se fait de Septentrion en Midy, & au contraire au colure des Solstices sur les Poles du Zodiaque, selon l'opinion de Lansgraue, Tycho Brahe, &
Lansberge, d'autant que leurs obseruations tesmoignent que les
latitudes des Estoilles fixes depuis le temps de Ptolomée iusques
au nostre ont esté changées de mesme que l'obliquité du Zodiaque.

Ce mouuement est tousiours inégal, quoy qu'il soit composé de
choses égales & circulaires, & pource il est appellé Anomalie de
l'obliquité du Zodiaque.

2. La periode de ce mouuement se fait en 3000. ans Egyptiens
selon Lansberge, lequel la colligé des obseruations des Astronomes depuis Eratostene iusques à luy.

Le mouuement Annuel est 7 min. 11 sec. 59 tier. 59 quart. 59 quint.
35 sext.

Le mouuement Diurne o min. 1 sec. 11 tier. o quart. 49 quint. 19
sext. Le commencement & racine de ce mouuement est la Natiuité de nostre Seigneur Iesus-Christ.

3. Le Diametre de ce mouuemēt contient 22 minutes d'vn degré, qui est la difference entre la plus grande obliquité du Zodiaque, qui est 23 d. 52 m. & la moindre 23 d. 30. m. & partant la moyenne obliquité sera de 23. deg. 41. min.

Il faut obseruer que tant en ce Ciel qu'aux deux suiuans, on y conçoit les mesmes Cercles comme au premier mobile, dont les principaux sont l'Equinoctial, l'Ecliptique & le colure des Solstices, d'autant qu'ils sont en vn mesme plan directement au dessous d'iceluy. Tout cecy s'entēdra plus facilemēt par la Figure suiuante, en laquelle soit A B C D le colure des Solstices, & en iceluy les Poles de l'Equinoctial, F, G, les Poles du Zodiaque H, I, l'Ecliptique B K D L: L'axe d'icelle H EI: l'Equinoctial A K C L: L'axe d'iceluy F E G. Maintenant soit pris dans le colure des Solstices, l'arc M N de telle grandeur qu'est la difference entre la plus grande declinaison ou obliquité du Zodiaque F M, & la moindre F N, sçauoir de 22. minutes d'vn degré, car par cét arc M N l'axe du Zodiaque & auec luy toute la machine des Cieux se meut de c osté & d autre, sçauoir de M par H en N, & derechef de N par H en M; & ce par vn mouuement fort inegal (cōme nous le demonstrerons cy apres,) sçauoir tres-lent & tardif alentour de la plus grande obliquité M, & alentour de la plus petite N. Mais tres viste & prompt aupres de la moyenne obliquité H, comme les obseruations des Astronomes le demonstrent, lesquelles ils ont fait en diuers siecles. Or au milieu de cét Arc N H M, sçauoir H est le Pole du Zodiaque de la moyenne obliquité autour duquel soit décrit le Cercle N O M P de l'Anomalie, passant par N, & par M, & diuisé en quatre parties égale, par les deux diametres M N, O P. Le terme Boreal de ce mouuement sera N & l'Austral M. Maintenant le mouuement inégal ne se peut reduire au calcul, que par le moyen de quelque mouuement égal; Soit donc au Pole de la moyenne obliquité du Zodiaque H, décrit vn petit Cercle ou Epicycle marqué des lettres H T S, duquel le Semidiametre H R contienne cinq minutes & demy, qui est la moitié du Semidiametre de l'Anomalie, & le Diametre H T onze minutes, lequel Diametre H T on conçoit estre meu de M en P, tellement qu'il parcoure toute la circonference M P N O en 3000. ans Egiptiens, & coupe continuellement l'Arc du colure N M, sinon quand le Diametre de l'Epicycle H T s'vnira & conuiendra auec le Semidiametre de l'Anomalie HP, ou HO, & cette section se fait successiuement en tous les points de l'Arc dudit colure par l'Epicycle deux fois en vne entiere reuolution.

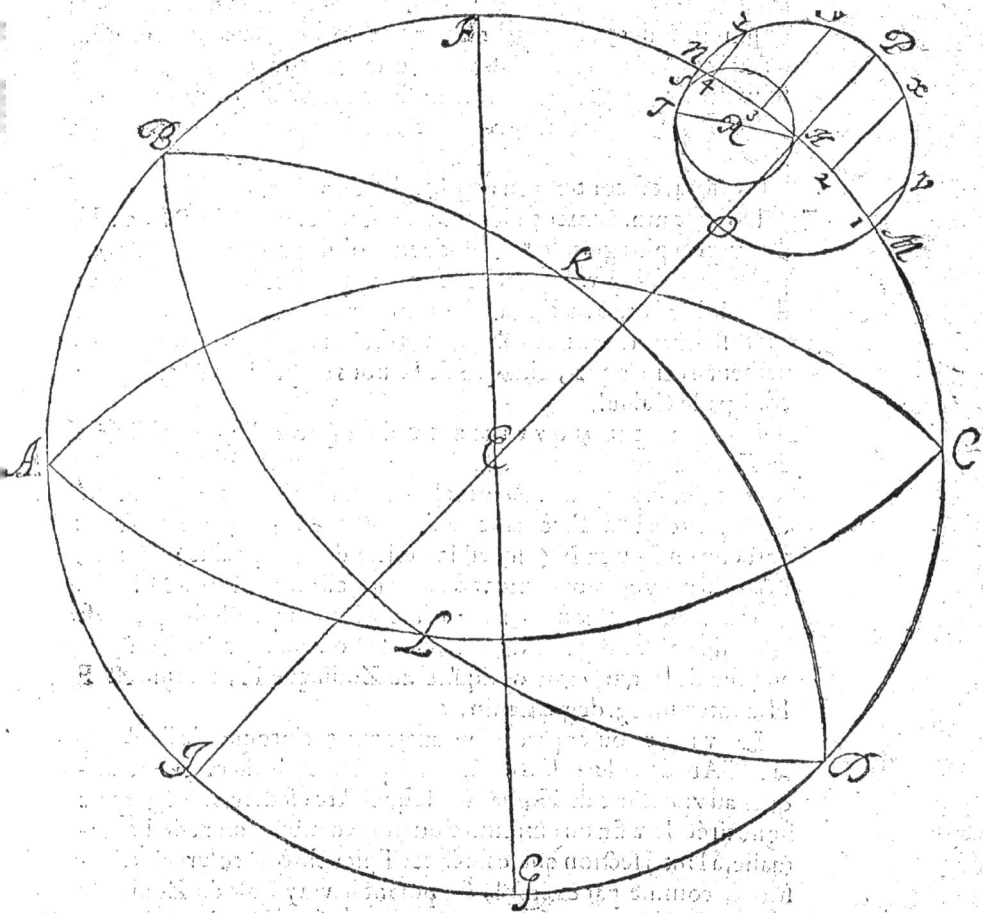

Demonstration de l'irregularité de ce mouuement.

SOient faits les Arcs egaux MV, XP, PY, ZN, sçauoir chacun de 16. degrez; puis soient menees les lignes droites, V

X 2. Y 3. Z 4. lesquelles seront toutes perpendiculaires au Diametre N M ; pource que les Angles qui se font au demy Cercle sont droits par la 31. prop. du 3. Or il est euident que les perpendiculaires, qui comprennêt les Arcs egaux au demy Cercle, coupent de plus grandes portions du Diametre M N au prés du centre H, qu'au prés de l'extremité M ou N, d'autant que X 2, & Y 3. sont sinus droits, & M 1, & N 4, sont sinus versez des mesmes Arcs.

Mais le sinus versé de 16. degrez contient 3874. & le sinus droit 27564.

Or 3874. est contenu en 27564. plus de 7. fois.

Donc le mouuement alentour des extremitez M & N, c'est à dire vers la plus grande & la plus petite obliquité du Zodiaque, est plus que 7. fois plus tardif que le mouuement qui se faict alentour du poinct H, ce qu'il falloit demonstrer.

Il reste maintenant à expliquer les principaux termes de ce mouuement reciproque, afin que de là nous en puissions facilement colliger le Calcul.

Le MOYEN MOVVEMENT de l'Anomalie de l'obliquité du Zodiaque est l'Arc du Cercle de l'Anomalie M P N O, depuis le commencement de l'Anomalie M vers P, iusques au Diametre de l'Epicycle H S T, comme est l'Arc M P T. Que si le point T est paruenu en P ou en N (qui est la moitié de l'Anomalie) ou en O, l'Arc du moyen mouuement de l'Anomalie sera M P ou M P N.

Le MOYEN MOVVEMENT reciproque de l'obliquité est l'Arc du colure des Solstices depuis le Pole du monde F, iusques au Pole de la moyenne obliquité du Zodiaque H, comme est F H, contenant 23. deg. 41. min.

Le VRAY ou apparent mouuement reciproque de l'obliquité est l'Arc du colure des Solstices, depuis le Pole du monde F iusques au vray Pole du Zodiaque, lequel Arc est determiné par vne ligne tirée de la fin ou extremité du moyen mouuement de l'Anomalie, à l'intersection qui se faict de l'Epicycle & le colure des Solstices ; comme par exemple supposant le vray Pole du Zodiaque estre en S, le vray mouuement reciproque sera F S, Que s'il est en M, le vray mouuement sera F M, contenant 23. deg. 52. min. Mais si le vray Pole est en H, le vray mouuement reciproque sera F H, contenant 23. deg. 41. min. qui est la moyenne obliquité.

LA PROSTAPHERESE ou Equation de ce mouuement est la

difference entre le moyen mouuemēt reciproque & le vray, cõm-
me eſt l'Arc du colure HS, laquelle ſe doit adjouſter au moyen
mouuement reciproque la moyenne obliquité 23. deg. 41. minut.
quand le moyen mouuement de l'Anomalie ſera au demy Cercle
O M P, ce qui aduient quād il eſt moindre que 90. degrez, comme
premier quadrant M P, ou plus grand que 270. degrez, comme
quatriéme quadrant O M. Mais quand le moyen mouuement de
l'Anomalie eſt au demy Cercle P N O, ce qui aduient quēd il excede 90. degrez, & moindre toutesfois que 270 (comme en ce tēps
icy) alors il faut ſouſtraire l'Equation du moyen mouuement reciproque de la moyēne obliquité 23. deg. 41. min. pour auoir la vraye
obliquité. Et quand le moyen mouuement de l'Anomalie contient
preciſément 90. deg. (ou 3. ſignes) ou 270. degrez, comme quand
il eſt en P ou en O, alors la vraye obliquité ne differe en rien de la
moyenne; parquoy il ne faut rien adjouſter ou ſouſtraire de la
moyenne obliquité: & voila tous les termes neceſſaires à la Theorie de ce dixiéme Ciel, par le moyen deſquels on pourra facilemēt
trouuer à quelque temps que ce ſoit donné, la quantité de l'Equation; d'autant que le Semidiametre du Cercle de l'Anomalie N H,
ou M H eſt cogneu, eſtant la moitié du Diametre N M, contenant
onze minutes, qui eſt égal à l'hypotenuſe T H, du triangle rectāgle
H S T où l'angle S T H eſt auſſi cogneu, eſtant le complement de
270. degr. parquoy le coſté S H ſera cogneu par la 7. propoſition
du 3. liure des triangles de Lānsbergius, lequel coſté S H eſtant
oſté de 11. minut. il reſte N S, lequel eſtant adiouſté à F N 23. degr.
30. min. le produit F S monſtre la vraye obliquité ou diſtance du
Pole du Zodiaque; Et

EXEMPLE.

IE veux trouuer la vraye obliquité du Zodiaque de l'annee pre-
ſente 1633. Premierement ie collige le moyen mouuement de
l'Anomalie pour ladite annee, ſçauoir l'Arc M P N T, que ie trouue en nos Tables vis à vis de 1632. ans complets 3. ſex. 15 degrez
58 minut. 26 ſec. 41 tierce, ou 195 deg. 58 min. lequel Arc M P N T
i'oſte de M P T O 270 degrez, & reſte 74 degrez 2 minut. (negligeant les ſecondes, tierces, &c. pour l'Arc T O, lequel eſt égal
à l'angle H T S, dont ſon ſinus eſt 96142. Ie dis donc

Si 100000 donnent 11. minutes, combien 96142? Resp. 10 min. 34. seconde pour H S.

Lequel Arc 10 min. 34 seconde estant osté de 11. min. reste 26 seconde qu'il faut adiouster à l'Arc F N 23. deg. 30 min. & viendront 23 degr. 30 min. 26 sec. pour l'Arc F N S, qui est la vraye obliquité du Zodiaque en cette dite annee 1633.

$$\begin{array}{r} 96142 \\ 10|57572 \\ 60 \\ \hline 634|53720 \end{array}$$

CHAP. III.

De la Theorie du neufiéme Ciel.

1. LE neufiéme Ciel est aussi vn mouuement reciproque irregulier, lequel se fait sur l'Ecliptique & sur les Poles d'icelle d'Orient en Occident. Et comme le mouuemēt du dixiéme Ciel a esté inuenté pour rendre raison de la mutation des Poles du Zodiaque & de la plus grande obliquité entre le Zodiaque & l'Equinoctial ; Ainsi celuy-cy a esté inuenté pour donner la raison du changement des sections Equinoctiales, où se font les vrays Equinoxes ; d'où s'ensuit, qu'icelles conuiennent quelquefois auec le moyen Equinoxe, quelquefois le precedent, & quelquefois le suiuent. Ce mouuemēt est dit irregulier, pource qu'il est tousiours inegal, combien qu'il soit composé de choses égales & circulaires, & pource il est appellé *Anomalie des Equinoxes.*

2. La periode de cette Anomalie se faict en 1717. ans Egyptiens, le mouuement Annuel, commun ou Egiptien est 12. min. 34. sec. 48. tier. 17 quart. & 37 quint.

Le mouuement Diurne est 2 sec. 4 tier. 4 quart. 39 quint. 3 sext. Le commencement ou racine de ce mouuement est à la Natiuité de Nostre Seigneur Iesus-Christ 14. degr. 41. min. 18. sec.

3. Le Semidiametre de cette Anomalie contient 1 deg. 14. min. 16 sec. qui est la plus grande difference entre le moyen Equinoxe & le vray, vers laquelle, comme à vn limite prefix, les vrays Equinoxes se partent deçà & delà du moyen Equinoxe, comme on verra par la demonstration suiuante. Soit O P vn arc ou portion de l'Ecliptique contenant 2 deg. 28. min. 32. sec. qui est l'interualle de tout le Diametre de cette Anomalie denotee par O N P M : soit H le

moyen

moyen Equinoxe P, le terme Oriental, auquel le vray Equinoxe
precede le moyen ; & O l'Occidental, auquel il fuit le moyen : l'E-
quinoctial foit I E F, tellement que la fection Equinoctiale ou vray
Equinoxe fera au poinct E. Or le commencement de ce mouuement reciproque eft en H, tendant vers l'Occident O, & de là fe
meut de H en P, & de P retourne derechef en H, & lors toute la
periode de l'Anomalie eft acheuee, en laquelle il faut auffi conceuoir vn Epicycle comme en l'Anomalie du 10 Ciel, dont le Semidiametre eft R H, ou R T, contenant 37 m. 8 fec. moitié du Semidiametre de l'Anomalie.

Maintenant fi le Diametre de cet Epicycle H T, eft conceu eftre
meu également auec fon Cercle, commençant par le Semidiametre
Boreal H M vers l'Occident, la circonference de cet Epicycle cou-
pera continuellement l'Ecliptique O P, finon quand le Semidiametre
H T de l'Epicycle s'vnira & couiendra auec le Semidiametre
H N, ou H M del'Anom. au commencement & milieu de l'Anom.
Car alors la circonference de l'Epicycle touche feulement l'Ecliptique en H ; & cette fection fe fait fucceffiuement en tous les poincts
de la circonference H T E, & du fegment de l'Ecliptique O P deux
fois en vne entiere reuolution de l'Anomalie. Et d'autant que la ligne T E eft perpendiculaire au Diametre de l'Anomalie O P, par
la 31 p. 3 pource que l'Angle H E T au demi-Cercle eft droit, fi le
Diametre H T de l'Epicycle parcourt en temps égaux, les Arcs
égaux du cercle de l'Anomalie N O M P, les interfections qui fe
font au Diametre de l'Anomalie (comme par exemple l'interfection E) fur lefquelles tombent les perpendiculaires menees du
poinct T, parcourent en mefme temps des Arcs inegaux, qui font
plus grands au prez de H, & plus petits au prez des extremitez O &
P. Parquoy veu que l'irregularité du commencement d'Aries de ce
9 Ciel, du poinct H en O, & de O en P, & de P en H, eft telle,
qu'elle ne s'efcarte iamais de l'interfection E, mais marche entierement de mefme viteffe & tardité que le poinct E ; Il s'enfuit que
l'Anomalie de ce 9 Ciel eft tres-legere en H, & tres lente en O, &
en P ; Car le poinct H, eft le commencement de la premiere quarte N O ; O M eft la 2 quarte, M P la 3 quarte, & P N la 4 quarte ;
parquoy ce mouuement eft leger au commencement de la 1 & 3
quarte, ou à la fin de la 2. & à la fin de la 4. & lent à la fin de la premiere quarte, à la fin de la 3. & au commencement de la 4 quarte ;

Demon-
ftration de
l'irregulari-
té de la 9.
Sphere.

ce qu'il falloit demonſtrer. On peut auſſi ſe ſeruir de la demonſtration de l'irregularité du 10 Ciel. Voyez Lansbergius au liure *Pro-*
gymnaſmatum Aſtron. reſt. chap. onzieſme.

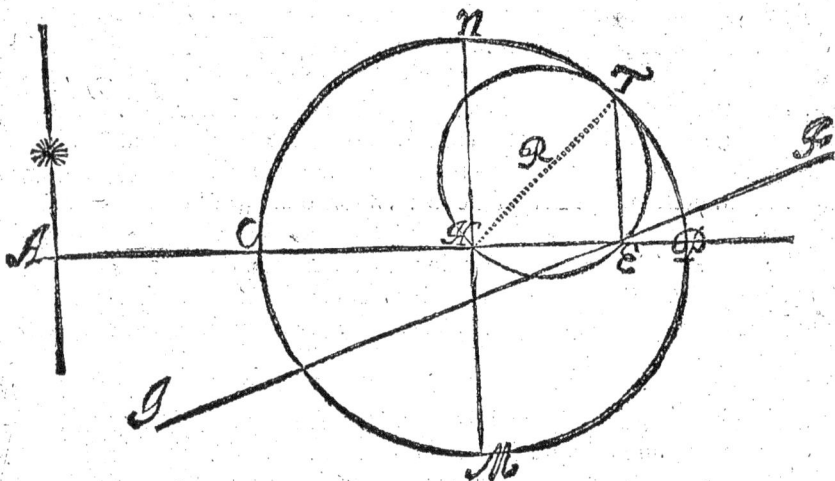

Et quant aux termes de ce mouuement, ils ſe doiuent entendre de
meſme maniere qu'à celuy de l'Anomalie de l'Obliquité du Zodiaque, parquoy nous les exprimerons ſeulement par des Characteres,
ainſi :

Le moyen mouuement de l'Anomalie des Equinoxes eſt l'Arc
NOMPT.

La Proſtaphereſe ou Equation de l'Anomalie des Equinoxes eſt
l'Arc HE, laquelle ſe doit adioûter au 2 demy cercle MPN, &
ſouſtraire au premier NOP. du moyen mouuement de la 8 Sphere, duquel nous parlerons amplement au chap. ſuiuant

CHAPITRE IV.

Du mouuement de la 8. Sphere, tant en Longitude qu'en Latitude.

L E 8. Ciel apparoist à nostre œil, à cause de la multitude des estoilles qui sont en iceluy. Son mouuement propre se fait d'Occident en Orient, sur l'Axe & les Poles de son Ecliptique, sous laquelle le Soleil se meut perpetuellement: Car l'Ecliptique de ce 8. Ciel se conçoit estre tousiours au mesme plan, que celle des deux Cieux precedens, tellement qu'vne partie de l'Axe du 8. Ciel fait tout l'Axe d'iceux, & les poles de ce 8. Ciel, sont directement sous les poles du 9. & 10. Ciel, en quelque lieu qu'ils soient placez. Ce Mouuement est en effect égal; mais il nous apparoist inegal, à raison du mouuement inegal des Equinoxes du Printemps, d'où l'on conte perpetuellement les longitudes des Estoilles fixes.

La periode de ce Mouuement ce fait en 25284. ans ou enuiron, selon Lansberge, son mouuement annuel est 50 sec. 45 tier. 21 quart. 14 quint. 40 sext. son mouuement Diurne est 8 tier. 25 quart. 12 quint. 32 sext.

La racine de ce Mouuement est à la Natiuité de Iesus-Christ 4 d. 43 min. 22 sec. le commencement de ce mouuement est en la premiere Estoille d'Aries: & pour mieux entendre tout cecy, soit repetee la figure du precedent Chapitre, en laquelle soit conceuë l'Ecliptique du 8. Ciel, estre au mesme plan que l'Ecliptique du 9. & 10. Ciel, & que toutes soient representees par la portion du cercle A O H E P, & soit F I, l'Equinoctial coupant l'Ecliptique au point H, qui represente le moyen Equinoxe: maintenant si on suppose que A soit la premiere Estoille d'Aries, par laquelle passant la ligne perpendiculaire (representant vn grand cercle) & par les poles du Zodiaque; & que M N soit vn autre grand cercle pasfant par le poinct du moyen Equinoxe H, & auſſi par les poles du

Zodiaque, ainſi A H, ſera le moyen mouuement de la 8. Sphere
ou moyenne preceſſion des Equinoxes. De meſme ſuppoſant que
la ligne T E, ſoit vn grand cercle paſſant par le poinct E, denot-
tant l'interſection du vray Equinoxe, & auſſi par les poles du Zodiaque, l'Arc A E ſera la vraye preceſſion des Equinoxes, ou vray
mouuement de la 8. Sphere : & l'Equation eſt H E, qui n'eſt autre
choſe que la difference entre le moyen & le vray mouuement :
cette Equation ſe doit adioûter au moyen mouuement de la 8.
Sphere, au demy cercle poſterieur M P N de l'Anomalie des Equinoxes, c'eſt à dire, quand le moyen mouuement de l'Anomalie
contient plus de 180. deg. pource qu'à lors le moyen mouuement
de la 8. Sphere eſt moindre que le vray. Mais au contraire l'E-
quation ſe doit ſouſtraire du moyen mouuement de la 8. Sphere,
au premier demy cercle de l'Anomalie des Equinoxes N O M,
(c'eſt à dire, quand le moyen mouuement de l'Anomalie eſt
moindre que 180. deg. pource qu'à lors le moyen mouuement de
la 8. Sphere eſt plus grand que le vray. Et ainſi le vray Equinoxe
aduient auparauant que le moyen.

CHAP. V.

Du mouuement de la latitude des Estoilles fixes.

ANSBERGE en ses Theories des mouuemens Cele-
stes, tient que selon les obseruations qu'il a fait depuis le
temps de Ptolomee iusques au sien, les Estoilles fixes
ont esté fort changees, principalement allentour des signes solstitiaux : il en attribuë la cause à la mutation de l'Ecliptique, par le mouuement reciproque de l'Obliquité du Zodiaque ;
Car veu que les Latitudes des Estoilles fixes se content depuis l'E-
cliptique, il est necessaire qu'elles soient maintenant autant changees comme a esté variee l'Ecliptique.

Il s'émerueille de ce que les latitudes de toutes les Estoilles fixes
dependent de la Latitude, qu'ils ont euës au commencement des
ans de nostre Seigneur Iesus-Christ : & partant que les Latitudes
de tous les temps se doiuent tirer de ce principe. Et d'autant que
nos antecesseurs ne l'ont pas apperceu, ils ont esté contraints de
mettre les Latitudes de quelques Estoilles fixes differentes de celles que Ptolomee & les plus anciens que luy ont obserué. Il apporte pour exemple l'Espic de la Vierge, dont la Latitude a esté obseruee par Timochare, Menelae, & Ptolomee de 2 d. o m. Meridien-
nale. Tycho Brahe le met de 3 m. ou 4 m. plus grande, en ses Epistres page 71 mais il n'eust pas tenu cela sans doute, s'il eust de-
duit la Latitude depuis le commencement des ans de Iesus-Christ.
En voicy sa demonstration ; Soit en la figure suiuante le cercle B
C D E le colure des Solstices, le demy cercle F A G, la moitié de
l'Ecliptique en la plus grande Obliquité ; le demy cercle E A C la
moitié de la mesme en la moindre Obliquité ; l'Arc E F la plus
grande distance des Ecliptiques vers Septentrion de 22 m. l'Arc
C G la plus grande distance vers midy d'autant de minutes : A,
soit la section vernale, ou automnale ; F la conuersion ou Tropique d'Esté ; G le Tropique d'Hyuer. Soit maintenant proposé à

B b iij

trouuer la Latitude de Regulus en la plus grande Obliquité, la Latitude d'icelle eſtant donnee en la plus petite Obliquité où au contraire en la moindre Obliquité, ſa Latitude eſtant donnee en la plus grande Obliquité.

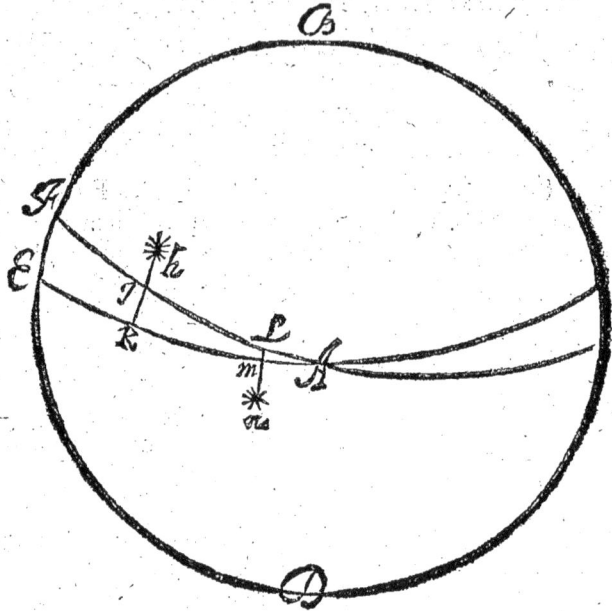

Premierement il appert par le Catalogue des Eſtoilles fixes, que Regulus au commencement des ans de noſtre Seigneur I. C. a eſté à 1 deg. 5 min. de Leo , Regulus eſtoit donc diſtant alors du poinct F, tropique d'Eſté de 31 d. 5 m. & partant l'Arc F I de la diſtance de Regulus du tropique d'Eſté eſt 31 d. 5 min. & le complement A I 58 deg. 55 minutes.

Donc au Triangle rectangle Spherique A K I, la baſe A I eſt donnee de 58 d. 55 m. auec l'Angle A de 22 min. parquoy le coſté I K eſt de 19 m, fort prés; Car

Comme A I 100000. eſt à I K ſinus de l'Angle A 640. Ainſi A I 85641. ſinus de la baſe A I, eſt à I K 548. ſinus de l'Arc I K 19 min, preſque.

Maintenant si la Latitude de Regulus ꝁ H, en la moindre Obliquité est donnee de 31 min. ostant d'icelle l'Arc ꝁ I 19 min. il reste I H, Latitude de Regulus en la plus grande Obliquité 12 m. ou si la Latitude I H de Regulus est donnee en la plus grande Obliquité de 12 min. adioûtant à icelle l'Arc ꝁ I 19 min. il se fait la Latitude de Regulus ꝁ H, en la moindre Obliquité 31 m.

Autre exemple en l'Espic de la Vierge. On trouue son lieu au commencement des ans de Iesus-Christ au 25 d. 3 min. de Virgo, l'Espic estoit donc distante alors de la section Automnale de 4 d. 57 min. & partant l'Arc A L en la mesme figure est de 4 deg. 57 m. soit pris le Triangle Spherique rectangle A M L, auquel est donnee la base A L de 4 deg. 57 min. auec l'Angle A de 22 min. donc le costé M L est 2 m. presque; car

Comme A L 100000. est à M L sinus de l'Angle A 640. ainsi A L 8629. sinus de la base A L est à M L 55 sinus du costé M L de 2 min. presque.

Maintenant si la latitude de l'Espic de Virgo est donnee M N en la plus petite Obliquité de 1 d. 58 m. adioustant à icelle l'Arc M L de 2 m. la latitude de l'Espic est donnee L N en la plus grande Obliquité de 2 d. 0 m. ou si la latitude de ladite Espic L N est donnee en la plus grande Obliquité, ostant d'icelle l'Arc M L 2 min. reste la latitude de l'Espic M N en la moindre Obliquité 1 degré 58 min.

Et ainsi sont demonstrees les latitudes des Estoilles fixes, tant en la plus grande qu'en la plus petite Obliquité. Mais ie demonstreray maintenant en peu de mots comment elles se doiuent determiner en quelque autre Obliquité que ce soit.

Soit proposé à trouuer la latitude de Regulus, au temps que Albategnius obserua les lieux des Estoilles fixes en Aracte en Syrie l'an 1627. apres Nabonnassare, l'Obliquité du Zodiaque estoit alors 23 d. 38 m. (comme nous auons monstré au 2 ch.) moindre de 14 m. que la plus grande Obliquité 23 d. 52 m. l'Angle donc en A du Triangle A ꝁ I est de 14 m. & l'Arc A I est mesme que dessus de 58 d. 55 min. Parquoy au Triangle rectangle A ꝁ I Spherique est donnee la base A I de 58 d. 55 m. auec l'Angle A, de 14 m. & partant l'Arc I ꝁ est 12 min. presque: car

Comme A I 100000 est à I ꝁ sinus de l'Angle A 407. ainsi A I 85641 sinus de la base A I est à I ꝁ 349. presque sinus de l'Arc I ꝁ

de 12 m. ou enuiron, adioûtant donc l'Arc I k 12 m. à l'Arc I H de
la latitude de Regulus en la plus grande Obliquité 12 m. il viendra
la Latitude κ H de Regulus en l'Obliquité donnée 24 m. Boreale.
Ce qu'il nous falloit demonſtrer.

CHAP. VI.

De la Theorie du Soleil.

APRES auoir traitté des quatre Mouuemens, que les
Aſtronomes ont obſerué en la 8. Sphere, il eſt maintenant à propos d'expliquer la Theorie du Soleil,
pour les raiſons ſuiuantes.

1. Premierement, pource que c'eſt la plus ſimple & moins em-
broüillee de tous les autres Planetes.

2. D'autant que les mouuemens des Planetes dépendent tellement du Soleil, & ont vne telle harmonie & conuenance auec luy,
qu'on ne les peut trouuer, ſi ſon mouuement (principalement
le moyen) n'eſt mediatement ou immediatement cogneu.

3. Le Soleil gouuerne & regle par certaines loix les reuolutions
des autres Planetes.

I. Le cercle exterieur ABCD, repreſente le Zodiaque du premier mobile, le centre duquel eſt E, dénotant la terre.

II. Le Soleil ſe meut ſous le Zodiaque ou Ecliptique en ſon
Orbe Eccentrique F G H F, d'Occident en Orient ſur le centre κ,
& fait par iour de M, moyen Equinoxe vernal vers F 59 m. 8 ſec.
19 tier. 59 quart. 15 quint. & en l'eſpace d'vn an il parcourt tout
l'Eccentrique : mais il demeure plus long-temps és ſignes Boreaux Aries, Taur. Gem. Cancer, Leo, Virgo, qu'és ſignes Meri-
dionnaux, Lib. Scorp. Sagit. Capr. Aquar. Piſc. qui eſt vn indice
que le centre de la reuolution du Soleil k, eſt different du centre
de la terre E, & cette difference ou diſtance eſt appellee par les
Aſtronomes *Eccentricité*.

La plus grande Eccentricité L E contient 4216. particules de telles, que le rayon ou ſemidiametre de l'Eccentrique en a 100000.

La

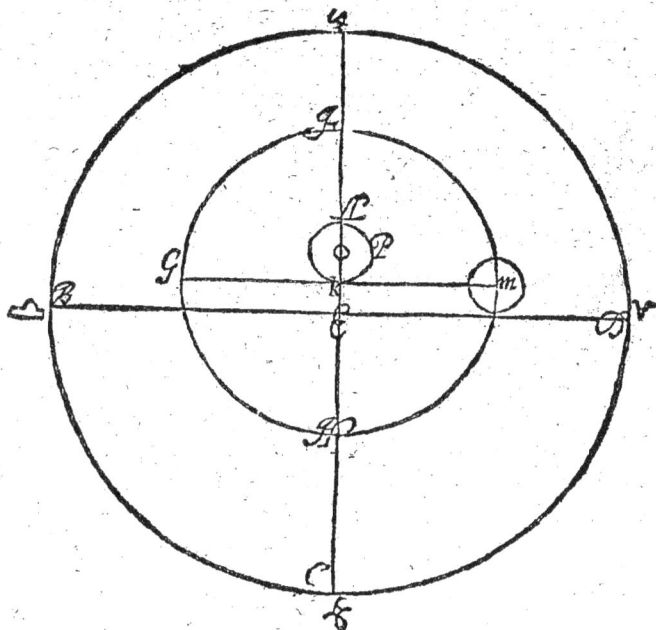

III. La plus petite Eccentricité K E., contient 3490. & la moyenne O E, 3856. de telles parties que le semidiametre en a 100000.

IV. Le centre κ de l'Eccentrique, se meut au petit cercle L P κ L, de L par P en κ, d'Orient en Occident, la periode de ce mouuement est semblable à celle de l'Anomalie de l'Obliquité du Zodiaque du 10. Ciel.

Or ces mouuemens conuiennent tellement entr'eux, que quand celuy de l'Anomalie du 10. Ciel est en la plus grande Obliquité, celuy-cy est en la plus grande Eccentricité. Ce mouuement ne change pas seulement l'Eccentricité du Soleil, mais l'Apogee d'iceluy; Car l'Eccentricité décroist peu à peu de L en κ: & accroist derechef de κ en L. Et quand l'Eccentricité du Soleil décroist, le vray Apogee suit le moyen: & au contraire, icelle croissant, le moyen Apogee suit le vray.

C c

Le Diametre de ce mouuement L κ contient 726. parties, qui est la difference entre la plus grande & la plus petite Eccentricité, & partant le semidiametre O L est de 363. parties.

V. Le moyen Apogee se meut tres lentement sur le Centre du monde E, selon l'ordre des signes, & fait par iour 11 tier. 5 quart. 51 quint. 30 sext.

L'Eccentricité & l'Apogee se colligent de l'interualle du temps qu'il y a entre l'Equinoxe du printemps, & celuy de l'Automne, & entre l'vn & l'autre solstice. Ptolomee li. 3. chap. 4. & Lansberge Astron. rest. pag. 14.

VI. Le mouuement des Equinoxes est representé par le petit cercle S Q T S, faisant chacun iour de Q vers V, par S d'Occident en Orient 2 sec. 4 tier. 4 quart. 39 quint. 3 sext. la periode de sa reuolution est (comme nous auons dit) semblable à celle de l'Anomalie des Equinoxes, sçauoir de 1717. ans Egiptiens. Le semidiametre de ce mouuement est M Q, contenant 2160. parties, de telles que le semidiametre de l'Eccentrique en a 100000.

Explication des termes necessaires au calcul du vray lieu du Soleil.

1. Le moyen mouuement de l'Anomalie des Equinoxes est l'Arc Q S V R.

L'Equation des Equinoxes est l'Arc de l'Eccentrique T M, ou du Zodiaque X B, qui est la difference entre le moyen Equinoxe & le vray.

Le poinct M, represente le moyen Equinoxe en l'Eccentrique, & au Zodiaque le poinct B.

Le poinct T, est le vray Equinoxe en l'Eccentrique, & au Zodiaque le poinct X.

2. Le moyen Apogee du Soleil est l'Arc de l'Eccentrique, depuis le poinct du moyen Equinoxe, iusques à la ligne du moyen Apogee, tel est l'Arc M G en l'Eccentrique, & B A, au Zodiaque.

La ligne du moyen Apogee du Soleil est I E O G, passant par le centre du monde, & par le centre du petit cercle. Le poinct G est le lieu du moyen Apogee.

Le vray Apogee est l'Arc de l'Eccentrique compris entre le vray Equinoxe & la ligne du vray Apogee, comme est l'Arc T M G F en l'Eccentrique, ou l'Arc X B D au Zodiaque.

La ligne du vray Apogee du Soleil est H K F, passant par le centre de l'Eccentrique, & par le centre du monde E. Le poinct F est le lieu du vray Apogee.

3. Le moyen mouuement de l'Anomalie du centre est l'Arc du petit cercle, commençant à l'Apogee L d'iceluy, & finissant au centre mobile de l'Eccentrique, comme est l'Arc L P N x.

L'Equation du centre est la difference entre le moyen Apogee & le vray, comme est l'Arc F G en l'Eccentrique, ou l'Angle F E G.

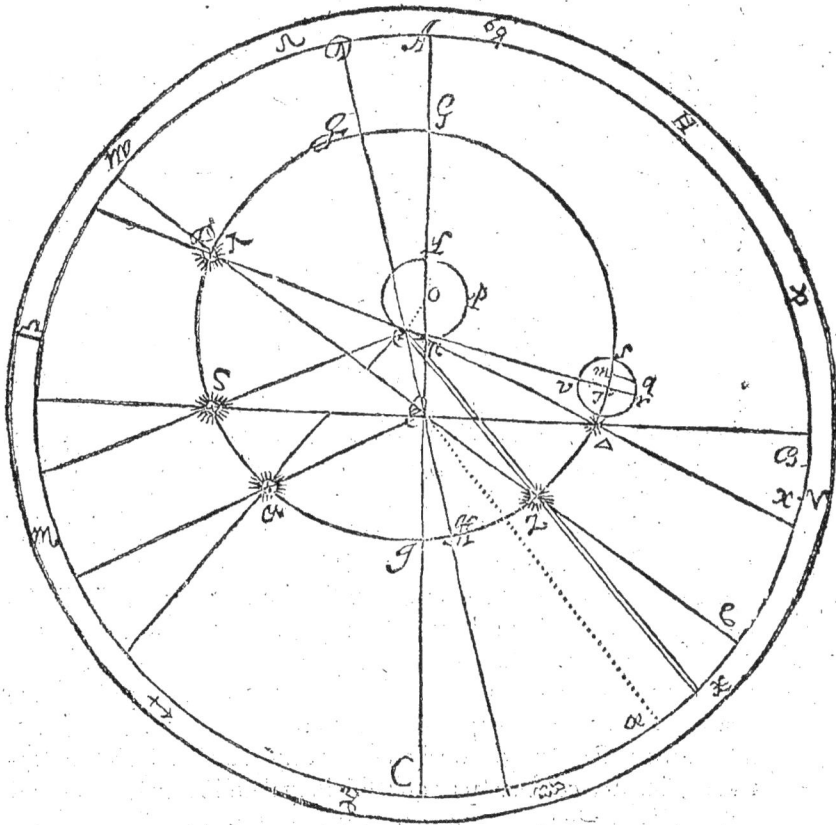

4. Le moyen mouuement du Soleil se considere en deux manieres, sçauoir depuis le moyen Equinoxe, & depuis le vray Equinoxe.

Le moyen mouuement du Soleil depuis le moyen Equinoxe eſt l'Arc de l'Eccentrique M G F Z. Au Zodiaque, c'eſt l'Arc B A D C α.

Le moyen mouuement du Soleil depuis le vray Equinoxe eſt l'Arc de l'Eccentrique T M G F Z, & au Zodiaque l'Arc Aries A D C α.

Le vray mouuement du Soleil eſt l'Arc du Zodiaque depuis le vray Equinoxe, iuſques à la ligne du vray mouuement du Soleil, tel eſt l'Arc Aries A D C α c.

La ligne du moyen mouuement du Soleil, eſt celle qui eſt menee du centre du monde au Zodiaque, parallele à celle qui eſt tiree du centre de l'Eccentrique au centre du Soleil, comme eſt la ligne E α.

La ligne du vray ou apparent mouuement du Soleil, eſt celle qui eſt tiree du centre du monde par le centre du corps du Soleil au Zodiaque, comme eſt la ligne E Z c.

L'Anomalie annuelle appellee par Copernicus & Lansberge Anomalie de l'Orbe, & par Alphonſe moyen argument, en l'Eccentrique, eſt l'Arc G F Z compris entre la ligne du moyen Apogee & la ligne du vray mouuement du Soleil; & au Zodiaque l'Arc A D C α, depuis la ligne du moyen Apogee, iuſques à la ligne du moyen mouuement du Soleil.

L'Anomalie de l'Orbe égalee en l'Eccentrique eſt l'Arc F I Z, compris entre la ligne du vray Apogee, & la ligne du vray mouuement du Soleil. Et au Zodiaque l'Arc D C α, depuis la ligne du vray Apogee, iuſques à la ligne du moyen mouuement du Soleil, tellement que la difference entre l'vne & l'autre eſt la meſme Equation du centre, de laquelle auſſi le moyen & le vray Apogee different entr'eux, comme nous auons dit cy-deuant.

La Proſtaphereſe ou Equation de l'Orbe eſt l'Arc du Zodiaque compris entre la ligne du moyen mouuement du Soleil, & celle du vray, comme eſt l'Arc α c. Et faut noter qu'encor que le Soleil en temps égaux, parcoure des eſpaces ou arcs de cercles égaux: neantmoins ils ne nous paroiſſent pas tels: car quand le mouuement du Soleil eſt moyen ou égal ſur le centre de ſon Orbe Eccentrique, il faut neceſſairement qu'il ſoit inegal ſur le centre E, qui eſt la terre. D'où vient que nous apperceuons ſon mouuement quelquefois plus leger, & quelquefois plus lent. La cauſe procede de l'inegalité des Angles qui ſe font en diuers centres. Car poſant que le

Soleil ſoit en Aries, & qu'il ait cheminé & ſoit meu du vray Apogee vers le Perigee par vn mouuement égal, iuſques audit poinct
d'Ar. où il eſt diſtant de ſon Apogee de l'arc I λ, ou de l'Angle
I κ λ, il eſt euident qu'eſtant veu du centre du monde E, l'angle
d'apparence F E Aries, eſt beaucoup moindre que l'angle F κ λ du
moyen mouuement : car au Triangle κ E Aries l'angle exterieur F
E λ ſeul, eſt auſſi grand que les deux angles interieures oppoſez λ E k,
& E λ κ par la premiere partie de la 32. p. 1. Parquoy l'Angle E λ κ
eſtant oſté de l'angle κ F λ, il reſte l'angle F E λ, & partant l'angle
E λ κ eſt l'Equation du Soleil eſtant en λ, laquelle ſe doit touſiours
oſter du moyen mouuement du Soleil au premier demi-cercle,
ſçauoir depuis l'Apogee iuſques au Perigee : mais au demi-cercle poſterieur depuis le Perigee iuſques à l'Apogee il l'a faut touſiours
adioûter. Car au premier demy cercle F ♂ H, l'angle d'apparence eſt touſiours moindre que l'angle du moyen mouuement, comme l'angle F E λ eſt moindre que l'angle F κ λ, l'angle F E ♂, eſt
moindre que l'angle F k ♂, l'angle F E μ, moindre que l'Angle
F κ μ. Et au demy-cercle H T F l'angle d'apparence eſt touſiours
plus grand que l'angle du moyen mouuement ; comme l'angle H
E Z eſt plus grand que l'angle H κ Z du moyen mouuement, &
ainſi des autres. Or les plus grandes Equations ſont de part & d'autre en la moyenne apparence entre l'apogee & le Perigee, ſçauoir
en ♂, & en △, & les moindres auprez de l'apogee & du Perigee, &
nulles au meſme apogee ou Perigee. En apres le mouuement ap-
paroiſt tres-lent alentour de l'apogee, & tres-leger autour du Perigee pour la meſme raiſon : Car l'angle d'apparence deçà & delà
de l'Apogee eſt touſiours moindre que le moyen : & deçà & delà le
Perigee il eſt touſiours plus grand que le moyen. Et partant nous
apperceuons le mouuement du Soleil tantoſt plus viſte & tantoſt
plus lent.

Ayant maintenant expliqué les hypotheſes, periodes & les termes de cette Theorie les plus neceſſaires, il eſt à propos d'enſeigner
à calculer le vray lieu du Soleil par la doctrine des Triangles, eſtans
donnez les moyens mouuemens à quelque temps que ce ſoit propoſé, afin de voir comment ces hypotheſes & periodes des mouuemens ſont conformes & correſpondans aux mouuemens Celeſtes ;
& pour ſeruir de preuue & demonſtration nous prendrons pour
exemple deux Obſeruations que Tycho Brahé a tres-exactement

fait auec ſes inſtrumens.　En voicy la premiere.

Soit donc propoſé à trouuer le vray lieu du Soleil, l'an 1596. le 11.
Mars à midy, ſelon l'ancien Calendrier au Meridien d'Vranibourg,
où Tycho Brahé l'a obſerué au 1 d. 7 m. d'Aries, auquel temps les
moyens mouuemens ſont, ſçauoir,

L'Anomalie des Equinoxes　　　　349 d. 22 m. 39 ſec. Q S V R.
Le moyen Mouuement du Soleil 358 d. 53 m. 51 ſec. M G I Z.
L'Anomalie du Centre　　　　　191 d. 33 m. 13 ſec. L P N K.
Le moyen Apogee du Soleil　　95 d. 5 m. 35 ſec. Ar. S G.

Soit premierement décrite la figure du mouuement du Soleil correſpondante aux mouuemens donnez en cette maniere.

1. Soit menee la ligne droite C A, & vn peu au delà du milieu
d'icelle comme en O, ſoit décrit du centre O le petit cercle de l'A-
nomalie du centre L P N L de l'interualle O L, auquel cercle ſoit
conté le mouuement de l'Anomalie du centre du Soleil de L vers
P, contre l'ordre des ſignes, & ſera l'arc L P N K de 191 d. 33 min.
13 ſec.

2. Apres auoir fait E X, égale à E K, ſoit du centre X décrit l'Eccentrique G F I H, & ſoit mené le Diametre F K H paſſant par le
centre K, & coupant la ligne A C au poinct E, duquel poinct ſoit décrit le cercle exterieur A B C D, qui repreſentera le Zodiaque, &
ainſi le moyen Apogee du Soleil ſera en G, & le vray Apogee en F
en l'Eccentrique, & au Zodiaque le poinct A ſera le moyen Apogée, & le poinct D le vray.

3. Soient contez du poinct A en Ar. 95 d. 5 m. 35 ſec. pour l'Arc du
mouuemét du moyen Apogee, & le poinct Ar. ſera le lieu du moyen
Equinoxe vernal au Zodiaque, duquel poinct & de l'interualle de
Aries Q (contenant 2160. particules de telles que le ſemidiametre
de l'Eccentrique en contient 100000.) ſoit décrit vn autre petit cercle de l'Anom. des Equinoxes Q S V Y Q, auquel cercle ayant conté de Q vers S, ſelon l'ordre des ſignes, 349 deg. 22 min. 39 ſec.
à l'Anom. des Equinoxes, ſçauoir l'Arc Q S V Y R, ſoit menee la
ligne E T R, qui determinera le vray Equinoxe en T au Zodiaque,
& y en l'Eccentrique, le moyen en r.

4. Finalement ſoient contez de r, moyen Equinoxe vernal en
l'Eccentrique ſelon l'ordre des ſignes 358 d. 58 m. 51 ſec. & l'arc y
G F I H Z ſera le moyen mouuement du Soleil, & l'arc G F I H Z

fera la moyenne Anom. de l'Orbe où l'Arc A D C α au Zodiaque.
Et voila tous les moyens mouuemens necessaires au calcul du lieu
du Soleil, & quant aux Diametres d'iceux, ils ont esté determinez
cy-deuant. Parquoy nous viendrons maintenant à la practique du
calcul, qui ne consiste qu'à trouuer 1. l'Equation de l'Anom. des
Equinoxes. 2. l'Equation du centre. 3. l'Eccentricité. 4. & l'E-
quation de l'Orbe.

I. Pour trouuer l'Equation des Equinoxes M T.

Soit osté l'Arc de l'Anom. des Equinoxes Q S V X 349 d. 22 min.
39 sec. de tout le cercle 360 d. & reste l'Arc R Q 10 d. 37 min. 21
sec. dont le sinus droict est M T 18433. puis soit dit.

M Y   M Y   M T

Si 100000. donne 2160. que donnera 18133 ? Resp. 398. sinus de
13 m. 30 sec. pour M T. Equation des Equinoxes.

I I. Pour trouuer l'Equation du centre F G *ou l'angle* E F G.

Au Triangle E K O l'Angle κ O E est cogneu, d'autant que
l'Arc N K qui le mesure est cogneu, estant le surplus du demy cercle L P N ou 180 d. Car ostant 180 de L P N k 191 d. 33. m. 13. sec.
il reste l'Arc N K de 11 d. 33. m. 13 sec. ou l'angle k O E.

Item, les deux costez qui le comprennent sont aussi cogneus, sçauoir O κ qui est le semidiametre de l'Anomalie du centre, contenant
363. particules, & O E qui est la moyenne Eccentricité 3853. Parquoy l'Angle K E O sera trouué par cette Analogie.

Comme la somme des costez $\frac{3853}{\frac{363}{4216}}$ est à la difference d'iceux $\frac{3853}{\frac{363}{3490}}$ Ainsi
988442. tangente de 84 deg. 13 min. 23 sec. moitié de la somme des 2.
Angles incogneus, est à 818231. tangente de 83 d. 1 min. 56 sec. laquelle estant ostée de 84 d. 13 m. 23 sec. Reste 1 d. 11 m. 27 sec. pour
l'Angle κ E O requis. Que si on adioûte 83 d. 1 min. 56 sec. auec 84 d.
13 m. 23 sec. on aura l'angle obtus O κ E de 167 d. 15 m. 19 sec.

III. Trouuer l'Eccentricité K E.

Au Triangle E κ O les trois angles sont cogneus auec les 2 costez

O ʀ 363 & O E 3853. parquoy l'Eccentricité qui est le costé ʀ E sera facilement trouuee, en disant:

Sin. de l'Angle B , 1 d. 11 m. 27 sec.　　　　　　Sin. de l'Angle O, 11 d. 31 m. 13 sec.

Si 2070. donne 163. que donnera 20030 ? Resp. 3512. pour l'Eccentricité ʀ E.

IV. Trouuer l'Equation de l'Orbe, ʀ c ou l'Angle E Z K.

Soit premierement adioustee l'Equation du centre F G, 1 d. 11 m. 27 sec. auec le moyen Apogee, M S G 95 deg. 5 m. 35 sec. & viendront 96 d. 17 m. 2 sec. pour le vray Apogee M S G F, puis l'Equation des Equinoxes 13 m. 30 sec. auec le moyen mouuement du Soleil, il viendra 359 d. 7 m. 30 sec. pour le moyen mouuement du Soleil T G F H Z, depuis le vray Equinoxe. En apres soit osté le vray Apogee 96 d. 17 min. 2 sec. du moyen mouuement du Soleil depuis le vray Equinoxe 359 d. 7 min. 30 sec. & restera la vraye Anomalie de l'Orbe F I H Z 262 d. 50 m. 28 sec. dont ostant le demy-cercle F I H 180 d. reste H z 82 deg. 50 min. 28 sec. ou l'angle H ʀ z. Or au Triangle E ʀ z l'angle z E ʀ est donné auec les 2. costez qui le comprennent, sçauoir ʀ z 100000. & K E 3512. Parquoy l'angle E z ʀ sera trouué de mesme maniere que l'Equation du centre, ainsi:

Comme la som. des deux costez $\overset{100000}{\underset{3512}{103512}}$ *est à la difference d'iceux,* $\overset{100000}{\underset{3512}{96488}}$ *Ainsi la tangente* 113343. *de la moitié des deux Angles incogneus, est à la tangente* 105661 *de* 46 d. 34 m. 37 sec. laquelle estant ostee de 48 d. 34 m. 46 sec. moitié des 2. angles incogneus, Reste 2 d. 0 m. 8 sec. pour l'angle E Z K de l'Equation de l'Orbe, lequel angle est égal à l'angle ʀ E c qui est mesuré par l'Arc du Zodiaque ʀ c. Et d'autant que le Soleil z est au demy-cercle posterieur, il faut adioûter l'Equation de l'Orbe auec le moyen mouuement du Soleil depuis le vray Equinoxe 359 d. 7 m. 30 sec. & on aura le vray lieu du Soleil au temps proposé 1 d. 7 m. 38 sec. au premier degré 7 m. 38 sec. d'Aries de mesme que l'obseruation.

AVTRE

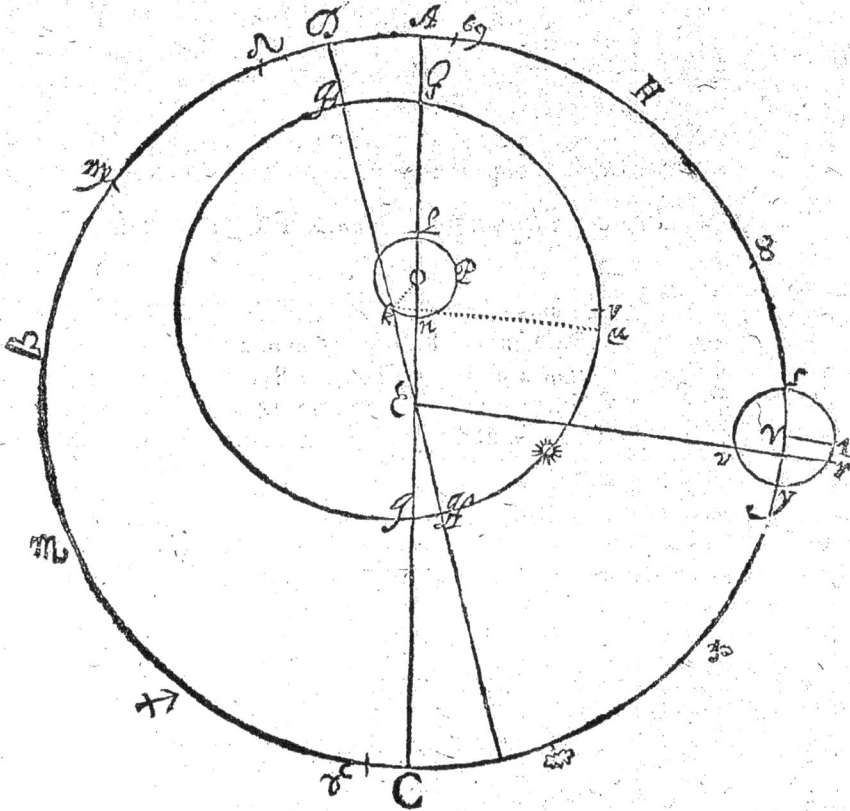

AVTRE EXEMPLE.

SOit proposé à y trouuer le vray lieu du Soleil l'an 1587 le 9.
Ianuier à midy, selon l'ancien stile, au Meridien d'Vranibourg, où Thycho Brahe l'a obserué au 29 deg. de Cancer.

Les moyens mouuemens au temps donné sont selon la premiere figure.

	°	′	″	
Anomalie des Equinoxes	347	27	14	q ſ v y r
Anomalie du Centre	190	27	11	l p n k
Apogée	94	55	16	m G
Moyen mouuemēt du Soleil	297	57	56	m G F I H z

D d

1. *Trouuer l'Equation des Equinoxes* m T.

$$\begin{array}{r} 360 \\ 347 \end{array} \quad 27 \quad 14$$

m y　　　　m y　　　Refte　12　32　46　pour l'arc r q

Si 100000. donne 2160. combien 21722? Refp. 469. finus de 16 min. 8 fec. pour m T, Equation des Equinoxes, additiue.

2. *Trouuer l'Equation du Centre* F G, *ou l'angle* F E G.

$$\begin{array}{r} 3853 \\ 363 \end{array} \qquad\qquad\qquad \begin{array}{r} 3853 \\ 363 \end{array}$$

Comme la fomme des coftez 4216, *eft à la difference d'iceux* 3490, *Ainfi* 109323 *tangente de* 84 *deg.* 46 *min.* 24 *fec. moitié des deux angles incounus eft à* 90497 *tangente de* 83 *deg.* 41 *min.* 40 *fec. laquelle eftant oftée de* 84 *deg* 46 *min.* 24 *fec. Refte* 1 *deg.* 4 *m.* 44 *fec. pour l'angle de l'Equation du Centre* F E G, *Additiue.*

o	'	''	
84	46	24	
83	41	40	
168	28	4 ½	angle O K E
1	4	44 ½	angle K E O
10	27	11	K O E
180	0	0	

3. *Trouuer l'Eccentricité* K E.

Sinus de l'angle E, 1 4 44　O K　　　Sinus de 10 27 11　　　K E

Si —1883 donne — 363. combien 18143? Refp. 3497. Eccentricité requife.

4. *Trouuer l'Equation de l'Orbe.*

	o	'	''		o	'	''
Moyén Apogée depuis le moyen Equin.	94	55	16	Moyen mouuement du Soleil 297	57	56
Equation des Equinoxes.	0	16	8	Equation des Equinoxes	0	16	8
Moyen Apogée depuis le vray Equin.	95	11	24	Moyen, depuis le vray Equi- 298	14	4
Equation du Centre.	1	4	44	noxes.	96	16	8.
Vray Apogée depuis le vray Equinoxe.	96	16	8	Vraie Anomalie 201	57	56
						180	

180

Angle H K Z 11 57 56　　　　　　Refte l'arc H Z ou l'angle H K Z: 21 57 56

Refte les deux angles 158 2 4 incognus.
　　　　　　79 1 2 dont la tangente eft 515283.

Comme la somme des coſtez $\frac{100000}{103497}$ eſt à la difference d'iceux $\frac{100000}{96503}$.
Ainſi la tangente 515283. de la moitié des deux angles incogneus, eſt
à 480462. tangente de 78 deg. 14 min. 34 ſec. preſque, laquelle eſtant
oſtée de 79 deg. 1 min. 2 ſec. Reſte pour l'Equation de l'Orbe
additiue 0 deg. 46 min. 28 ſec.

Moyen mouuement du Soleil depuis le vray Equin. 298 deg. 14 m 4 ſec.

Vray lieu du Soleil, depuis le vray Equinoxe 299 deg. 0 min. 32 ſec.
C'eſt à dire au 29 deg. de Capricorne, comme l'obſeruation.

CHAP. VII.

De la Theorie de la Lune.

I. E cercle exterieur A B C D, repreſente le Zodiaque du premier mobile, le centre duquel E, démon-
ſtre la terre.

II. La Lune ſe meut en l'Orbe Eccentrique F G
H F, & fait par chacun iour 12 deg. 11 m. 41 ſec. 27
tier. 30 quart. ſelon l'ordre des ſignes, en contant depuis le Soleil.
La plus grande Eccentricité eſt E L de 13340. parties; la moyenne E O de 10970. & la moindre E K de 8600. de telles parties que
le ſemidiametre de l'Eccentrique en contient 100000.

III. L'Eccentrique de la Lune eſt balancee de deux ſortes de
mouuemens reciproques, l'vn d'Occident en Orient, & au contraire d'Orient en Occident ſur le centre K. Et l'autre de Septentrion en Midy, & au contraire de Midy en Septentrion au centre E.

Le premier mouuement ſe fait au petit cercle I M N, de I vers M,
contre l'ordre des ſignes, lequel eſt quadruple du moyen mouuement de la Lune depuis le Soleil.

Le ſemidiametre de ce mouuement G I, ou G M, eſt de 7000.
parties de telles comme le ſemidiametre de l'Orbe de la Lune
K G en a 100000. ou de 4 d. 1 m. & 10 ſec. de telles que l'Orbe de
la Lune en contient 360. Or ce balancement ſe fait au Diametre
M N; car l'Orbe ou Eccentrique de la Lune eſtant balancé de M
en N, tranſporte la Lune de M en N, & au contraire eſtant balan-

Dd ij

cé de N en M, renuoye la Lune de N en M, auquel interualle la
Lune est transportée de G en M, ou de G en N, qui sont les limites
de ce balancement.

L'autre balancement de l'Orbe de la Lune qui se fait de Septentrion en Midy, & de Midy en Septentrion est semblable à celuy de
l'Obliquité du Zodiaque, qui se conçoit en la 10. Sphere. Il se
considere en la latitude de la Lune, comme on verra en son lieu.

IV. Le centre K de l'Eccentrique F G H F, se meut au petit cercle L P K L, de K par P en L, selon l'ordre des signes, & fait par
iour 24 d. 22 m. 53 sec. 22 tier. 55 quart. 9 quint. & 20 sext. qui est
le double du moyen mouuement de la Lune depuis le Soleil. Le
Diametre de ce petit cercle K L est composé de la difference entre
la plus grande Eccentricité & la moindre, sçauoir de 4740. tellement que le Semidiametre O K, ou O L est de 2370. parties. Ce
mouuement change continuellement l'Eccentricité de la Lune, &
son Apogée: car l Eccentricité de la Lune décroist peu à peu de L
en P, & accroist de K en P, iusques en L.

Le moyen Apogée de la Lune F, est porté au tour du centre E
selon l'ordre des signes, & fait par iour 6 m. 41 sec. 3 tier. 37 quart.
56 quint. & 24 sext.

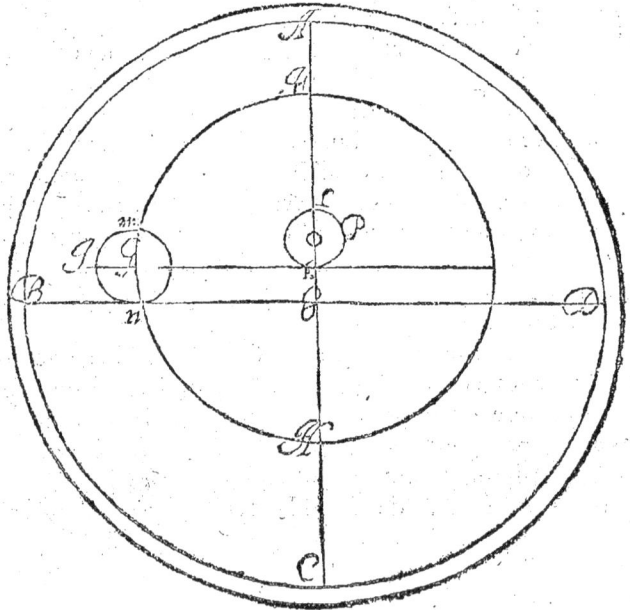

Voyant que la Theorie de la Lune, selon la longitude, diff. re
fort peu de celle du Soleil ; pour cette caufe ie ne m'eſtendray pas
dauantage à expliquer les termes de cette Theorie : Car ils ſe doiuent entendre de la meſme maniere qu'il a eſté enſeigné en la
Theorie du Soleil. Nous viendrons donc à enſeigner le moyen
de trouuer le vray lieu de la Lune ; eſtant donnez les moyens mouuemens d'icelle à quelque temps que ce ſoit propoſé, afin de voir
la conformité de cette Theorie auec les mouuemens celeſtes, tirant la preuue & demonſtration d'vne obſeruation que le doſte
Kepler a fait d'vne Eclipſe de Lune qui apparut à Linx l'an 1624. le
26 Septembre à 8. heures 55 m. qui répondent à 7. heures 47 min.
1 dem. au Meridien de Paris, auquel temps les moyens mouuemens
ſont.

	ſex.	dег.	min.	ſec.
Le moyen mouuement de la Lune au Soleil.	2	53	20	5
L'Anomalie du Centre.	5	46	40	10
L'Anomalie de l'Orbe.	4	6	32	34
Le moyen mouuement du Soleil.	3	5	45	12

Soit premierement décrite la figure des mouuemens de la Lune
correſpondante aux mouuemens donnez, ainſi.

Soit menee la ligne droite AD comprenant la plus grande Eccentricité, 13340. & ainſi la moyenne ſera A C 10970. & la plus petite
A B 8600. du poinſt C, de l'interuale C B, ou C D, 2370. part. Soit
décrit le petit cercle de l'Anom. du centre D E B D, auquel cercle
ſoit conté de B vers D, (ſelon l'ordre des ſignes) le mouuement de
l'Anomalie du centre 5 ſex. 46 d. 40 m. 10 ſec. & ſera l'Arc B D E,
5 ſex. 46 d. 40 m. & le reſte au cercle entier E B 13 d. 19 m. 50 ſec. &
ſon ſinus E F, 23057. & le ſinus de ſon complement C F 97305.
part. poſant le ſinus total de 100000. mais poſant C D, de 2370.
part. E F eſt de 546. & C F 2306. & partant A F de 8664.

En aprés du centre E, ſoit décrit l'Eccentrique de la Lune G I H G
& ſoit mené le Diametre G E H paralelle à la droite A D ; Soit auſſi
menee la ligne I E A S, paſſant par le centre de l'Eccentrique, &
par le centre du monde, & lors le moyen Apogée ſera en G, & le
vray en I, & partant la moyenne Anom. de l'Orbe eſt G H L 4
ſex 6 deg. 32 min. 34 ſec.

En outre du centre L & de l'interuale L K de 7000. part. ſoit décrit le cercle N O M K N de l'Anom. du mouuement reciproque,

Dd iij

Et de N vers K , contre l'ordre des fignes ; foit contre l'Anom. du mouuement reciproque N K M O 333 d. 20 m. 20 fec. double de l'Anom. du centre, & le refte O N complement au cercle entier fera 26 d. 39 m. 40 fec. le finus duquel L P eft 44871. pofant L N de 100000. mais pofant L N 7000. L P fera 3141. prefque, & partant l'arc L P fera 1 d. 48 m. ou enuiron pour l'Equation du centre, lequel arc L P eftant adiôuté à G H L moyenne Anom. de l'Orbe 4 fex.

6 d. 32 m. 34 fec. produit l'arc G H L P de l'Anom. égalée 4 fex. 8 d. 20 m. & l'excez outre le demy-cercle eft H P 68 d. 20 m. le finus duquel P Q eft 92935.& le finus de fon complement E Q 36920. Or oftant Q R, c'eft à dire E F, 546 de P Q 92935. il refte R P 92389. & oftant A F 8664. de F R, c'eft à dire de E Q 36920. il refte A R 28256. maintenant au Triangle A R P rectangle en R, les coftez A R 28256. & P R 92389. font donnez, parquoy l'angle en P fera 17 deg. 0 min. 20 fec. car

PR   PR   AR   AR

Comme 92389. eft à 100000. ainfi 28256. eft à 30583. tangente de 17 d. 0 m. 20 fec. pour l'angle A P R , lequel eftant ofté de l'angle E P Q 21 d. 40 m. il refte 4 d. 39 m. 40 fec. pour l'angle de la Proftapherefe de l'Orbe Additiue.

Finalement foit adiôutéle moyen mouuement du Soleil 3 fex. 5 d. 45 m. 12 fec. auec le moyen mouuement de la Lune depuis le Soleil 2 fex. 53 d. 20 m. & 5 fec. afin d'auoir le moyen mouuement

de la Lune depuis le moyen Equinoxe, à quoy soit adioûtee la Prostapherese de l'Orbe, & aussi l'Equation des Equinoxes, & le produit donnera 3 d. 57 m. 27 sec. d'Aries pour le vray lieu de la Lune
depuis le vray Equinoxe.

Que si on veut sçauoir la distance de la Lune au centre de la terre,
il faut considerer le Triangle A R P, rectangle en R, auquel les
angles sont cogneus auec le costé P R 92389. parquoy l'hypotenuse A P sera 92695. car

     PR   PR   AP secante de 4 deg. 39 min. 40 sec.

Comme 100000. est à 92389. Ainsi 100332. est à 92695. A P distance de la Lune au centre de la terre.

Demonstration de la latitude de la Lune.

Nous prendrons pour Exemple l'obseruation precedente, où

	sex.	deg.	min.	sec.
L'Anomalie du Centre est	5	46	40	10
Le moyen mouuement de la latitude	1	26	16	36
L'Equation de l'Orbe.	0	4	39	40 Addit.
Donc le vray mouuement de la lat. est	1	30	56	16

Ces choses estans données, il faut demonstrer la vraye latitude
de la Lune au temps cy-deuant proposé.

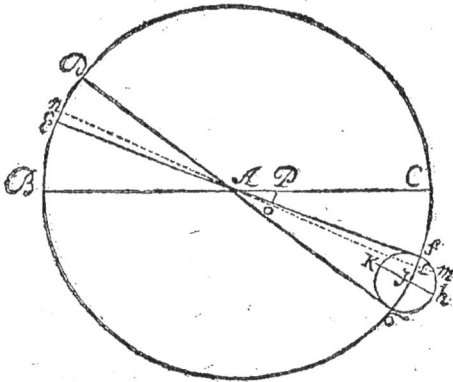

Soit décrit du centre A, le cercle B D C B, passant par les limites
de la plus grande Obliquité de la Lune D & G, & de la plus petite

E & F, & foit B A C le Diametre de l'Eccliptique, D A G le Diametre de l'Orbe de la Lune en la plus grande Obliquité 5 d. & par
ainfi D E ou F G, fera l'arc de la difference des Obliquitez, de 16 m.
& la moitié I G ou I F, de 8 m. duquel interualle & du centre I, foit
décrit le petit cercle de l'Anom. de l'Obliquité de la Lune, laquelle
eft mefme que l'Anomalie du centre de la Lune 5 fex. 46 d. 40 min.
10 fec. & foit icelle contee de F par к en M, & fera l'аrc F K G M,
lequel eftant ofté de tout le cercle 6 fex. refte l'аrc M F 13 d. 19 min.
50 fec. dont le finus M L eft 23060. & le finus de fon complement
L I, 97305. maintenant pour trouuer L I, ie dis,

$$\qquad \text{IF} \qquad\qquad \text{IF} \qquad\qquad \text{IL}$$

Si 100000. donne 8. combien 97305? Refp. 7 m. 47 fec. pour I L.

$$\begin{array}{r} 8 \\ \hline 7\overline{)78440} \\ \quad 60 \\ \hline 47\overline{)06400} \end{array}$$

La regle faite il vient 7 m. 47 fec. lefquelles eftant oftees de 8 m.
refte 14 fec. pour L F, & partant tout l'Arc C F L eft 5 d. o m. 14
fec. Or le Diametre de l'Orbe de la Lune eftoit alors N A L, duquel nous nous feruirons maintenant pour demy cercle. Soit donc
conté au demy-cercle N A L, de N, terme Boreal en O, le vray
mouuement de la latitude 90 d. 56 m. 16 fec. dont eftant ofté l'Arc
N A, 90 d. refte 56 m. 16 fec. pour l'Arc A O, qui eft la diftance entre la Lune & le nœud defcendant A.

Finalement foit abbaiffee vne perpendiculaire de o en p, & o p fera la latitude Auftrale, laquelle fe trouue en cette maniere.

Au Triangle rectangle fpherique A P O, l'angle O A P, eft donné 5 d. o m, 14 fec. auec la bafe A O, 56 m. 16 fec. Parquoy le cofté
O P fera de 4 m. 54 fec. car

Comme A O 100000. eft à O P, 8723. finus de l'angle A, ainfi
A O 1637. à O P. 142. & 8. prefque, finus de 4 m. 54 fec. pour la
latitude requife. $\overline{10}$

Que fi on veut fçauoir en quel lieu du Zodiaque eft le nœud de la
Lune afcendant, appellé la *Tefte du Dragon*.

Soit adioûté au vray mouuement de la latitude de la Lune 1 fex.
30 deg. 56 m. le quart de cercle 90 d. & prouiendra le vray mouuement de la latitude de la Lune, depuis le nœud Afcendant 3 fex. o d.
56 m. lequel eftant ofté du vray mouuement de la Lune o fex. 3 d. 57
m. reftera 3 fex. 3 d. 1 m. pour le vray mouuement de la *Tefte du Dragon*, au 3 d. 1 m. de Libra, depuis le vray Equinoxe; & la *Queuë du
Dragon*

ragon au 3 deg. 1 min. d'Aries.

De la Reduction de la Lune en l'Ecliptique.

VEv que le mouuement de la Lune ne se fait pas sous l'Ecliptique, mais en son Orbe incliné à icelle Ecliptique, le Cal-
ul du lieu de la Lune monstre seulement le mouuement qui se
ait en son Orbe, & non celuy que les instrumens Astronomiques
marquent aux obseruations, au respect de l'Ecliptique, & des poles
d'icelle; Pource il est besoin de reduire le lieu de la Lune en son
Orbe, à l'Ecliptique. En voicy la maniere.

Soit consideré le Triangle spherique A P O, rectangle en P,
uquel la base A O est donnée de 56 min. 16 sec. qui est le mouuement de la Lune en son Orbe, auec le costé O P, de la latitude
de la Lune 4 min. 54 sec. Parquoy le costé A P, qui est le mouue-
nent de la Lune en l'Ecliptique sera trouué de 56 min. Ainsi.

10000000. A O donne 9999989. sinus du complement de
O P, que donnera la secante de A O 10001339. Resp. 10001327.
secante de 56 m. ou enuiron, pour A P. Maintenant si on oste
56 m. de A O 56 min. 16 sec. il restera 16 sec. dont la Lune estoit
plus auancée en son Orbe, qu'en l'Ecliptique.

CHAPITRE VIII.

Theorie des trois Plànetes superieurs, Saturne, Iupiter & Mars,

A Theorie de chacun des trois Planetes superieurs est compofée de trois Orbes, fans y comprendre le Zodiaque, le centre duquel A eft commun auec le centre de la terre.

Le premier eft l'Orbe Eccentrique F G H I, auquel les trois Planetes fuperieurs Saturne, Iupiter & Mars fe meuuent chacun de F vers G, felon l'ordre des fignes.

♄ fait pour chacū iour 2 m.0 fec.35 tier. 22 quart.46 quint.34 fext.
♃ - - - - - - - - -4　59　15　54　46　23
♂ - - - - - - - - 31　26　39　28　13　20

Le fecond eft le petit cercle B D B, auquel le centre de l'Eccentrique de chacun Planete fuperieur E, fe meut de B vers D, felon l'Ordre des fignes par vn mouuemēt double de celuy du Planete, depuis l'Apogée F de l'Eccentrique: &ce mouuement varie continuellement & le lieu de l'Apogée, & l'Eccentricité du Planete.

La troifiéme eft l'Epicycle Annuel L M L, auquel on conte l'Anomalie Annuelle, appellée par d'aucuns, Anomalie de l'Orbe. Le rayon ou femidiametre de cét Orbe eft en Saturne de 1007. part. pofant le femidiametre de l'Eccentrique 10000. En Iupiter de 1852. En Mars

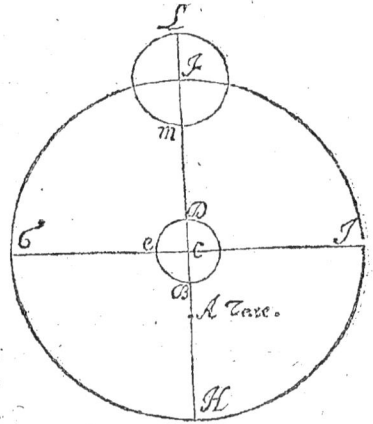

de 6586. La plus grande Eccentricité de Saturne A D est de 1140. & la plus petite A B 570. & partant la moyenne A C est 855. posant le semidiametre de l'Eccentrique de Saturne 10000.

La plus grande Eccentricité de Iupiter A D est 916. La plus petite A B 458. & partant la moyenne A C est 687. posant aussi le semidiametre de l'Eccentrique de Iupiter 10000.

La plus grande Eccentricité de Mars est 970. La plus petite A B 485. Donc la moyenne A C est 727 $\frac{1}{2}$ part. posant le semidiametre de l'Eccentrique de Mars 10000.

Finalement le moyen Apogée de Saturne F se meut selon l'ordre des signes, & fait par iour 12 tierc. 53 quart. 18 quint. 50 sext.
Celuy de Iupiter fait par iour   9   53   41   3
Et celuy de Mars - - - - 13   2   51   4

Demonstration du mouuement apparent de Saturne.

VEv que les demonstrations du second mobile sont appuyées sur les obseruations des plus expers & excellens Astronomes; Et pour ce ie prendray pour l'Exemple de Saturne, Iupiter & Mars, les obseruations tres-exactes de Tycho Brahe. Et premierement celle de Saturne faite l'an 1587. le 15. Ianuier, selon l'ancien stile, qui respond au Gregorien le 25. Ianuier, à 5 heures 45 min. à Vranibourg, & reduit au Meridien de Paris fait 4 heur. 51 min. aprés midy, auquel temps Saturne fut obserué au 26 deg. 24 m. d'Aries, auec 2 deg. 25 min. de latitude Australe, comme il appert en ses Epistres page 56. pour lequel temps les moyens mouuemens sont tels.

	sex.	deg.	min.	sec.
Le moyen mouuement du Soleil	5	4	6	27
Le moyen mouuement de Saturne	0	37	8	34
L'Anomalie du Centre	2	11	31	35
Le moyen Apogée	4	25	36	59
Le mouuement du Centre	4	23	3	10

E e ij

Soit premierement tirée la ligne de la plus grande Eccentricité A D , en laquelle soit prise la moyenne Eccentricité A c : & du poinct c, de l'interuale de la difference entre la plus grande & la moyenne eccentricité, sçauoir c D, ou c B 285 part. soit décrit le petit cercle B D B , auquel soit conté le mouuement du centre 263 deg. 3 m. 10 sec. de B par D en c : & sera le demy cercle B D, & l'excez D e 83 deg. 3 m. 10 sec. le sinus duquel e f est 9926 & celuy de son côplement c f 1209. part. posant le sinus total c e 10000. Mais posât c e de 285, e f est 283, & c f 34 $\frac{47}{100}$. Or A B est 570, B c 285, & c f 34 $\frac{47}{100}$. Donc la toute A f, sera 889 $\frac{47}{100}$.

Secondement soit décrit du centre e, l'Eccentrique de Saturne F G H, auquel soit conté l'Anomalie du centre F G 131 deg. 31 m. 35 sec. Son sinus G I est 7486. & le sinus du complement I e 6629. Or adioustant à G I la ligne K I 283, c'est à dire son egale e f, le produit sera 7769. pour G K ; & au contraire ostant de I e 6629. ou f K son egale la ligne A f 889 $\frac{47}{100}$, le reste sera A K 5739 $\frac{53}{100}$.

Maintenant au triangle rectangle A K G, les deux costez K G 7769. & A K 5739 $\frac{53}{100}$ sont donnez ; parquoy l'angle K A G, sera de 53 deg. 33 min. Car

Comme A K 5739 $\frac{53}{100}$ est à G K 7769 : Ainsi 10000. est à G K 13538. tangente de l'angle A 53 deg. 33 min. Or l'angle K D G 48 deg. 28 min. 35 sec. est egal à l'angle H e G par la 29 p. 1. Donc l'angle D G A , qui est la difference d'iceux angles sera de 5 deg. 4 min. 25 sec. pour la Prostapherese du centre subtractiue. Ostant donc icelle du moyen mouuemént de Saturne 37 d. 8 m. 34 sec. il reste la longitude centrique de Saturne 32 deg. 4 min. 9 sec.

En aprés au mesme Triangle rectangle A K G, le costé K G 7769. estant cogneu auec l'angle A, 53. deg. 33. min. on aura la base G A de 9659. presque : Car

Comme G K 10000. est à G K 7769. Ainsi 12432. A G secante

de 36 deg. 27 min. eſt à A G 9658. preſque.

Finalement ſoit oſtée la longitude Centrique de Saturne 32 d. 4 m. 9 ſec. du moyen mouuement du Soleil 5 ſex. 4 deg. 6 min. 27 ſec. & reſtera l'Anomalie de l'Orbe correcte 1 m n 4 ſex. 32 deg. 1 min. 18 ſec. dont le demy cercle oſté 1 m, reſte m n 92 d. 1 min. 18 ſec. ou l'angle m G n.

Parquoy au Triangle obliquangle n G A, les coſtez n G 1007. & G A 9659. ſont donnez auec l'angle qu'ils comprennent n G A 92 deg. 1 min. 18. ſec. & partant l'angle A de la Proſtapherese de l'Orbe ſera 5 deg. 55 min. 31 ſec. ſouſtract. Car

Comme 10666. la ſomme des coſtez, eſt à leur difference 8652 ; Ainſi la tangente 96532. de 43 deg. 59 min. 21 ſec. moitié des angles incognus eſt à 78308 tangente de 38 deg. 3. min. 50 ſec. laquelle eſtant oſtée de 43 deg. 59 min. 21 ſec. il reſte la Proſtapherese de l'Orbe 5 d. 55 min. 31 ſec. ſubtractiue. l'oſte donc 5 deg. 55 min. 31 ſec. de la longitude Centrique de Saturne 32 deg. 4 m. 9 ſec. & reſtent 26 d. 8 min. 38 ſec. pour la longitude apparente de Saturne, depuis le moyen Equinoxe. A quoy adiouſtant l'Equation des Equinoxes 16 min. 8. ſec. il vient 26 deg. 24 min. 46 ſec. c'eſt à dire 26 deg. 24 min. 3 quarts du ſigne d'Aries pour le vray lieu de Saturne depuis le vray Equinoxe, qui conuient entierement à l'obſeruation de Tycho Brahe.

Que ſi on veut ſçauoir la diſtance de Saturne au centre de la terre A n, il faut prendre le Triangle A G n, auquel tous les angles ſont donnez auec le coſté G n 1007; Parquoy on aura facilement le coſté A n, en cette maniere.

Si 1030. ſinus de l'angle A 5 deg. 55 min. donne G n 1007; combien donnera le ſinus du complement de l'angle G 9994 ? Reſp. 9770. pour le coſté A n, diſtance de Saturne au Centre de la Terre.

Demonſtration du vray mouuement de Iupiter.

L'An 1587. le 14 Ianuier au ſtile Iulian, qui reuient au Gregorien le 24 Ianuier, à 8 heures aprés midy, Tycho Brahe obſerua Iupiter à Vranibourg au 7 deg. 19 min. de Cancer, auquel temps les moyens mouuemens s'enſuiuent.

E e iij

	fex.	*deg.*	*min.*	*fec.*
Le moyen mouuement du Soleil	5	3	13	20
Le moyen mouuement de Iupiter	1	36	30	10
Le moyen mouuement de l'Apogée	3	2	54	55
Donc l'Anomalie du Centre	4	33	35	15
Le mouuement du Centre	3	7	10	30

Soit premierement menée la ligne A D de la plus grande Eccentricité de Iupiter 916 part. & en icelle ayant prife la moyenne
Eccentricité A c 687 part.du centre c,& interuale de la difference
entre la plus grande & moyenne Eccentricité c D,ou c B 229 part.
Soit décrit le petit cercle du mouuement du centre B D B, auquel
foient contez 187 deg. 10 m. 30 fec.de B par D en e,& fera B D le
demy cercle, & l'Excez D e 7 deg. 10 m. 30 fec. & fon finus e f
1249.& le finus defon complement c f 9921 pofant le rayon c e
10000. Mais pofant c e 229, e f eft 28 $\frac{1}{3}$: & c f 227. Or A B
eft 458, B c 229, & c f 227: donc la toute A f eft 912.

Secondement, du centre e, soit décrit l'Eccentrique de Iupiter F H G F,
auquel soit contée l'Anomalie du centre F H G 273 deg. 35 min. 15 fec. & fera le demy cercle F H , & H G l'arc
reftant 93 deg. 35 min. 15 fec. le com
plement duquel au demy cercle eft
86 deg.24 min.45 fec. & fon finus G I
9980. part.& le finus de fon complement I e 626 $\frac{2}{3}$. Or oftant I K ou e f
fon egale 28 $\frac{1}{3}$ de G I 9980, le refte
fera G K 9951 $\frac{2}{3}$. Et adiouftant I e,

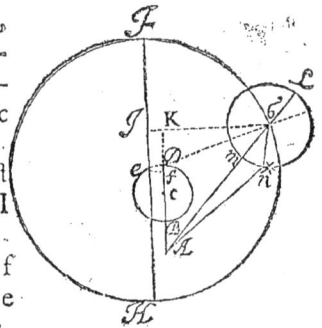

ou K f fon egale 626, auec A f 912, on aura A K 1538 $\frac{2}{3}$ ou 1539.
afin d'éuiter les fractions.

Maintenant au Triangle rectangle A K G, les deux coftez K G
9952, & A K 1539 font donnez ; Parquoy l'angle A fera de 81 deg.
12 m. 33 fec. Car

Comme A K 1539 *eft à K G* 9952 *; Ainfi A K* 10000. *eft à*
64665 *tangente de* 81 *deg.* 12 *m.* 33 *fec.* Or l'angle K D G 86 deg.
24 min.45 fec. eft egal à l'angle I e G par la 29 p. 1. Donc l'an-

gle D G A, qui eſt la difference de ces deux angles, eſt 5 deg. 12 m.
12 ſec. pour la Proſtapiereſe du centre additiue. Adiouſtant donc
au moyen mouuement de Iupiter 1 ſex. 36 deg. 30 min. 10 ſec. cette
Proſtapiereſe du Centre, il vient la longitude centrique de Iupiter
1 ſex. 41. deg. 42 min. 22 ſec.

En aprés au meſme Triangle rectangle A к G, eſtant donné le
coſté к G 9952 auec l'angle oppoſé A 81 deg. 12 min. 33 ſec. on
trouue la baſe G A 10070. Car

Comme K G 10000. eſt à K G 9952; Ainſi 10119 A G ſecan-
te du complement de l'angle A, eſt à A G 10070.

Finalement ſoit oſtée la longitude centrique de Iupiter du moyen
mouuement du Soleil, & reſtera l'Anomalie de l'Orbe correcte
1 m n, 3 ſex. 21 deg. 31 min. dont oſtant le demy cercle 1 m, reſte
l'arc m n, 21 deg. 31 min. ou l'angle A G n.

Parquoy au Triangle obliquangle A n G, les deux coſtez G n
1852, & A G 10070. ſont donnez auec l'angle qu'ils comprennent A G n, 21 deg. 31 min. Donc l'angle A de la Proſtapiereſe de
l'Orbe ſera 4 deg. 39 min. 8 ſec. Car

Comme la ſomme des coſtez $\frac{10070}{\substack{1852 \\ 21194}}$ *eſt à leur difference* $\frac{10070}{\substack{1852 \\ 8218}}$ *; Ainſi*
526315 tangente de la moitié des angles incogneus eſt à 362796 tan-
gente de 74 deg. 35 min. 22 ſec. laquelle eſtant oſtée de 79 deg.
14 min. 30 ſec. il reſte la Proſtapiereſe de l'Orbe 4 deg. 39 min.
8 ſec. ſubtractiue. L'oſte donc 4 deg. 39 min. 8 ſec. de la longitude
centrique de Iupiter, & reſte la vraie longitude de Iupiter depuis
le moyen Equinoxe 1 ſex. 37 deg. 3 min. 14 ſec. A quoy adiouſtant
la Proſtapiereſe des Equinoxes 16 m. 8 ſec. il vient la vraie longitude de Iupiter depuis le vray Equinoxe 1 ſex. 37 deg. 19 min.
22 ſec. c'eſt à dire au 7 deg. 19 min. de Cancer, comme monſtre
l'obſeruation de Tycho.

Et pour trouuer la diſtance de Iupiter au centre de la terre A n,
il faut prendre le meſme Triangle A G n, auquel tous les angles
ſont cognus auec le coſté G n 1852, & dire.

Si G n 811 ſinus de l'angle A, donne G n 1852, combien A n
3667 ſinus de l'angle G? Reſp. 8386 A n diſtance de Iupiter au
centre de la terre.

Demonſtration du mouuement apparent de Mars.

L'An 1587. le 15 Ianuier, à l'ancien Calendrier, qui reſpond au 25 Ianuier à noſtre Calendrier Gregorien, à 15 heur. 50 min. à Vranibourg, & à Paris 14 heures 56 min. Tycho Brahe obſerua Mars au 4 deg. 2 min. de Libra, auquel temps les moyens mouue-mens neceſſaires au calcul ſont tels.

	ſex.	deg.	min.	ſec.
Le moyen mouuement du Soleil	5	4	31	48
Le moyen mouuement de Mars	2	34	20	38
L'Apogée	2	25	13	29
Donc l'Anomalie du Centre	0	9	7	9
Et le mouuement du Centre	0	18	14	18

Ayant menée la ligne AD de la plus grande Eccentricité de Mars 970, & en icelle priſe la moyenne Eccentricité A c 727 $\frac{1}{2}$ ſoit décrit du centre c, de l'interuale c D ou c B. 242 $\frac{1}{2}$, (qui eſt la difference en-tre la plus grande & la moyenne Ec-centricité) le cercle du mouuement du centre B D B, auquel ſoit con-té le mouuement du centre B e, 18 deg. 14 min. 18 ſec. le ſinus de cet arc B e eſt e f 3129, & le ſinus de ſon complement c f 9497, poſant c e 10000. Mais poſant c e 485, (afin d'euiter les fractions) e f eſt 152 preſque, & c f 460, lequel nombre eſtant oſté de c B 485, reſtent 25 pour B f. Or A B eſt 970, & B f 25. Donc la toute A f eſt 995.

En aprés ſoit décrit du centre e, l'Eccentrique de Mars FGHF auquel ſoit contée l'Anomalie du centre F G 9 deg. 7 min. 9 ſec. ſon ſinus G I eſt 1585, & le ſinus de ſon complement I e 9873. Or oſtant de G I 1585 K I, ou e f ſon egale 152, le reſte G K ſera 1433: & adiouſtant I e 9873, ou ſon egale K f, auec A f 995, feront 10868 pour AK. Maintenant au Triangle rectangle AKG, les deux coſtez K G 1433, A K 10868 ſont donnez: Parquoy l'an-gle

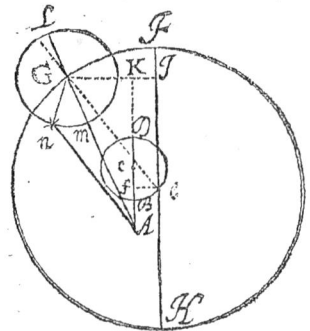

gle A G K sera 82 deg. 29 min. 15 sec. Car

Comme K G 1433 *est à* 10000; *Ainsi* A K 10868 *est à* 75831 *tangente de* 82 deg. 29 min. 15 sec. *de l'angle* A G K. Or l'angle e G I 80 deg. 52 min. 51 sec. est egal à l'angle K G e par la 29 p. 1. Donc l'angle A G e difference desdits angles est 1 deg. 36 min. 24 sec. pour la Prostapherese du centre soubtractiue. Ostant donc 1 deg. 36 min. 24 sec. du moyen mouuement de Mars 2 sex. 34 d. 20 min. 38 sec. Reste la longitude centrique de Mars 2 sex. 32 d. 44 m. 14 sec.

En outre au mesme Triangle rectangle A κ G, estant donné le costé A K 10868 auec l'angle qui luy est apposé A G K 82 deg. 29 min. 15 sec. on trouuera la base G A 10962, ainsi.

    A K   A K   A G secante de A.

Si 100000 donne 10868 combien 100866?

Resp. 10962 pour la base A G.

Finalement soit ostée la longitude centrique de Mars du moyen mouuement du Soleil, & restera l'Anomalie de l'Orbe 2 sex. 31 d. 47 min. 34 sec. correcte 1 n. Dont le complement au demy cercle est l'arc n m 28 deg. 12 min. 26 sec. ou l'angle A G n.

Parquoy au Triangle obliquangle A n G, les deux costez G n 6580, & A G, 10962 sont donnez auec l'angle qu'ils comprennent A G n, 28 deg. 12 min. 26 sec. Et partant l'angle A de la Prostapherese de l'Orbe sera 31 deg. 3 min. $\frac{1}{2}$ additiue. l'adiouste donc 31 deg. 3 min. $\frac{1}{2}$ auec la longitude centrique de Mars 2 sex. 32 deg. 44 min. 14 sec. & aussi la Prostapherese des Equinoxes 0 sex. 0 deg. 16 min. 8 sec. & le produit donne le vray lieu de Mars 3 sex. 4 deg. 3 min. 52 sec. depuis le vray Equinoxe, fort proche de l'obseruation de Tycho, à sçauoir au 4 deg. 3 min. de Libra.

Et pour trouuer la distance de Mars au centre de la terre, il faut aussi prendre le mesme Triangle A G n, auquel tous les angles sont cognus auec le costé G n 6586; Parquoy faut dire.

Si 51591 G n sinus de l'angle A, donne G n 6586, combien A n 47267? Resp. 6034 pour A n, distance de Mars au centre de la terre.

                                 F f

CHAP. IX.

De la Theorie de Venus.

Ette Theorie eſt auſſi compoſée de trois Orbes, ſans y comprendre le Zodiaque, duquel le centre A eſt commun auec le centre de la terre, & pource elle ne differe en rien de la Theorie des trois Planetes ſuperieurs, ſinon en la periode & proportion des Orbes.

Le premier Orbe eſt l'Eccentrique F H G, décrit du centre E mobile, auquel Orbe Venus fait par chacun iour ſelon l'ordre des ſignes 36 min. 59 ſec. 29 tierc. 29 quart. 11 quint. 6 ſext.

Le ſecond eſt le petit cercle du mouuement du centre B e D B, auquel le centre e ſe meut de B vers D, auſſi ſelon l'ordre des ſignes, d'vn mouuement double de celuy du Planete, commençant en l'Apogée F de l'Eccentrique; lequel mouuement varie continuellement le lieu de l'Apogée du Planete, & auſſi l'Eccentricité.

La troiſiéme eſt l'Epicycle annuel 1 m 1, auquel on conte l'Anomalie de l'Orbe, le ſemidiametre duquel contient 7193 part. poſant le ſemidiametre de l'Eccentrique 10000.

La plus grande Eccentricité A D eſt de 349. part. La moindre A B de 145 part. La moyenne A C de 247 part.

Finalement le moyen Apogée de Venus F, fait par chacun iour 14 tierc. 5 quart. 59 quint. 30 ſext.

Demonſtration du mouuement apparent de Venus.

L'An 1587. le 15. c'eſt à dire le 25. Ianuier au ſtile Gregorien à 5 heur. 40 min. apres midy à Vranibourg, & à Paris à 4 heures 46 min. Tycho Brahe obſerua Venus au 16 deg. 55 min. de Piſc. auquel temps les moyens mouuemens ſont tels.

	fex.	deg.	min.	fec.
Le moyen mouuement du Soleil	5	4	4	16
L'Apogée de Venus	1	30	31	34
Donc l'Anomalie du Centre	3	33	32	42
Et le mouuement du Centre	1	7	5	24
L'Anomalie moyenne de l'Orbe	2	37	8	49

Ayant menée la ligne A D de la plus grande Eccentricité de Venus, & en icelle prise la moyenne Eccentricité A c du centre c, de l'interuale c D ou c B, 102 part. soit décrit le petit cercle du mouuement du centre B e D B, auquel soient contez 67 deg. 5 min. 24 fec. de B en e, & sera l'arc B e 67 deg. 5 min. 24 fec. & son sinus e f, 9211 & le sinus de son complement f c, 3893 part. posant c e 10000. Mais posant c e 102 e f est 94 & ç f 40, lesquelles estant ostees de B c, 102 reste f B 62. Or A B est 145, & B f 62. Donc la toute A f est 207.

Secondement soit décrit du centre e, l'Eccentrique de Venus F H G F, auquel soit contee l'Anomalie du centre F H G 213 deg. 32 min. 42 fec. dont ostant le demy cercle 180 deg. F H, restera l'arc H G 33 deg. 32 min. 42 fec. Le sinus duquel G I est 5526, & le sinus de son complement I e 8334. Or adioustant K I 94, ou son egale f e auec I G 5526, il viendra K G, 5620. Et ostant A f 207 de K f ou son egale I e 8334, il restera A K 8127.

Maintenant au Triangle rectangle A K G, les deux costez K A 8127, & K G 5620 sont donnez ; Parquoy l'angle A G K sera 34 deg. 40. min. Car

Comme 8127 A K est à 10000; Ainsi K G 5620 est à 6915 tangente de 34 deg. 40 m. pour l'angle G, duquel ostant l'angle I e G 33 d. 32 min. 42 fec. reste 1 deg. 7 min. 18. fec. pour la Prostapherese du centre A G e additiue. l'adiouste donc 1 deg. 7 min. 18 fec. au moyen mouuement du soleil (d'autant qu'il est egal à celuy de

Venus) 5 sex. 4 deg. 4 min. 16 sec. & prouient la longitude Centrique de Venus 5 sex. 5 deg. 11 min. 34 sec.

En aprés au mesme Triangle A K G, estant donné le costé A κ 8127, auec l'angle qui luy est opposé A G κ 55 deg. 20 min. on trouue la base A G 9881. Car

de 34 deg. 40 min.

Comme 100000 *est à* 8127; *Ainsi la secante* 12158 *est à* 9881 *A G.*

Finalement soit ostée la Prostapherese du Centre 1 deg. 7 min. 18 sec. de la moyenne Anomalie de l'Orbe 0 l n, 2 sex. 37 deg. 8 min. 49 sec. pour auoir l'Anomalie de l'Orbe egalée 1 n 2 sex. 36 deg. 1 min. 31 sec. dont le complement au demy cercle est l'arc n m 23 deg. 58 min. 29 sec. ou l'angle A G n; Parquoy au Triangle obliquangle A n G, les deux costez A G 9881, n G 7193 sont donnez auec l'angle qu'ils comprennent A G n 23 deg. 58 min. 29 sec. Donc l'angle A de la Prostapherese de l'Orbe sera de 41 d. 27 min. 25 sec. Car

Comme la somme des costez 17074 *est à leur difference* 2688; *Ainsi* 470970 *tangente de la moitié de la somme des deux angles incogneus est à* 74146 *tangente de* 36 deg. 33 min. 20 sec. laquelle estant ostée de 78 deg. 0 min. 45 sec. reste 41 deg. 27 min. 25 sec. pour la Prostapherese de l'Orbe additiue. J'adiouste donc à la Longitude Centrique de Venus, 5 sex. 5 deg. 11 min. 34 sec. La Prostapherese de l'Orbe 41 deg. 27 min. 25 sec. Auec la Prostapherese des Equinoxes 16 min. 8 sec. & prouient le vray lieu de Venus depuis le vray Equinoxe 5 sex. 46 deg. 55 min. 7 sec. C'est à dire au 16 d. 55 min. 7 sec. de Pisc. entierement conforme à l'obseruation.

Et pour trouuer la distance de Venus au centre de la terre, il faut aussi considerer le Triangle obliquangle A G n, auquel tous les angles sont cognus auec le costé G n de 7193 part. Parquoy faut dire.

Si 66206, G n, donne G n, 7193 part. Combien 40634 A n?

Resp. 4415 pour A n distance de Venus au centre de la terre.

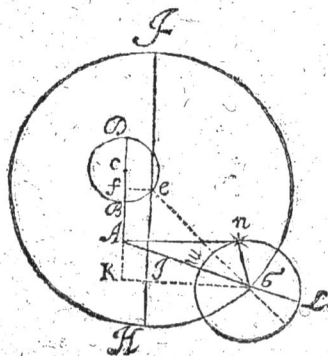

CHAP. X.

De la Theorie de Mercure.

A, Centre du Zodiaque, I k l m. Epicycle de Mercure, décrit du centre mobile F, lequel Epicycle se meut en l'Orbe Eccentrique F k H F, de F vers k, d'Occident en Orient, & fait par iour 3 deg. 6 min. 24 sec. 12 tierc. 1 quart. 8 quint. 6 sext.

La plus grande Eccentricité A D est 947 part. posant le semidiametre de l'Eccentrique de 10000.

La moyenne Eccentricité A c 735. La plus petite Eccentricité A B 523. Le semidiametre de l'Epicycle F L contient 3573.

Le petit cercle du mouuement du centre D e B D est décrit du centre c, de l'interualle c D, ou c B, 212. qui est la difference entre la plus grande Eccentricité & la moyenne. En ce cercle le centre B de l'Eccentrique se meut de D vers e, d'Occident en Orient, par vn mouuement double à celuy du Soleil.

L'Anomalie de l'Estoille de Mercure O N O, se meut selon l'ordre des signes par vn mouuement reciproque, sur le Diametre N I O, contenant 380. des mesmes parties. Et la periode de ce mouuement est égale à celle du mouuement du Centre de l'Eccentrique.

Finalement le moyen Apogee de Mercure F, fait par iour selon l'ordre des signes 18 tier. 51 quart. 36 quint. 20 sext.

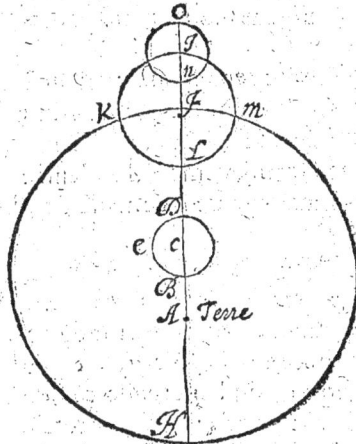

Demonstration du vray mouuement de Mercure.

L'An 1587. le 14. Ianuier au ftile Iulian, qui reuient au 24. Ianuier du Gregorien, à 5 heures 15 m. apres midy, Tycho Brahé obferua Mercure au 21 d. 7 m. de Aquar. en fon chafteau d'V-
ranibourg, & au Meridien de Paris à 4 heures 21 m. auquel temps
les moyens mouuemens font tels.

	Sex.	deg.	min.	fec.
Le moyen mouuement du Soleil	5	3	6	35
Le moyen Apogee de Mercure	3	58	0	0
Donc l'Anomalie du Centre eft	1	5	6	35
Et le mouuement du Centre	2	10	13	10
La moyenne Anomalie de l'Orbe	2	9	6	46

Soit menee la ligne A D de la
plus grande Eccentricité 947.
en laquelle foit prife la moyenne Eccentricité A c 735. & du
centre c, de l'interualle c D, ou
c B, 212 foit décrit le petit cercle
du mouuement du centre D B e,
auquel foit conté de D vers e, 130
d. 13 min. 10 fec. & le complement au demy cercle fera e B,
49 deg. 47 min. dont le finus e f,
eft 7636. part. pofant le finus total de 10000. & le finus du com-

plement f e, 6456. Mais pofant le rayon c e, 212. e f eft 162. prefque, & c f 136. lefquels eftant oftez de B c 212. refte B f 76. Or
A B eft 523. & B f 76. donc la toute A f eft 599.

En apres foit décrit du Centre e l'Eccentrique de Mercure F G
H F, auquel foit contée l'Anomalie du Centre F G 65 d 6 m. 35 fec.
fon finus G I fera 9071. & le finus de fon complement I e 4208.
Or adiouftant à G I 9071. I k ou fon égale e f 162. il vient G k
9233.

Item, adiouftant K f ou fon egale I e 4208. auec A f 599, prouiendra A K 4807.

Maintenant au Triangle rectangle A K G, les deux costez A K 4807. & G K 9233. font donnez; Parquoy l'angle A se trouuera de 62 deg. 29 m. 50 sec. ainsi.

A k   A K   A K

Si 4807. donne 10000. combien G K 9233? Resp. 19208. tangente de 62 d. 29 min. 50 sec. laquelle estant ostee de l'Anomalie du Centre ou (qui est le mesme) de l'angle f e G 65 d. 6 m. 35 sec. il reste 2 d. 36 m. 45 sec. pour l'angle e G A, de la *Prostapherese du Centre* soustractiue. l'oste donc 2 d. 36 m. 45 sec. du moyen mouuement du Soleil, & reste la longitude Centrique de Mercure 5 sex. 0 d. 29 m. 50 sec. En apres au mesme Triangle rectangle A K G estant donné vn des angles aigus auec vn costé, on cognoistra la base A G, ainsi.

A K   A G

Si 100000. donne G K 9233. combien 112738. secante de 27 d. 30 m. 10 sec. Resp. 10409. pour le costé A G.

En outre soit adioûtee la Prostapherese du Centre à l'Anomalie de l'Orbe moyenne, & viendra l'Anomalie de l'Orbe correcte ou égalée 1 o m, 2 sex. 11 d. 43 m. 31 sec.

En apres du centre m, soit décrit le petit cercle de l'Anomalie du mouuement reciproque n p q, auquel soit conté vn mesme mouuement que celuy du mouuement du centre, sçauoir 130 d. 13 min. de n en p, & l'arc n p sera 130 d. 13 m. & le complement au demy cercle l'arc m s 49 d. 47 m. & son sinus p r 7636. & le sinus de son complement r m 6456. posant le sinus total m q 10000. mais le posant 190. m reste 122. lequel nombre estant adioûté à n m 190. produict n m r 312. Or adioûtant n m r 312 au semidiametre de l'Orbe de Mercure G n 3577. produit le vray semidiametre de l'Orbe de Mercure G m r 3889. en cette situation.

Maintenant au Triangle obliquangle A r G, les deux costez A G 10409. & G m r 3889. sont donnez auec l'angle qu'ils comprennent r G A mesuré par l'arc m s, 49 d. 47 m. Parquoy l'angle de la Prostapherese de l'Orbe r G A, sera 20 d. 21 m. 22 sec. car

Comme la somme des costez 14298. est à leur difference 6520. Ainsi 223335. tangente de la moitié de la somme des deux angles incogneus est à 101842. tangente de 45 d. 31 m. 23 sec. laquelle estant ostee de 65 d. 52 m. 45 sec. il reste 20 d. 21 m. 22 sec. pour la Prostapherese de l'Orbe Additiue. i'adioûste donc à la longitude centrique de Mercure, 5 fex. o d. 29 m. 50 fec. la Proftapherefe de l'Orbe o fex. 20 d. 21 m. 22 fec. & auffi celle des Equin. o fex. o d. 16 m. 8 fec. afin d'auoir le vray lieu de Mercure 5 fex. 21 d. 7 m. 20 fec. depuis le vray Equinoxe, c'eft à dire au 21 d. 7 m. de Aquar. entierement conforme à l'obferuation.

Et pour trouuer la diftance de Mercure au centre de la terre, il faut, comme és precedentes Theories, prendre le Triangle A G r, auquel tous les angles font cogneus auec le cofté G r 3889 ; Parquoy faut dire :

Si G r 34784. donne G r, 3889. combien A r, 74635? Refp. 8345 prefque pour A r, diftance de Mercure au centre de la terre.

Fin de la premiere Partie.

SECONDE PARTIE.

CHAPITRE I.

De la Theorie des trois Planetes superieurs, selon la Latitude.

AYANT iusques icy traitté du mouuement de la Longitude des Planetes, il reste maintenant à expliquer celuy de la Latitude, lequel est commun à tous les Planetes, excepté au Soleil : pource que le plan des Eccentriques, ausquels les Planetes sont portez, s'incline au plan de l'Ecliptique, & la couppe au centre du monde, par vne obliquité fixe, tant aux Planetes superieurs, qu'aux inferieurs, excepté la Lune, comme il a esté dit en la Theorie de la latitude de la Lune. Mais la superficie de l'Eecentrique du Soleil est tousiours conforme & correspondante à l'Ecliptique : Car on la conçoit estre décrite par le mouuement annuel du Soleil. Et faut noter que la latitude tant des trois Planetes superieurs, que des deux inferieurs n'est pas simple, comme celle de la Lune, mais variable, & se considere en deux manieres.

La premiere est celle qui se remarque en l'angle qui est fait de l'inclination du plan de l'Eccentrique de chaque Planete à celuy de l'Ecliptique, & est appellee Centrique, d'autant qu'elle se collige de la distance de la longitude Centrique à l'vn ou l'autre des Nœuds, & de l'inclination de son Orbe.

L'autre est celle qui est veuë de la terre, & c'est la vraie latitude, laquelle se collige de la latitude Centrique du Planete,

Gg

& de la diſtance d'iceluy au centre de la terre.

Soit donc en la figure ſuiuante l'Orbe F C G E le plan
de l'Ecliptique, auquel eſt incliné l'Orbe du Planete ſuperieur B C D E, d'vne inclination fixe F B, de 2 deg.
31 min. en Saturne : en Iupiter 1 deg. 20 min. & en Mars
1 deg. 50 min. Le limite Boreal de cette latitude ſoit B ,
le limite Auſtral D, le Nœud
aſcendant E , le Nœud deſ-
cendant C. Or ces quatre
termes ſont fixes en Iupiter;
mais en Saturne ils ſe meuuent ſelon l'ordre des ſignes ,faiſant
par iour 11 tier. 0 quart. 24 quint. 20 ſext. Et en Mars 6 tierc.
34 quatt. 31 quint. 14 ſext.

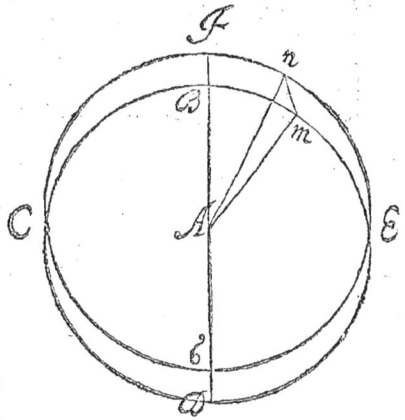

Soit, par exemple, le Planete en M , & la Terre en A , on
dira :

*Comme le ſinus total E B , eſt au ſinus E M, de la diſtance du Pla-
nete au Nœud Boreal E ; Ainſi le ſinus B F de l'inclination de l'Orbe
du Planete ,eſt au ſinus M N de la latitude Centrique du Planete.*

En aprés : *Comme A M diſtance du Planete au centre de la Terre
eſt au ſinus M N de la latitude Centrique du Planete ; Ainſi A M ,
ſinus total eſt à M N ſinus de l'angle N A M de la vraie latitude du
Planete.*

DEMONSTRATION.

IL y a trois choſes neceſſaires à ſçauoir en la Theorie de la latitude des trois Planetes ſuperieurs. Premierement la longitu-
tude centrique du Planete. Secondement le moyen mouuement du Nœud Boreal. Finalement la diſtance du Planete au
centre de la Terre : leſquelles choſes eſtans données ,il eſt facile
à colliger la latitude de chacun des Planetes ſuperieurs.

Exemple de la Latitude de Saturne.

L'An de Nabonnaffare 519. le 22. iour de Tybi au foir, la latitude de Saturne fut obferuée en Alexandrie, prefque la mefme que la latitude de l'Eftoile fixe en l'efpaule Auftrale de la Vierge, laquelle eftoit alors 2. d. 43 m. Boreale: auquel temps la longitude centrique de Saturne eftoit 2 fex. 38 d. 51 m. 57 fec. & le moyen Nœud Boreal, 1 fex. 21 deg. 0 min. 0 fec. La diftance de Saturne au centre de la terre 9105, pofant le femidiametre de l'Orbe Eccentrique de Saturne 10000.

Soit premierement ofté le moyen mouuement du Nœud Boreal, 1 fex. 21 deg. de la longitude centrique de Saturne, & reftera la diftance de Saturne depuis le Nœud Boreal, 1 fex. 17 deg. 51 min. 57 fec. En aprés foit contee cette diftance en l'Orbe de Saturne B C D E, & fera l'arc E M 77 deg. 52 min. & le lieu de Saturne en M.

Maintenant au Triangle fpherique rectangle E N M la bafe E M eft donnée, auec l'angle de l'inclination de l'Orbe M E N, 2 deg. 31 min. Parquoy N M, latitude centrique, fera de 429: Car

Comme E B 10000 *finus total*, *eft au finus* B F 439; *Ainfi le finus* E M 9776 *eft au finus* M N 429.

En apres ayant menée la ligne A M, qui fera la diftance de Saturne au centre de la Terre, le Triangle rectiligne rectangle A N M, aura la bafe A M, donnée 9105, auec le cofté N M 429, & partant l'angle A de la vraie latitude de Saturne eft 2 d. 42 min. Boreale. Car

Comme A M 9105 *eft à* M N 429; *Ainfi* A M 10000, *eft à* M N 471 *finus de* 2 deg. 42 min. *pour la vraie latitude de Saturne Boreale afcendante*; d'autant que l'arc E M de la diftance du Planete tend du Nœud afcendant E vers le limite Boreal B. Or cette latitude eft prefque la mefme que celle de l'Eftoile fixe, 2 deg. 43 min. obferuée en Alexandrie; Et partant cette Theorie eft veritable, eftant conforme à l'obferuation.

Exemple de la latitude de Iupiter.

L 'An de Nabonnaſſare 507. le 17. iour d'Epephi à 16 heures, 40 min. on obſerua en Alexandrie la latitude de Iupiter eſtre meſme que la latitude de l'Aſne Auſtral, laquelle eſtoit alors 2 deg. 10 min. Auſtrale. Et en ce temps-là eſtoit la longitude centrique de Iupiter 1 ſex. 27 deg. 35 min. 35 ſec. Le lieu du Nœud Boreal de Iupiter 1 ſex. 35 deg. 30 min. 0 ſec. Et la diſtance de Iupiter au centre de la Terre 10916 part. poſant le ſemidiametre de Iupiter de 10000.

Soit donc oſté le lieu du Nœud Boreal de Iupiter de la longitude centrique d'iceluy, & il reſte la diſtance de Iupiter au Nœud Boreal 352 deg. 6 min.

En apres ſoit conté en l'Orbe de Iupiter B C D E, de E par B en M, la diſtance de Iupiter depuis le Nœud Boreal, & ſera l'arc E B M, 352 deg. 6. min. & l'arc E M reſtant au cercle entier, 7 d. 54 m.

Or l'inclination de l'Orbe de Iupiter eſt 1 deg. 20 m. & ſon ſinus D G 233; & partant M N eſt 32: Car

Comme E D 10000, *eſt à* D G 233; *Ainſi* E M 1347 *ſinus de 7. deg. 54 min. eſt à* M N 32.

En apres au Triangle rectangle A N M eſtant donnée la baſe A M 10916 & le coſté M N 32, on trouue l'angle M A N, 0 deg. 10 min. Car

Comme A M 10916 *eſt à* M N 32; *Ainſi* A M 10000 *eſt à* M N 29 *ſinus de 0 deg. 10 min. pour la latitude de Iupiter*, laquelle eſt exactement conforme à l'obſeruation des anciens.

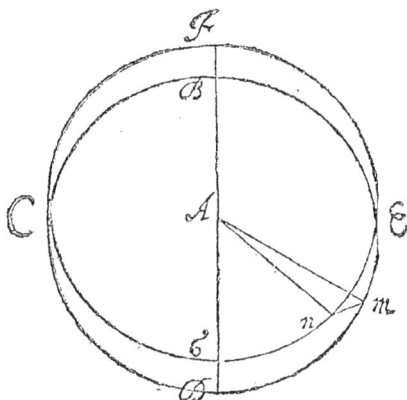

              Exemple

Exemple de la latitude de Mars.

L'An de Nabonnaſſare 476. le 19. iour du mois d'Athyr à
18 heures apres midy, on obſerua en Alexandrie la latitude
de Mars eſtre preſque la meſme que celle de la derniere Eſtoile
au front du Scorpion, laquelle eſtoit alors 1 deg. 15 min. Boreale :
auquel temps eſtoit la longitude centrique de Mars 2 ſex. 51 deg.
57 m. 18 ſec. Le mouuement du Nœud Boreal 0 ſex. 26 d. 28 m.
35 ſec. Et la diſtance de Mars au centre de la Terre 8070 part.
poſant le ſemidiametre de l'Orbe de Mars 10000.

Soit donc oſté le mouuement du Nœud Boreal de la longitude centrique d'iceluy, & reſtera la diſtance de Mars au Nœud
Boreal 145 deg. 28 min. 43 ſec.

En apres ſoit conté en l'Orbe de Mars B C D E, de E par
B en M, la diſtance de Mars
depuis le Nœud Boreal, & ſera l'arc E B M 145 deg. 29 m.
& l'arc C M, qui eſt le reſte
au demy cercle, 34 deg. 31 m.

Or l'inclination de l'Orbe
de Mars eſt 1 deg. 50 m. & ſon
ſinus B F, 320 part. Parquoy
M N eſt 181 : Car

Comme C B 10000, eſt à B F
320 ; Ainſi C M 5666 ſinus de
34 deg. 31 min. eſt à M N 181,
latitude centrique.

En apres au Triangle rectangle A N M, la baſe eſtant donnée A M 8970, auec le coſté M N 181, l'angle N A M ſera
1 deg. 10 min. Car

Comme A M 8970 eſt à M N 181 ; Ainſi A M 10000, eſt à
M N 202, ſinus de l'angle N A M, 1 deg. 10 min. pour la latitude de Mars Boreale, laquelle approche fort prez de la latitude
de la derniere Eſtoile au front de Scorpion, 1 deg. 15 m. Boreale.
Ce qu'il falloit démonſtrer.

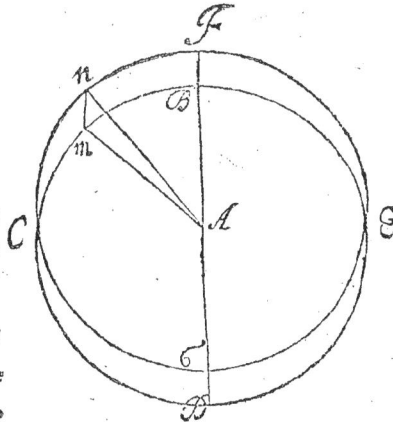

H h

CHAP. II.

De la Theorie de la Latitude des deux Planetes inferieurs.

SOIT l'orbe de Ve-
nus ou de Mercure
BCDE, incliné à
l'orbe FCGE de
l'Ecliptique par l'inclination
fixe BF, laquelle eſt en Venus 3 deg. 30 min. Et en Mercure 6 deg. 16 min. Le Nœud
Boreal ſoit E, l'Auſtral C; le
limite Boreal B, l'Auſtral D:
leſquels quatre termes ſe
meuuent tres lentement ſelon l'ordre des ſignes, faiſant
par iour en Venus 6 tierces,
26 quart. 28 quint. 28 ſext. Et en Mercure 2 tier. 14 quart. 16 quint.
39 ſextes.

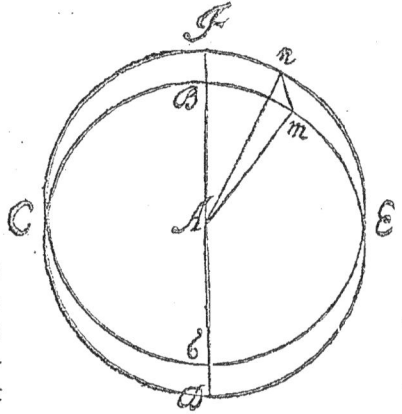

Or poſant le Planete en M, la latitude centrique du Planete ſera MN au reſpect de l'inclination fixe BF. Mais la vraie latitude eſt l'angle MAN, veuë du centre A, comme és trois Planetes ſuperieurs.

Demonſtration de la latitude de Venus.

L'An de Nabonnaſſare 476. le 17. iour de Meſori, Timochare
obſerua en Alexandrie, que l'Eſtoile matutine de Venus
couurit la precedente des 4 Eſtoiles de l'aiſle Auſtrale de la Vierge. Or la latitude de l'Eſtoile eſtoit alors 1 deg. 21 min. Boreale:
Parquoy il falloit que Venus euſt preſque la meſme latitude.

Il faut voir ſi cette Theorie conuient auec l'obſeruation; &
pour ce faire, il y a quatre choſes à cognoiſtre.

Premierement, la longitude Centrique du Planete qui eſtoit alors 3 ſex. 15 deg. 5 min. 5 ſec. Secondement, le mouuement du Nœud Boreal 0 ſex. 50 deg. 55 min. 16 ſec. Troiſiémement, l'Anomalie de l'Orbe 4 ſex. 9 deg. 11 min. 32 ſec. Quarriémement, la diſtance de Venus au centre de la Terre 9943 part. poſant le ſemidiametre de l'Eccentrique de Venus 10000.

Soit premierement oſté le mouuement du Nœud Boreal de la longitude centrique de Venus, & il reſtera la diſtance du Soleil depuis le Nœud Boreal 144 deg. 10 min. à quoy adiouſtant l'Anomalie de l'Orbe, 4 ſex 9 deg. 12 min. il prouient (reiettant le cercle entier) l'arc E M , 33 deg. 22 min. qui eſt la diſtance de Venus au Nœud Boreal.

Maintenant au Triangle rectangle ſpherique E N M , la baſe E M eſt donnée, 33 deg. 22 min. auec l'angle E, de l'inclination de l'orbe de Venus, 3 deg. 30 min. Parquoy la latitude centrique M N ſera 335 part. Car

Comme E B 10000, *eſt à* B F 610 ; *Ainſi* E M 5500 *eſt à* M N 335, poſant le ſinus total A E 10000: mais le poſant 7193, M N eſt 241 Car

Comme 10000 *eſt à* 335; *Ainſi* 7193 *eſt à* 241.

En aprés au Triangle rectangle rectiligne A N M , la baſe A M eſt donnée, qui eſt la diſtance de Venus au centre de la Terre 9943, auec le coſté M N 241; Parquoy l'angle de la vraie latitude N A M, ſera 1 deg. 23 min. Car

Comme A M 9943 *eſt à* M N 241; *Ainſi* A M 10000 *eſt à* M N 242, ſinus de l'angle N A M , 1 deg. 23 min. pour la latitude de Venus Boreale, laquelle eſt preſque meſme que la latitude de l'Eſtoile fixe, 1 deg. 21 min. ſelon l'obſeruation de Timochare.

Exemple de la latitude de Mercure.

L'An de Nabonnaſſare 484. le 18 iour du mois de Thoth, Mercure apparut au matin ſeparé de l'Eſtoile ſuperieure au front du Scorpion vers la partie Boreale, prez d'vn degré : & la latitude de l'Eſtoile fixe eſtoit 1 deg. 15. min. Donc la latitude de Mercure eſtoit prés de 2 deg. 15 min. Et alors eſtoit la longitude centrique de Mercure, 3 ſex. 47 deg. 44 min. 15 ſec. Le mouuement du Nœud Auſtral, 3 ſex. 37 deg. 0 min. 2 ſec. L'Anomalie de l'orbe egalee, 3 ſex. 33 deg. 36 min. 46 ſec. Et la

Hh ij

distance de Mercure au centre de la terre 7506 part, posant le se-midiametre de l'orbe de Mercure 3818 part.

Or ostant le mouuement du Nœud Austral de la longitude centrique, il reste 10 deg. 44 min. à quoy adioustant l'Anomalie de l'orbe, 3 sex. 33 deg. 37 min. il vient 3 sex. 44 deg. 21 min. pour l'arc C D E M, dont ostant le demy cercle CDE, il reste E M, 44 deg. 21 m. qui est la distance de Venus au Nœud Boreal.

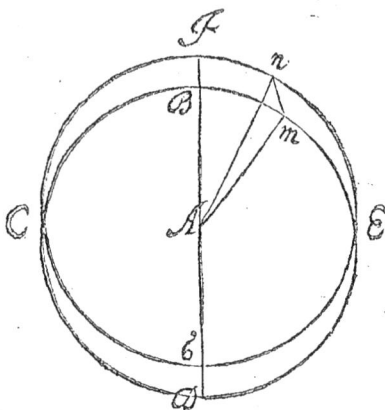

Maintenant au Triangle spherique rectangle ENM, la base E M est donnee, 44 deg. 21 min. auec l'angle E de l'inclination de l'orbe de Mercure, 6 deg. 16 min. Parquoy le costé M N est 763 : Car

Comme E B 10000, est au sinus B F 1092 ; Ainsi le sinus E M 6990 est à M N 763 posant le sinus total A E 10000 : mais le posant 7193, M N est 291 : Car

Comme 10000 est à 763 ; Ainsi 3818 est à 291.

En aprés au Triangle rectiligne A N M, la base A M distance du Planete au centre de la Terre 7506, auec le costé M N 291; Parquoy l'angle M A N sera de 2 deg. 13 min. Car

Comme A M 7506, est à M N 291 ; Ainsi A M 10000, est à M N 387 sinus de l'angle M A N, 2 deg. 13 min. pour la latitude de Mercure Boreale, qui approche fort de celle qui a esté obseruée 2 deg. 15 min.

Ayant maintenant expliqué les Theories de tous les Planetes & des Estoiles fixes, tant en longitude qu'en latitude, & enseigné la maniere de trouuer les lieux de chaque Planete, à quelque temps que ce soit proposé par la doctrine des Triangles, estant donnez les moyens mouuemens, il nous semble estre à propos de mettre en auant quelques Problemes necessaires à la cognoissance des Eclipses du Soleil & de la Lune.

PROBLEME I.

E STANT donnez, 1. *la diftance de la Lu-*
ne nouuelle, & pleine, quand elle eft Apo-
gee. 2. *Le femidiametre apparent de la Lune.*
3. *Le femidiametre apparent de l'ombre de la*
Terre. 4. *Et le femidiametre apparent du Soleil*
eftant en fon Apogee. Trouuer le vray femidia-
metre de l'ombre; l'angle du parallaxe du Soleil
horizontal; l'axe de l'Ombre, la diftance du
Soleil, Apogee au centre de la terre, le vray fe-
midiametre du Soleil, le vray femidiametre de
la Lune, & de là conclure les magnitudes ou
grandeurs des trois corps, du Soleil, de la Lune
& de la Terre.

Ce Probleme icy comprend prefque toute la fubftance du premier & fecond liure
de l'Vranometrie de Lansberge.

Soit en la figure fuiuante le centre du Soleil eftant en fon Apogée A : le centre de la
Lune apogée aux conionctions & oppofi-
tions B, le centre de la Terre C, & finalement le centre de l'Ombre D : & foient
ces quatre centres en la mefme ligne droite A B C D E. Ayant mené la ligne droite F G E, touchant l'orbe du Soleil en F,
l'orbe de la Terre en G, & l'orbe de l'Ombre en H, foient tirez les rayons A F, C G,
& D H à angles droits fur la ligne A C E :
& finalement foient menées les lignes,
C F, A G, C H, & H I, laquelle doit eftre
paralle à A D. Quoy fait, foit pofée C D
ou fon egale I h de 64$\frac{1}{6}$ de telles parties
que le femidiametre de la terre en contient
vne, felon l'opinion de Ptolomée, & con-
firmée par Lansberge. Item l'angle B C L

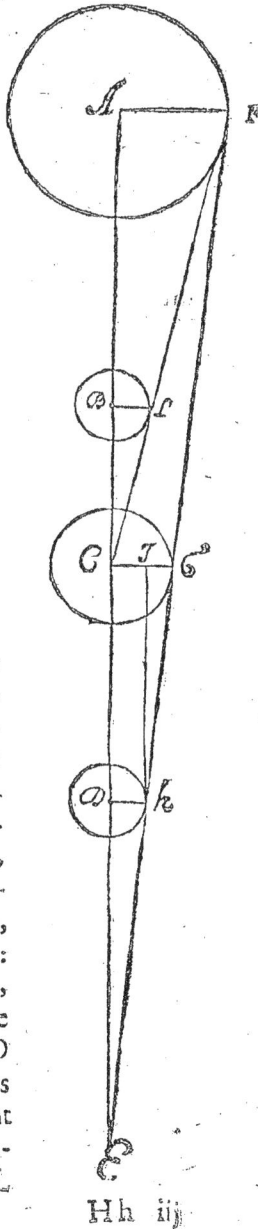

du femidiametre apparent de la Lune foit pofé de 15 min. felon
Copernic, approuuée par le mefme Lansberge: l'angle D C h
du femidiametre de l'Ombre 39 min. Finalement l'angle A C F
du femidiametre apparent du Soleil 16 min. 47 fec. Et il faut trouuer le vray femidiametre de l'Ombre de la Terre, le Parallaxe du
Soleil horizontal, &c. Et premierement.

1. *Pour trouuer* D h *vray femidiametre de l'ombre de la Terre.*

Au triangle rectangle C D h, l'angle D C h du femidiametre
apparent de l'Ombre eft donné 39 min. auec le cofté C D de $64\frac{1}{2}$
pofant C G vne, ou 3850 part. pofant C G 60, pour éuiter les
fractions; Parquoy D h vray femidiametre de l'Ombre fera de
$43\frac{6782500}{10000000}$ prenant le finus total de 10000000: Car

Comme 10000000 eft à C D 3850; Ainfi 113450 *tangente de l'an-*
gle C, *eft* à D h $43\frac{6782500}{10000000}$ *vray femidiametre de l'Ombre,* lequel
nombre eftant ôté de C G 60, refte I G 16 part. & $\frac{3271500}{10000000}$.

2. *Trouuer l'angle du parallaxe du Soleil horizontal* C A G.

Au Triangle rectangle G I h les deux coftez, fçauoir I G $16\frac{3271}{10000}$
& I h 3850 egal à C D par la 34 p. 1. font donnez; Parquoy l'angle
en h fera de 14 min. 34 fec. Car

Comme h I 3850 *eft à* 10000000; *Ainfi* 16.3271500, *à* I G 42409
tangente de l'angle h 14 *min.* 34 *fec* Or cét angle eft egal à l'angle
C E G de la moitié du Cone de l'ombre de la Terre, par la 4 p. 6.
Oftant donc cet angle h 14 min. 34 fec. de l'angle A G F du femidiametre apparent du Soleil 16 min. 47 fec. il refte 2 m. 13 fec.
pour l'angle du parallaxe du Soleil horizontal.

3. *Trouuer l'axe de l'Ombre* C E.

Au Triangle rectangle E C G, le cofté C G eft donné d'vne
partie auec l'angle en E 14 min. 34 fec. Donc C E fera 236. Car
Comme C G 42372 *finus de l'angle* E, *eft au femidiametre* C G, 1 ;
Ainfi C E 9999909 *finus du complement, eft à* 236 C E *axe de l'ombre.*

4. *Trouuer la diftance du Soleil apogée au centre de la Terre* A C.

Au Triangle rectangle A C G, le cofté C G eft donné 1 part.
auec l'angle A 2 min. 13 fec. Donc la diftance du Soleil apogée au

centre de la terre sera 1550. part. & $\frac{52}{60}$: Car

Comme le sinus du parallax horizontal du Soleil apogée 64, 48 est au semidiametre de la Terre 1; Ainsi 9999997 sinus de son complement est à 1550 & $\frac{5597}{6448}$ ou $\frac{52}{60}$ presque : la distance du Soleil apogée au centre de la terre.

Que si on veut sçauoir la distance du Soleil à la Terre en sa plus petite Eccentricité, il faut adjouster la plus petite Eccentricité 3490 au semidiametre 100000 de l'Eccentrique, & viendra 103490; puis la soustraire dudit semidiametre 100000, & restera 96510. après faut dire :

Si 103490 donne 1550 $\frac{52}{60}$ semidiametres de la terre, que donnera 96510 ?

Resp. 1446 $\frac{10}{60}$ distance du Soleil apogée à la Terre en la plus petite Eccentricité.

Et pour trouuer la distance du Soleil à la Terre en la moyéne Eccentricité, il faut dire :

Si 103490 donne 1550 $\frac{52}{60}$, combien 100000 ?

Resp. 1498 $\frac{33}{60}$ pour la distance du Soleil au centre de la Terre en la moyenne Eccentricité. Et pour trouuer la mesme distance en d'autres Eccentricitez, il faut se seruir de la mesme Analogie.

5. *Trouuer le vray semidiametre du Soleil* A F.

Au Triangle rectangle CAF le costé A C est donné 1550 $\frac{52}{60}$ ou (reduit en soixantiémes) 93052 part auec l'angle A C F du semidiametre apparent du Soleil 16 m. 47 sec. Parquoy A F vray semidiametre du Soleil sera 454 $\frac{27}{100}$: Car

Comme A C 10000000 est à 93052 : Ainsi A F 48819 tangente de l'angle C, est à A F 454 $\frac{27}{100}$ vray semidiametre du Soleil.

6. *Trouuer le vray semid. de la Lune* B L.

Au Triangle rectangle C B L le costé C B

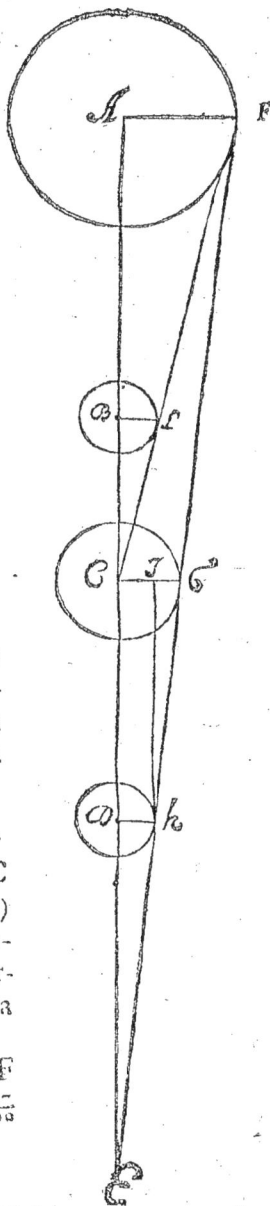

3850. eſt donné auec l'angle C, du ſemidiametre apparent de la Lune 15 min. Parquoy B L ſemidiametre de la Lune ſera 16 minutes
& $\frac{8}{10}$ preſque : Car

Comme 10000000. eſt à 3850. ainſi 436.33. ſinus de 15 minutes
eſt à 16. $\frac{7287950}{10000000}$ ou preſque $\frac{8}{10}$ pour B L, vray ſemidiametre
de la Lune.

Or le ſemidiametre de la terre eſt au ſemidiametre de la Lune,
comme 60 ad 16 $\frac{8}{10}$ preſque. Car le vray ſemidiametre de la Lune,
par le 10 Element du premier liure de l'Vranometrie de Lansberge
eſt 473 $\frac{84}{100}$ part. quand la diſtance de la Lune à la Terre eſtant Apogee aux nouuelles & pleines Lunes eſt de 108600 : mais quand la
diſtance de la Lune Apogee à la terre aux nouuelles & pleines Lunes eſt de 64 parties & $\frac{1}{6}$ ou de 3850. minutes, le vray ſemidiametre de la Lune eſt 16 min. $\frac{8}{10}$ Car

Comme la diſtance de la Lune à la terre 108600. eſt au vray ſemidi-
metre de la Lune 473. $\frac{84}{100}$; Ainſi la diſtance de la Lune à la terre 64. $\frac{1}{6}$
ou 3850. minut. eſt au vray ſemidiametre de la Lune 16 $\frac{8}{10}$ fort pres,
& en moindres termes, comme 25 à 7.

Et d'autant que les globes, par la derniere prop. du 12. liure
d'Eucl. ſont en raiſon triplee de leurs Diametres, ſi on multiplie les
ſemidiametres du Soleil, de la Lune, & de la Terre cubiquement, les
quotiens prouenans de la diuiſion des cubes, monſtreront la grandeur & proportion des corps. Comme par exemple le cube du ſemidiametre du Soleil 45427 eſt 93743717269485. & le cube du ſemidiametre de la terre 6000 eſt 216000000000. Or ſi on diuiſe
celuy-là par celuy cy, il viendra au quotient 434. Et partant le Soleil eſt quatre cent trente quatre fois plus grand que la terre.

En apres le cube du ſemid. de la Lune 1680. eſt 4741632000.
Or ce cube eſt contenu au cube du ſemidiametre du Soleil 19770
fois, donc le Soleil eſt 19770. fois plus grand que la Lune.

Finalement les termes des Diametres de la Terre & de la Lune
ſont 25. & 7. leſquels eſtant multipliez cubiquement, produiſent
15625. & 343. Or le cube 343. eſt compris au cube 15625. quarante
cinq fois & onze vingtieſmes : donc la Terre eſt 45 fois & onze
vingtieſmes plus grande que la Lune. Tout cecy eſt demonſtré
par Lansberge au 1. & 2. liure de ſon Vran.

Ce Probleme icy ſert generalement à la cognoiſſance des Ecli-
pſes :

pfes : mais d'autant que l'Eclipfe de la Lune eft beaucoup plus facile au calcul que celle du Soleil ; pource nous ferons fuiure des Problemes les plus neceffaires au calcul d'icelle.

PROBLEME II.

ESTANT *donné l'an, & le mois, trouuer le temps de la moyenne conionction, ou oppofition du Soleil & de la Lune.*

Nous auons enfeigné au 16. Precepte des Tables Parifiennes vne maniere fort courte & facile pour trouuer le temps de la moyenne conionction ou oppofition des luminaires ; mais afin de ne rien obmettre de ce qui concerne la raifon du calcul nous mettrons encore celle-cy.

Soit colligé le moyen mouuement de la Lune au Soleil, tant de l'an complet que du mois prochain precedent immediatement le mois donné. Puis foit ofté le produict du cercle entier 360 d. & le refte eftant conuerti en iours, heures, minutes & fec. foit adioufté au premier iour du mois donné, & on aura le temps de la moyenne nouuelle Lune. Que fi le produit eft iuftement 360. deg. la moyenne nouuelle Lune tombera au midy du premier iour du mois donné.

EXEMPLE.

IE veux fçauoir la moyenne nouuelle Lune au meridien de Paris l'an 1624. le mois de Septembre. Ie cherche le moyen mouuement de la Lune au Soleil pour 1623. ans complets, que ie trouue 2 fex. 10 d. 4 min. 4 fec. 10 tier. & pour le mois d'Aouft 1 fex. 34 d. 32 min. 32 fec. 35 tier. & ces deux nombres adioutez enfemble font 3 fex. 44 d. 36 m. 36 fec. 45 tier. que i'ofte de 6 fex. ou 360 d. & refte 2 fex. 15 d. 23 m. 25 fec. 15 tier. lequel nombre eftant reduit en temps, donne 11 iours 2 h. 32 m. 33 fec. à quoy adiouftant le premier iour de Septembre, i'ay le temps de la moyenne nouuelle Lune 12 iours 2 h. 32 m. 33 fec.

On reduira le refte du cours de la Lune 2 fex. 15 d. 23 m. 25 fec. 15 tier. en temps par la regle de proportion, ainfi.

Si la Lune fait 30 m. 28 fec. 37 tier. prefque en 1 heu. en combien de

li

temps aura-elle fait 2 *fex.* 15 *d.* 23 *m.* 15 *fec.* 15 *tierce?*

La regle faite, il viendra 11 iours, 2 heur. 32 m. 32 fec. à quoy adiouftant le premier iour du mois donné, on a 12 iours 2 heures, &c.

Que fi on veut fçauoir le vray temps de la moyenne pleine Lune, au mefme mois, faut adioufter au vray temps de la moyenne nouuelle Lune le temps de la moitié de la conionction Synodique, qui eft 14 iours, 18 heures, 22 m. 2 fec. & on aura le vray temps de la moyenne pleine Lune le 26 Septembre à 20 heur. 54 m. 35 fec.

PROBLEME III.

ESTANT *donné le vray lieu du Soleil & de la Lune, ou feulement leurs Proftapherefes abfoluës, au temps de quelque moyenne conionction ou oppofition, trouuer leur vraye conionction ou oppofition.*

Adioufte en vne fomme les Proftapherefes de l'vn & l'autre luminaire, fi l'vne eft Additiue, & l'autre Souftractiue: Que fi les deux enfemble font Additiues ou Souftractiues, pren la difference d'icelles, & tu auras la diftance entre la vraye & moyenne conionction ou oppofition. En apres par cette diftance, cherche en combien d'heures la vraye conionction ou oppofition precedera, ou fuiura la moyenne, prenant pour chaque degré de la diftance 2 heures ou enuiron, comme fi la diftance eftoit 5 d. on prendroit 10 heures, duquel temps foit colligé le moyen mouuement de la Lune au Soleil. Comme aufsi le mouuement de l'Anomalie prenant pour chacune heure 50 m. lequel fe doit adioufter auec l'Anomalie égalee de la Lune, puis auec la fomme prendre la Proftapherefe de l'Orbe, & ayant prife la difference entre les deux Proftapherefes, foit icelle difference adiouftee au moyen mouuement, fi l'Anomalie eft en la partie inferieure du cercle, fçauoir depuis 95 d. iufques à 265. & oftee du moyen mouuement, fi elle eft en la partie fuperieure, quand l'Anomalie de la Lune excede 265. d. ou moindre que 95. & le produit ou le refte, fera le premier terme de la regle de trois: le fecond terme fera le temps prouenu du double des degrez de la fomme ou difference des Proftapherefes, & le troifiefme terme fera la diftance entre la vraye & moyenne conionction ou oppofition, multipliant donc les deux derniers termes entr'eux, & diuifant le produit par le premier terme, le quotient donnera fort prez la vraye difference du temps en heures & minutes, entre la moyenne & la vraye conionction, laquelle *difference estant adiouste ou ostee, selon l'affection des Prostaphereses, au temps de la moyenne conionction ou opposition, on aura le temps de la vraye conionction ou opposition fort prez. Que si les vrays lieux du Soleil & de la Lune conuiennent en mesme degré & minute, le temps de la vraye conionction ou opposition sera bien trouué; mais s'il y a quelques minutes de difference, diuise-les par le vray mouuement horaire de la Lune au Soleil, & adiouste ou oste les minutes d'heure qui en prouiendront au temps trouué de la vraye conionction ou opposition, & tu auras le temps exact de la vraye conionction ou opposition.*

EXEMPLE.

SOit la Prostapherese du Soleil au temps de la moyenne opposition de l'Exemple du precedent Probleme 2 d. o m. 25 sec. soustractiue, & celle de la Lune 4 d. 49 m. 15 sec. Additiue. Or d'autant qu'elles sont de diuerse affection ie les adiouste ensemble, & vient 6 d. 49 m. 40 sec. pour la distance entre la vraye & moyenne opposition, pour laquelle distance ie pren 13 heures, qui est presque le double d'icelle, negligeant quelque minutes qu'il y a de plus.

En apres pour trouuer le mouuemeut de l'Anomalie, Ie dy si 1 heure ou 60 m. donnent 50 m. d'vn d. combien 13 heures? La regle faite, il viendra 10 d. 50 m. que ie pren pour 11 d. & les adiouste auec l'Anomalie égalee de la Lune 4 sex. 13 d. & font 4 sex. 24 d. Ie cherche auec ce nombre 4 sex. 24 d. la Prostapherese de l'Orbe qui luy conuient, & trouue 4 d. 56 m. dont i'oste la premiere Prostapherese de la Lune 4 d. 49 min. & reste 7 m. que i'adiouste auec le moyen mouuement de la Lune, respondant aux 13 heures, qui est 6 d. 36 m. d'autant que l'Anomalie de la Lune est moindre que 265 d. ou 4 sex. 25 d. & le produit donne 6 d. 43 m. ou 403 m. pour le premier terme ou diuiseur de la regle de Trois. Le second terme est 13 heures, & le troisiesme la distance entre la vraye & moyenne opposition 6 d. 49 m. ou 409 m. ie multiplie donc 409 par 13 heures, & vient 53,17. que ie diuise par le premier terme 403. le quotient donne 13 heures 9 m. 21 sec. lequel temps se doit oster de celuy de la moyenne opposition (pource que la vraye opposition a precedé la moyenne) & reste le temps estimé de la vraye opposition 7 heur. 45 m. 14 sec. Pour lequel temps ie calcule le vray lieu du Soleil & de la Lune, ie trouue le vray lieu du Soleil au 3 d. 57 m. 12 sec. de Libra, & le vray lieu de la Lune au 3 d. 56 m. 9 sec. & d'autant qu'ils ne conuiennent pas en minutes, ie pren leur difference, que ie trouue estre 1 m. 4 sec. ou 64 sec. de temps, que ie diuise par le mouuement horaire de la Lune au Soleil 30 m. 29 sec. & vient au quotient 2 m. 6 sec. que i'adiouste au temps estimé de la vraye opposition, & vient 7 heures 47 m. 20 sec. pour le vray temps de la vraye conionction au temps proposé, comme il appert en la Theorie de la Lune chapitre 7. auquel temps son vray lieu a esté trouué au 3 deg. 57 min. 27 sec. d'Ar. & le Soleil au 3 d. 57 m. 18. sec. de Libra, lesquels lieux conuiennent maintenant en degrez & minutes ; donc le temps de la vraye opposition a esté bien trouué.

PROBLEME IV.

ESTANT donnee la distance du centre de la terre au Soleil, & à la Lune ; trouuer les semidiametres apparens du Soleil, & de la Lune, à quelque temps que ce soit donné.

Le semidiametre apparent du Soleil, estant en son Apogee, a esté posé au premier Probleme de 16 m. 47 sec. le semidiametre apparent de la Lune aussi Apogee de 15 m. & quant à la distance du centre de la terre, il la faut conceuoir au costé EZ du Triangle kE Z, en la 2. figure de la Theorie du Soleil chap. 6. laquelle est au temps donné 100148 part. mais pour la distance du centre de la terre à la Lune, elle a esté trouuee en la Theorie de la Lune de 92695 part.

Or la distance du centre du Soleil estant en son Apogee a esté trouuée au 4 art. du premier Probl. de 103490. part. & celle de la Lune 108600. car il ne faut qu'adiouster la plus petite Eccentricité au semid. de l'Eccentrique 100000. Ie dy donc,

Pour trouuer le semid. apparent du Soleil.

Si la distance du centre de la terre au Soleil Apogee 103490. donne 48821 sinus de 17 m. 47 sec. combien 100148. dist. du centre de la terre au Soleil au temps donné ? La regle estant faite, il vient 50450. sinus de 17 m. 20 sec. pour le semidiametre apparent du Soleil au temps donné.

Et pour trouuer le semidiametre apparent de la Lune.

Si 108600. distance du centre de la terre à la Lune, donne 15 m. semid. apparent de la Lune Apogee, combien 96611. dist. de la terre à la Lune au temps donné? La regle estant faite, il vient 16 m. 51 sec pour le semidiametre apparent au temps donné.

PROBLEME V.

ESTANT *donné le semidiametre apparent de la Lune, & la raison d'iceluy au semidiametre apparent de l'ombre de la Terre, trouuer le semidiametre apparent d'icelle, à quelque temps que ce soit donné.*

Soit le semidiametre apparent de la Lune 16 m. 51 sec. trouué au precedent Probl. & la raison du semidiametre apparent de la Lune, au semidiam. apparent de l'ombre de la Terre 13 à 5, quand le Soleil est en l'Apogee de son Eccentrique, selon plusieurs grands personnages, comme Hipparche, Ptolomee, Albategne, Copernic, & Lansberge. Et il faut trouuer le semidiametre apparent de l'ombre de la Terre au temps de nostre exemple. Soit multiplié le plus grãd terme de la raison donnee, sçauoir est 13, par le semidiametre apparent de la Lune 16 m 51 sec. ou (estant reduit en secondes) par 1011 secondes, & le produit 13143. estant diuisé par le moindre terme 5. (reduit en 300 secondes) donnera 43 m. 48 sec. pour le semidiametre apparent de l'ombre de la Terre. Mais il faut noter que quãd le Soleil est hors l'Apogee de son Eccentrique, l'ombre de la Terre diminuë continuellement, iusques à ce qu'il soit paruenu à son Perigee, où elle est la plus petite de toutes. Or la raison de l'excez du Diametre de l'ombre de la Terre quand le Soleil est en l'Apogee au Diametre d'icelle ombre, quand le Soleil est en antre lieu qu'en son Apogee, est decuple à la difference entre le mouuement horaire du Soleil, estant en l'Apogee, & le mouuement horaire d'iceluy estant hors son Apogee: Parquoy ayant l'excez ou difference de l'vn & l'autre mouuement horaire du Soleil, soit iceluy multiplié par 10, & le produit estant osté du semidiametre de l'ombre trouué, il restera le iuste semidiametre de l'ombre conuenable à la situation du Soleil donnee. Comme par exemple, le mouuement

Ii iiij

horaire du Soleil en l'Apogee foit 2 m. 22 fec. 41 tier. & le mouuement horaire du Soleil au temps donné de noftre Exemple, foit
2 m. 25 fec. 23 tier. la difference des deux mouuemens eft 2 m. 41
fec. laquelle eftant decuplee, ou multipliee par 10, donne 27 fec.
pour la variation, laquelle eftant óftee du femidiametre de l'ombre qui a efté trouué 43 m. 48 fec. il refte le iufte femidiametre de
l'ombre au temps donné 43. 21 m.

PROBLEME VI.

ESTANT *donnez les femidiametres apparens de la Lune, & de*
l'ombre de la Terre, auec la latitude de la Lune, au temps de la vraye
pleine Lune Ecliptique; Trouuer la quantité du defaut de la Lune.

Il y a trois efpeces d'Eclipfe de Lune, 1. Partiale, 2. Totale fans
demeure, 3. Totale auec demeure.

L'Eclipfe de Lune Partiale, eft quand toute la Lune n'eft pas
obfcurcie; mais feulement vne partie d'icelle, ce qui aduient quand
la latitude de la Lune A G de la figure fuiuante au milieu de l'Eclipfe eft moindre que l'aggregé des deux femidiametres de la Lune & de l'Ombre A C, & toutefois plus grande que le femidiametre de l'ombre A B, ou A D.

L'Eclipfe Totale fans demeure, eft quand tout le corps de la Lune eft obfcurci fans demeurer en l'Ombre. Or cela fe fait quand la
latitude de la Lune A G eft d'autant moindre que le femidiametre de l'ombre de la Terre A B, de la grandeur du femidiametre
de la Lune G I.

L'Eclipfe Totale
auec demeure, eft
quand toute la Lune
n'eft pas feulement
obfcurcie; mais aufli
quand elle demeure
quelque peu de têps
en l'Ombre; ce qui
aduient quand le fe-
midiametre de l'Om-
bre excede la latitude
de la Lune, de plus
que fon femidiame-

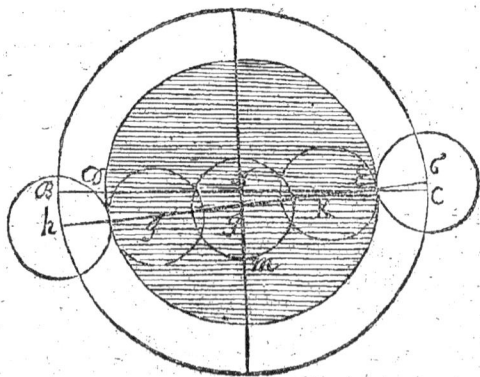

tre. Comme en noftre exemple, auquel le femidiametre appa- Voyez le cal-
rent de l'Ombre A D 43 m. 21 fec. excede la latitude de la Lune cul de la lati-
A G 4 m 54 fec. de plus que fon femidiametre G I de toute la par- tude de la
tie I D. Que fi la Lune n'auoit point de la latitude au milieu de Lune en la
l'Eclipfe, alors le centre de la Lune G feroit le centre de l'Ombre Theorie d'i-
A, & la durée de l'Eclipfe feroit la plus longue qu'il fe peut, princi- celle, ch.7.
palement fi elle eftoit tardiue en fon mouuement. Maginus tient
que le plus grand defaut de la Lune eft 22 doigts & 50 min.

Defirant donc trouuer le defaut de la lumiere de la Lune vulgai-
rement appellé *les doigts Ecliptiques.*

Soit ofté la latitude de la Lune de la fomme des femidiametres
de la Lune & de l'Ombre; & le refte foit multiplié par 6, & le produit diuifé par le femidiametre de la Lune; le quotient donnera
les doigts Ecliptiques requis: Comme en noftre Exemple la fomme des femidiametres eft 60 m. 12 fec. donc oftant la latitude de
la Lune 4 m. 54 fec. il refte 55 m. 18 fec. que ie multiplie par 6, le
produit donne 19908. (ayant premierement reduit les 55 m. &
18 fec. en 3318 fecondes) que ie diuife par 16 m. 51 fec. c'eft à dire
par 1011 fec. & le quotient donne 19 doigts 41 m. pour la quantité
du defaut de la Lune au temps donné. Et faut noter que s'il vient
au quotient moins de 12 doigts, c'eft vn indice que l'Eclipfe eft
Partiale: s'il eft precifement 12 doigts, l'Eclipfe eft totale ou vni-
uerfelle, mais fans demeure; fi finallement le quotient excede 12.
l'Eclipfe eft Totale auec demeure.

PROBLEME VII.

ESTANT *donnee la fomme des femidiametres de la Lune & de l'Ombre, auec la latitude de la Lune au milieu de l'Eclipfe, trouuer les minutes d'incidence.*

Les minutes d'incidence, font les minutes du Zodiaque, que la
Lune furmontant le Soleil parcourt depuis le commencement,
iufques au milieu de l'Eclipfe, on les peut conceuoir par le cofté
G F, en la figure du precedent Probleme. Et en l'autre partie G h,
font confiderees les minutes d'Emerfion que la Lune parcourt,
depuis le milieu de l'Eclipfe, iufqu'à la fin, lefquelles font prefque
toufiours égales aux minutes d'incidence; parquoy il fuffit de les

trouuer. En voicy la maniere.

Soit en la mesme figure du precedent Probleme, la somme des semidiametres de la Lune & de l'ombre A C de 60 m. 12 sec. & la latitude de la Lune au milieu de l'Eclipse A G, 4 m. 54 sec. & il faut trouuer les minutes d'incidence representees par le costé G F ou G C (car la distance entre C & F est presque insensible, n'estant que les deux tiers d'vne minute ou enuiron, comme on verra cy-apres) qui est le troisiesme costé du Triangle rectangle C A G, lequel a les deux costez cogneus, sçauoir l'hypothenuse G C 60 m. 12 sec. ou 3612 sec. & le moindre des costez qui comprennent l'angle droict, sçauoir A G, 4 min. 54 sec. ou 294. sec. Parquoy le troisiesme costé G F sera cogneu, par la 47. p. 1. en ostant le quarré de A G 86436. du quarré de A C 13046544. Et la racine quarree de la difference 12960108. donnera 3600. sec. ou 60 m. pour les minutes d'incidence requises A C.

PROBLEME VIII.

ESTANT donnees les *minutes d'incidence, & le mouuement horaire de la Lune, trouuer le temps d'incidence, & de là colliger toute la duree de l'Eclipse.*

Trouuer le temps d'incidence qui est la moitié de la duree de l'Eclipse, est proprement chercher en combien de temps la Lune par son propre mouuement aura parcouru la ligne A C, qui a esté trouuee par le precedent Probleme 60 m. Et quant au mouuement horaire de la Lune au Soleil, on le colligera en la Table du mouuement horaire, ainsi qu'il a esté enseigné au 17. Precepte & sera trouué 31 min. 45 sec. Donc pour trouuer le temps d'incidence, soit diuisé les minutes d'incidence 60 par le mouuement horaire 31 m. 45 sec. reduisant le tout en seconde, & viendra le temps d'incidence, ou moitié de la duree de l'Eclipse, 1 heure 53 m. En apres soit osté ce temps d'incidence du temps du milieu de l'Eclipse 7 heur. 47 m. 19 sec. & restera le temps du commencement de l'Eclipse 5 heur. 54 m. 19 sec. & estant adiousté au mesme temps du milieu de l'Eclipse, on aura la fin de l'Eclipse 9 heures 40 m. 19 sec. & finallement estant doublé, on aura toute la duree de l'Eclipse. Et cecy suffit aux Eclipses Partiales & Totales sans demeure;

demeure, ausquelles il faut cognoistre seulement trois especes de temps, le commencement, le milieu, & la fin : mais quand l'Eclipse est Totale & auec demeure, comme en cet Exemple, alors il faut chercher cinq especes de temps : 1. Le commencement de l'Eclipse. 2. Le commencement de la demeure en l'ombre. 3. Le milieu de la demeure. 4. La fin de la demeure. 5. La fin de l'Eclipse. Or dans le temps d'incidéce qui a esté trouué 1 h. 53 m il y faut comprendre la moitié de la demeure en l'ombre, tellement qu'il ne reste plus qu'à trouuer la demenre de la Lune en l'ombre ; En voicy la maniere. Soit osté le semidiametre de la Lune 16 m. 51 sec. du semidiametre de l'ombre 43 m. 21 sec. & resteront 26 m. 30 sec. ou 1590. sec. Puis soit osté le quarré de la latitude de la Lune 8646. du quarré de 1590. qui est 2528100. & restera 2441664. dont la racine quarree est 1562 sec. qui font 26 m. 2 sec. lesquelles estant diuisees par le mouuement horaire de la Lune au Soleil 31 m. 45 sec. (ayant premierement reduit les 1562 sec. de temps en 93720 tier. & les 31 m. 45 sec. de degrez en secondes 1905. & ainsi le diuidende sera 93720 : & le diuiseur 1905.) Le quotient donnera 49 min. d'heure pour le temps de la moitié de la demeure, lequel estant osté du temps d'incidence & moitié de la demeure ensemble, il reste 1 heu. 4 m. pour le temps d'incidence. Et si on double le temps de la moitié de la demeure 49 on aura 1 heure 38 m. pour tout le temps de la demeure de la Lune en l'ombre. Or il faut maintenant adiouster au temps moyen 7 heur. 47 m. 19 sec. l'Equation des iours naturels 16 m. 30 sec. & en oster 5 m. à cause de l'Equation du temps en la Lune, & resteront 11 m. 30 sec. lesquelles adioustees au temps moyen 7 heur. 47 m. 19 sec. produit le milieu de l'Eclipse en temps apparent, duquel ostant le temps d'incidence & moitié de la demeure ensemble, reste 6 heures 5 m. 49 sec. pour le commencement de l'Eclipse, en temps apparent : & finallement si on adiouste ce mesme temps d'incidence & moitié de la demeure ensemble 1 heure 53 m. au moyen temps, on aura la fin de l'Eclipse en temps apparent 9 heures 51 m. 49 sec.

Il ne reste plus maintenant qu'à trouuer la vraye latitude de la Lune au commencement & à la fin de l'Eclipse ; En voicy la maniere. Soit adiousté le moyen mouuement du Soleil conuenable à la moitié de la duree de l'Eclipse 1 heure 53 m. qui est 4 m. 33 sec. auec les minutes d'incidence, & moitié de la demeure ensemble

K k

60, le produit donne 64 min. 33 fec. lefquelles eftant oftées du
vray mouuement de latitude au temps de la vraie pleine Lune,
1 fex. 30 deg. 56 min. 16 fec. il reftera le vray mouuement de la
latitude de la Lune au commencement de l'Eclipfe, 1 fex. 29 deg.
51 min. 43 fec. Et au contraire icelles 64 min. 33 fec. eftant ad-
jouftees au temps de la vraie pleine Lune, on aura le vray mouuement de la latitude de la Lune à la fin de l'Eclipfe, 1 fex. 32 deg.
0 min. 49 fec. Or ces mouuemens de la vraie latitude de la Lune
eftant trouuez, on trouuera par le 8. Precepte de nos Tables la latitude de la Lune au commencement de l'Eclipfe, 0 min. 45 fec.
Boreale; & à la fin de l'Eclipfe 10 min. 31 fec. Auftrale.

PROBLEME IX.

ESTANS donnez *le femidiametre apparent de la Lune, le femidiametre de l'ombre de la Terre, & la latitude au commencement
& à la fin de l'Eclipfe, defcrire la figure de l'Eclipfe de Lune, fur
vn plan.*

Soient menees les deux lignes B C, & N A L, fe coupans à angles droits au poinct A : le poinct C regarde l'Occident: le poinct B
l'Orient: L le Septentrion, & N le Midy. En aprés du centre
A foit décrit le cercle B N C L de l'interuale de A B la fomme
du femidiametre de la Lune & de l'Ombre, & le diametre B C fera vne partie de l'Ecliptique, ou de la voie du Soleil. Item, du
mefme centre, & de l'interuale A D de l'ombre de la Terre, foit
fait vn autre cercle D E D, qui fera le cercle de l'ombre de la Terre.
En apres foit notée la latitude de la Lune au commencement &
à la fin de l'Eclipfe, vers la partie dont la latitude pren la denomination au refpect de l'Ecliptique B C. En apres foient con-
joints les poincts de l'vne & l'autre latitude notez au cercle BNCL
par vne ligne droite. Et où icelle rencontrera la ligne B C, là fera le poinct dénotant la latitude de la Lune au milieu de l'Eclipfe. Finalement, foient décrits trois orbes egaux entr'eux, le
femidiametre defquels foit egal à la ligne E C, lefquels repre-
fenteront le corps de la Lune au milieu & aux extremitez de
l'Eclipfe.

Septentrion.

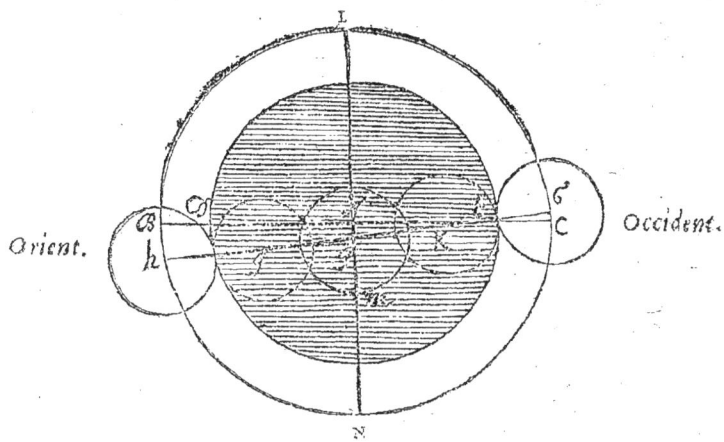

Orient.

Occident.

Midy.

EXEMPLE.

SOit proposé à delineer l'Eclipse de la Lune de l'an 1624. dont le calcul entier a esté mis cy-deuant. Le semidiametre de la Lune est 16 min. 51 sec. Le semidiametre de l'Ombre 43 min. 20 sec. & partant la somme des semidiametres 60 min. 12 sec. La vraie latitude de la Lune au commencement de l'Eclipse 0 min. 44 sec. Boreale, & à la fin 10 min. 30 sec. Australe. Du centre A & interuale A B, la somme de l'vn & l'autre semidiametre de la Lune & de l'Ombre 60 min. 12 sec. Ie décris le cercle B N C L, & le diametre d'iceluy B A C sera vne partie de l'Ecliptique. Et du mesme centre & interualle A D du semidiametre de l'ombre de la Terre, 43 min. 20 sec. ie fais vn autre cercle D E D de l'ombre de la Terre. Puis ie marque la latitude de la Lune au commencement de l'Eclipse 0 min. 44 sec. Boreale de C en G. Item, la latitude à la fin de l'Eclipse 10 min. 30 sec. Australe de B en H. En apres ie tire la ligne H G, qui démonstre la voye de la Lune, laquelle ligne estant diuisee en deux egalement au poinct F, qui est le milieu de l'Eclipse, ie décris trois orbes aux trois poinctes G, F, H. Et ainsi le milieu de l'Eclipse sera en F, le commencement en G, & la fin en H. Que si on y adjouste encore deux orbes, sçauoir l'orbe I

Kk ij

& l'orbe K, celuy-cy monſtrera le commencement de la demeure
en l'Ombre; & celuy-là la fin de la demeure.

PROBLEME X.

EST ANT *donnés l'éleuation du pole, la declinaiſon du Soleil, & la di-*
ſtance d'iceluy au cercle meridien, trouuer la hauteur du Soleil ſur
l'horizon.

    Ce Probleme, & les ſuiuans, appartiennent à l'Eclipſe du Soleil.
    Soit propoſé à trouuer la hauteur du Soleil au temps de l'Eclipſe
de Soleil, veuë à Paris l'an 1630. le 10. Iuin à 5 heures 47 minut.
ſelon le temps apparent, le calcul de laquelle a eſté enſeigné par
l'ayde des Tables : auquel temps le vray lieu du Soleil a eſté trouué au 19 deg. 36 min & demy de Gemini, ſa declinaiſon 23 deg.
6 min. Boreale, & la diſtance d'iceluy à Meridien 86 deg. 45 min.
reſpondans aux 5 heur. 47 min.

Soit donc le cercle Meridien B C D B;
l'horizon C A D : l'Equinoctial E A F :
l'Ecliptique L H M : le pole de l'horizon B : le pole du monde G : l'eleuation du pole 48 deg. 50 min D G; ſon
complement G B 41 deg. 10 min.
le lieu du Soleil H : ſa declinaiſon de
l'Equinoctial I H 23 deg. 6 min. &
partant H G la diſtance du Soleil au
pole eſt 66 deg. 54 min. & I E diſtan-
ce d'iceluy au Meridien 86 deg. 45 min. Et il faut trouuer H K
hauteur du Soleil ſur l'horizon, ou ſon complement B H, qui eſt
la diſtance du Soleil au Zenith.

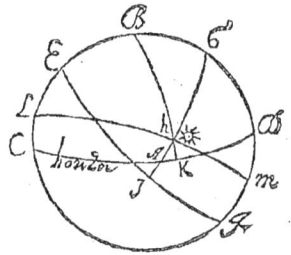

    Au triangle obliquangle B G H, les coſtez B G 41 deg. 10 min.
& G H 66 deg. 54 m. ſont donnez, auec l'angle qu'ils comprennent B G H, 86 deg. 45 m. Parquoy le coſté B H, ſera trouué par
la doctrine des Triangles ſpheriques, de 70 deg. 49 m. Et partant ſon complement H K, 19 deg. 11 m. pour la hauteur des Luminaires. Et afin d'éuiter la diuiſion, qui eſt quelque fois ennuy-
euſe, ie me ſers des Proſtaphereſes ou des Logarithmes. La manie-

re du calcul par la doctrine Proſtapheretique eſt telle. l'adiouſte le complement de l'eſleuation du pole 41 d. 10 m. auec la declinaiſon du Soleil 23 deg. 6 m. l'aggregé eſt 64 deg. 16 m. puis ie pren la difference entre la declinaiſon & le complement de l'eleuation, que ie trouue eſtre 18 deg. 4 m. En apres i'adiouſte le ſinus de l'aggregé 64 deg. 16 m. ſçauoir 90082 auec celuy de la difference 31012 & font 125094: dont la moitié 60547 eſt le *premier Trouué*, lequel i'oſte du ſinus de l'aggregé 90082 & reſte 29535 *ſecond Trouué*. Et pour auoir le *troiſiéme Trouué*, ie pren le ſinus du complement de l'angle donné 86 deg. 45 m. qui eſt 3 deg. 15 m. & ainſi 5669 eſt le *troiſiéme Trouué*, lequel ie multiplie par le *premier Trouué* 60547 & du produit ie retrenche les cinq premieres figures à dextre, & reſte 3332 que i'adiouſte au *ſecond Trouué*, & vient 32867 ſinus de la hauteur du Luminaire au deſſus de l'horizon au temps donné, 19 deg. 11. m. Et partant la diſtance du Luminaire au Zenith, qui eſt le complement de la hauteur du Luminaire ſur l'horizon, eſt 70 deg. 49 min.

PROBLEME XI.

ESTANT donnés la diſtance du Soleil au Zenith, & la diſtance du degré culminant au Zenith, auec l'angle fait par l'Ecliptique & le Meridien, Trouuer l'angle parallactique.

Soit le Meridien B C D B, l'horizon C A D, le pole de l'horizon B, l'Ecliptique E K F, la quarte ou quadrant du cercle vertical B G, paſſant par K centre du Soleil. Et ſoit la diſtance du Soleil au Zenith K B 70. deg. 49 min. Et E B la diſtance du degré culminant, 42 deg. 35 min. laquelle ſe trouue en adiouſtant l'aſcenſion droite du lieu du Soleil, ſçauoir 78 deg. 42 min. auec la diſtance

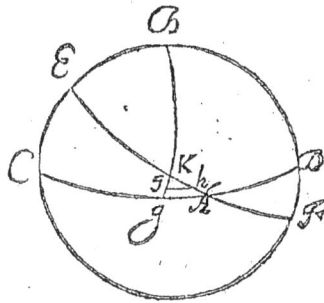

du Soleil au Meridien 86 deg. 45 min. & vient l'Aſcenſion droite du milieu du Ciel 165 deg. 27. min. à quoy reſpond le 14 deg. 9 m. de Virgo: dont la declinaiſon eſt 6 deg. 15 min. Boreale, laquelle

K k iij

eſtant oſtee de l'eleuation du pole 48 deg. 50 m. reſte 42 deg. 35 m.
Finalement l'angle de l'Ecliptique & du Meridien reſpondant au
14 deg. 9 min. de Virgo, eſt K E B, 67 deg. 18 min. Et ces choſ-
ſes eſtant maintenant cogneuës, il faut trouuer l'angle Parallactique B K E.

Au Triangle obliquangle B E K, les
deux coſtez B K 70 deg. 49 min. &
E B 42 deg. 35 min. ſont donnez,
auec l'angle E, 67 deg. 18 min. Parquoy l'angle Parallactique B K E ſera
trouué de 41 deg. 22 min. 20 ſec. par
cette Analogie.

Comme le ſinus de B K 94447, eſt au
ſinus de l'angle E 92254; Ainſi le ſinus
de E B 67666, eſt à 66095, ſinus de l'an-
gle Parallactique K de 41 deg. 22 min.
20 ſec.

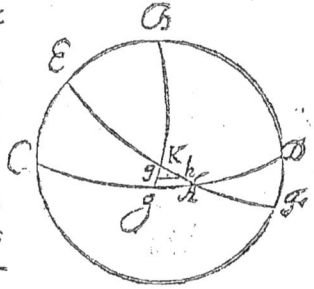

PROBLEME XII.

E STANT donné la diſtance de la Lune au centre de la Terre, Trouuer ſon Parallaxe horizontal.

Il eſt certain que tout le globe Terreſtre, n'eſt quaſi qu'vn poinct
au reſpect de cette vaſte & preſque immeſurable eſtenduë du Firmament, ou meſme des orbes des Planetes ſuperieurs Saturne,
Iupiter & Mars : d'où vient que les Eſtoiles eſtant veuës de la
ſuperficie de la Terre, ne nous apparoiſſent pas autrement, que ſi
noſtre œil eſtoit conſtitué au centre de la Terre : Mais il ne faut pas
entendre le meſme des Planetes inferieurs, & principalement de
la Lune, laquelle ſans controuerſe eſt la plus proche de la Terre :
Car le ſemidiametre ou eſpaiſſeur de la Terre eſt conſiderable,
principalement en la Lune, à cauſe de ſa proximité, & cela engen-
dre quelque variation ou diuerſité d'aſpect, que les Grecs appel-
lent Parallaxe, lequel eſt d'autant plus grand, que l'aſtre eſt proche de la Terre & de l'horizon. Les Aſtronomes le definiſſent
ainſi.

Parallaxe est l'arc d'vn grand cercle (appellé Vertical) compris entre le vray lieu d'vn Planete & l'apparent.

Le vray lieu d'vn Planete, est en la ligne droite, menee du centre de la Terre, par le centre du Planete iusques au Firmament.

Le lieu apparent du Planete est en la ligne droite, tiree de nostre œil par le centre du Planete iusques au Firmament. Tout cecy s'entendra mieux par la figure suiuante, en laquelle soit A le centre du Monde, B le lieu en la superficie de la Terre, où l'œil est constitué pour voir les Astres. Le cercle Vertical conceu au Firmament O H, lequel à cause de sa trop grande distance de la terre n'a aucun Paralaxe.

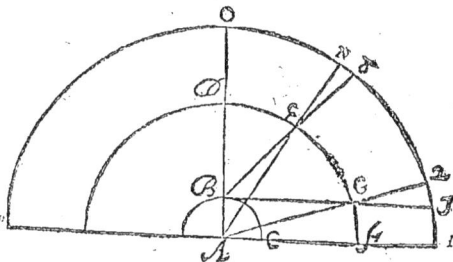

O, soit le Zenith, ou poinct Vertical, lequel est le pole de l'horizon. B G I, le plan de l'horizon, parallele au diametre du Monde P A H, & soit l'orbite d'vn Planete ayant quelque parallaxe D F : le lieu du Planete estant en l'horizon soit G E. Donc l'angle du parallaxe horizontal est A G B, auquel est egal l'angle 2 G I. Et le vray lieu du Planete est demonstré par la ligne A G 2. Et le lieu apparent ou visuel est au poinct I, determiné par la ligne B G I. Mais le Planete estant plus eleué comme en E, l'angle du parallaxe est A E B, auquel est egal N E 8 : & cet angle-cy est moindre que l'angle du parallaxe horizontal 2 G I. Et finalement le planete estant en D, l'angle du parallaxe deuient nul, à cause de A, B, D, C, qui constituent vne ligne droite. Soit donc proposé à trouuer le parallaxe horizontal de la Lune 2 I, au temps de l'Eclipse, estant donné la distance de la Lune au centre de la Terre, sçauoir A G, de 58 parties & vn tiers, posant le semidiametre d'vne partie.

Au Triangle rectangle A B G, les deux costez A B & A G sont donnez : Parquoy l'angle du parallaxe horizontal A G B, se trouuera de 58 min. 56 sec. par cette Analogie.

Comme A G 58⅓ est à AB 1 ; Ainsi A G 100000, est à AB 171.

ſinus de 58 min. 56 ſec. preſque, pour l'angle du parallaxe de la Lune horizontal requis, au temps donné.

Il faut noter que le planete eſtant en l'horizon, l'angle du parallaxe s'appelle ſpecialement *Horizontal* : & quand il eſt eſleué ſur l'horizon, il ſe nomme *Parallaxe vertical,* comme il apparoiſtra en l'exemple du Probleme ſuiuant.

PROBLEME XIII.

Eſtant donnée la hauteur de la Lune, auec la diſtance d'icelle au centre de la Terre, Trouuer le Parallaxe vertical de la Lune.

La hauteur du Soleil a eſté trouuée par le 10 Probleme de 19 deg. 11 min. & partant la Lune, qui eſt au meſme degré que le Soleil, eſt de meſme hauteur.

Soit donc en la figure du precedent Probleme la Lune en E, eleuee ſur le plan de l'horizon, de 19 deg. 11 min. Et la diſtance de la Lune au centre de la Terre ſoit A E, de 58 part. & vn tiers; & il faut trouuer le parallaxe vertical, ſçauoir l'angle A E B, auquel eſt egal N E 8.

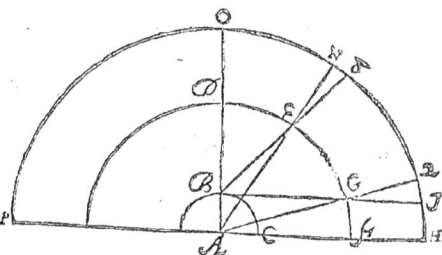

Au Triangle obliquangle A B E, les deux coſtez A B, 1. p & A E 58 p. ⅓ ſont donnez auec l'angle qu'ils comprennent : Car l'angle E B D, meſuré par l'arc E D, eſt de 70 deg. 49 min. eſtant le complement de la hauteur du luminaire. Or cet angle E B D de 70 deg. 49 min. eſt egal aux deux angles interieurs A & E, par la 32 p. 1. Donc l'angle obtus A B E eſt le complement au demy cercle de l'angle E B D 70 deg. 49 min. Parquoy l'angle du Parallaxe vertical A E B ſera trouué, par la doctrine des Triangles rectilignes, de 56 min. en cette maniere.

Soient premierement adiouſtez les deux coſtez donnez enſemble, la ſomme ſera 59 part. & vn tiers; puis ſoit priſe leur difference

rence, oftant 1 de 58 & vn tiers, reftera leur difference 57 part. &
vn tiers. Et apres foit prife la moitié de l'angle donné 109 d. 11 m.
& fera 54 deg. 35 min. 30 fec. dont la tangente eft 140670 : Soient
en apres reduits les deux coftez en tiers, & viendra pour le plus
grand cofté 178. & pour le moindre 172, lequel eftant multiplié
par la tangente 140670, & le produit 24195240, diuifé par 178,
le quotient donnera 135928 tangente de 53 deg. 39 min. 30 fec.
laquelle eftant oftée de 54 deg. 35 min. 30 fec. Reftera 56 min.
pour l'angle A E B, parallaxe vertical de la Lune.

Le parallaxe vertical du Soleil fe trouue de mefme maniere
que celuy de la Lune, eftant donnee la hauteur du Soleil, auec
fa diftance au centre de la Terre.

La hauteur du Soleil eft auffi de 19 d. 11 m. comme de la Lune:
mais la diftance du Soleil au centre de la Terre eft 1498 part. & 33
m. ou onze vingtiémes, lequel nombre eftant reduit en vingtiémes
fait 29951, pour le premier terme de la regle de proportion : &
pour auoir le fecond terme i'ofte le femidiametre de la Terre,
1. part. de 1498 & 33 min. & refte 1497 & 33 min. ou $\frac{11}{20}$, ou
29951 vingtiémes pour le fecond terme, lequel eftant multiplié
par la mefme tangente de 54 deg. 35 m. 30 fec. fçauoir par 140670
& le produit diuifé par 29991, il vient au quotient 140482 tangente de 54 deg. 33 min. 20 fec. prefque, laquelle eftant oftée de
54 deg. 35 min. 30 fec. Refte le parallaxe vertical du Soleil, 2 m.
10 fec. Or ce parallaxe vertical du Soleil eftant ofté du parallaxe
vertical de la Lune 56 min. il reftera le Parallaxe vertical de la Lune au Soleil 53 min. 50 fec.

PROBLEME XIIII.

ESTANS *donnés l'angle parallactique, & le Parallaxe vertical de la Lune au Soleil, trouuer le Parallaxe de la Lune en longitude & latitude.*

On confidere en l'Eclipfe du Soleil trois fortes de Parallaxes,
le premier au cercle de hauteur, appellé Vertical; le fecond en la
longitude du Zodiaque; & le troifiéme en latitude d'iceluy. Le

L l

Parallaxe vertical a esté definy au 12. Probleme.

Le parallaxe en longitude est la difference entre le vray lieu du planete, & l'apparent, selon la longitude du Zodiaque seulement; & c'est l'arc de l'Eccliptique, compris entre deux grands cercles, desquels l'vn passe par les poles du Zodiaque, & par le vray lieu du planete; l'autre par les mesmes poles, & par le lieu apparent d'iceluy.

Le parallaxe en latitude, est la difference entre la vraie latitude & l'apparente; & c'est l'arc d'vn grand cercle passant par les poles de l'Ecliptique, & par le vray lieu du Planete, compris entre deux cercles paralleles à l'Ecliptique, desquels l'vn passe par le vray lieu du Planete, & l'autre par son lieu apparent; d'où s'ensuit, que la latitude apparente de la Lune est vn arc ou portion d'vn grand cercle passant par les poles du Zodiaque, & par le vray ou apparent lieu de la Lune, compris entre l'Ecliptique & le cercle du lieu apparent de la Lune parallele à l'Ecliptique. Or les arcs de ces trois especes de Parallaxes constituent vn Triangle rectangle, duquel les deux costez comprennent l'angle droit, sont les Parallaxes de longitude & latitude, & l'hypothenuse est le Parallaxe vertical.

Voyez Renoldus sur la Theorie des Planetes de Purbachius.

Soit le Meridien B C D B; l'horizon C A D: l'Ecliptique E A F; le quadrant d'vn cercle vertical B L: le vray lieu de la Lune K: le lieu apparent de la Lune H; & partant le Parallaxe vertical de la Lune au Soleil H K, lequel a esté trouué par le Probleme precedent 53 min. 50 sec. & l'angle parallactique B K E a esté trouué par le 11. probleme, 41 deg. 22 min. 20 sec. & on cherche I K parallaxe de la Lune au Soleil en longitude, & H I parallaxe en latitude.

Au Triangle rectangle H I K, l'angle parallactique I K H, est donné 41 deg. 22 min. 20 sec. auec l'hypotenuse H K parallaxe vertical, 53 min. 50 sec. Parquoy le costé I K parallaxe de la Lune en longitude, sera trouué de 40 min. 23 sec. ainsi.

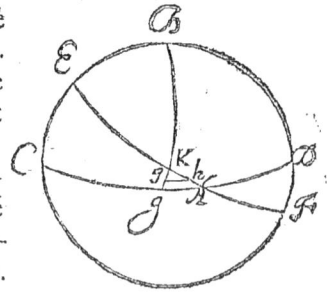

Si 100000, H K, donne 53 min. 50 sec? (ou 3230 sec.) Combien 75042 I K, sinus du complement de l'angle parallactique K ? Resp. 40 min. 23 sec. pour I K, parallaxe de la Lune en longitude. Et pour trouuer le parallaxe de la Lune en latitude, ie procede ainsi.

Si 100000, H K, donne 53 min. 50 sec. (ou 3230 sec.) Combien 66095 H I sinus de l'angle parallactique K ? Resp. 35 min. 35 sec presque pour H I parallaxe de la Lune en latitude, au temps donné 5 heur. 47 min.

Maintenant pour trouuer l'interualle du temps entre la vraie conionction des luminaires, & l'apparente, ie cherche le parallaxe de Lune en longitude, à vn heure apres le temps donné, sçauoir pour 6 heur. 47 min. ie le trouue 39 min. 45 sec. Et d'autant que le Soleil est en la quarte Occidentale, & que le parallaxe est plus grand au commencement du temps donné, qu'à la fin, i'adiouste la difference des parallaxes, sçauoir 38 sec. au mouuement horaire de la Lune au Soleil, par la 2 regle du 28 Precepte) qui est 30 min. 51 sec. & vient 31 min. 29 sec. pour le mouuement horaire veu ou apparent, par lequel ie diuise le parallaxe de la Lune en longitude, 40 min. 23 sec. reduisant le diuidende en 2423 sec. & le diuiseur en 1889 sec. & vient au quotient 1 heure, 16 min pour l'interualle du temps entre la vraie conionction & l'apparente, ainsi qu'il a esté trouué par le moyen des Tables. Voyez le 28. 29. & les Preceptes suiuans, pour le reste du calcul de cette Eclipse.

PROBLEME XV.

ESTANT donné le semidiametre apparent du Soleil & de la Lune, & la latitude apparente de la Lune au commencement & à la fin de l'Eclipse, décrire sur vn plan la figure de l'Eclipse du Soleil.

Le semidiametre apparent du Soleil en cette Eclipse a esté trouué 16 min. 50 sec. & le diametre apparent de la Lune 16 m. 29 sec. & partant la somme des semidiametres est 33 m. 19 sec. La latitude de la Lune veuë au commencement de l'Eclipse a esté

trouuee 2 min. 58 sec. Auſtrale, & à la fin de l'Eclipſe 3 m. 24 ſec.
Auſtrale. Ces choſes eſtans données, ſoit décrit du centre A,
& de l'interualle A B de la ſomme de l'vn & l'autre ſemidiametre
du Soleil & de la Lune 33 min. 19 ſec. le cercle B C B, & le diametre d'iceluy B C, qui ſera la voye du Soleil. Item, du meſme
centre & de l'interualle A D du ſemidiametre du Soleil 16 min.
50 ſec. ſoit décrit vn autre cercle E D E, qui ſera le cercle du Soleil. En apres ſoit notee de C en G la latitude de la Lune veuë au
commencement de l'Eclipſe, 2 min. 58 ſec. Auſtrale, & de B en
H la latitude veuë de la Lune à la fin de l'Eclipſe 31 m. 24 ſec.
auſſi Auſtrale : & ſoit menee la ligne G H, laquelle repreſentera
la voie de la Lune. Finalement ſoit icelle G H diuiſee en deux
egalement en F, & ſoient décris de l'interualle du ſemidiametre
de la Lune 16 min. 29 ſec. trois orbes de la Lune ; le premier
en G, le ſecond en F, & le troiſiéme en H ; & ſera le commencement de l'Eclipſe en G, le milieu en F, & la fin en H.

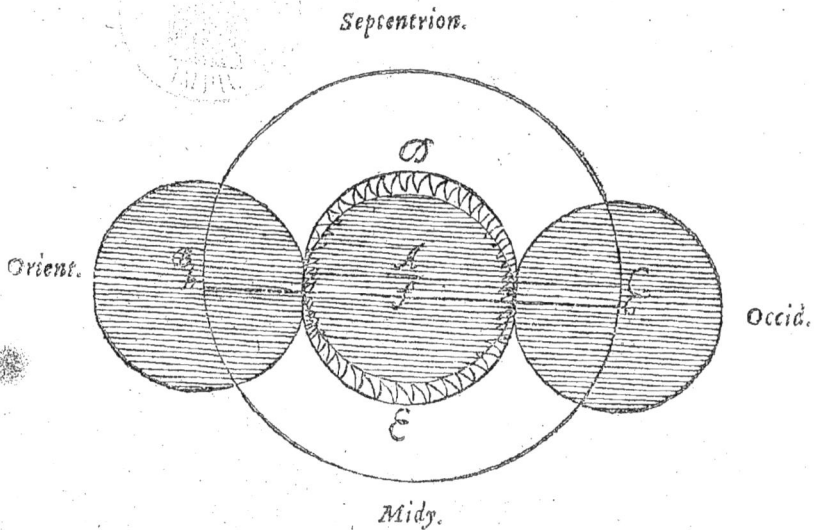

Septentrion.

Orient.

Occid.

Midy.

F I N.

PRECEPTES
DV CALCVL DES
MOVVEMENS CELESTES
PAR LES TABLES.

PRECEPTE PREMIER.

De la Reduction ou Equation des Meridiens.

A YANT accommodé toutes les Racines des moyens Mouuemens celeftes, qui font en nos Tables au Meridien de cette ville de Paris, elles ne pourront feruir qu'aux lieux qui font en mefme Meridien : Car les Mouuemens celeftes apparoiffent diuerfement en diuers lieux de la Terre; pource que le Soleil, la Lune, & les autres Aftres fe leuent plutoft aux peuples Orientaux, qu'aux Occidentaux, la raifon procede de la tumeur & rotondité de la Terre. Et ainfi ceux qui habitent plus vers l'Orient que Paris, content plus de temps en l'obferuation d'vn mefme Aftre, que ceux qui en font plus Occidentaux; Et pource il faut à ceux-cy fouftraire, & à ceux-là adioûter la difference du temps. Or cette difference fe peut facilement colliger par le moyen du Catalogue de la Longitude & Latitude des lieux les plus remarquables, que nous auons extrait des auteurs plus modernes, & approprié au Meridien de Paris diftant de l'Occident où premier Méridien de 23. degrez 30. minuttes, auquel Catalogue eft mis en la premiere colomne la difference du temps

A

conuenable à la Longitude des lieux, auec la marque d'adioûter ou
souftraire. La lettre A, fignifie adioûter, & S, fouftraire; en la feconde colomne eft mife la Longitude de chacun lieu; & en la troifiéme la Latitude. Et ainfi on prendra au Catalogue la difference
du temps de tous les lieux contenus en iceluy au refpect de Paris.
Eftant donc propofé de reduire le temps donné fous le Meridien
de Paris au Meridien d'vn autre lieu; Soit cherché iceluy, ou fon
prochain, au Catalogue des lieux, & la difference du temps notée
tout auprez, adioûtée au temps donné, ou oftée d'iceluy, felon le
tiltre d'adioûter ou fouftraire; donnera le temps reduict au Meridien d'vn autre lieu.

EXEMPLE.

ON a obferué à Paris le milieu d'vne Eclipfe de Lune à 9. heures 15. minuttes apres midy, & ie veux fçauoir à qu'elle heure
le mefme milieu d'Eclipfe a efté veu à Lyon. I'entre au Catalogue
des lieux, & troue vis à vis de Lyon 10. min. auec la lettre A, qui
fignifie qu'il faut adioûter. Ayant donc adioûté 10. min. auec 15.
min; ie dis que le milieu de l'Eclipfe a efté veu à Lyon à neuf heures 25. min. apres midy. Que fi on veut adapter les moyens Mouuemens, qui conuiennent au Meridien de Paris, au Meridien d'vn
autre lieu; Cherche le lieu propofé ou le proche d'iceluy au Catalogue des lieux, & adioûte ou ofte (obferuant le contraire de la lettre A ou S) la difference du temps donné de l'autre lieu : & alors
on pourra calculer les Mouuemens celeftes tirez de nos Tables au
Meridien d'vn autre lieu.

EXEMPLE.

ON a obferué à Lyon le milieu d'vne Eclipfe de Lune à 7. heures 10. minuttes apres midy, & ie veux calculer par nos Tables Aftronomiques le milieu de la mefme Eclipfe. Ie vois au Catalogue des lieux que la difference des Meridiens de Paris & Lyon
eft de 10. min. d'vne heure qu'il faut adioûter à caufe de la lettre A.
I'ofte donc cette difference 10. min. de 7. heures 10. min. & reftent
7. heures, & fuppofé le milieu de l'Eclipfe à ce temps de 7. heures
feulement, lequel temps répondra immediatement aux 7. heures
10. minuttes à Lyon.

PRECEPTE II.

Pour colliger les moyens Mouuemens.

VEv que tout Mouuement ne requiert pas seulement le lieu auquel le corps est porté, & d'où il pren son commencement ; mais aussi vn temps qui le mesure ; & pource que quand nous voulons examiner les vrais Mouuemens des Planettes à quelque temps donné, il est necessaire de constituer vn commencement des moyens Mouuemens à vn certain temps prefix, afin que de là nous les puissions déduire, comme d'vn fondement & terme duquel ils sont supputez, & ces commencemens des temps & Mouuemens, sont communément appellez Racines. Lansbergius en met deux fort remarquables en tous les Canons de ses moyens Mouuemens ; la premiere est de Nabonnassare, en laquelle Ptolomée commence par tout ses moyens Mouuemens. L'autre est de la Natiuité de nostre Seigneur Iesus-Christ, en laquelle tous les Chrestiens à bon droit commencent leur temps. Depuis Nabonnassare iusques à Iesus-Christ il y a 747. ans Egyptiens & 131. iours, qui font 746. ans Iulians, & 310. iours selon Lansbergius, & depuis Iules Cesar iusques à Iesus-Christ on conte 45. ans & 12. iours Egiptiens, & 45. ans Iulians & vn iour. Le commencement des ans se pren au midy du premier iour de Ianuier. Mais auant que de venir à la maniere du calcul des moyens Mouuemens, il faut entendre que nous les auons tous calculez par deux sortes de Tables, en la premiere on peut supputer les moyens Mouuemens à perpetuité, depuis l'vne ou l'autre Racine. Mais par la seconde on ne les peut calculer que dans l'espace de 150. ans, à commencer l'an 1550. Tellement que quand le temps proposé à colliger les moyens Mouuemens est deuant 1550. ans ou apres 1700. ans, alors il se faut seruir des premieres Tables, dont en voicy la maniere.

Entre en la Table du mouuement proposé à colliger, & écrits premierement la Racine conuenable au commencement du temps donné, puis ayant écrit le nombre des ans le plus approchant de celuy du temps proposé, qui est en la premiere colomne où est écrit *Racine*, & mis son moyen Mouuement à costé dessous la Racine,

A ij

& le reſte des ans au deſſous des ans, (s'il y en a) auec ſon moyen Mouuement auſſi mis à coſté : Entre en la Table des Mois communs, ſi l'an propoſé eſt commun, Biſſextils, ſi l'an propoſé eſt Biſſextil, & de-là en celle des iours, des heures & minuttes, s'il y en a, écris les moyens Mouuemens de chaque Table, l'vn ſous l'autre. Finalement adioûte tous les nombres en vn, obſeruant bien l'ordre & difference des eſpeces, & viendra le moyen Mouuement conuenable au temps donné.

EXEMPLE.

SOit propoſé à trouuer le moyen Mouuement de l'Anomalie des Equinoxes, l'an 1453. le 17. iour du mois d'Aouſt à 7. heures 45. minuttes apres midy, au Meridien de Paris, pour lequel toutes les Tables ſont calculées. Premierement pource que le temps donné n'eſt pas complet, ie le conçois complet ainſi 1452. ans complets le mois de Iuillet complet, 16. iours entiers, & 7. heures 45. min. auec lequel temps i'entre en la Table des moyens Mouuemens de l'Anomalie des Equinoxes, & ayant premierement écrit, la Racine des Equinoxes, ſçauoir 14°. 41. min. 18. ſec. Ie marque au deſſous de la Racine le moyen Mouuement pour 1400. ans, que ie trouue eſtre 4. ſexagenes, 53. deg. 44. min. 10. ſec. 40. tier. puis pour 40. ans ie trouue 8. deg. 23. min. 32. ſec. 52. tier. Pour 12. ans, 2. deg. 31. min. 3. ſec. 51. tierce. Pour le mois de Iuillet 7. min. 18. ſec. 24. tierce. Pour 16. iours 33. ſec. 5. tierce, & quant aux 45. min. elles ne ſont d'aucune conſideration en cet eſpece de Mouuement. I'écris donc tous ces nombres les vns ſur les autres, en ſorte que les ſexagenes de l'vn répondent aux ſexagenes de l'autre, & les degrez aux degrez, &c. Finalement ie les adioûte tous enſemble, & le produit de l'addition donné 5. ſexagenes, 19. deg. 27. min. 57. ſec. 28. tierce, pour le moyen Mouuement de l'Anomalie des Equinoxes au temps donné ; comme on voit en l'operation ſuiuante.

	Sexag.	Deg.	Min.	Sec.	Tierce.
Racine.	0	14	41	18	0
Pour 1400. ans.	4	53	44	10	40
40. ans.	0	8	23	32	52
12. ans.	0	2	31	3	51
Pour Iuillet.	0	0	7	18	24
Pour 16. iours.	0	0	0	33	5
Pour 7. iours.	0	0	0	0	36

Leur ſomme eſt 5. 19. 27. 57. 28. *qui fait* 319. *deg.* 27. *min.* 57. *ſec. pour le moyen Mouuement de l'Anomalie des Equinoxes.*

Que si le temps donné est en la forme Egiptienne, en laquelle les ans font tous égaux de 365. iours, il faut reduire les ans Egiptiens en ans Iulians, par le moyen de la Table de la conuersion des ans Egiptiens en ans que nous auons dressé à cette fin, puis proceder comme il a esté enseigné cy-deuant.

EXEMPLE.

SOit proposé à trouuer le moyen Mouuement de la Longitude de ♂ au temps de l'obseruation ancienne de l'Estoile de Mars qui fut faite l'an de Nabonnassare 476. le 20. d'Athyr qui est le 3. mois des Egiptiens, en Alexandrie à 18. heures apres midy, qui sont à Paris 15. heures 31. min. Ie reduis donc 475. ans complets 2. mois 19. iours 15. heures 31. min. en ans Iulians par le moyen de la Table de la conuersion des ans Egiptiens en ans Iulians, & trouue 474. ans Iulians & 326. iours, qui répondent au 22. de Nouembre, 15. heures 31. min. selon lequel temps ie collige le moyen Mouuement en cette maniere:

	Sex.	Deg.	Min.	Sec.	Tier.
Racine de Nabonnassare.	5	59	52	49	47
Pour 400. ans.	4	6	51	50	21
Pour 60. ans.	5	25	1	46	33
Pour 14. ans.	2	39	34	41	33
Octobre.	2	39	19	3	58
Pour 22. iours.	0	11	31	46	28
Pour 15. heures.	0	0	19	39	10
Pour 31. minutes.	0	0	0	41	5

Moyen Mouuement requis 3. 2. 32. 18. 55.

PRECEPTE III.

Pour supputer la Prostapherese des Equinoxes à quelque temps que ce soit donné.

LA Prostapherese, ou Equation des Equinoxes, est la difference entre le moyen Mouuement du ☉ depuis le moyen Equinoxe, & le moyen Mouuement d'iceluy depuis le vray Equinoxe; laquelle se trouue en cette maniere.

Collige premierement en la Table des moyens Mouuemens de

A iij

l'Anomalie des Equinoxes, l'Anomalie des Equinoxes conuenable au temps donné. En apres entre en la Table des Proftapherefes des Equinoxes, auec les fexagenes & degrez de l'Anomalie trouuee, & pren en l'angle commun la Proftapherefe des Equinoxes, qu'il faut mettre à part. Que s'il y a des minuttes aux degrez de l'Anomalie, pren la difference des Proftapherefes qui conuient à vn degré, & adioûte ou ofte la partie proportionnelle conuenable aux minuttes, felon qu'elle croift ou décroift, & viendra la Proftapherefe abfoluë des Equinoxes, laquelle eftant adioûtee aux moyens Mouuemens donnez, ou fouftraite felon que les tiltres mis au haut ou au bas de la Table l'enfeignent, on aura les moyens Mouuemens depuis le vray Equinoxe.

EXEMPLE.

SOit propofé à trouuer l'Equation des Equinoxes l'an 882. le 13. Septembre à 9. heures 48. minutes apres midy, auquel temps la moyenne Anomalie des Equinoxes fe trouue 3. fex. 19. deg. 49. min. 54. fec. auec laquelle i'entre en la Table des Proftapherefes des Equinoxes, & premierement auec 3. fex. 19. deg. ie trouue 24. min. 11. fec. pour la Proftapherefe, & puis pour les 40. min. & 54. fec. i'ofte 24. min. & 11. fec. du nombre fuperieur prochain, & refte 1. min. 12. fec. pour la difference deüe à vn degré, de laquelle ie pren la partie proportionnelle conuenable aux 40. min. 54. fec. de l'Anomalie, en multipliant les 1. min. 12. fec. ou 72. fec. par 40. min. & 54. fec. & diuifant le produit par 60. & prouiennent 49. fec. qu'il faut adioûter à 24. min. & 11. fec. d'autant que l'Equation croift: & font 25. min. pour l'Equation des Equinoxes Additiue.

Mais il faut noter, que quand le Soleil eft en la plus petite eccentricité, comme en ce temps icy; il faut chercher la Proftapherefe des Equinoxes vn peu autrement, à caufe de la Proftapherefe du Soleil diminuée aux Equinoxes: Car la Proftapherefe du Soleil laquelle en la plus grande eccentricité a efté 2. deg. 12. min. aujourd'huy elle n'eft pas plus grande que vn degré 59. min. 30. fec. tellement que le Soleil atteint maintenant la fection vernale 12. min. 30. fec. plus tard, que en la plus grande eccentricité. Parquoy il faut compenfer ces 12. min. 30. fec. afin que le Soleil paruienne en temps iufte, à la fection vernale. Et pour ce faire Lansbergius donne les trois regles fuiuantes.

1. Si la Prostapherese des Equinoxes *Additiue* est moindre que 12. min. 30. sec. il faut prendre au lieu d'icelle 12. min. 30. sec. & on aura la iuste Prostapherese.

2. Si la Prostapherese des Equinoxes soustraĉtiue est moindre que 12. min. 30. sec. il faut prendre le deffaut pour la Prostapherese *Additiue*, & sera la iuste Prostapherese.

3. Si la Prostapherese des Equinoxes soustraĉtiue excede 12. min. 30. sec. il faut alors oster 12. min. 30. sec. de la Prostapherese excedente & le reste sera la iuste Prostapherese des Equinoxes soustraĉtiue.

Pour l'intelligence de ces 3. reigles nous apporterons trois Exemples, le premier desquels sera conforme à la premiere regle; le second, à la seconde; & le 3. à la troisiéme.

PREMIER EXEMPLE.

Soit proposé à trouuer la Prostapherese des Equinoxes pour l'année 1633. le premier iour de Ianuier : & d'autant que le temps proposé n'est pas complet, i'entre en la Table des Racines des moyens Mouuemens de l'Obliquité & des Equinoxes, auec 1632. ans complets, & trouue vis à vis de 1632. ans, l'Anomalie des Equinoxes estre 5. sex. 57. deg. 5. min. 42. sec. auec laquelle i'entre en la Table de la Prostapherese des Equinoxes, & trouue pour les 5. sec. 57. d. en l'Angle commun 3. min. 54. sec. pour la Prostapherese des Equinoxes Additiue, laquelle estant moindre que 12. min. 30. sec. ie pren 12. minuttes 30. sec. pour la iuste Prostapherese requise.

II. EXEMPLE.

Soit proposé à trouuer la Prostapherese des Equinoxes l'an 1675. le premier iour de Ianuier, auquel temps l'Anomalie des Equinoxes est 5. deg. 54. min. 46. sec. Et la Prostapherese se trouue en la Table des Prostaphereses des Equinoxes 7 min. 39. sec. soustraĉtiue; laquelle est moindre que 12. min. 30. sec. de 4. min. 51. sec. Parquoy par la seconde regle, la vraye Prostapherese des Equinoxes est 4. min. 51. sec. Additiue, au temps proposé.

III. EXEMPLE.

SOit proposé à trouuer la Proſtapherese des Equinoxes l'an 1700.
complet à midy, qui eſt le dernier de nos Tables des Racines,
auquel temps l'Anomalie des Equinoxes eſt 11. deg. 21. min. 44.
ſec. 32. tier. dont la Proſtapherese ſe trouue 14. min. 37. ſec. ſouſtractiue, laquelle excede 12. min. 30. ſec. parquoy par la 3. regle
i'oſte 12. min. 30. ſec. de 14. min. & 37. ſec. & reſte 2. min. 7. ſec.
pour la Proſtapherese des Equinoxes au temps proposé.

PRECEPTE IV.

Du calcul de l'Obliquité du Zodiaque à quelque temps que ce ſoit donné.

OIT premierement colligé par la Table de l'Anomalie de
l'Obliquité du Zodiaque (laquelle eſt meſme que l'Anomalie du Centre du Soleil) l'Anomalie de l'Obliquité du
Zodiaque au temps dôné, puis auec les ſexagenes & degrez d'icelle,
entre en la Table des Proſtathereses de l'Obliquité du Zodiaque, &
en tire la Proſtapherese, prenant la partie proportionnelle pour les
minutes qui ſont en l'Anomalie. Finalement adioûte icelle Proſtapherese à la moindre Obliquité du Zodiaque, afin d'auoir l'Obliquité du Zodiaque requiſe.

EXEMPLE.

IE veux trouuer l'Obliquité du Zodiaque l'an 1070. auquel
temps Arzael Eſpagnol l'a obſerué de 23. deg. 34. min. Premierement ie collige par la Table de l'Anomalie de l'Obliquité,
l'Anomalie de l'Obliquité au temps donné 2. ſex. 8. deg. 22. min.
4. ſec. auec laquelle entrant en la Table des Proſtathereses de l'O-
bliquité du Zodiaque, ie trouue 4. min. 10. ſec. pour la Proſtapherese de Obliquité Additiue, i'adioûte donc 4. min. 10. ſec. à la plus
petite Obliquité 23. degrez 30. minutes, & vient l'Obliquité du Zodiaque

diaque 23. deg. 34. min. 10. fec. au temps donné 1070. conforme
à l'obferuation de Arzael.

PRECEPTE V.

Du Calcul du vray lieu du Soleil.

YANT confideré que la Proftapherefe ou Equation des
Equinoxes eftoit neceffaire au Calcul du vray lieu de tous
les Planetes; d'autant qu'elle determine le lieu duquel
on conte tous les Mouuemens celeftes, pour en abreger
le calcul nous auons fupputé les Equations des Equinoxes pour 150.
ans, à commencer depuis 1550. iufques à 1700. ans; Tellement que
quand le temps propofé à trouuer le vray lieu des Planetes fera entre 1550. & 1700. ans, il n'y aura qu'à prendre l'Equation des Equinoxes vis à vis de l'année propofée. Que fi le temps propofé eft
deuant 1550. ans, ou apres 1700. il faudra colliger l'Anomalie des
Equinoxes, & auec icelle chercher fon Equation en la Table des
Proftapherefes des Equinoxes; comme il a efté enfeigné au Precepte precedent. Or afin de bien entendre la maniere du calcul a
quelque temps que ce foit propofé, nous mettrons 4. Exemples, les
deux premiers feront dans le temps de 1550 & 1700. ans, le troifiéme deuant 1550. & le quatriéme apres 1700. apres auoir enfeigné la
maniere du calcul, qui eft telle.

Soient premierement colligez l'Anomalie du centre du Soleil, le moyen *1*
Mouuement d'iceluy, & le moyen Mouuement de fon Apogée. En *2*
apres auec le centre du Soleil, foit entré en la Table des Proftapherefes du
centre, & foit prife l'Equation du centre auec les minutes proportionnelles, lefquelles faut mettre à part; mais l'Equation du centre fe doit adioûter au moyen Apogée du Soleil, ou l'ofter d'iceluy, felon que les titres
le demonftrent, afin d'auoir le vray Apogée du Soleil, depuis le moyen
Equinoxe. En apres foit ofté le vray Apogée du moyen Mouuement du *3*
Soleil, empruntant (s'il eft befoin) fix fexagenes qui font tout le cercle
entier, & le refte fera la vraye Anomalie de l'Orbe du Soleil, auec laquelle foit entré en la Table des Proftapherefes de l'Orbe; & la foit prife l'Equation de l'Orbe & l'excez qui eft à cofté: duquel excez foit prife

B

*la partie proportionnelle conuenable aux minutes proportionnelles, qui
ont esté mises à part, laquelle se doit tousiours adioûter à l'Equation de
l'Orbe, pour auoir l'Equation absoluë.* Finalement soit ostée ou adioûtée l'Equation de l'Orbe absoluë au moyen Mouuement du Soleil, selon
l'indice des titres, & on aura le vray lieu du Soleil depuis le moyen Equinoxe, & auec l'Equation des Equinoxes, on aura le vray Mouuement
d'iceluy depuis le vray Equinoxe.

EXEMPLE I.

IE veux trouuer le vray lieu du Soleil l'an 1587. le 9. Ianuier selon l'ancien Calendrier, qui est le 19. au Calendrier Gregorien,
au Meridien d'Vranibourg où Tycho Brahe l'a exactement obserué auec ses instrumens. Voyez son liure des Epistres page 56. & l'à
trouué estre au 29. deg. de Capricornus.

Premierement, ie reduits le temps proposé au Meridien de Paris,
selon lequel nos Tables sont calculees par le premier Precepte, &
trouve estre 1586. 17. iours 23. heures 6. min. puis ayant colligé le
moyen Mouuement du centre du Soleil qui est 3. sex. 10. deg. 27.
min. 11. sec. & prise l'Equation des Equinoxes 16. min. 8. sec. presque qu'il faut mettre à part, ie collige les moyens Mouuemens du
Soleil, & de son Apogée. Le moyen Mouuement du Soleil est 4.
sex. 57. deg. 57. min. 57. sec. Le moyen Apogée du Soleil est 1. sex.
34. deg. 55. min. 16. sec. En apres auec le moyen centre du Soleil,
ie pren l'Equation du centre 1. deg. 4. min. 43. sec. Additiue. Et
aussi les minutes proportionnelles, qui sont à costé. I'escris donc 1.
min. à part, & adioûte l'Equation du centre 1. deg. 4. min. 43. sec.
auec le moyen Mouuement de l'Apogée 1. sex. 34. deg. 55. min. 16.
sec. & vient 1. sexag. 35. deg. 59. min. 59. sec. pour le vray Apogée,
lequel i'oste du moyen Mouuement du Soleil, & reste 3. sex. 21.
deg. 57. min. 58. sec. pour la vraye Anomalie de l'Orbe, auec laquelle i'entre en la Table des Equations de l'Orbe, où ie trouue 45.
min. 56. sec. pour l'Equation de l'Orbe Additiue, auec son excez
10. min. duquel ie pren la partie proportionnelle conuenable à vne
min. qui a esté mise à part, & vient pour l'excez 0. sec. que i'adioûte à l'Equation de l'Orbe, le produit donne 46. min. 6. sec. pour
l'Equation absoluë, laquelle i'adioûte auec le moyen Mouuement
du Soleil, & vient 4. sex. 58. deg. 44. min. pour le vray lieu du So-

leil depuis le moyen Equinoxe, à quoy adioûtant l'Equation des Equinoxes 16. minutes 8. sec. il vient 4. sex. 59. deg. 0 min. 11. sec. pour le vray lieu du Soleil, depuis le vray Equinoxe, lequel nombre conuient entierement à l'obseruation celeste de Tycho: Enquoy on peut iuger combien ces Tables sont meilleures que celles d'Alphonse, qui marquent le vray lieu du Soleil au temps donné, au 29. deg. 19. min. de Capricornus, & que celles de Copernic, qui le mettent au 28. deg. 31. min. de Capricornus.

EXEMPLE II.

SOit proposé à trouuer le vray lieu du Soleil l'an 1596. le 12. Mars à midy selon l'ancien style au Meridien d'Vranibourg, lequel temps reduit au style Gregorien & au Meridien de Paris est 1595. ans complets 19. iours 23. heures 6. min. auquel temps Ticho Brahe l'a obserué au 1. deg. 7. min. 45. sec. d'Aries.

Operation.

	Anom. du Censre.				*Moyen Mou. du ☉*				*Apogée.*			
1595. ans.	3. sex. 11. deg.	31. min.	39. sec.		4. sex. 40. d.	4. m.	58. sec.		1. sex. 35. d.	5. min.	21. sec.	
Feburier.	0	0	1	11	0	59	8	20	0	0	0	11
19. iours.	0	0	0	11	0	18	43	38	0	0	0	4
23. heures.	0	0	0	1	0	0	56	40	0	0	0	0
6. min.	0	0	0	0	0	0	0	14	0	0	0	0

Somme 3. 11. 33. 13. | 5. 58. 53. 50. | 1. 35. 5. 36.
Vray Apogée. 1 36 16 55 | 1 11 19
Equation du centre 1. d. 11. m. 19. sec. | Reste. 4 22 36 55. | 1 36 16 55
Additiue. Minutes prop. 1.
Equation de l'Orbe 1. d. 59. m. Add. Excez 25. m. colligée auec la vraye Anom. 4. sex. 22. d. 37. m.
Equation absolue 1. deg. 59. min. 25. sec.
Moyen Mouuement du Soleil depuis le moyen Equinoxe. 5. sex. 58 d. 53. min. 51. sec.
Equation absolue Additiue. 0 1 59 25.
 0 0
Vray lieu du Soleil depuis le moyen Equinoxe 0 0 53 16
Equation des Equinoxes Additiue. 0 0 23 44

Vray lieu du Soleil depuis le vray Equinoxe. 0 1 7 0 Aries.

EXEMPLE III.

SOit proposé à trouuer le vray lieu du Soleil l'an 882. le 18. iour de Septembre à 13. heures 24. min. apres midy, auquel temps Albategnius Arabe a obserué que le Soleil estoit en la section Automnale.

B ij

Or depuis la Natiuité de noſtre Seigneur Ieſus-Chriſt iuſques à l'obſeruation de Albategnius il y a 881. ans entiers, 8. mois communs, 17. iours 9. heures 48. min. au Meridien de Paris. Et pour trouuer le vray lieu du Soleil en cet Exemple & au ſuiuant, il faut colliger 4. eſpeces de moyens Mouuemens ; pource que l'Equation des Equinoxes ne ſe trouue en la Table des Equations calculee pour 150. ans.

	Centre du Soleil.				Moyen mouu. du Soleil.				Apogée.				Anomal. des Equinoxes.			
	Sex.	Deg.	Min.	Sec.	Sex.	Deg.	Min.	Sec.	Sex.	Deg.	Min.	Sec.	Sex.	Deg.	Min.	Sec.
Racine.	0	0	0	0	4	38	36	56	1	5	9	30	0	14	41	18
800. ans.	1	36	3	56	0	6	3	1	0	15	0	45	2	47	50	57
80. ans.	0	9	36	23	0	0	36	18	0	1	30	5	0	16	47	6
1. an.	0	0	7	12	5	59	45	40	0	0	1	7	0	0	12	35
Aouſt.	0	0	4	47	3	59	30	44	0	0	0	45	0	0	8	22
17. iours.	0	0	0	20	0	16	45	21	0	0	0	3	0	0	0	35
9. heures.	0	0	0	0	0	0	22	10	0	0	0	0	0	0	0	0
48. minut.	0	0	0	0	0	0	1	58	0	0	0	0	0	0	0	0
Somme des moyens Mouuemens.	1	45	52	38	3	1	42	8	1	21	42	15	3	19	40	53

Reſte 1 16 23 8 | 5 19 7

Vraie Anomalie.	1	45	19	0	1 16 23 8 Vray Apogée.
Equat. des Equin.	0	0	25	0	
Equat. du Centre.	0	5	19	7	Souſtract. ‖ 23. min. Prop.
Equat. de l'Orbe.	0	1	56	46	Souſtract. ‖ 25. min. Excez.
	0	0	9	35	Partie prop.
Equation abſoluë.	0	2	6	21	Souſtr.
Moyen mouuement du Soleil.	3	1	42	8	
	2	6	21	Souſtr.	
Reſte le vray lieu	2	59	35	47	du Soleil, depuis le moyen Equinoxe.
Equat. des Equin.	0	0	25	0	Additiue.

Vrai lieu du Soleil 0 0 0 47 depuis le vray Equinoxe, lequel conuient entierement à l'obſeruation de Albategnius.

Les Tables Pruteniques mettent le temps de cet Equinoxe à 23. heures 49. min. Les Tychoniennes & Rudolphines à 3. heures 55. min. aprés midy du iour ſuiuant ; tellement qu'en celles-là il y a erreur de 10. heures 16. minut. & en celles-cy de 14. heures & demy, qui eſt vn erreur trop notable.

EXEMPLE. IV.

SOit propoſé à trouuer le vray lieu du Soleil l'an 1801. ans le 11. iour de Ianuier à midy au Meridien de Paris, d'autant que les moyens Mouuemens en toutes les Tables ſont calculez en ans Iulians, & que nous nous seruons maintenant du Calendrier Gregorier, auquel on a retrenché 10 iours en l'annee 1582. il faut seulement à chacune racine adioûter le moyen Mouuement de 1800. ans complets, ainsi.

	Centre du Soleil.			Anomal. des Equinoxes.			Moyen mouu. du Soleil.			Apogée.		
	Sex. Deg. min. sec.			Sex. Deg. min. sec.			Sex. Deg. min. sec.			Sex. Deg. min. sec.		
Racine.	0	0	0	0	14	41	18	4	38	36	56	1	5	7	30
1800. ans.	3	36	8	52	0	17	39	39	0	13	36	48	0	33	46	42
Somme	3	36	8	52		32	20	57	4	52	13	44	1	38	56	12
								1	42	22	57	3	26	45	Equat.

Vraie Anom. de l'Orbe. 3   9   50   47   1   42   22   57
                         m. sec.

Equation des Equinoxes. 39   43   Soustractiue.
                         12   30

Vraie Equation des Equin. 27   13
                         deg. m. sec.
Equation du Centre. 3   26   45 Additiue. || 6 minut. prop.
Equation de l'Orbe. 0   21   33 Additiue. || 5 minut. excez.
                         33 part. prop.
Equation absoluë.   22   6   sex. deg. m. sec.
Moyen Mouuement du Soleil, depuis le moyen Equinoxe. 4   52   13   44
Equation de l'Orbe absoluë.   22   6

Vray lieu du Soleil, depuis le moyen Equinoxe.   4   52   35   50
Equation des Equinoxes, soustr.   27   13

Vray lieu du Soleil, depuis le vray Equinoxe.   4   52   8   37 au 22. deg. 8. minut.
                                                37. sec. de Capricorne.

PRECEPTE VI.

Du Calcul du vray lieu de la Lune selon la Longitude.

OIT premierement prise l'Equation des Equinoxes en la Table des Equinoxes calculée pour 150. ans, si le temps donné est dans l'estenduë de la Table, sinon soit icelle colligée, comme il a esté enseigné au 4. Precep. Puis soient colligez les moyens Mouuemens du Soleil, de la longitude ou distance de la Lune au Soleil, & de l'Anomalie de l'Orbe de la Lune. Puis soit doublée la longitude de la Lune au Soleil, afin d'auoir l'Anomalie du Centre.

B iij

auec laquelle soit entré en la Table de l'Equation du Centre de la Lune,
& apres auoir prise l'Equation du Centre, auec les minutes proportionnelles mises à part, soit adioustee ou ostee icelle Equation du Centre de l'Anomalie de l'Orbe, selon que le titre de la Table le démonstre,
& on aura la vraie Anomalie de l'Orbe egalee, auec laquelle soit entré en la Table de l'Equation de l'Orbe, & y soit prise l'Equation de
l'Orbe auec son Excez; duquel soit prise la partie proportionnelle conuenable aux minutes proportionnelles, qui ont esté mises à part; & soit
tousiours adioustee cette partie proportionnelle à l'Equation de l'Orbe,
afin d'auoir l'Equation de l'Orbe absoluë. En apres soit adioustee la
longitude de la Lune au Soleil auec le moyen Mouuement du Soleil, &
il en viendra le moyen Mouuement de la Lune. Puis soit adioustee ou
ostee (selon le titre) l'Equation de l'Orbe absoluë du moyen Mouuement de la Lune, & le produit sera le vray lieu de la Lune depuis le
moyen Equinoxe, auquel adioustant ou ostant l'Equation des Equinoxes, selon le titre mis en la Table, on aura le vray lieu de la Lune depuis le vray Equinoxe.

EXEMPLE.

IE veux trouuer le vray lieu de la Lune l'an 1587. le 17. d'Aoust à
19. heur. 25. m. apres midy, selon l'ancien style, au Meridien d'V-
ranibourg, où la Lune fut obseruee au Meridien auec les instrumens de Tycho, auquel temps Lansbergius démonstre euidemment
que la Lune estoit au 27 deg. 21 min. de Gem. quoy que Tycho
l'ait obserué autrement, sçauoir au 26 deg. 23 min. de Gem. Car le
Soleil estoit alors au 4 deg. 5 min. de Virgo selon l'obseruation de
Tycho, & l'Ascension droite de 4 deg. 5 min. de Virgo est 155. deg.
59. min. à laquelle adioutant 291 deg. 15 min. de l'Equinoctial pour
les 19. heur. 25 min. d'apres midy, il vient l'Ascension droite du
M C. 87. deg. 14 min. Or en la Table des *Mediations du Ciel de
Regiomontanus*, au signe de Gem. on trouue pour l'Ascension
droite de la Lune 87 deg. 14 min. auec la Latitude Meridionale
5 deg. 13 min. lesquels 87. deg. 14 min. conuiennent en l'Ecliptique à 27 deg. 21 min. de Gem. Donc le vray lieu de la Lune a esté
mal obserué par Tycho. Maintenant pour venir au calcul, ie reduis premierement le Meridien d'Vranibourg à celuy de Paris,
en retrenchant 54 min. d'heure: d'autant que Vranibourg est plus

Oriental que Paris, & ainſi le temps propoſé eſt 1586. ans complets, le 16. iour d'Aouſt au ſtyle ancien, & au Gregorien le 26. iour
d'Aouſt, à 18. heures 31 min. ſelon lequel temps les moyens Mouuemens ſont tels.

	Moyen mouuem. du Soleil.					Longitude de la Lune au Soleil.					Anomalie de la Lune.				
	Sex.	Deg.	Min.	Sec.	Tier.	Sex.	Deg.	Min.	Sec.	Tier.	Sex.	Deg.	Min.	Sec.	Tier.
1586. ans.	4	40	15	40	53	4	24	18	22	21	2	47	35	4	26
Iuillet.	3	28	17	25	46	1	4	26	18	29	4	9	46	43	16
26. Ieurs.	0	25	37	38	33	5	16	57	33	58	5	39	41	22	48
18. Heures.	0	0	44	21	14	0	9	8	35	0	0	9	47	55	0
31. Minut.	0	0	1	16	23	0	0	15	45	0	0	0	16	53	0
Somme.	2	35	36	20	29	4	55	6	34		0	47	7	58	30

Reſte. 4 55 6 34

Moyen Mouuement. | 1 30 42 54 ·· | 3 50 13 8 Anomalie du Centre.

Premierement, ie double la longitude ou diſtance de la Lune au
Soleil, & vient 3 ſex. 50 d. 13 m. 8 ſec. pour l'Anomalie du Centre,
auec laquelle i'entre en la Table des Equations du centre de la Lune, & trouue l'Equation du centre 12 deg. 13 min. 32 ſec. *ſouſtraĉtiue*
auec les minutes proportionnelles 51 min. que ie mets à part; Puis
i'oſte l'Equation du Centre de l'Anomalie de l'Orbe de la Lune,
& reſte l'Anomalie de l'Orbe egalee 34 deg. 54 min. 20 ſec. auec
laquelle i'entre en la Table des Equations de l'Orbe; & trouue la
Proſtapherese de l'Orbe 2 deg. 37 min. 37 ſec. *ſouſtraĉtiue*, auec
l'Excés 1 deg. 17 min. 48 ſec. duquel ie pren la partie proportionnelle deuë aux minutes proportionnelles, qui ont eſté miſes à part,
il en vient 1 deg. 6 min. 7 ſec. pour icelle partie proportionnelle,
laquelle i'adiouſte à la Proſtapherese de l'Orbe 2 deg. 37 min. 37
ſec. pour auoir l'Equation de l'Orbe abſoluë 3 deg. 43 min. 44 ſec.
ſouſtraĉtiue. En aprés i'adiouſte la longitude ou diſtance de la Lune au Soleil, auec le moyen Mouuement du Soleil, & vient le
moyen Mouuement de la Lune, 1 ſex. 30 deg. 42 min. 54 ſec.
duquel oſtant la Proſtapherese de l'Orbe abſoluë 3 d. 43 m. 44 ſec.
il reſte le vray lieu de la Lune depuis le moyen Equinoxe, 1 ſex.
26 d. 59 m. 10 ſec. & adiouſtant la Proſtapherese des Equinoxes
Additiue 15 m. 58 ſec. il vient le vray lieu de la Lune depuis le
vray Equinoxe 1 ſex. 27 d. 15 m. 8 ſec. lequel nombre eſt conforme à celuy que Lansbergius a colligé.

PRECEPTE VII.

De l'Equation du temps, à cause de l'inégalité des Iours.

POVR colliger tout mouuement égal, il faut que le temps donné foit auffi égal. Or le Soleil, quant à l'apparence, fe meut en deux manieres, & en partie contraire : Car premierement il eft porté alenrour des poles de l'Equinoctial d'Orient en Occident, & fait vne reuolution entiere en vn iour naturel. En apres il fe meut alentour des poles de l'Ecliptique d'Occident en Orient, & fait vne entiere reuolution en l'efpace d'vn an. Et d'autant que les iours naturels font determinez par le mouuement du Soleil; pource les iours naturels font confiderez en deux manieres, fçauoir en *Iours naturels égaux & inégaux*.

Les Iours naturels égaux font les iours moyens ou mediocres, qui contiennent le temps auquel fe parfait l'entiere conuerfion de l'Equateur, auec vne particule femblable à celle que le Sol il fait par fon moyen ou égal mouuement Diurne, laquelle particule eft 59 min. 8. fec. 19 tier. 44. quart. 59 quint. 15 fext.

Les Iours naturels inégaux font les iours apparens qui comprennent le temps auquel s'accomplit l'entiere conuerfion de l'Equateur, auec vne particule telle, que le Soleil fait par fon vray mouuement Diurne. Et d'autant que cette particule eft toufiours inégale, il s'enfuit que les iours apparens font perpetuellement inégaux. En apres, pource que les iours inégaux ne peuuent pas eftre la mefure des mouuemens égaux, pour cette caufe il faut égaler & conuertir les iours apparens inégaux en égaux, fi nous voulons fupputer les mouuemens égaux par les Tables Aftronomiques, lefquelles font calculées felon les mouuemens & temps égaux : & au contraire faut conuertir les iours moyens ou égaux en apparens ou inégaux, quand nous voulons accommoder les mouuemens & temps égaux en temps apparent. Voicy la maniere de faire l'vn & l'autre.

Eftans

Estant proposé quelque temps apparent que ce soit, cherche au commencement *& à la fin du temps donné le moyen & le vray Mouuement du Soleil, auec l'Ascension droite du vray Mouuement.* En apres oste la *difference qu'il y a entre les moyens Mouuemens, & les Ascensions droites.* Que si ces differences sont égales, le temps apparent donné n'a point besoin d'Equation; pource qu'il est égal au mediocre: Mais si la *difference des Ascensions est plus grande que la difference des moyens Mouuemens, adiouste l'excez conuerty en minutes d'heure au temps apparent:* & au contraire si la difference des moyens Mouuemens est plus grande, oste du temps donné l'excez conuerty en minutes d'heure. Il faut faire le contraire quand on veut reduire le temps egal en apparent.

EXEMPLE.

IE veux reduire le temps apparent donné cy-deuant au 5. Precepte, l'an 1587. le 19. Ianuier selon le stile Gregorien à midy, sous le Meridien d'Vranibourg, auquel temps le moyen Mouuement du Soleil est 297 deg. 57 min. 57 sec. le moyen Mouuement de la Racine, qui est le commencement du temps est 278 deg. 36 min. 56 sec.

Le vray lieu du Soleil au temps apparent donné est le 29 deg. de Capr. son Ascension droite est 301 deg. 9 min. l'Ascension droite du vray lieu du Soleil au temps de la Racine, qui est la Natiuité de nostre Seigneur Iesus-Christ est 280 deg. 55 m. Premierement i'oste le moyen Mouuement du Soleil pour le temps donné, du moyen du Soleil de la Racine, & reste 340 d. 38 m. 59 sec. En apres i'oste l'Ascension droite du vray lieu du Soleil au temps donné, de l'Ascension droite de la Racine (en empruntant 360 d. car autrement on ne les pourroit oster) & reste 339 d. 26 m. difference des Ascensions droites. Finalement i'oste la difference des Ascensions 339 deg. 26 m. de la difference des moyens Mouuemens 340 deg. 38 min. & reste 1 d. 12 m. 59 sec. qui font 4 m. 51 sec. d'heure qu'il faut oster du temps apparent, & restera le temps egal 1587 le 18 Ianuier à 23 heures 55 m. 9 sec. au Meridien de Vranibourg, & au Meridien de Paris 23 heures 1 m. 9 sec.

Par la mesme maniere on peut constituer les Racines des moyens Mouuemens. Comme par exemple; Soit proposé de constituer la Racine du moyen Mouuement du Soleil, au commencement des

C

ans de Nabonnaſſare, eſtant premierement donnee la vraye Racine de I. Chriſt 278 d. 36 m. 56 ſec. & l'interualle du temps apparent entre I. C. & Nabonnaſſare 747 ans Egiptiens, & 131 iours,
le moyen Mouuement du Soleil conuenable à ce temps eſt 5 ſex. 10
d. 41 m. 59 ſec. ou 310 d. 41 m. 59 ſec. lequel i'oſte de la Racine de I.
C. 278 d. 36 m. 56 ſec. & reſtent 317 deg. 54 min. 57 ſec. pour la
Racine de Nabonnaſſare, laquelle ie corrige en cette maniere. Ie
cherche par le 5 Precepte le vray lieu du Soleil qui eſt à 53 m. 19 ſec.
de Piſc. & ſon Aſcenſion droite qui eſt 332 d. 54 m. Or le moyen
Mouuement du Soleil pour la racine ou commencement des ans de
Ieſus-Chriſt eſt 4 ſex. 38 d. 36 min. 56 ſec. & l'Aſcenſion droite du
vray lieu d'iceluy eſt 280 d. 35 min. donc la difference des moyens
Mouuemens eſt 310 d. 42 m. preſque, & la difference des Aſcenſions droites eſt 307 d. 33 m. Or l'excez de la difference des moyens
Mouuemens au deſſus de la difference des Aſcenſions droites eſt 3
d. 90 m. auſquels conuiennent 12 m. 36 ſec. par la Table de la con-
uerſion des degrez de l Equinoctial en heures & minutes d'heure,
qui faut oſter du temps apparent, afin qu'il ſoit fait egal. Tellement que le temps egal entre Nabonnaſſare & Ieſus-Chriſt eſt
747 ans Egiptiens 131 iours moins 12 m. 36 ſec. auquel temps conuient 5 ſex. 10 d. 41 m. 28 ſec. pour le moyen Mouuement du Soleil. i'oſte donc 5 ſex. 10 d. 41 m. 28 ſec. de 4 ſex. 38 d. 36 m. 56 ſec.
Racine de I. C. & reſte la Racine de Nabonnaſſare corrigee 5 ſex. 27
d. 55 m. 28 ſec. & d'autant que l'Equation du temps eſt plus côſidera-
ble en la Lune, qu'aux autres Planetes, nous mettrons encor icy vn
Exemple pour l'Equation de la Lune, dont le vray Mouuemêt a eſté
trouué par le Precepte precedent au 27 d. 15 m. de Gem. deſirant
donc corriger ce Mouuement, afin qu'il réponde exactement au
temps apparent, ie procede par la premiere partie de ce Precepte,
ainſi.

Le moyen Mouuement du Soleil l'an 1587. le 17 iour d'Aouſt à 19
heures 24 m. au Meridien d'Vranibourg eſt 2 ſex. 35 d. 36 m. 7 ſec.
& le vray Mouuement du Soleil 2 ſex. 34 d. 10 m. 10 ſec. ſon Aſcenſion droite eſt 156 d. 3 min.

Le moyen Mouuement du Soleil au commencement de Ieſus-
Chriſt eſt 4 ſex. 38 d. 36 m. 56 ſec. & l'Aſcenſion droite de ſon vray
Mouuement eſt 280 deg. 35 m. Or la difference des moyens Mou-
uemens eſt 236 deg. 59 min. & la difference des Aſcenſions de

235 deg. 28 min. & partant l'excez de la difference des moyens
Mouuemens est 1 d. 31 min. c'est à dire 6 m. 4 sec. qui donnent 3 m.
5 sec. pour le moyen Mouuement de la distance de la Lune au Soleil, & estant 3 min. 5 sec. du vray Mouuement de la Lune cy deuant trouué 1 sex. 27 d. 15 min. (pource que l'excez est de la difference des moyens Mouuemens) il reste le vray lieu de la Lune cor-
rigé 1 sex. 27 min. 12 sec.

Ayant iusqu'icy amplement enseigné la maniere de conuertir le
temps apparent en égal, il reste maintenant à monstrer comme on
reduit le temps égal en apparent, ce qui arriue aux Eclipses de Soleil & de Lune, & vniuersellement aux nouuelles Lunes & pleines
Lunes. En voicy la maniere.

Premierement estans donnez les moyens Mouuemens du Soleil,
& les Ascensions d'iceluy, soit trouuee l'Equation des iours, comme
dessus. En apres, si la difference des moyens Mouuemens est plus
grande que la difference des Ascensions, l'Equation des iours trouuee doit estre adioûtee au moyen temps donné: que si elle est moindre, il la faut oster d'iceluy moyen temps donné, & ainsi il vient le
temps apparent conuenable aux Mouuemens des Tables.

Or il faut obseruer icy, que combien que l'Equation des iours en-
seignee en ce Precepte soit entierement veritable, elle ne conuient
pas neantmoins tousiours auec les obseruations des Eclipse, la cause de cette difference ne procede pas de quelque erreur en l'Equation des iours, mais de quelque chose en la Lune qui nous est encor
occulte. Nous nous seruirons donc de celle-cy, iusques à ce qu'on
ait vne autre lumiere. Lansberge a obserué qu'en l'Eclipse de l'vn
ou l'autre Luminaire au commencement d'Aries, il faut adioûter au
moyen temps 30 m. d'heure, & que le Soleil tenant la fin d'Aries,
& tout le signe de Taurus & Gem. il n'est pas besoin de cette Equation.

Secondement, que le Soleil ou la Lune defaillant vers le 18 deg.
de Cancer, il faut oster 10 m. d'heure; vers le 7 d. de Leo 18 m.
vers le 18 d. de Leo 16 m. Mais enuiron le commencement de Virgo peu ou rien du tout.

En apres le Soleil estant vers le commencement de Libra, il faut
oster aux nouuelles Lunes & pleine Lunes Eclíptiques 5 m. d'heure, & enuiron le 18 d. de Libra & 24 d. de Scorp. 10 min. & aux
signes du Sagit. Capr. Aquar. & aux 20 premiers d. de Pisc. Cette

C ij

Equation n'a point de lieu. On peut voir plusieurs Exemples de ces
Equations au Thresor des Obseruations de Lansberge.

PRECEPTE VIII.

Du Calcul de la latitude de la Lune.

1 AYANT colligé au temps donné, 1. l'Anomalie du Centre de la Lune auec son Equation & minutes proportionnelles, mises à part. 2. l'Anomalie de l'Orbe égalée, auec son Equation absoluë. 3. le Mouuement de
la latitude de la Lune ; Soit adiouté, ou osté du Mouuement de

2 Latitude, l'Equation de l'Orbe absolu, selon le Tiltre d'*Adiouter*
ou Oster, pour auoir le vray Mouuement de la latitude de la Lune,

3 auec lequel soit entré au Canon entier de la latitude de la Lune, &
là soit prise la latitude de la Lune, auec son excez, duquel faut
prendre la partie proportionnelle deuë aux minuttes proportionnelles cy-dessus gardées, & adiouter tousiours icelle partie proportionnelle à la latitude de la Lune, afin d'auoir la vraye latitude de
la Lune. Et pour sçauoir si elle est Boreale ou Meridionnale, *As-
cendante ou descendante*, on le cognoistra facilement par le Tiltre
mis au haut ou au bas du Canon.

EXEMPLE

IE veux sçauoir la latitude de la Lune au temps cy-deuant donné,
l'an 1587 le 27 iour d'Aoust à 18 heures 31 m. pour lequel temps
l'Anomalie du Centre a esté trouuee 3 sex. 50 deg. 13 min. 8 sec. son
Equation du centre 1 2 d. 13 m. 32 sec. & les minutes proportionnelles 51 m. la vraye Anomalie de l'Orbe 34 d. 54 m. 26 sec. & son
Equation absoluë soustractiue 3 d. 43 m. 44 sec. & le moyen Mouuement de la latitude de la Lune 3 sex. 0 d. 39 m. L'oste premierement l'Equation absoluë 3 d. 43 m. 44 sec. du moyen Mouuement
de la Latitude 3 sex. 0 d. 39 m. & reste 2 sex. 56 d. 55 m. 16 sec. c'est
à dire 5 signes communs 26 deg. 55 min. 16 sec. pour le vray Mou-

uemeut de la latitude de la Lune. Puis i'entre au Canon entier de la latitude de la Lune auec ce vray Mouuement, & y pren la latitude de la Lune Australe Descendante 4 d. 59. m. 33 sec. auec son Excez 15 m. 57 sec. duquel ie pren la partie proportionnelle pour les 51 m. qui ont esté mises à part, laquelle partie prop. ie trouue estre 13 m. 33 sec. ie l'adiouste donc à la latitude de la Lune 4 d. 59 m. 33 sec. & vient la vraye latitude de la Lune Meridonnale 5 deg. 13 m. 6 sec. laquelle conuient exactement auec celle que Tycho Brahe a obserué auec ses instrumens.

[annotation manuscrite]

PRECEPTE IX.

De la reduction de la Lune à l'Ecliptique.

EV que le Mouuement de la Lune se considere en deux manieres, en son Orbe propre, & en l'Ecliptique ; & pource quand la Lune est entre les nœuds & les limites, ces Mouuemens different quelque peu entr'eux : Mais estant aux mesmes nœuds & limites, il n'y a aucune difference. Pour donc reduire le Mouuement de la Lune à l'Ecliptique supputé par les Tables, il faut faire ainsi.

Entre en la Table de la reduction de la Lune à l'Ecliptique, auec le vray Mouuement de la Latitude, & y pren les minutes Prostapheretiques, lesquelles faut oster ou adiouter, selon l'indice du Tiltre, au vray Mouuement de la Lune supputé par les Tables, & tu auras le vray Mouuement de la Lune en l'Ecliptique.

EXEMPLE.

SOit donné le vray Mouuement de la latitude de la Lune qui a esté cy-deuant trouué 5 Dodecatemories, ou signes communs, 26 deg. 54 min. auec le vray Mouuement de la Lune en son Orbe propre 1 sex. 27 d. 12. m. 3 sec. lequel ie veux reduire à l'Ecliptique. I'entre au Canon de la reduction de la Lune en l'Ecliptique auec le vray Mouuement de la latitude, 5 sign. 26 d. 54 m. & trouue les minutes Prostapheretiques o m. 46 sec. soustractiues. I'oste donc 46

C iij

sec. du vray Mouuement de la Lune en son Orbe propre 1 sex. 27 d.
12 m. 3 sec. & reste le vray lieu de la Lune en l'Ecliptique 1 sex. 27 d.
11 min. 17 sec. c'est à dire au 27 deg. 11 minutes de Gemini.

PRECEPTE X.

Du Calcul du vray Mouuement des Estoilles fixes en Longitude.

SOIT premierement cherché au temps donné le moyen Mouuement de la premiere Estoille d'Aries, & l'Anomalie des Equinoxes auec sa Prostapherese, laquelle faut adiouter au moyen Mouuement de la premiere Estoille d'Aries, si elle est Additiue, ou l'oster, si elle est soustractiue, afin d'auoir le vray Mouuement de la premiere Estoille d'Aries. [En apres soit entré au Canon des Estoilles fixes obseruees par Lansberge, & là soit prise la distance de l'Estoille fixe proposee depuis la premiere d'Aries, laquelle estant adioûtee au vray Mouuement de la premiere Estoille d'Aries, il prouiendra la longitude de ladite Estoille depuis le vray Equinoxe Vernal.

EXEMPLE.

SOit proposé à trouuer la vraye longitude de l'Estoille Royale au cœur du Lion pour l'an 1599. le moyen Mouuement de la premiere Estoille d'Aries se trouue pour ce temps 27 deg. 28 min. 31 sec. & l'Anomalie des Equinoxes 5 sex. 49 d. 58 m. & sa Prostapherese 12 m. 57 sec. additiue. J'adiouste donc cette Prostapherese au moyen mouuement de la premiere Estoille d'Aries 27 deg. 28 min. 31 sec. & vient le vray Mouuement de la premiere Estoille d'Aries 27 d. 41 m. 28 sec. En apres ie pren en la Table des Estoilles fixes, la distance de l'Estoille Royalle de la premiere d'Aries, 1 sex. 56 d. 40 m. & l'adioûte au vray Mouuement de la premiere Estoille d'Aries 27 d. 41 m. 28 sec. & prouient la vraye Longitude 2 sex. 24 d. 21 m. 28 sec. donc le lieu de l'Estoille Royale estoit au 24 deg. 21 m. de Leo, comme il a esté obserué par Lansberge.

PRECEPTE XI.

Du Calcul de la Latitude des Eftoilles fixes, à quelque temps que ce foit donné.

OIT pris au Catalogue des Eftoilles fixes la Longitude de l'Eftoile donnee au commencement des ans de Iefus-Chrift. En apres auec la Longitude de l'Eftoile foit entré au Canon des Proftapherefes des Eftoilles fixes en la Latitude, & là foit prife la Proftapherefe conuenable à la Longitude de l'Eftoile, laquelle foit adiouftee ou oftee de la Latitude de l'Eftoile donnee felon les regles fuiuantes, pour auoir la vraye Latitude de l'Eftoile en la plus petite Obliquité du Zodiaque.

Or il y a deux regles Proftapheretiques, qui font telles :

1. Si l'Eftoile donnee au commencement des ans de Iefus-Chrift occupe vn figne Boreal, adioute la Proftapherefe de la Latitude à la Latitude Boreale de l'Eftoile ; & l'ofte de la Latitude Auftrale, & tu auras la vraye Latitude de l'Eftoile en la plus petite Obliquité du Zodiaque.

2. Si l'Eftoile donnee au commencement des ans de Iefus-Chrift eft en vn figne Auftral, adioute la Proftapherefe de la Latitude à la Latitude Auftrale de l'Eftoile, & l'ofte de la Latitude Boreale, & viendra la vraye Latitude de l'Eftoile en la plus petite Obliquité du Zodiaque.

EXEMPLE DE LA I. REGLE.

IE defire fçauoir la Latitude de Regulus en la plus petite Obliquité du Zodiaque. Ie pren premierement au Catalogue des Eftoilles fixes la Longitude de Regulus au commencement des ans de I. C. 1 d. 5 m. de Leo, auec la Latitude Boreale 12 m. En apres i'entre auec cette Longitude de l'Eftoile au Canon des Proftapherefes de Eftoilles fixes en Latitude, & pren la Proftapherefe de Latitude 18 min. 50 fec. Additiue. I'adioute 18 min. 50 fec. à la Latitude de Regulus 12 min. & prouient la Latitude de l'Eftoille 31 min. en la plus petite Obliquité du Zodiaque.

AVTRE EXEMPLE.

SOit proposé à trouuer la Latitude de l'Espic de la Vierge en la plus petite Obliquité du Zodiaque ; Ie pren premierement au Catalogue des Estoilles fixes, la Longitude de l'Espic de Virgo au commencement des ans de Iesus-Christ 25d. 3 m. de Virgo auec la Latitude Australe 2 deg. En apres i'entre au Canon des Prostapherefes des Estoiles fixes en Latitude, & collige la Prostapherefe de la Latitude 1 m. 54 sec. *soustractiue*, laquelle i'oste de la Latitude de l'Estoille au commencement des ans de Iesus Christ 2 deg. Meridionnale, & reste la vraye Latitude de l'Estoille 1 deg. 58 sec. presque Meridonnale en la plus petite Obliquité du Zodiaque.

EXEMPLE DE LA II. REIGLE.

ON demande la Latitude de l'Estoille de la premiere grandeur au cœur du Scorp. en la plus petite Obliquité du Zodiaque. La Longitude d'icelle au commencement des ans de Iesus-Christ se trouue au Catalogue des Estoilles fixes 11 d. 34 m. de Scorp. & la latitude 4 d. 7 m. 1 dem. Meridionnale. Et la Prostapherefe de la latitude conuenable à la longitude donnee, se prend au Canon des Prostapherefes des Estoilles fixes en latitude 14 m. 36 sec. Additiue. Ie l'adioûte donc à la latitude 4 d 7 m. 1 dem. & vient la latitude du cœur du Scorp. en la plus petite Obliquité de l'Ecliptique 4 d. 22 m. Meridionnale.

AVTRE EXEMPLE.

IE veux sçauoir la latitude de l'Estoille supréme au front de Scorp. en la plus petite Obliquité de l'Ecliptique. Sa longitude au commencement des ans de I. C. est donnee au Catalogue des Estoilles fixes 4 d. 53 m. de Scorp. & la latitude 1 d. 16 min. 1 dem. Boreale. La Prostapherefe de la latitude, conuenante à la longitude donnee, se trouue au Canon des Prostapherefes des Estoilles fixes en latitude 12 m. 33 sec. soustractiue. I'oste donc 12 m. 33 sec. de la latitude de l'Estoille au commencement des ans de I. C. 1 d. 16 m. 1 dem. Boreale, & reste la vraye latitude de l'Estoille en la plus petite Obliquité té 1 d. 4 min. Boreale. Et par cette maniere font fupputees les Latitudes des Eftoilles fixes en la plus petite Obliquité du Zodiaque. Or la maniere de fupputer icelles en quelque autre Obliquité du Zodiaque que ce foit, eft telle.

Soit premierement trouué la Proftapherefe de latitude conuenable à l'Eftoille donnee en la plus petite Obliquité du Zodiaque, comme il a efté enfeigné cy-deuant, & icelle foit mife à part. En apres foit cherché au temps donné l'Anomalie de l'Obliquité du Zodiaque egalé au Mouuement du centre du Soleil, & foit prife auec iceluy au Canon des Proftapherefes du centre du Soleil, les minutes proportionnelles : & foit prife de la Proftapherefe de la Latitude mife à part, la partie proportionnelle conuenable aux minutes proportionnelles, & foit icelle toufiours oftee de la Proftapherefe de la Latitude, & le refte fera la Proftapherefe de la Latitude conuenable au temps donné, laquelle faut adiôuter felon les regles fuperieures à la Latitude de l'Eftoille au commencement des ans de Iefus-Chrift, ou l'ofter d'icelle, & on aura la vraye Latitude de l'Eftoille au temps donné.

EXEMPLE.

IE veux fçauoir la vraye Latitude de Regulus aux annees Egiptiennes 1627. apres Nabonnaffare, auquel temps Albategnius obferua les Longitudes de quelques Eftoilles fixes. Ie cherche premierement la Proftapherefe de la Latitude de Regulus en la plus petite Obliquité du Zodiaque, laquelle ie trouue 19 min. Additiue. En apres ie collige au temps donné le Mouuement du centre du Soleil, 1 fex. 45 d. 35 min. 25 fec. auec lequel ie pren au Canon des Proftapherefes du centre, les minutes proportionnelles 25 m. 15 fec. aufquelles conuiennent 7 m. 21 fec. de la Proftapherefe de la Latitude de Regulus, lefquelles 7 m. 21 fec. i'ofte de la Proftapherefe de la Latitude de Regulus 19 min. & reftent 12 min. prefque, Additiue. Ie les adioûte donc à la Latitude de Regulus au commencement des ans de I. C. 12 m. Boreale, & vient 24 m. pour la vraye Latitude de Regulus Boreale aux ans 1627. depuis Nabonnaffare.

PRECEPTE XII.

Du Calcul des trois Planetes superieures, Saturne, Iupiter, Mars, selon la Longitude.

Y ANT premierement colligé au temps donné la Pro-
staphereſe des Equinoxes, ſoient colligez le moyen
Mouuement du Soleil; Item, le moyen Mouuement
de la Longitude de chacun Planete ſuperieur, auec le
Mouuement de ſon Apogée. En apres ſoit oſté le Mouuement de
l'Apogée du moyen Mouuement de Longitude du Planete, & le
reſte ſera l'Anomalie du centre, auec laquelle ſoit entré en la Table
de la Proſtaphereſe du centre, & là ſoit priſe la Proſtaphereſe du
centre auec les minutes proportionnelles qu'il faut mettre à part, &
adioûter ou oſter la Proſtaphereſe du centre ſelon le tiltre au moyen Mouuement de la Longitude du Planete, afin d'auoir la Longitude centrique du Planete, laquelle eſtant oſtee du moyen Mouuement du Soleil, le reſte ſera la vraye Anomalie de l'Orbe du Planete, auec laquelle ſoit entré en la Table des Proſtaphereſes de
l'Orbe, & y ayant priſe la Proſtaphereſe de l'Orbe auec ſon excez,
duquel faut prendre la partie proportionnelle conuenable aux minutes proportionnelles, qui ont eſté miſes à part; & icelle partie
proportionnelle ſoit toûſiours adioûté à la Proſtaphereſe de l'Orbe,
afin d'auoir la Proſtaphereſe de l'Orbe abſoluë, laquelle eſtant oſtee
ou adioûte à la Longitude centrique du Planete, ſelon que le tiltre
de la Table le monſtre, on aura le vray lieu du Planete depuis le
moyen Equinoxe, à quoy adioûtant la Proſtaphereſe des Equinoxes, il viendra le vray lieu du Planete depuis le vray Equinoxe.

EXEMPLE POVR SATVRNE.

SOit propoſé à trouuer le vray lieu de Saturne l'an 1587 le 15 Ianuier à 5 heures 45 min. auquel temps Tycho Brahé l'a obſerué
auec ſes inſtrumens au 26 d. 24 m. d'Aries.

Premierement, i'oſte 54 m. du temps donné pour la difference du
Meridien d'Vranibourg & Paris, & reſte 4 heur. 51 m. pour lequel
temps ie collige la Proſtaph. des Equinoxes, qui eſt 16 m 8 ſec. Add.

Puis ie collige le moyen Mouuement du Soleil, qui eſt 5 ſex. 4 d.
6 m. 27 ſec.

Item, le moyen Mouuement de la Longitude de Satur. qui eft
o fex. 37 d. 8 m. 35 fec.

Item, le moyen mouuement de la longitude de Saturne, qui
eft o fex. 37 deg. 8 min. 35 fec.

Item, le Mouuement de l'Apogee de Sat. qui fe trouue 4 fex. 25
d. 36 m. 59 fec. En apres i'ofte l'Apogee du Mouuement de Longitude, & refte pour l'*Anomalie du Centre* 2 fex. 11 d 31 m. 36. fec.
auec laquelle i'entre en la Table des Proftapherefes du Centre, &
trouue pour l'Equation du Centre *Souftractiue*, o fex 5 d. 3 m. 48
fec. Et pour les minutes proportionnelles 47 minutes. l'ofte la
Proftapherefe du centre du moyen Mouuement de Longitude, &
refte pour la Longitude centrique o fex. 32 d. 4 min. 47 fec. laquelle i'ofte du moyen Mouuement du Soleil, & refte pour la *Vraye
Anomalie* de l'Orbe de Sat. 4 fex. 32 deg. 1 min. 40 fec. auec laquelle i'entre en la Table des Proftapherefes de l'Orbe, & trouue 5 deg.
56 m. 33 fec. comprenant la partie proportionnelle tiree des min.
proportionnelles gardees, & de l'excez, & ainfi la Proftapherefe de
l'Orbe abfoluë eft 5 d. 56 m. 33 fec. laquelle eftant *Souftractiue* ie
l'ofte de la Longitude centrique, & refte le vray lieu de Sat. depuis
le moyen Equin. 26 d. 8 min. 14 fec. & adioûtant la Proftapherefe
des Equinoxes o deg. 16 min. 8 fec. Il vient pour le vray lieu de
Sat depuis le vray Equinoxe 26 d. 24 min. 22. fec. d'Aries.

AVTRE EXEMPLE.

SOit propofé à trouuer le vray lieu de Satur. l'an 1587. le 9.
iour de Ianuier à 9. heures 45 m. aprés midy, au Meridien
d'Vranibourg, felon l'ancien ftile, lequel temps eftant reduit au
Calendrier Gregorien & au meridien de Paris eft le 19. Ianuier à
8 heures 51 m. auquel temps le moyen mouuement du Soleil eft
4 fex. 58 deg. 21 m. 58 fec. la longitude de Satur. eft o fex. 36 d.
56 m. 52 fec. Et l'Apogée 4. fex. 25 deg. 36. m. 58 fec. lequel eftant
ofté de la longitude, refte l'Anomalie du centre 2 fex. 11 d. 19 m.
54 fec. La Proftaph. du Centre eft 5 d. 4 m. 40. fec. fouftr. laquelle eftant oftée de la longitude de Saturne, refte la longitude
Centrique 31 d. 52 m. 11 fec. laquelle eftant oftée du moyen mouuement du Soleil, refte l'Anomalie de l'Orbe de Saturne 4 fex.
26 d. 29 m. 47 fec. Proftaph. de l'Orbe fouftr. 5 d. 28 m. fon ex-

cez 39 m. 31 fec. Partie proportionnelle o fex. o d. 30. m. 56.fec.
laquelle eftant adjouftée à la Proftaph. de l'Orbe produit la Proftapherefe abfoluë o fex. 5 d. 58 min. 56 fec. laquelle eftant oftée
de la longitude Centrique de Saturne, Refte le vray lieu de Saturne o fex. 25 deg. 53 m. 15 fec. depuis le moyen Equinoxe. Et adjouftant la Proftaph. des Equinoxes 16 min. 8. fec. il vient le
vray lieu de Saturne depuis le vray Equin. 26 deg. 9 min. 23 fec.
d'Aries lequel conuient entierement à l'obferuation de Tycho,
comme il appert en fon liure des Epiftres pag. 56.

EXEMPLE POVR IVPITER.

SOIT propofé à trouuer le vray lieu de Iupiter l'an 1587. le 14.
Ianuier à 8. heures apres midy, felon l'ancien ftile, auquel temps
Tycho l'a obferué au 7 deg. 19 min. de Cancer. Le temps reduit
au Calendrier Gregorien, & au Meridien de Paris eft 1587. le 24.
Ianuier à 7 heures 6 min. auquel temps le moyen mouuement
du Soleil eft 5 fex. 3 deg. 13 min. 22 fec. la longitude de Iupiter 1 fex.
36 deg. 30 min. 11. fec. Et fon Apogée 3 fex. 2 deg. 54 m. 55 fec.
lequel eftant ofté de la longitude de Iupiter, Refte 4 fex. 33. deg.
35 min. 15 fec. pour l'Anomalie du Centre, auec laquelle ie collige
la Proftapherefe du Centre 5 d. 12 min. 25 fec. Additiue, & pour
les minutes proportionnelles 24. l'adjoufte donc la Proftaph. du
Centre 5 deg. 12 min. 25 fec. auec la longitude de Iupiter, & vient
la longitude Centrique de Iupiter 1 fex. 41 deg. 42 m. 35 fec. laquelle eftant oftée du moyen mouuement du Soleil, Refte l'A-
nomalie de l'Orbe 3 fex. 21 d. 30 min. 46 fec. auec laquelle ie
pren la Proftaph. de l'Orbe que ie trouue 4 d. 27 min. fouftractiue,
auec fon Excez 30 min. 30 fec. duquel ie pren la partie proportionnelle à raifon des 24 min. proport. mifes à part, difant fi 60. m.
donnent 24, combien 30 min. 30 fec? Refp. 12 min. pour la partie
proportionnelle, que i'adjoufte auec la Proftaph. de l'Orbe 4 deg.
27 min. & vient la Proftaph. abfoluë 4 d. 39 m. laquelle eftant
oftée de la longitude Centrique 1 fex. 41 deg. 42 min. 35 fec.
Refte le vray lieu de Iupiter depuis le moyen Equinoxe 1 fex.
37 deg. 3 min. 35 fec. à quoy adjouftant l'Equation des Equinoxes
16 min. 8 fec. il vient le vray lieu de Iupiter, depuis le vray Equinoxe 1 fex. 37 deg. 19 min. 43 fec. c'eft à dire au 7 d. 19. m. de

Cancer, entierement conforme à l'obseruation de Tycho Brahe.

EXEMPLE POVR MARS.

SOIT proposé à trouuer le vray lieu de Mars l'an 1587. le 15. Ianuier à 15 heur. 50 min. selon l'ancien Calendrier, auquel temps l'obseruation de Tycho est 4 deg. 2 min. de Libra.

Le temps complet reduit au Calendrier Gregorien, & au Meridien de Paris est 1586. le 24. Ianuier à 14 heures 56 min. pour lequel temps les moyens mouuemens sont tels.

Le moyen mouuement du Soleil est 5 sex. 4 deg. 31 min. 48 sec. Le moyen mouuement de la longitude de Mars 2 sex. 34 d. 17 m. 40 sec. L'Apogée de Mars 2 sex. 25 d. 13 m. 29 sec. lequel estant osté du mouuement de la longitude de Mars, Reste 9 d. 4 m. 11 sec. pour l'Anomalie du Centre, auec laquelle ie pren la Prostapherese du Centre 1 d. 37 m. soustractiue, sans minutes proportionnelles : i'oste donc cette Prostapherese du Centre 1 d. 37 m. de la longitude de Mars 2 sex. 34 d. 17 m. 40 sec. & reste la longitude Centrique de Mars 2 sex. 32 d. 40 m. 40 sec. laquelle estant ostée du moyen mouuement du Soleil, reste l'Anomalie de l'Orbe 2 sex. 31 d. 51 min. 8 sec. auec laquelle ie collige la Prostapherese de l'Orbe 31 deg. 5 min. additiue, laquelle est maintenant absoluë, d'autant qu'il n'y a point de minutes proportionnelles : ie l'adiouste donc à la longitude Centrique de Mars, & vient le vray lieu de Mars 3 sex. 3 d. 45 min. 40 sec. depuis le moyen Equinoxe, & y adioustant l'Equation des Equinoxes 16 min. 8 sec. on a le vray lieu de Mars, depuis le vray Equinoxe 3 sex. 4 d. 1 m. 48 sec. conforme à l'obseruation de Tycho.

Il faut noter que le mouuement de Mars a besoin de correction aux Acronyches, & alentour d'iceux, qui se font en Aquarius, Pisces, Aries & Taurus, & encore en quelques endroits d'autres signes, ainsi qu'il est noté au bas de la Table de la Prostapherese de la longitude Centrique de Mars, d'autant qu'on a remarqué que les Orbes de Mars & du Soleil sont plus proches l'vn de l'autre en ces signes Aquarius, Pisces, Aries, Taurus : & pource Tycho Brahe a fait vne Table de la distance de Mars au Soleil, ce qui rend le calcul de Mars plus long que celuy des autres Planetes. Parquoy nous enseignerons icy la maniere de trouuer le

D iij

vray lieu de Mars, quand il se trouue en quelques-vns des quatre signes cy-dessus, selon Lansberge, ainsi.

Ayant trouué par ce present Precepte la longitude Centrique de Mars, & son Anomalie de l'Orbe, entre premierement auec la longitude Centrique, en la Table de la Prostapherese de la longitude Centrique de Mars, & y pren la Prostapherese conuenable à la longitude Centrique trouuée, & la mets à part. En aprés auec l'Anomalie de l'Orbe entre en la Table des min. proportionnelles, & y collige les minutes proportionnelles, qui conuiennent à l'Anomalie de l'Orbe, & de la Prostapherese gardée, pren la partie proportionnelle à raison d'icelles minutes, & l'adiouste à la longitude Centrique de Mars, ou l'en oste, selon le titre d'Adiouster ou Oster, mis au haut ou au bas de la Table, & tu auras la longitude Centrique de Mars correcte, & paracheuant le calcul, comme il a esté enseigné cy-deuant, tu auras le vray lieu de Mars.

EXEMPLE.

L'AN 1593. le 24. iour d'Aoust, selon l'ancien stile, qui est (selon nostre stile Gregorien le 3. Septembre) à 10. heur. 36 min. au Meridien d'Vranibourg, où Tycho a obserué Mars estre au 12 d. 38 min. de Pisc. dont ostant 54 m. reste 9 heures 36 min. pour lequel temps les moyens mouuemens sont,

	sex.	deg.	m.	sec.
Le moyen mouuement de la longitude de Mars	5	38	45	45
Le moyen Apogée de Mars, soustractiue	2	25	22	18
Reste l'Anomalie du Centre	3	13	23	27
Prostapherese du Centre Additiue	0	2	51	5
Longitude Centrique de Mars soustractiue	5	41	36	50
Du moyen mouuement du Soleil	2	42	40	36
Reste l'Anomalie de l'Orbe	3	1	3	46
Equation de l'Orbe, soustractiue	0	1	35	39
Equation de l'excés, additiue	0	1	14	11
Equation absoluë, soustr. de la longit. Centrique	0	2	49	50
Reste le lieu de Mars depuis le moyen Equinoxe	5	38	47	0
Equation des Equinoxes.	0	0	14	23
Lieu de Mars depuis le vray Equinoxe	5	39	1	23

au 9 d, 1 min. 23 sec. de Pisces.

Et d'autant que Mars se trouue en Pisc. le mouuement d'ice-

luy trouué a besoin de correction; l'entre donc auec la longitude
Centrique de Mars 5 sex. 41 deg. 36 min. 50 sec. en la Table de
la Prostapherese de la longitude Centrique de Mars, & trouue vis
à vis de 11 deg. à l'angle commun dessous le ligne de Pisc. 59 m.
pour la Prostaph. addit. que ie mets à part : puis i'entre au Canon
des minut. proport. auec l'Anomal. de l'Orbe 3 sex. 1 deg. 3 min.
40 sec. & pren les minut. proportionnelles conuenables à l'Anomalie de l'Orbe, qui sont 60 min. dont ie pren la partie proportionnelle pour les 59 m. gardées, & trouue pour icelle 59 min. que
i'adiouste à la longitude Centrique, & vient 5 sex. 42. deg. 35 m.
50 sec. de la longitude Centrique correcte, que i'oste du moyen
mouuement du Soleil, & reste 3 sex. 0 d. 40 m. 46 sec. pour l'A-
nomalie de l'Orbe, auec laquelle i'entre en la Table de la Prostapherese de l'Anomalie, & trouue 7 min. 9 sec. auec l'excés 5 m.
38 sec. duquel ie pren la partie proportionnelle pour les 59 min.
gardées, qui est 5 min. 32 sec. & l'adiouste à la Prostapherese de
l'Orbe 7 min. 9 sec. & vient 12 min. 41 sec. pour la Prostaph. de
l'Orbe absoluë, laquelle estant ostée de la longitude Centrique
correcte, il reste 5 sex. 42 d. 23 m. 9 sec. pour le vray lieu de
Mars depuis le moyen Equinoxe, à quoy adioustant l'Equation des
Equinoxes 14 min. 23 sec. il vient 5 sex. 42 deg. 37 min. 32 sec.
depuis le vray Equinoxe : & ainsi le vray lieu de Mars est au 12 d.
37 m. 32 sec. de Pisc. comme est l'obseruation de Tycho Brahe.

PRECEPTE XIII.

Du Calcul des deux Planetes inferieurs, Venus & Mercure, selon la longitude.

Yant premierement trouué la Prostapherese des Equinoxes, par le moyen de l'Anomalie des Equinoxes, ou par la
Table de la Prostapherese des Equinoxes, si le temps donné
est contenu en ladite Table, soit colligé le moyen mouuemēt
du Soleil, l'Anomalie de l'Orbe de chacun Planete, comme aussi l'A-
pogée. En aprés soit osté le moyen Apogée du moyen mouuement du
Soleil, & le reste sera l'Anomalie du Centre, auec laquelle soit entré
en la Table de la Prostapherese du Centre, & là soit prise la Prosta-

pherese du Centre, auec les minutes proportionnelles, qu'il faut mettre

4   à part: mau faut adiouſter ou oſter l'Equation du Centre au moyen mouuement du Soleil, ſelon le tiltre, pour auoir la longitude centrique du Planete: Et au contraire faut oſter ou adiouſter icelle Equation du centre à la moyenne Anomalie de l'Orbe, afin d'auoir la vraye Anomalie de
l'Orbe, auec laquelle ſoit entré en la Table des Proſtaphereſes de l'Orbe,
& là ſoit priſe l'Equation de l'Orbe auec ſon Excez, duquel ayant
priſe la partie proportionnelle comme aux autres Planetes; Soit icelle
partie adiouſtée à l'Equation de l'Orbe pour auoir l'Equation abſoluë:

6   laquelle eſtant adiouſtée ou oſtée de la longitude centrique du Planete,
il en viendra le vray lieu du Planete depuis le moyen Equinoxe, à quoy

7   adiouſtant la Proſtaphereſe des Equinoxes, il vient le vray lieu du
Planete depuis le vray Equinoxe.

1   # EXEMPLE POVR VENVS.

SOit propoſé à trouuer le vray lieu de Venus l'an 1587. le 15.
de Ianuier à 5 heur. 40 min. aprés midy, ſelon l'ancien ſtile: auquel temps l'obſeruation de Tycho faite à Vranibourg eſt 16 deg.
55 min. Piſc.

Le temps complet reduit au ſtile Gregorien & au Meridien de
Paris eſt 1586. le 24. Ianuier à 3 heur. 46 min. ſelon lequel temps
le moyen mouuement du Soleil eſt 5 ſex. 4 deg. 4 m. 17 ſec. l'A-
nomalie de l'Orbe de Venus 2 ſex. 37 deg. 8. min. 49 ſec. L'Apogée 1 ſex 30 deg. 31 m. 34 ſec. lequel eſtant oſté du moyen mouuement du Soleil, reſte l'Anomalie du Centre 4 ſex. 33 deg. 32 min.
43 ſec. auec laquelle ie collige la Proſtaphereſe du Centre 1 deg.
7 min. 5 ſec. ſouſtractiue, & les min. proport. 54 min. laquelle i'oſte
de la moyenne Anomalie de l'Orbe 2 ſex. 37 d. 8 m. 49 ſec. &
reſte la vraye Anomalie de l'Orbe 2 ſex. 36 deg. 1 min. 44 ſec. Et
au contraire i'adiouſte la Proſtaphereſe du Centre auec le moyen
mouuement du Soleil, & vient la longitude Centrique de Venus
5 ſex. 5 deg. 11. min. 22 ſec. En aprés auec la vraie Anomalie de
l'Orbe, i'entre en la Table de la Proſtaphereſe de l'Orbe, & trouue
39 deg. 19 min. 16 ſec. pour la Proſtaphereſe de l'Orbe Additiue:
& ſon Excés 2 deg. 21 min. duquel ie pren la partie proportionnelle que ie trouue 1 deg. 8 min. 59 ſec. laquelle eſtant adiouſtée à 59 d.
19 min. 16 ſec. produit la Proſtaphereſe abſoluë 41 d. 28 m. 15 ſec.

laquelle

laquelle eſtant adiouſtée à la longitude Centrique donne 5 ſex. 46 d. 39 m. 37 ſec. pour le vray lieu de Vénus, depuis le moyen Equinoxe, & y adiouſtant l'Equation des Equinoxes 16 m. 8 ſec. il vient le vray lieu de Venus, depuis le vray Equinoxe, lequel eſt entierement conforme à l'obſeruation de Tycho.

2 EXEMPLE POVR MERCVRE.

SOit propoſé à trouuer le vray lieu de Mercure l'an 1587. le 14. Ianuier à 5 heur. 15 m. aprés midy, ſelon l'ancien ſtile, auquel temps Tycho Brahe l'a obſerué à Vranibourg au 21 d. 7 m. d'Aquarius.

Le temps complet reduit au Calendrier Gregorien & au Meridien de Paris eſt 1586. le 23. Ianuier à 4 heur. 21 m. ſelon lequel temps le moyen mouuement du Soleil eſt 5 ſex. 3 d. 6 m. 35 ſec. le moyen Apogée 3 ſex. 58 deg. lequel eſtant oſté du moyen mouuement du Soleil, reſte l'Anomalie du Centre 1 ſex. 5 d. 6 m. 35 ſec. auec laquelle ie pren la Proſtaphereſe du Centre ſouſtr. 2 d. 37 m. 6 ſec. & les min. proportionnelles ſont 36. I'oſte donc 2 deg. 37 m. 6 ſec. du moyen mouuement du Soleil, & reſte la longitude Centrique de Mercure 5 ſex. 0 deg. 29 m. 29 ſec. Et au contraire adjouſtant à la moyenne Anomalie de l'Orbe 2 ſex. 9 deg. 65 m. 46 ſec. la Proſtaphereſe du Centre 2 d. 37 min. 6 ſec. on aura la vraie Anomalie de l'Orbe 2 ſex. 12 deg. 43 m. 52 ſec. auec laquelle ie collige la Proſtaphereſe de l'Orbe additiue 17 d. 17 m. 30 ſec. & ſon Excez 5 deg. 16 min. duquel ie pren la partie proportionnelle à raiſon des 36 min. proport. & trouue 3 deg. 5 min. que i'adjouſte auec la Proſtaphereſe de l'Orbe, & vient 20 deg. 22 m. 30 ſec. pour la Proſtaphereſe abſoluë, laquelle eſtant adjouſtee à la longitude Centrique, donne 5 ſex. 20 deg. 51 m. 59 ſec. pour le vray lieu de Mercure, depuis le moyen Equinoxe, & adjouſtant 16 m. 8 ſec. à la Proſtaphereſe des Equinoxes, il vient le vray lieu 5 ſex. 21 d. 8 min. 7 ſec. depuis le vray Equinoxe, different ſeulement d'vne minute de l'obſeruation de Tycho.

E

PRECEPTE XIIII.

Du Calcul de la latitude des trois Planetes superieures Saturne, Iupiter & Mars.

OIT premierement trouuee la longitude Centrique de chacun Planete superieur, & la Vraie Anomalie de l'Orbe. Puis soit colligé le moyen mouuement du Nœud Boreal en la Table de chaque Planete, lequel estãt osté de la longitude Centrique du Planete il restera la Vraye distance du Planete depuis le Nœud Boreal. En aprés soit entré auec cette distance du Plancte en la Table des minutes proportiõnelles, & y ayant prises les minutes proportionnelles appartenantes à ladite distance, Soient icelles mises à part. En aprés soit entré au Canon de la latitude du Planete, de laquelle latitude soit prise la partie proportionnelle conuenable aux minutes proportionnelles qui ont esté mises à part, afin d'auoir la Vraie latitude du Planete, sçauoir Boreale, si la distance du Planete depuis le Nœud Boreal est moindre que 3 sexagenes, & Australe, si elle est plus grande que 3 sexagenes.

EXEMPLE POVR SATVRNE.

SOit proposé à trouuer la vraie latitude de Saturne au mesme temps du premier Exemple du Calcul du vray lieu de Saturne selon la longitude : auquel temps la longitude Centrique a esté trouuée 32 deg. 4 min. 47 sec. & la vraie Anomalie 4 sex. 32 deg. 1 min. 40 sec. Le moyen mouuement du Nœud Boreal 1 sex. 54 d. 46 m. 42 sec. lequel estant osté de la longitude Centrique 32 d. 4 m. 47 sec. Reste la vraie distance depuis le Nœud Boreal 4. sex. 37 deg. 18 min. 5 sec. auec laquelle i'entre en la Table des minutes proportionnelles, & trouue 59 minutes que ie mets à part. En aprés i'entre au Canon de la latitude de Saturne, auec l'Anomalie de l'Orbe egalée, & trouue 2 deg. 29 min. dont la partie proportionnelle à raison des 59 min. gardées est 2 deg. 26 m. pour la vraie latitude de Saturne requise, laquelle est Australe, d'autant que la diſtance du Planete au Nœud Boreal, contient plus de 3 ſexagenes.

AVTRE EXEMPLE POVR SATVRNE.

EStant propoſé à trouuer la vraie latitude de Saturne au temps
donné au ſecond Exemple du Calcul du vray lieu de Saturne, ſelon la longitude: auquel temps la longitude Centrique de
Saturne eſt 0 ſex. 31 deg. 52 min. 11 ſec. dont oſtant le mouuement
du Nœud Boreal 1 ſex. 54 deg. 46 m. 38 ſec. Reſte la vraie diſtance de Saturne depuis le Nœud Boreal 4 ſex. 37 deg. 5 min. 33 ſec.
auec laquelle i'entre en la Table des minutes proportionnelles, &
trouue 59 min. En aprés i'entre au Canon de la latitude de Saturne, auec la vraie Anomalie 4 ſex. 26 deg. 29 min. 47 ſec. & trouue
pour la moyenne latitude 2 deg. 30 min. 20 ſec. dont la partie proportionnelle pour les 59 min. gardées eſt 2 deg. 28 min. 20 ſec.
pour la vraie latitude requiſe, laquelle eſt Auſtrale, d'autant que
la diſtance du Planete depuis le Nœud Boreal, eſt plus de 3 ſexagenes.

EXEMPLE POVR IVPITER.

SOit propoſé à trouuer la latitude au temps donné en l'Exemple du Calcul du vray lieu de Iupiter: auquel temps la vraie Ano-
malie de l'Orbe de Iupiter a eſté trouuée 3 ſex. 21 deg. 30 m. 46 ſec.
La longitude Centrique 1 ſex. 41 deg. 42 min. 35 ſec. Et le moyen
Nœud Boreal eſt fixe de 1 ſex. 35 deg. 30 min. lequel eſtant oſté
de la longitude Centrique, il reſte la vraie diſtance de Iupiter au
Nœud Boreal 6 deg. 12 min. 35 ſex. Et auec cette vraie diſtance,
i'entre en la Table des minutes proportionnelles, & trouue 6 min.
En aprés i'entre au Canon de la latitude de Iupiter, auec la vraie
Anomalie de l'Orbe 3 ſex. 21 deg. 30 min. 46 ſec. & trouue pour
la moyenne latitude 1 deg. 35 min. 50. ſec. dont ie pren la partie
proportionnelle conuenable aux 6 min. proportionnelles gardées,
& vient 9 minutes pour la vraie latitude de Iupiter Auſtrale, pour
la meſme raiſon que deuant.

EXEMPLE POVR MARS.

SOit proposé à trouuer la latitude de Mars au temps donné en l'Exemple du Calcul du vray lieu de Mars , auquel temps la vraie Anomalie a esté trouuée 2 sex. 31 d. 51 m. 8 sec. La longitude Centrique 2 sex. 32 deg. 40 min. 40 sec. de laquelle oftant le moyen Nœud Boreal 0 sex. 47 d. 8 m. 34 sec. Reste la vraie diftance de Mars, depuis le Nœud Boreal 1 sex. 45 d. 32 min. 6 sec. Auec cette vraie diftance, i'entre en la Table des minutes proportionnelles , & trouue 58 m. que ie mets à part. En aprés , i'entre au Canon de la latitude de Mars, auec l'Anomalie de l'Orbe egalee 2 sex. 31 deg. 51 min. 8 sec. & trouue pour la moyenne latitude de Mars 3 deg. 12 m. 27 sec. dont ie pren la partie proportionnelle des 58 m. gardées, & il vient la vraie latitude 3 deg. 13 m. 0 sec. au temps proposé, laquelle ne differe en rien de l'obferuation de Tycho Brahe, qui l'a trouuée auſſi de 3 deg. 13 m. Boreale, à cauſe que la diftance du Planete depuis le Nœud Boreal eft moindre que 3 fexagenes.

PRECEPTE XV.

Du Calcul de la latitude des deux Planetes inferieurs, Venus & Mercure.

COMBIEN que les latitudes de Venus & Mercure ne ſoient pas moins vniformes que celles de Saturne, Iupiter & Mars ; neantmoins elles ne ſe peuuent ſupputer par l'ayde des minutes proportionnelles ſelon la methode ancienne, ſi les Tables neſont diftinguees en latitude de Declinaiſon & reflexion. Cette cy s'employe aux abſides du Planete, & celle-là vers les quartes de l'Eccentrique.

1　　*Ayant premierement trouué au temps donné la longitude Centrique de Venus ou de Mercure & la vraye Anom. de l'Orbe, ſoit colligé le mo-*
2　*yen mouuement du Nœud Boreal de Venus, ou du Nœud Auſtral de Mercure, chacun par ſon propre Canon. Et ſoit iceluy oſté de la longitude*
3

*Centrique du Planete, & le reſte ſera la diſtance de Venus depuis le Nœud
Boreal, ou de Mercure depuis le Nœud Auſtral.* En apres ſoit entré au
Canon des minutes proportionnelles de la declinaiſon du Planete. Premierement auec les ſignes de ladite diſtance, qui enſeigneront premieremẽt
ſi on doit entrer au ſecond Canon de la declinaiſon : puis auec les degrez
& minutes, qui te donneront les minutes proportionnelles qu'il faut
mettre à part. En apres eſtant entré au Canon conuenable auec la vraye
Anom. de l'Orbe du Planete, ſoit priſe la declinaiſon du Planete, & la
partie proportionnelle conuenable aux minuttes prop. gardees, afin d'a-
uoir la latitude de la declinaiſon du Planete, Boreale ou Auſtrale, ſelon
que les tiltres qui ſont au haut de la Table le monſtrent. Pareillement
auec la diſtance de Venus, depuis le Nœud Boreal, ou de Mercure, depuis
le Nœud Auſtral, ſoient priſes les minutes proportiõnelles de la reflexiõ
du Planete ; & auec la vraye Anom. de l'Orbe, ſoit priſe la latitude de
la reflexion du Planete Boreale ou Auſtrale, ſelon le tiltre. Et ayant
l'vne & l'autre latitude du Planete ; ſi elles ſont de meſme denomination,
ſçauoir Boreale ou Auſtrale, adiouſte-les enſemble pour auoir la vraye latitude du Planette Boreale ou Auſtrale : mais ſi elles ſont de diuerſe denomination, ſoit oſtee la moindre de la plus grande, & le reſte ſera la
vraye latitude du Planette, Boreale ou Auſtrale ſelon la denomination
de la plus grande.

EXEMPLE POVR VENVS.

SOit propoſé à trouuer la vraye latitude de Venus au temps donné en l'Exemple du Precepte du calcul de la longitude de Venus, où la longitude Centrique a eſté trouuee de 5 ſex. 5 d. 11 m. 22.
ſec. la vraye Anom. de l'Orbe 2 ſex. 36 d. Premierement ie collige le moyen mouuemẽt du Nœud Boreal de Venus au temps propoſé, & trouue 1 ſex. 11 d. 9 m. lequel i'oſte de la longitude Centrique, & reſte 3 ſex. 54 d. 2 m. 22 ſec. pour la diſtance de Venus,
depuis le Nœud Boreal, qui ſont 7. ſignes communs 24 d. 2 min.
22 ſec. auec laquelle diſtance i'entre en la Table des minutes proportionnelles & trouue 48 min. que ie mets à part. Puis i'entre
au ſecond Canon de la declinaiſon de Venus (d'autant que les 7.
ſignes de la diſtance de Venus ſe ſont trouuez au *Can. ſec.* qui ſi-
gnifie Canon ſecond,) auec la vraye Anomalie de l'Orbe de Venus, & trouue 5 d. 6 min. duquel nombre ie pren la partie propor-

tionnelle pour les 48 m. gardees, & vient 4 d. 4 min. 48 fec. pour
la declinaifon de Venus, laquelle eft Boreale. En apres i'entre en
l'autre Table des minutes proportionnelles auec la mefme diftance 7 fex. 24 d. & trouue 35 min. que ie mets à part : puis i'entre au
fecond Canon de la reflexion de Venus, pource que le titre *Can.*
fec. me le monftre, & trouue 2 d. 17 min. duquel nombre ie pren
auffi la partie proportionnelle pour les 35 min. que i'ay mis à part,
& trouué ½ d. 19 min. 55 fec. pour la reflexion de Venus, laquelle
eftant Auftrale, fçauoir d'autre denomination que la premiere, ie
l'ofte de 4 d. 4 min. 48 fec. declinaifon Boreale, & refte la vraye
latitude de Venus Boreale 2 d. 44 m.

EXEMPLE POVR MERCVRE.

SOit propofé à trouuer la vraye latitude de Mercure, au temps
donné cy-deuant Precepte 13. où la longitude Centrique a efté
trouuee 5 fex. 0 d. 29 m. 29 fec. la vraye Anom. de l'Orbe 2 fex.
11 d. 43 m. 52 fec. le moyen mouuement du Nœud Auftral 3 fex.
44 d. 0 m. 7 fec. procedant comme il a efté enfeigné cy-deuant,
ie trouue que la latitude de Mercure eft 1 d. 27 m. 26 fec. Boreale.

PRECEPTES POVR LE CALCVL DES ECLIPSES.

PRECEPTE XVI.

Pour trouuer le temps des moyennes conjonctions & oppositions, à quelque temps que ce soit donné.

AYANT consideré que le Calcul des moyennes conjonctions & oppositions estoit trop long & ennuyeux par la voye ordinaire, nous auons calculé & compilé la Table des Epactes, tant pour les ans Egyptiens, Iulians, que Gregoriens, laquelle facilitera & accourcira grandement le Calcul, qui se fait en cette maniere.

Estant donné l'an & le mois soit Egiptien, Iulian, ou Gregorien, auquel il faut determiner le temps de la moyenne conionction ou opposition, soit colligé en la Table des Epactes des ans, les ans complets du temps proposé, puis en la Table des mois (sçauoir Bissextils, si l'annee proposee est Bissextile; Communs, si l'annee est commune contenant 365. iours, comme est l'an Egiptien) l'Epacte du mois complet, & soit icelle adioûtee auec celle des ans, & ayant osté le produit du temps prochain maieur de la conionction & opposition, laquelle on prendra en la Table des conionctions & oppositions, le reste donnera le temps de la moyenne conionction ou opposition au temps donné.

Et faut noter que la Periode synodique de la Lune est de 29 iours

12 heures 44 minut. 3 sec. 12 tierces seulement; mais on y adiouste vn
iour, d'autant que le conte se considere depuis le premier iour de chaque mois.

EXEMPLE.

IE veux sçauoir le temps de la moyenne nouuelle Lune l'an
de Nabonnassare 519 au mois de Tybi.

I'entre en la Table des Epactes des ans Egyptiens, & trouue
vis-à-vis de 500. ans, 6 iours, 19 heures, 40 min. 32 sec. Puis pour
18 ans complets 14 iours, 5 heures, 0 min. 5 sec. Et pour le mois
de Choat 1 iour 21 heu. 3 min. 47 sec. i'adioûte ces trois nombres
ensemble & vient 22 iours 5 heures 44 min. 24 sec. lequel temps
estant osté du temps prochain maieur de la moyenne conionction
0— 30 iours, 12 heur. 44 m. 4 sec. restent 7 iours 14 heur. 59 min.
40 sec. qui est le temps de la moyenne conionction requise.

	Iours.	Heur.	Min.	Sec.		Iours.	H.	M.	Sec.
500. ans.	6	19	40	32	0—	30	12	44	4
18. ans.	14	5	0	5	Somme.	22	21	44	24
Choiac.	1	21	3	47	*Reste.*		7	14	59	40
Somme.	22	5	44	24					

AVTRE EXEMPLE.

IE veux sçauoir la moyenne pleine Lune l'an 1631. au mois de Nouembre.

I'entre en la Table des Epactes des ans Iulians & Gregoriens, &
trouue vis à vis de 1630. ans complets, 28 iours, 0 heures 55 minutes, 18 sec. & d'autant que l'an proposé est Commun, i'entre en la
Table des Mois communs, & trouue pour le mois d'Octobre complet, 8 iours 16 heures 39 min. 28 sec. ces deux nombres ensemble
font 36 iours 17 heur. 34 m. 46 sec. que i'oste du temps de l'opposition 0—0 45 iours 7 heures 6 m. 6 sec. & reste 8 iours 13 heures
31 m. 20 sec. qui est le temps de la moyenne opposition au temps
donné.

Du mouue-

PRECEPTE XVII.

Du mouuement horaire de la distance de la Lune au Soleil.

ENTRE *au Canon du mouuement horaire de la Lune au Soleil aux* 0 — *conionctions,* & 0 — 0 *oppositions auec les sexagenes,* & *degrez de l'Anom. égalée,* & *y collige le mouuement horaire de la Lune au Soleil conuenable aux sexagenes* & *degrez donnez.*

EXEMPLE.

IE veux sçauoir le mouuement horaire de la Lune au Soleil, en la moyenne pleine Lune l'an 631. le 8. Nouembre à 13 heures 31 m. 20 sec. apres midy. L'Anomalie de l'Orbe de la Lune égalée estoit alors 5 d. 34 m. 7 sec. auec laquelle i'entre au Canon du mouuement horaire de la Lune au Soleil, & troune à l'angle commun pour ledit mouuement horaire 27 m. 15 sec.

PRECEPTE XVIII.

Pour determiner le temps de la vraye conionction, estant donné le temps de la moyenne conionction.

CALCVLE *au temps donné de la moyenne conionction le vray mouuement du Soleil* & *de la Lune,* & *adiouste en vne somme les Prostaphereses de l'Orbe de l'vn* & *l'autre luminaire, si l'vne est Additiue* & *l'autre Soustractiue: que si les deux ensemble sont Additiues ou soustractiues, pren la difference d'icelles,* & *tu auras la distance de la vraye* & *moyenne conionction ou opposition, laquelle estant diuisée par le vray mouuement horaire de la Lune au Soleil, il viendra fort prez les heures* & *minutes d'heure, qui sont entre la moyenne conionction* & *la vraye. Et les adioûtant au temps de la moyenne conionction; si le lieu de la Lune precede celuy du*

F

Soleil; ou au contraire les oftant du temps de la moyenne conionction,
fi le lieu de la Lune fuit le lieu du Soleil, il viendra fort prez le temps de la
vraye conionction. Que fi les vrais mouuemens du Soleil & de la Lune
font en degrez & minutes, le temps de la vraye conionction fera bien
determiné; mais s'il y a quelques minutes de difference, comme il aduient
fouuent, diuife-les par le vray mouuement horaire de la Lune au Soleil, &
adioûte, ou ofte les minutes d'heure qui en prouiennent au temps trouué de
la vraye conionction, & tu auras le temps exact de la vraye conion-
ction.

E X E M P L E.

JE veux trouuer le temps de la vraye pleine Lune l'an 1631. le 8.
Nouembre à 13 heures 31 m. 20 fec. ie calcule premierement au
temps de la moyenne pleine Lune les vrays lieux du Soleil & de la
Lune, ou feulement la Proftapherefe de l'Orbe du Soleil, & la Proftapherefe de l'Orbe de la Lune. Or la Proftapherefe de l'Orbe
du Soleil eft 1 d. 33 m. 22 fec. fouftractiue, & celle de l'Orbe de la
Lune 26 m. 16 fec. auffi fouftractiue, i'ofte donc l'Equation de la
Lune (pource qu'elles font de mefme affection de l'Equation du Soleil) & refte la diftance de la vraye pleine Lune, à la moyenne 1 d.
7 m. 6 fec. laquelle ie diuife par le mouuement horaire de la Lune
au Soleil 27 m. 15 fec. qui conuient à la vraye Anomalie de la Lune,
& viennent 2 heures 27 m. 39 fec. que i'ofte des heures de la moyenne pleine Lune 13 heures 31 min. 20 fec. (pource que la Lune fuit
le Soleil) & reftent 11 heur. 3 m. 41 fec. pour la vraye pleine Lune
fort prez. Parquoy ie calcule derechef, pour ce temps, le vray lieu
du Soleil, & de la Lune, & trouue le Soleil au 16 d. 14 m. 2 fec. de
Scorp. & la Lune au 16 d. 14 m. 4 fec. de Taur. lefquels lieux à peine
different-ils entr'eux. Ie conclus donc que l'an 1631. le 8. Nouembre
à 11 heu. 3 m. 41 fec. a efté la vraye pleine Lune au meridien de
Paris en temps égal.

PRECEPTE XIX.

Pour trouuer les semidiametres apparens du Soleil, de la
Lune, & de l'Ombre de la terre, à quelque
temps que ce soit donné.

L faut premierement auoir en main au temps donné l'*Ano-*
malie de l'Orbe du Soleil *égalee* ; puis auec icelle soit colligé le
semidiametre du Soleil, par le Canon des semidiametres du
Soleil, semblablement auec l'*Anomalie* égalee de la nouuelle ou pleine *Lu-*
ne, soit colligé le semidiametre apparent de la *Lune*, & le semidiametre
de l'Ombre au lieu du passage de la Lune. En apres auec l'*Anomalie* égalee du Soleil, soit prise la variation de l'Ombre, laquelle se doit tousiours
oster du semidiametre de l'Ombre au lieu du passage de la Lune, pour auoir
le iuste semidiametre de l'Ombre.

EXEMPLE PREMIER,

Tiré d'vne obseruation faite par trois doctes & experts aux obseruations
Astronomiques, l'vn d'iceux est Monsieur Gassende Chanoine de
l'Euesché de Digne ; l'autre M. Schickart Professeur en l'Academie
de Tubinge en Allemagne ; & le troisiesme M. Hortense.

L'An 1631. le 8. Nouembre à 11 heures 3 m. 41 sec. l'Anomalie de
l'Orbe du Soleil égalee estoit 2 sex. 10 d. 12. m. & partant son semidiametre apparent estoit 17 m. 45 sec. En apres l'Anomalie de la
Lune égalee a esté 3 d. 53 m. Donc le semidiametre apparent de la
Lune a esté 15 m. & le semidiametre apparent de l'Ombre 39 min.
Finalement auec l'Anomalie égalee du Soleil 2 sex. 10. d. 12 m. ie
pren la variation de l'Ombre 47 sec. que i'oste du semidiametre apparent de l'Ombre 39 m. & reste le iuste semidiametre 38 m. 13 sec.

AVTRE EXEMPLE,

Tiré d'vne obseruation de Kepler excellent Mathematicien.

L'An 1624. le 26. Septembre à 7 heures 47 m. 30 sec. l'Anomalie de l'Orbe du Soleil égalee a esté 1 sex. 28 d. 34 m. & partant

son semidiametre apparent a esté 17 m. 20 sec. En apres l'Anomalie de la Lune égalee estoit 4 sex. 4 d. 51 m. donc le semidiametre apparent de l'ombre au lieu du passage de la Lune, 43 min. 47 sec. finalement auec l'Anomalie du Soleil égalee 1 sex. 28 d. 34 m. ie pren la variation de l'ombre 27 sec. laquelle i'oste du semidiametre apparent de l'ombre 43 m. 47 sec. & reste le iuste semidiametre de l'ombre 43 m. 20 sec.

PRECEPTE XX.

Quelles pleines Lunes font Eccliptiques.

I L y a deux regles pour cognoistre l'Eclipse future de la Lune, la premiere est :

Si en la moyenne pleine Lune , la Lune selon son moyen mouuement n'est pas distante de l'vn ou l'autre des nœuds (appellez la ☊ teste & la ☋ queüe du Dragon) plus de 15 d. 12 m. soit selon l'ordre des signes, ou contre l'ordre d'iceux , la pleine Lune sera Eccliptique.

EXEMPLE

E N la moyenne pleine Lune du mois de Nouembre 1631. le moyen mouuement de la latitude de la Lune a esté 4 sex. 31 deg. 9 m. 38 sec. tellement qu'entre le nœud & le lieu de la Lune sont compris 1 d. 9 m. 38 sec. ie dis donc que la pleine Lune a esté Eccliptique.

La seconde regle est ; *Si en la vraye pleine Lune la vraye latitude est moindre que les semidiametres de la Lune & de l'ombre de la terre ensemble, la Lune s'eclipsera ; si elle est plus grande, il n'y aura point d'eclipse.*

Comme au premier Exemple , le vray mouuement de la latitude en la vraye pleine Lune 4 sex. 31 d. 9 m. 38 sec. & partant la vraye latitude de la Lune 4 m. 28 sec. Boreale, & la somme des semidiametres de la Lune & de l'ombre a esté 53 m. 13 sec. On peut donc conclure asseurement qu'elle a esté eclipsée.

PRECEPTE XXI.

De la grandeur ou durée de l'Eclipse de la Lune.

E Diametre apparent ou visuel du Soleil & de la Lune, est dit estre de telle grandeur comme nostre veuë seule le iuge au respect de toute la peripherie du Ciel, par laquelle dimension nous disons que le Soleil & la Lune sont presque égaux ; & que la grandeur de l'vn & l'autre est d'vn pied, laquelle grandeur occupe (optiquement parlant) la moitié d'vn degré de la peripherie du Ciel : c'est pourquoy on diuise ordinairement le Diametre en 12. parties égales, comme le pied Geometrique, & ces 12. parties sont communément appellees *Doigs*, qui sont les parties defaillantes du Diametre des luminaires, par lesquelles on iuge fort commodément la grandeur ou durée des Eclipses. Or la maniere de déterminer les doigts Ecliptiques en l'Eclipse de la Lune, est telle.

Il faut auoir par les precedens Preceptes le semidiametre apparent de la Lune & de l'ombre, qu'il faut adioûter ensemble, & en oster les minutes de la latitude de la Lune, & le reste sera les minutes defaillantes. Puis entrer (auec icelles, & le Diametre apparent de la Lune) au Canon des doigts ecliptiques, & colliger par vne ou plusieurs entrees, les doigts Ecliptiques, & leurs minutes.

Soit repeté l'exemple de ladite pleine Lune, auquel a esté trouué le semidiametre de la Lune apparent 15 m. & l'apparent semidiametre de l'ombre 38 m. 13 sec. Item la latitude de la Lune 4 m. 28 sec. Soient premierement adioûcez les semidiametres de la Lune & de l'ombre, & viendra 53 m. 13 sec. dont ostant la latitude de la Lune 4 m. 28 sec. restera les minutes defaillantes 48 m. 45 sec. auec lesquelles & auec le Diametre apparent de la Lune 30 m. soit entré au Canon des doigts Ecliptiques, prenant au front l'excez de la somme des deux semidiametres ensemble ; & à costé le semidiametre apparent de la Lune, & on trouuera (en prenant la partie proportionnelle, à raison des 8 m. 45 sec. qui excedent les 40 m. defaillantes 19 min. 30 sec. pour les doigts Ecliptiques. D'ou s'ensuit que

F iij

laLune en cette pleineLune a esté entierement plongee dans l'Ombre, & recuperé sa lumiere bien tard, car d'autant que la latitude
d'icelle a esté petite, elle a passé presque par le mesme Diametre de
l'Ombre, comme par le plan de l'Orbe du Soleil.

Autrement sans l'ayde des Tables,

Soit reduit le semidiametre apparent de la Lune 15 min. en secondes, & viendra 900. sec. & semblablement les minutes defaillantes 48 m. 45 sec. & sera 2925. sec. lesquelles estant multipliees par
6. & le produit diuisé par 900. il viendra 19 doigts 30 m. Ecliptiques comme deuant.

PRECEPTE XXII.

Du temps de l'incidence & moitié de la demeure.

QVAND les doigts Ecliptiques defaillans sont moindres
que 12, la partie du corps de la Lune tombant sur l'ombre
de la terre est seulement obscurcie: mais quand les 12
doigts defaillent entierement, toute la Lune defaut sans demeure
& tardement, & quand il y a plus de 12 doigts defaillans, toute la
Lune defaut & auec demeure, laquelle est d'autant plus longue qu'il
y a plus de doigts defaillans au dessus de 12. mais il faut obseruer
qu'en l'Eclipse de la Lune partiale ou totale sans demeure, il faut
seulement chercher les minutes d'incidence: mais en l'Eclipse totale auec demeure, il faut premierement chercher les minutes d'incidence, & de la moitié de la demeure ensemble: en apres les minutes de la moitié de la demeure à part, lesquelles estant ostees des
minutes d'incidence & de la moitié de la demeure ensemble, il restera les minutes d'incidence. Voicy la maniere de supputer les minutes, le temps d'incidence, & la moitié de la demeure.

Entre au Canon des minutes d'incidence, & de la moitié de la demeu-
re ensemble; & auec la somme des semidiametres de la Lune & de l'om-
bre, & les minutes de la vraye latitude de la Lune, collige les minutes
d'incidence, & de la moitié de la demeure ensemble: elles seront les mi-
nutes d'incidence seulement en l'Eclipse de la Lune partiale ou totale sans

demeure; mais en l'Eclipse totale auec demeure, ce seront les minutes d'incidence, & de la moitié de la demeure ensemble. Entre donc en apres au Canon des minutes de la moitié de la demeure en l'Eclipse totale auec demeure, & cherche auec la difference des semidiametres de la Lune & de l'ombre & les minutes de la latitude de la Lune, les minutes de la moitié de la demeure, & diuise icelles, & aussi les minutes d'incidence & de la moitié de la demeure ensemble par le mouuement horaire de la Lune, & viendra le temps d'incidence & de la moitié de la demeure ensemble, auec le temps de la seule moitié de la demeure: lequel estant osté d'iceluy, il restera le temps d'incidence.

EXEMPLE.

IE veux sçauoir le temps de l'incidence & moitié de la demeure ensemble, auec le temps de la seule moitié de la demeure en l'Eclipse de la Lune de l'an 1631. au mois de Nouembre, laquelle a esté totale auec demeure, la somme des semidiametres de la Lune & de l'ombre a esté trouué cy deuant 53 m. 13 sec. & la latitude de la Lune 4 m. 28 sec. auec lesquelles ie collige au Canon des minutes d'incidence & de la moitié de la demeure ensemble 53 m. 49 sec. Apres i'entre au Canon des minutes de la moitié de la demeure, auec la difference des semidiametres de la Lune & de l'ombre, sçauoir 23 m 13 sec. & les 4 min. 28 sec. de la latitude de la Lune, & y pren les minutes de la moitié de la demeure 21 m. 46 sec. lesquelles ie diuise par le mouuement horaire de la Lune au Soleil 27 m. 16 sec. & vient au quotient 50 m. 5 sec. pour le temps de la moitié de la demeure. Et pour auoir le temps d'incidence & moitié de la demeure ensemble, ie diuise les minutes d'incidence 53 min. 49 sec. aussi par le mouuement horaire de la Lune au Soleil 27 m. 16 sec. & vient au quotient 1 heure 58 m. 25 sec. pour le temps d'incidence & moitié de la demeure ensemble, duquel temps ostant le temps de la moitié de la demeure 50 m. 5 sec. il reste le temps d'incidence 1 heure 8 m. 20 sec. donc toute l'Eclipse a duré 3 heur. 56 m. 50 sec. lequel temps est fort conforme à l'obseruation de Vvilielmus Schickard, comme on peut voir en son Epistre addressante à Monsieur Gassende, page 38. Et si on double le temps de la moitié de la demeure 50 m. 5 sec. on aura le temps que la Lune a demeuré en l'ombre 1 heure 40 m. 10 sec.

Mais à cause de l'Equation des iours naturels, il faut adioûter au moyen temps 23 m. 15 sec. & à cause de l'Equation du temps en la Lune, il en faut oster 10 m. d'heure, & partant le milieu de l'Eclipse a esté à Paris selon le temps apparent à 11 heures 16 m. 56 sec. que si on oste le temps d'incidence & moitié de la demeure 1 heure 58 m. 25 sec. il restera le commencement de l'Eclipse 9 heures 18 m. 30 sec. & au contraire si on l'y adioûte on aura le temps de la fin de l'Eclipse 13 heur. 15 m. 20 sec. Origan qui a calculé cette Eclipse selon les hypotheses de Copernicus & Tycho Brahe, trouve selon le calcul de l'vn, le milieu de l'Eclipse à 11 heures 54 m. & toute la duree 4 heures 3 m. 36 sec. & selon le calcul de l'autre à 12 heures, & la duree 4 heures 17 min. qui excede beaucoup l'obseruation.

PRECEPTE XXIII.

Comment on trouue la vraye latitude de la Lune au commencement & à la fin de l'Eclipse.

SOIT adioûté en vne somme le moyen mouuement du Soleil conuenable à la moitié de duree de l'Eclipse, auec les minutes d'incidence & de la moitié de la demeure ensemble: & icelle somme soit premierement ostee du vray mouuement de la latitude de la Lune, au temps de la vraye pleine Lune; & tu auras le vray mouuement au commencement de l'Eclipse: En apres soit icelle adioûtee au vray mouuement de la latitude au temps de la vraye pleine Lune, & viendra le vray mouuement pour la fin de l'eclipse.

Comme en l'Eclipse de la Lune l'an 1631. au mois de Nouembre le moyen mouuement du Soleil qui conuient à la moitié de la duree de l'Eclipse 1 heure 58 m. 25 sec. est quatre m. 51 sec. lequel adioûté aux minut. d'incidence & de la moitié de la durée ensemble 53 m. 49 sec. produit 58 m. 40 sec. lesquels estant ostez du vray mouuement de la latitude au temps de la vraye pleine Lune 4 sex. 30 d. 51 m. 10 sec. il restera le vray mouuement de la latitude au commencement de l'Eclipse 4 sex. 29 d. 52 m. 30 sec. & au contraire les adioûtant ßouftant au temps de la vraie pleine Lune, il vient le vray mouuement de la latitude de la Lune à la fin de l'Eclipfe, 4 fex. 31 deg. 49 min. 50 fec. Or eftant trouuez les mouuemens de la vraie latitude de la Lune, on aura par le 8. Precepte la vraie latitude de la Lune au commencement de l'Eclipfe 40 fec. Auftrale, & à la fin 9 min. 35 fec. Boreale.

PRECEPTE XXIIII.

Pour fçauoir fi la conionɛtion apparente des luminaires eft Ecliptique.

IL y a deux regles pour entendre cecy : la premiere eft de Ptoloméc; l'autre de Copernic. Celle de Ptolomée eft telle.

Si la moyenne latitude de la Lune, en la moyenne conionɛtion, n'eft diftante du Nœud Boreal plus de 20 deg. $\frac{2}{3}$; & du Nœud Auftral de 11 deg. 22 min. il fe peut faire que la conionɛtion eft Ecliptique.

EXEMPLE.

EN la moyenne conionɛtion des luminaires, laquelle a efté à Paris l'an 1630. le 9. iour de May à 18 heures, 40 min. 22 fec. aprés midy. Le moyen mouuement de latitude s'eft trouué 9 fig. 5 deg. 47 min. Elle eftoit diftante du Nœud Boreal 5 deg. 47 m. Ie conclus donc par cette regle, que la conionɛtion a efté Ecliptique. Or il eft à propos de fe feruir de cette regle auant que de venir au calcul des Parallaxes : Car le calcul des Parallaxes feroit en vain, fi on n'eftoit certain que l'apparente conionɛtion des luminaires fuft Ecliptique. Regle de Copernic.

Si la latitude apparente de la Lune en l'apparente conionɛtion eft plus grande que la fomme des femidiametres apparens, du Soleil & de la Lune, il n'y aura pas Eclipfe de Soleil : mais fi elle eft moindre, il s'efclipfera entierement.

Comme en l'exemple precedent où la latitude de la Lune appa-

G

rente en l'apparente conionction a esté 3 m. 21 sec. Auftrale. Et la
somme des semidiametres des Luminaires a esté 33 min. 19 sec.
donc le Soleil a esté entierement eclipsé. Mais cette regle n'est
pas d'vn si grand vsage que la precedente : Car elle ne se peut em-
ployer, que tout le calcul de la conionction Ecliptique ne soit
fait auparauant ; Parquoy il faut se tenir en la premiere.

PRECEPTE XXV.

*Eſtant donnée la vraye Anomalie de la Lune, determiner le
parallaxe horizontal de la Lune, tant aux conionctions,
que hors les conionctions.*

Ntre au Canon des Parallaxes horizontaux de la Lune, &
auec les signes & degrez de la vraye Anomalie de la Lune,
pren le Parallaxe horizontal, lequel soit egalé par la partie
proportionnelle, s'il y a des minutes outre les degrez, &
viendra le Parallaxe de Lune horizontal, conuenable aux conjon-
Ctions. Mais hors les conjonctions, il faut d'vne mesme maniere prendre la difference des Parallaxes mise au pres, & adiouster ou oster la partie proportionnelle d'iceluy, conuenable aux minutes de l'Anomalie du
centre de la Lune, au Parallaxe horizontal de la Lune, selon que les
titres mis au haut du canon le démonſtrent.

EXEMPLE.

L'An 1630. le 9. iour de Iuin à 5 heures 47 m. apres midy, le vray
Sinode ou conjonction des Luminaires a esté au Meridien de
Paris, & lors la vraye Anomalie de la Lune estoit 5. signes communs & 11 deg. 15 m. Ie desire sçauoir le Parallaxe de la Lune horizontal en ladite conjonction. I'entre donc au Canon des Parallaxes horizontaux de la Lune, & pren auec les Dodecatemories,
degrez & minutes de la vraye Anomalie de la Lune, le Parallaxe
horizontal de la Lune 58 m. 56 sec. conuenable à ladite conjonction.

PRECEPTE XXVI.

De colliger le Parallaxe de la Lune au cercle vertical, estant donné le Parallaxe d'icelle horiZontal, & sa hauteur sur l'horiZon.

ENTRE au Canon des Parallaxes de la Lune au cercle Vertical auec le Parallaxe horiZontal de la Lune, mis au front, & la hauteur d'icelle sur l'horiZon au costé senestre, sans negliger la partie proportionnelle en tous les deux costez, s'il y a des minutes, & tu trouueras en l'angle commun le Parallaxe de la Lune au cercle vertical.

EXEMPLE.

SOit donné en la vraye côjonction du Soleil & de la Lune 1630. le 31. iour de May à 5 heures 47 min. apres midy au Meridien de Paris, le Parallaxe horizontal de la Lune 58 m. 56 sec. & la hauteur d'icelle sur l'horizon 18 deg. 53 m. Ie veux sçauoir le Parallaxe de la Lune au cercle vertical, i'entre au Canon des Parallaxes de la Lune auec les minutes du Parallaxe horizontal de la Lune au front, & auec la hauteur 18 deg. 53 m. au costé senestre, & trouue à l'angle commun en prenant la partie proportionnelle en tous les deux costez, le Parallaxe de la Lune au cercle vertical, 56 min. 8 sec.

PRECEPTE XXVII.

De trouuer la distance du Luminaire au Zenith, le costé de la longitude & latitude, estant donné le lieu du Lumi-naire, & les heures distantes du midy : & de là colliger les

*Parallaxes de la Lune au Soleil, tant en longitude, qu'en
latitude, selon la latitude d'vn lieu donné.*

ENTRE au Canon du Triangle reÉtangle des Parallaxes,
conuenables à la latitude de la Region donnée ; que si elle ne
se trouue exaÉtement, pren la plus prochaine ; Et si le luminaire est au commencement du signe ou qu'il s'en faille
peu, collige sous iceluy signe à l'heure donnée, deuant ou apres midy, ces
trois choses, la distance du Luminaire au Zenith, le costé de la longitude, & celuy de la latitude, & corrige chacune chose, prenant la
partie proportionnelle des minutes, s'il y en a outre les heures entieres.
En apres auec le complement de la distance au Zenith, qui est la hauteur
du Luminaire sur l'horizon, & le Parallaxe horizontal de la Lune,
cherche le Parallaxe d'icelle en altitude, & aussi le Parallaxe du Soleil
en sa propre Table, lequel estant osté de celuy-là, restera le Parallaxe de
la Lune au Soleil en altitude. Et ce Parallaxe estant multiplié par le
costé de longitude & latitude, & le produit diuisé par 60 (qui est l'hypothenuse du Triangle orthogone) les quotiens donneront le Parallaxe de
la longitude, & latitude de la Lune au Soleil.

Que si le Soleil ne se trouue au commencement du signe, ains en
quelque partie d'iceluy, il faut operer doublement : car il faut premierement prendre au commencement du signe où est le Soleil, ou la Lune,
les trois mesmes choses auec les heures donnees en la mesme maniere
qu'il a esté dit cy-deuant : En apres à la fin du signe, ou au commencement du suiuant faut faire le mesme, & prendre les differences entre
les premieres choses colligees & les dernieres, & les mettre à part :
puis prendre la partie proportionnelle de chacune à raison du nombre
doublé des degrez du Soleil, laquelle faut adiouster ou oster aux premieres colleÉtions, selon que les differences croissent ou diminuent, &
on aura la vraie distance du Luminaire au Zenith, les vrais costez
de longitude & latitude : & continuant comme il a esté enseigné, on
aura les Parallaxes, tant de la longitude, que de la latitude de la Lune
au Soleil.

EXEMPLE DE LA PREMIERE PARTIE
DE CE PRECEPTE.

SOit le lieu du Luminaire au commencement d'Aries en la latitude de 54 deg. & la distance d'iceluy Luminaire deuant midy

ç minut. auquel temps l'Anomalie egalee de la Lune soit 3 signes, 10 deg. ou enuiron. I'entre donc au Canon des Parallaxes à 54 d. de latitude sous le signe d'Aries auec l'heure de midy, estant le Soleil & la Lune au temps donné fort proche de midy, & trouue vis à vis de Merid. la distance du Zenith 54 deg. 0 min. laquelle depuis 11 heures iusques à 12, que le Soleil passe par le Meridien decroist 1 deg. 24 min. dont il conuient aux 5 min. d'heure, 7 min. d'vn degré, lesquelles estant adioustees aux 54, 0, produisent la vraie distance du Luminaire au Zenith. Semblablement ie collige le costé de la longitude 23, 14 : Car ayant osté la partie proportionnelle (qui est 51 min. prouenante des 5 min.) du costé de la longitude 24, ç min. trouué en la Table immediatement apres 54, 0, il reste 23, 14 min. pour le vray costé de la longitude. Et au contraire adioustant la partie proportionnelle du costé de la latitude, sçauoir 17 min. 35 sec. il vient 55, 14 min. negligeant les secondes, pour le vray costé de la latitude. Maintenant auec l'Anomalie egalee de la Lune 3 signes 10 deg. i'entre au Canon des parallaxes de la Lune en l'horizon, & y collige le parallaxe horizontal de la Lune 58 min 50 sec. auec lequel & le complement de la distance du Zenith 35 deg. 53 min. i'entre au Canon des parallaxes de la Lune en altitude, & trouue 47 min. 30 sec. pour le parallaxe de la Lune. Ie collige aussi le parallaxe du Soleil en sa Table 2 m. 24 sec. lequel estant osté de celuy de la Lune, reste le parallaxe de la Lune au Soleil en altitude 45 min. 36 sec. Et d'autant que la base du Triangle orthogone est posee de 60 part. lesquelles respondent au parallaxe de la Lune au Soleil en altitude, ie multiplie iceluy parallaxe 45 min. 36 sec. par le costé de la longitude 23, 14 m. & le produit estant diuisé par 60, me donne 17 min. 39 sec. pour le parallaxe de la Lune au Soleil en longitude. Finalement pour auoir le parallaxe en latitude, ie multiplie les 45 min. 36 sec. par le costé de la latitude 55, 14 min. & le produit estant diuisé par 60 donne 41 min. 58 sec. pour le parallaxe de la Lune au Soleil en latitude.

EXEMPLE DE L'AVTRE PARTIE
DE CE PRECEPTE.

SOit proposé à trouuer les parallaxes de la Lune au Soleil en longitude & latitude pour l'Eclipse du Soleil cy deuant men-

tionnee en l'an 1630. le 10. Iuin à 5 heures, 47 minutes après midy
à l'éleuation de Paris, auquel temps le lieu des Luminaires a esté
trouué au 19 deg. 36 min. ⅟₂ de Gemini, & l'Anomalie egalee
de la Lune, 3 signes, 11 deg. 15 min.

l'entre au Canon des parallaxes à 49 deg. de latitude, sous le
signe de Gemini, & collige pour 6 heures après midy la distance du Zenith 74, 47 min. le costé de longitude 49, 16 min. &
le costé de la latitude 34, 15 min. Semblablement ie trouue pour
5 heures la distance du Zenith 65, 4 min. le costé de longitude
50, 9 min. & le costé de latitude 32, 57 min. Et de ces trois choses ayant pris la difference des autres trois, il reste 9, 43 min.
0, 55 min. 1, 18 min. pour la difference d'vne heure, entre chacun terme, dont ie pren la partie proportionnelle pour les 47 m.
& trouue 7, 36 min. pour celle de la distance au Zenith, que
i'adiouste à 65, 4 min. & vient 72, 40 min. pour la distance du
Zenith à 5 heures 47 min. le Luminaire estant au commencement de Gemini. Et pour la partie proportionnelle du costé de
la longitude ie la trouue de 42 min. que i'oste de 50, 9 minutes,
(d'autant que le nombre suiuant diminuë) & reste 49, 28 min.
pour le costé de la longitude. Et pour celle de la latitude, ie
trouue 1 deg. 1 min. que i'adiouste auec 32, 57 min. & i'ay 33,
58 min. pour le costé de la latitude: Mais d'autant que le Luminaire n'est au commencement de Gemini, ains au 19 deg. 36 m. ⅟₂
ie fais le mesme dans le signe de Cancer, & trouue ayant pris
la partie proportionnelle de chaque chose 70, 16 minut. pour la
distance du Zenith 41, 38 min. pour le costé de longitude : &
43, 12 min. pour celuy de la latitude. En apres i'oste la distance
du Zenith prouenante du signe de Cancer 70, 16 minut. de celle de Gemini 72, 40 min. & reste 2, 24 min. Et aussi le costé
de longitude 41, 38 du premier trouué 49, 28 min. & reste 7,
50 min. Mais i'oste le costé de latitude premier trouué 33, 58 m.
du dernier trouué (d'autant qu'il est moindre) & reste 9, 14 min.
Et de ces trois choses ayant prise la partie proportionnelle conuenable au nombre doublé des deg. des Luminaires, sçauoir 39,
il vient 1 deg. 33 minut. pour la partie proportionnelle de la distance au Zenith, laquelle estant ostée de 72, 50 min. reste la
vraie distance du Luminaire au Zenith 71, 7 minut. & pour la
partie proportionnelle du costé de longitude 5 deg. 5 min. que

l'ofte de 49, 28 minutes cofté de longitude, refte 44 deg. 23, pour le vray cofté de la longitude. Et pour la partie proportion-nelle du cofté de latitude 6 deg. lefquels eftans adiouftez au co-fté de la latitude 33, 58 min. donne 39,58 min. pour le vray co-fté de la latitude. Quoy fait, ie collige auec l'Anomalie ega-lee de la Lune 3 fignes, 11 deg. 15 minut. le parallaxe horizon-tal d'icelle par le 25. Precepte, & le trouue 58 min, 56 fec. auec lequel & le complement de la diftance du Luminaire au Ze-nith, qui eft la hauteur d'iceluy fur l'horizon, fçauoir 18 deg. 53 minut. ie cherche le parallaxe de la Lune en altitude, lequel par le Precepte precedent ie trouue 56 minutes, 8 fec. Et auffi le parallaxe du Soleil, qui fe trouue (comme il a efté dit cy-de-uant) auec la hauteur d'iceluy fur l'horizon, 2 minutes, 10 fec. lequel eftant ofté de celuy de la Lune, 56 minutes, 8 fecondes, refte 53 minut. 58 fec. pour le parallaxe de la Lune au Soleil en altitude. Finalement, d'autant que la bafe du Triangle orthogo-ne des Parallaxes eft pofee (ainfi qu'il a efté defia dit) de 60 parties, lefquelles refpondent au parallaxe de la Lune au Soleil en altitude, 53 minutes, 58 fecondes, pource ie multiplie iceluy parallaxe 53 minutes, 58 fec. ou 3238 reduit en fecondes par le cofté de la longitude 44, 23 minutes, ou 2663 minutes, & diui-fe le produit par 60 ou 3600 minutes, & vient au quotient 39 minutes, 55 fecondes, pour le parallaxe de la Lune au Soleil en longitude. Et pour trouuer le parallaxe de la Lune au Soleil en latitude, ie multiplie auffi les 3238 par le cofté de la latitude 39, 58 minutes, & diuife le produit par 60, le tout reduit en fa prochaine moindre efpece, il vient 35 minutes, 56 fec. pour le parallaxe de la Lune au Soleil en latitude au temps donné 5 heu-res, 47 minutes.

PRECEPTE XXVIII.

*De trouuer le mouuement horaire veu de la Lune au Soleil,
estant donnez le vray mouuement horaire de la Lune
au Soleil, & les Parallaxes d'icelle en longitude
à quelque temps que ce soit donné.*

HERCHE pour le temps donné le vray mouuement horaire de la Lune au Soleil, par le 17 Precepte, & par le precedent collige le parallaxe de la Lune au Soleil en longitude pour le temps donné, & pour vne heure apres. Puis pren la difference entre les parallaxes, laquelle tu adiousteras (ou osteras) au vray mouuement horaire trouué de la Lune au Soleil, selon les trois Regles suiuantes.

1. Si le Soleil durant tout le temps donné est en la Quarte Orientale du Zodiaque, qui est depuis le leuer du Soleil iusqu'au 90 deg. & que le parallaxe au commencement du temps donné soit plus grand qu'à la fin, oste la difference des parallaxes du vray mouuement horaire de la Lune au Soleil : mais s'il est moindre au commencement qu'à la fin, il l'a faut adiouster.

2. Si le Soleil en tout le temps donné est en la Quarte Occidentale, qui est depuis le 90 deg. iusques au Soleil couchant, & que le parallaxe au commencement du temps donné soit plus grand qu'à la fin, adiouste la difference des parallaxes au vray mouuement horaire de la Lune au Soleil : mais s'il est moindre au commencement qu'à la fin, il l'a faut oster.

3. Si finalement le Soleil est durant tout le temps donné en l'vne & l'autre Quarte, en sorte que la premiere partie du temps soit consommée en la Quarte Orientale, & la posterieure en la Quarte Occidentale, oste la difference des parallaxes du vray.

Soit, par exemple, donné le vray mouuement horaire de la Lune au Soleil par le 17. Precepte, 30 min. 51 sec. l'an 1630. &c. & le parallaxe de la Lune au Soleil en longitude pour 5 heures, 47 min. completes, 39 min. 55. sec. par le precedent Precepte,

& pour

& pour 6 heur. 47 min. 39 min. 25 sec. Or pource que le Soleil durant tout le temps donné est en la quarte Occidentale du Zodiaque, & que le parallaxe au commencement du temps donné, est plus grand qu'à la fin, i'adiouste par la seconde regle la difference des parallaxes 30 sec. au vray mouuement horaire de la Lune 30 min. 51 sec. & vient 31 min. 21 sec. pour le mouuement horaire veu ou apparent de la Lune au Soleil.

PRECEPTE XXIX.

Pour trouuer l'interualle du temps entre la vraye conionction des luminaires & l'apparente, & delà determiner le temps de leur apparente conionction.

SOIT cherché le parallaxe de la Lune au Soleil en longitude au temps de la vraye conionction ; Et si le parallaxe de la Lune est moindre que le mouuement horaire veu de la Lune, diuise le parallaxe par le mouuement horaire veu de la Lune, & viendra au quotient l'interualle du temps entre la vraye & apparente conionction, qu'il faut oster du temps de la vraye conionction en la quarte Orientale, d'autant que la conionction apparente precede la vraye en cette quarte, & l'adiouster en la quarte Occidentale, pource que la conionction apparente vient apres la vraye. Que si le parallaxe de la Lune est plus grand que le mouuement horaire veu de la Lune, oste premierement ce mouuement horaire du parallaxe, & diuise le reste par iceluy mouuement horaire veu de la Lune, & viendra l'interualle du temps pour vne heure, entre la vraye & apparente conionction, qu'il faut adiouster ou soustraire au temps de la vraye conionction, comme deuant.

Soit repeté l'exemple de la conionction des luminaires, où le temps de la vraye conionction a esté trouué par le 18. Precepte à 5 heures 47 min. apres midy à Paris, & le parallaxe de la Lune au Soleil en longitude 39 min. 55 sec. Et le mouuement horaire veu de la Lune 31 min. 21 sec. par lequel ie diuise le parallaxe de la Lune au Soleil en longitude 39 min. 55 sec. & vient au quotient 1 heure 16 min. 23 sec. pour l'interualle du temps entre la vraye con-

H

ionction & l'apparente, qu'il faut adiouster au temps de la vraye
conionction 5 heures 47 min. (d'autant que la conionction se fait
en la quarte Occidentale, & alors l'apparente conionction aduient
apres la vraye) & on aura l'apparente conionction des luminaires
7 heures 3 min. 23 sec. à Paris. Que si on y adiouste 13 min. pour
la difference entre le meridien de Paris & celuy de Dordrax en
Hollande, où le docte M. Hortense a exactement obserué la mesme Eclipse à 7 heures 16. min. il viendra le mesme temps de l'obseruation.

PRECEPTE XXX.

Pour trouuer la vraye latitude de la Lune, au temps de l'apparente conionction.

D I O V S T E ou oste le parallaxe de la Lune au Soleil en lon-
gitude en l'apparente conionction, auec le vray mouuement
de la latitude de la Lune en la vraye conionction, selon que
l'apparente conionction suit, ou precede la vraye; & vien-
dra le vray mouuement de la latitude de la Lune au temps de l'apparente
conionction; & de là on aura facilement la vraye latitude de la Lune re-
quise par le 8. Precepte.

E X E M P L E.

LE vray mouuement de la latitude de la Lune a esté trouué en
la vraye conionction des luminaires 9 signes, 6 deg. 53 min.
27 sec. & en l'apparente conionction, laquelle a esté à 7 heures, 16
min. apres midy à Dordrax, qui est le lieu de l'obseruation, le Parallaxe de la Lune au Soleil en longitude a esté trouué 36 min. 6
sec. ie l'adiouste donc au vray mouuement de la latitude de la Lune 9 signes, 6 deg. 53 min. 27 sec. & vient le vray mouuement
de la latitude de la Lune en l'apparente conionction 9 signes 7 deg.
29 min. 33 sec. Et partant la vraye latitude de la Lune en l'apparente conionction est 39 min. 6 sec. Boreale.

PRECEPTE XXXI.

De la latitude apparente de la Lune en la mesme conionction apparente.

SOIT pris le parallaxe de la Lune au Soleil en latitude par le 27. Precepte, & la vraye latitude de la Lune par le precedent Precepte. En apres s'ils sont de mesme affection, adiouste-les ensemble ; & s'ils sont de diuerse, oste la moindre de la plus grande, & la somme ou difference donnera la latitude apparente de la Lune Boreale ou Australe, selon la propriété du plus grand nombre. Il faut neantmoins obseruer qu'outre le secoud climat, tirant vers les nostres Boreaux, le parallaxe de la Lune au Soleil en latitude est consiours Austral.

EXEMPLE.

LE parallaxe de la Lune au Soleil en latitude a esté trouué par le 27. Precepte au temps de l'apparente conionction 42 min. 50 sec. & la vraye latitude de la Lune par le Precepte precedent 39 m. 6 sec. Boreale ; i'oste donc 39 min. 6 sec. du Parallaxe 42 min. 50 sec. & reste la latitude veuë ou apparente de la Lune 3 min. 44 sec. Australe.

PRECEPTE XXXII.

Des doigts Ecliptiques en l'Eclipse du Soleil.

OSTE la latitude veuë de la Lune de la somme des semidiametres du Soleil & de la Lune, & le reste sera les minutes defaillantes. En apres auec icelles, & auec le diametre du Soleil entre au Canon des doigts Ecliptiques en prenant la partie proportionnelle des secondes s'il y en a de part & d'autre, & tu auras les doigts Ecliptiques requis.

H ij

EXEMPLE.

LE femidiametre du Soleil en noftre Eclipfe du Soleil eft 16 min. 50 fec. & le femidiametre de la Lune 16 min. 29 fec. & partant la fomme des femidiametres eft 33 min. 19 fec. dont oftant la latitude veuë de la Lune 3 min. 44 fec. le refte font les minutes defaillantes 29 min. 35 fec. l'entre auec icelles, & auec le Diametre du Soleil 33 min. 40 fec. au Canon des doigts Ecliptiques, & trouue (ayant pris la partie proportionnelle des fecondes iointes tant aux minutes defaillantes, qu'au Diametre du Soleil) 10 min. 33 fec. pour les doigts Ecliptiques requis.

Autrement fans l'aide du Canon des doigts Ecliptiques,

Soit reduit le femidiametre du Soleil 16 min. 50 fec. en fecondes, & viendra 1010 fecondes, & femblablement les minutes defaillantes, & fera 1775. fec. lefquelles eftant multipliees par 6. & le produit diuifé par 1010. le quotient donnera 10 minut. 33 fec. prefque, comme deffus, pour les doigts Ecliptiques, affez approchant de l'obferuation, laquelle monftre 10 doigts 40 min.

PRECEPTE XXXIII.

De trouuer les minutes, & le temps d'incidence.

ENTRE *au Canon des minutes d'incidence auec la fomme des femidiametres du Soleil & de la Lune, & auec la latitude veuë de la Lune en l'apparente conionction: & ayant fait correction par la partie proportionnelle, s'il en eft befoin, pren les minutes d'incidence.*

Par cette maniere on trouuera en noftre Exemple les minutes d'incidence 33 min. 30 fec. Mais faut chercher le temps d'incidence & de repletion en cette maniere.

Trouue le mouuement veu de la Lune au Soleil par le 28. Precepte, d'vne heure, tant deuant qu'apres l'apparente conionction, & diuife premiere-

uent les minutes d'incidence par le mouuement veu de la Lune conuenable à vne heure deuant l'apparente conionction, & tu auras le temps
d'incidence. En apres diuife icelles par le mouuement horaire veu de
la Lune, conuenable à vne heure apres l'apparente conionction, & tu
auras le temps de la Repletion.

EXEMPLE.

LE mouuement horaire de la Lune au Soleil a efté trouué cy-deuant à vne heure deuant l'apparenté conionction 32 min. 31
fec. & à vne heure apres l'apparente conionction 34 min. 11 fec. diuife donc premierement les minutes d'incidence 33 min. 30 fec. par
le mouuement horaire de la Lune veu 32 min. 31 fec. & tu auras le
temps d'incidence d'vne heure & 2 min. En apres diuife les mefmes minutes par le mouuement horaire de la Lune veu 34 min. 11
fec. & tu auras le temps de la Repletion 59 min d'vne heure.

Donc l'Eclipfe a commencé à Dordrax à 6 heures 1 min. apres
midy, & finy à huict heures 2 min. apres midy, & toute l'Eclipfe a
duré 2 heures 1 min.

PRECEPTE XXXIIII.

De la latitude veuë de la Lune, au commencemens & à la fin de l'Eclipfe du Soleil.

SOIT premierement trouué le vray mouuement de la latitude
de la Lune en l'apparente conionction par le 33 Precepte,
duquel offant les minutes d'incidence & le mouuement du
Soleil conuenable au temps d'incidence, il en viendra le vray
mouuement de la Lune au commencement de l'Eclipfe, & par le 8. Precepte la mefme vraie latitude de la Lune. Mais fi on luy adioufte les
minutes d'incidence, il viendra le vray mouuement de la latitude à la
fin de l'Eclipfe, & par celuy-cy fera donnee la vraie latitude de la
Lune. En apres cherche au commencemet & à la fin de l'Eclipfe la
Parallaxe de la latitude de la Lune par le 27 Precepte, & tu obriendras
par celuy-cy & par la vraie latitude de la Lune la mefme latitude de
la Lune veuë tant au commencement qu'à la fin de l'Eclipfe du Soleil.

H iij

EXEMPLE.

LE vray mouuement de la latitude de la Lune en l'apparente conionction a esté trouué cy-deuant 9 Dodecat. 7 deg. 29 min. 33
sec. Oste d'iceluy les minutes d'incidence 33 min. 30 sec. & le mouuement du Soleil conuenable au temps d'incidence 2 min. 30 sec.
& le reste sera le vray mouuement de la latitude de la Lune au commencement de l'Eclipse 9 Dodecat. 6 deg. 54 min. presque, &
partant la vray e latitude de la Lune Boreale 36 min. presque. En
apres adiouste les mesmes minutes d'incidence & le mouuement
du Soleil deu au temps de la repletion 2 min. 22 sec. pour 9 Dodecat. 7 deg. 29 min. 33 sec. & tu auras le vray mouuement de la latitude de la Lune à la fin de l'Eclipse, 9 Dodecat. 8 deg. 5 min. auec
lequel mouuement on collige 42 min. de latitude Boreale. Or le
Parallaxe en latitude a esté trouué par le 27. Precepte 39 min.
& à la fin 45 min. & 30 sec. Donc la latitude de la Lune apparente
au commencement de l'Eclipse estoit 2 min. 56 sec. Australe, & à
la fin 3 min. 22 sec. Australe.

PRECEPTE XXXV.

*Sçauoir si vn Planete est directe, ou retrograde, ou statio-
naire, à quelque temps que ce soit donné.*

CHERCHE au temps donné l'Anomalie egalee du centre,
& l'Anomalie egalee de l'orbe du Planete, appellee par
d'aucuns Anomalie de l'Epicycle ou de Commutation. [En
apres auec l'Anomalie du centre, entre en la Table des Stations des Planetes, & y collige les nombres de la premiere & seconde
Station, & les confere auec l'Anomalie égalee de l'Orbe. [Que si elle est 1
égale au nombre de la premiere station, le Planete sera stationaire au premier demi cercle de son Orbe ou Epicyle, où il descend depuis l'Apogee
iusqu'au Perigee, & de là commence à estre retrograde. [Mais si la mes- 2
me Anomalie de l'Orbe est egale au nombre de la seconde Station, le Planete sera stationaire en l'autre demi-cercle de son Epicycle, auquel il
monte depuis le Perigee iusques à l'Apogee, & là commence à estre directe & aduancer son cours. [Que si l'Anomalie égalee de l'Orbe est plus 3

grande que le nombre de la premiere station, & moindre que le nombre
de la seconde station, le Planete sera retrograde : au contraire, si elle est
moindre que le nombre de la premiere station, & plus grande que le nombre de la seconde, le Planete sera directe.

EXEMPLE.

IE veux sçauoir si Saturne estoit directe, ou retrograde, ou stationaire l'an 1633. le premier iour de Iuillet à midy à Paris, auquel temps ie trouue l'Anomalie egalee du centre 5 sex. 38 deg. 35
min. ou 338 deg. 35 min. & l'Anomalie egalee de l'Orbe 212 deg.
I'entre donc auec l'Anomalie du centre 338 deg. 35 min. en la Table des stations des trois Planetes superieurs, & trouue 112 deg. 44
min. pour la premiere station, & partant le nombre de la seconde
station sera 247. deg. 16 (car c'est tousiours le complement au cer-
tier ou à 360 deg. de la premiere station.) Et d'autant que l'Anomalie egalée de l'Orbe 212 deg est plus grande que le nombre de
la premiere station, & moindre que celuy de la seconde, ie conclus donc que Saturne estoit retrograde au temps donné : il faut
faire le mesme des autres Planetes.

PRECEPTE XXXVI.

Du temps des Stations.

IL faut auoir premierement l'*Anomalie du centre & de l'Or-*
be égalee, auec les nombres de la premiere & seconde station.
En apres ayant cogneu l'affection du Planete par le Precepte
precedent, si le Planete est directe, oste l'Anomalie égalee de l'Orbe, du
nombre de la premiere station, & ce qui restera soit diuisé par le moyen
mouuement Diurne de l'Anomalie de l'Orbe du Planete, & le quotient donnera les iours, apres lesquels le Planete sera stationaire, &
commencera d'estre retrograde; Mais si le Planete est retrograde,
oste l'Anomalie de l'Orbe du nombre de la seconde station, & diuise les
degrez restans par le moyen mouuement Diurne de l'Anomalie de l'Orbe,
& prouiendra le temps, lequel estant finy, le Planete sera au poinct de
la seconde station, & commencera d'estre directe. Et pour determiner le
temps de la retrogradation, oste le nombre de la premiere station de l'A-
nomalie de l'Orbe égalee, & diuise le reste par le moyen mouuement Diur-

ne de l'Anomalie, & le quotient donnera les iours, deuant lesquels le
Planete estoit stationnaire, & commençoit à retrograder. Que si on oste
le nombre de la seconde station de l'Anomalie de l'Orbe, le reste estant
diuisé par le mouuement Diurne de l'Anomalie de l'Orbe, sera le temps
deuant lequel le Planete estoit stationnaire, & commençoit d'estre directe.

Comme au precedent Exemple, où Saturne a esté trouué retrograde, l'Anomalie egalée de l'Orbe d'iceluy a esté trouuee 212 d.
plus grande que le nombre de la premiere station 112 deg. 44 min.
& moindre que le nombre que la seconde 247 deg. 16. Et ie desire
sçauoir deuant combien de iours il a commencé d'estre retrograde ; i'oste le nombre de la premiere station 112 deg. 44. de l'Anomalie de l'Orbe 212 deg. & reste 99 deg. 16 min. que ie diuise par le
moyen mouuement Diurne de l'Anomalie de l'Orbe de Saturne 57
min. 8 sec. le quotient donne 104 iours, donc ostant 91 iours pour
les mois de Iuin, de May, d'Auril, il reste 13 iours dans le mois de
Mars, lesquels estans ostez du mois de Mars contenant 31 iours, il
reste le 18. iour de Mars, qui est le temps que Saturne à commencé
d'estre retrograde. Semblablement i'oste l'Anomalie de l'Orbe
212 deg. du nombre de la seconde station, & reste 35 deg. 16 min.
lesquels estans diuisez par le moyen mouuement Diurne de Saturne 57 min. 8 sec. le quotient donne 37 iours, lesquels estans finis,
Saturne aura parfait sa retrogradation, & sera derechef stationaire,
& de là directe.

Table du mouuement Diurne de l'Anomalie de l'Orbe des 5. Planetes.

	Deg.	Min.	Sec.
Saturne	0	57	8
Iupiter	0	54	9
Mars	0	27	42
Venus	0	36	59
Mercure	3	6	24

FIN DES PRECEPTES.

TABLE DES MOYENS
MOVVEMENS DE L'ANOMALIE
DES EQVINOXES.

Ans.	s	0	1	11	111
Racine de Nabonass.	3	37	59	28	0
Racine de Iesus Chr.	0	14	41	18	0
20	0	4	11	46	26
40	0	8	23	32	52
60	0	12	35	19	18
80	0	16	47	5	45
100	0	20	58	52	11
200	0	41	57	44	23
300	1	2	56	36	34
400	1	23	55	28	46
500	1	44	54	20	57
600	2	5	53	13	8
700	2	26	52	5	20
800	2	47	50	57	31
900	3	8	49	46	42
1000	3	29	48	41	53
1100	3	50	47	34	5
1200	4	11	46	26	16
1300	4	32	45	28	29
1400	4	53	44	10	40
1500	5	14	43	2	51
1600	5	35	41	55	2
1700	5	56	40	47	13
1800	0	17	39	39	24
1900	0	38	38	31	34
2000	0	59	16	47	3
3000	4	29	5	28	56
4000	1	39	14	34	6
5000	5	29	3	29	25
6000	2	58	52	11	17

Ans.	s	0	1	11	111
1	0	0	12	34	46
2	0	0	25	9	36
3	0	0	37	44	24
4	0	0	50	21	17
5	0	1	2	56	5
6	0	1	15	30	53
7	0	1	28	58	42
8	0	1	40	42	34
9	0	1	53	17	28
10	0	2	5	52	11
11	0	2	18	26	59
12	0	2	31	3	51
13	0	2	43	38	40
14	0	2	56	13	28
15	0	3	8	48	16
16	0	3	21	25	9
17	0	3	33	59	57
18	0	3	46	34	48
19	0	3	59	9	33
20	0	4	11	46	26

Iours.	0	1	11	111
1	0	0	2	4
2	0	0	4	8
3	0	0	6	12
4	0	0	8	16
5	0	0	10	20
6	0	0	12	24
7	0	0	14	28
8	0	0	16	32
9	0	0	18	36
10	0	0	20	40
11	0	0	22	44
12	0	0	24	48
13	0	0	26	53
14	0	0	28	57
15	0	0	31	1
16	0	0	33	5
17	0	0	35	9
18	0	0	37	13
19	0	0	39	17
20	0	0	41	21
21	0	0	43	25
22	0	0	45	29
23	0	0	47	33
24	0	0	49	37
25	0	0	51	41
26	0	0	53	46
27	0	0	55	50
28	0	0	57	54
29	0	0	59	58
30	0	1	2	2

	Mois communs.			Mois Bissextils.		
	1	11	111	1	11	111
Ianuier.	1	4	6	1	4	6
Feurier.	2	2	0	2	4	4
Mars.	3	6	6	3	8	11
Auril.	4	8	9	4	10	13
May.	5	12	15	5	14	19
Iuin.	6	14	18	6	16	22
Iuillet.	7	18	24	7	20	28
Aoust.	8	22	30	8	24	34
Septembre.	9	24	33	9	26	37
Octobre.	10	28	39	10	30	43
Nouembre.	11	30	41	11	32	45
Decembre.	12	34	48	12	36	52

A

TABLE DES MOYENS MOVVEMENS DV SOLEIL.

Ans.	Centre.					Moyen mouuement du Soleil.					Apogée.				
	s	0	'	''	'''	s	0	'	''	'''	s	0	''	''	'''
Racines.															
Nabonas.	4	30	19	1	0	5	27	53	28	10	0	51	8	36	0
J. Chrift.	0	0	0	0	0	4	38	36	55	10	1	5	9	30	0
20	0	2	24	5	55	0	0	9	4	32	0	0	2	31	8
40	0	4	48	11	50	0	0	18	9	4	0	0	45	2	16
60	0	7	12	17	45	0	0	27	13	36	0	1	7	33	24
80	0	9	36	23	40	0	0	36	18	9	0	1	30	4	33
100	0	12	0	29	35	0	0	45	22	41	0	1	52	35	41
200	0	24	0	59	10	1	1	30	45	22	0	3	45	11	22
300	0	36	1	28	45	0	2	16	8	3	0	5	37	47	3
400	0	48	1	58	21	0	3	1	30	45	0	7	30	22	45
500	1	0	2	27	56	0	3	46	53	26	0	9	22	58	26
600	1	12	2	57	31	0	4	32	16	7	0	11	15	34	7
700	1	24	3	27	6	0	5	17	38	48	0	13	8	9	49
800	1	36	3	56	41	0	6	3	1	30	0	15	0	45	30
900	1	48	4	26	17	0	6	48	24	11	0	16	53	21	11
1000	2	0	4	55	53	0	7	33	46	52	0	18	45	56	52
1100	2	12	5	25	29	0	8	19	9	33	0	20	38	32	33
1200	2	24	5	55	4	0	9	4	32	14	0	22	31	8	15
1300	2	36	6	24	39	0	9	49	54	55	0	24	23	43	56
1400	2	48	6	54	15	0	10	35	17	36	0	26	16	19	37
1500	3	0	7	23	51	0	11	20	40	18	0	28	8	55	19
1600	3	12	7	53	25	0	12	6	2	59	0	30	1	31	0
1700	3	24	8	23	1	0	12	51	25	40	0	31	54	6	41
1800	3	36	8	52	36	0	13	36	48	21	0	33	46	42	22
1900	3	48	9	22	11	0	14	22	11	3	0	35	39	18	4
2000	4	0	9	51	47	0	15	7	33	43	0	37	31	53	45
3000	0	0	14	47	42	0	22	41	20	38	0	56	17	50	37
4000	2	0	19	43	33	0	30	15	7	26	1	15	3	47	48
5000	0	0	24	39	26	0	37	48	54	21	1	33	49	44	23
6000	0	0	29	35	20	0	45	22	41	15	1	52	35	41	15

TABLE DES MOYENS MOVVEMENS DV SOLEIL EN ANS.

Ans.	Centre.					Moyen mouuement du Soleil.					Apogée.				
	s	0	I	II	III	s	0	I	II	III	s	0	I	II	III
1	0	0	7	11	59	5	59	45	40	8	0	0	1	7	30
2	0	0	14	23	59	5	59	31	20	17	0	0	2	15	1
3	0	0	21	35	58	5	59	17	0	26	0	0	3	22	31
4	0	0	28	49	11	0	0	1	48	54	0	0	4	30	13
5	0	0	36	1	11	5	59	47	29	3	0	0	5	37	44
6	0	0	43	13	11	5	59	33	9	11	0	0	6	45	14
7	0	0	50	25	10	5	59	18	49	20	0	0	7	52	45
8	0	0	57	38	22	0	0	3	37	48	0	0	9	0	7
9	0	1	4	50	22	5	59	49	17	57	0	0	10	7	57
10	0	1	12	2	22	5	59	34	58	6	0	0	11	15	28
11	0	1	19	14	22	5	59	20	38	14	0	0	12	22	59
12	0	1	26	27	33	0	0	5	36	43	0	0	13	30	40
13	0	1	33	39	33	5	59	51	6	52	0	0	14	38	11
14	0	1	40	31	33	5	59	36	47	0	0	0	15	45	42
15	0	1	48	3	32	5	59	22	27	9	0	0	16	53	13
16	0	1	55	16	44	0	0	7	15	37	0	0	18	0	54
17	0	2	2	28	44	5	59	52	55	46	0	0	19	8	25
18	0	2	9	40	0	5	59	38	35	55	0	0	20	15	55
19	0	2	16	52	0	5	59	24	16	3	0	0	21	23	26
20	0	2	24	5	55	0	0	9	4	32	0	0	22	31	8

EN MOIS COMMVNS.

Mois.	0	I	II	III	s	0	I	II	III	0	I	II	III
Ianuier.	0	0	36	41	0	30	33	18	12	0	0	5	44
Feurier.	0	1	9	49	0	58	9	11	25	0	0	10	54
Mars.	0	1	46	31	1	28	42	29	37	0	0	16	38
Auril.	0	2	22	1	1	58	16	39	29	0	0	21	11
May.	0	2	58	43	2	28	49	57	42	0	0	27	55
Iun.	0	3	34	13	2	58	24	7	34	0	0	33	28
Iuillet.	0	4	10	54	3	28	57	25	46	0	0	39	12
Aoust.	0	4	47	36	3	59	30	43	59	0	0	44	56
Septemb.	0	5	23	6	4	29	4	53	51	0	0	50	29
Octobre.	0	5	59	48	4	59	38	12	3	0	0	56	13
Nouemb.	0	6	35	18	5	29	12	21	56	0	1	1	46
Decemb.	0	7	11	59	5	59	45	40	8	0	1	7	30

Mois.	Centre.					Moyen mouuement.					Apogée.				
	s	0	1	11	111	s	0	1	11	111	s	0	1	11	111
Ianuier.	0	0	0	36	41	0	30	33	18	12	0	0	0	5	44
Feurier.	0	0	1	11	0	0	59	8	19	44	0	0	0	11	5
Mars.	0	0	1	47	42	1	29	41	37	57	0	0	0	16	49
Auril.	0	0	2	23	12	1	59	15	47	49	0	0	0	22	32
May.	0	0	2	59	54	2	29	49	6	1	0	0	0	28	6
Iuin.	0	0	3	35	24	2	59	23	15	54	0	0	0	33	39
Iuillet.	0	0	4	12	5	3	29	56	34	6	0	0	0	39	23
Aouft.	0	0	4	48	47	4	0	29	52	18	0	0	0	45	7
Septemb.	0	0	5	24	17	4	30	4	2	11	0	0	0	50	24
Octobre.	0	0	6	0	59	5	0	37	20	23	0	0	0	46	24
Nouemb.	0	0	6	36	29	5	30	11	30	16	0	0	1	1	57
Decemb.	0	0	7	13	11	0	0	44	48	28	0	0	1	7	41

EN IOVRS.

Iours.	11	111	1111	v	vi	0	1	11	111	1111	11	111	1111	v	vi
1	1	11	0	49	19	0	59	8	19	44	0	11	5	51	30
2	2	22	1	38	38	1	58	16	39	29	0	22	11	43	0
3	3	33	2	27	57	2	57	24	59	14	0	33	17	34	30
4	4	44	3	17	16	3	56	33	18	59	0	44	23	26	0
5	5	55	4	6	35	4	55	41	38	44	0	55	29	17	30
6	7	6	4	55	54	5	54	49	58	29	1	6	35	9	0
7	8	17	5	45	13	6	53	58	18	14	1	17	41	0	30
8	9	28	6	34	31	7	53	6	37	59	1	28	46	52	0
9	10	39	7	23	50	8	52	14	57	44	1	39	52	43	30
10	11	50	8	13	9	9	51	23	17	29	1	50	58	35	0
11	13	1	9	2	28	10	50	31	37	14	2	2	4	26	30
12	14	12	9	51	47	11	49	39	56	59	2	13	10	18	0
13	15	23	10	41	6	12	48	48	16	44	2	24	16	9	30
14	16	34	11	30	25	13	47	56	36	29	2	35	22	1	0
15	17	45	12	19	44	14	47	4	56	14	2	46	27	52	30
16	18	56	13	9	3	15	46	13	15	59	2	57	33	44	0
17	20	7	13	58	22	16	45	21	35	44	3	8	39	35	30
18	21	18	14	47	40	17	44	29	55	29	3	19	45	27	0
19	22	29	15	36	59	18	43	38	15	14	3	30	51	18	30
20	23	40	16	26	19	19	42	46	34	59	3	41	57	10	0
21	24	51	17	15	37	20	41	54	54	44	3	53	3	0	30
22	26	2	18	5	56	21	41	3	14	29	4	4	8	53	0
23	27	13	18	54	15	22	40	11	34	14	4	15	14	44	30
24	28	24	19	43	34	23	39	19	53	59	4	26	20	36	0
25	29	35	20	32	53	24	38	28	13	44	4	37	26	27	30
26	30	46	21	22	12	25	37	36	33	29	4	48	32	19	0
27	31	57	22	30	31	26	36	44	53	14	4	59	38	10	30
28	33	8	23	0	50	27	35	53	12	59	5	10	44	2	0
29	34	19	23	50	9	28	35	1	32	44	5	21	49	53	30
30	35	30	24	39	28	29	34	9	52	29	5	32	55	45	0
31	36	41	25	28	46	30	33	18	12	14	5	44	1	36	30

TABLE DV MOYEN MOVVEMENT
DV SOLEIL EN HEVRES
& minuttes.

Heures.	0	'	''	'''		Min.	'	''	'''
Minut.	'	''	'''			Sec.	''	'''	''''
Sec.	''	'''	''''						
1	0	2	27	50		31	1	16	23
2	0	4	55	41		32	1	18	51
3	0	7	23	32		33	1	21	18
4	0	9	51	23		34	1	23	46
5	0	12	19	14		35	1	26	14
6	0	14	47	4		36	1	28	42
7	0	17	14	55		37	1	31	10
8	0	19	42	46		38	1	33	38
9	0	22	10	37		39	1	36	6
10	0	24	38	28		40	1	38	35
11	0	27	6	19		41	1	41	1
12	0	29	34	9		42	1	43	29
13	0	32	2	0		43	1	45	57
14	0	34	29	51		44	1	48	25
15	0	36	57	41		45	1	50	53
16	0	39	25	33		46	1	53	20
17	0	41	53	23		47	1	55	48
18	0	44	21	14		48	1	58	16
19	0	46	49	5		49	2	0	44
20	0	49	16	56		50	2	3	12
21	0	51	44	47		51	2	5	40
22	0	54	12	38		52	2	8	8
23	0	56	40	28		53	2	10	35
24	0	59	8	19		54	2	13	3
25	1	1	36	10		55	2	15	31
26	1	4	4	1		56	2	17	59
27	1	6	31	52		57	2	20	27
28	1	8	59	43		58	2	22	55
29	1	11	27	33		59	2	25	22
30	1	13	55	24		60	2	27	50

A iij

RACINES DES MOYENS

MOVVEMENS DV SOLEIL EN

ANS ~~INDIENS~~ Gregoriens

Ans.	Centre.					Moyen mouvement du Soleil.					Apogée.				
	s	0	I	II	III	s	0	I	II	III	s	0	I	II	III
1550	3	6	7	38	2	4	49	59	43	40	1	34	14	43	3
1551	3	6	1	50	2	4	49	36	23	49	1	34	15	50	54
1552 B	3	6	22	3	13	4	50	21	12	17	1	34	16	58	16
1553	3	6	29	15	13	4	50	6	52	26	1	34	18	5	46
1554	3	6	36	27	13	4	49	52	32	35	1	34	19	13	16
1555	3	6	43	39	13	4	49	38	12	44	1	34	20	20	47
1556 B	3	6	50	52	24	4	50	23	1	12	1	34	21	28	29
1557	3	6	58	4	24	4	50	8	41	21	1	34	22	35	59
1558	3	7	5	16	24	4	49	54	21	29	1	34	23	43	30
1559	3	7	12	28	24	4	49	40	7	38	1	34	24	51	0
1560 B	3	7	19	41	35	4	50	24	50	6	1	34	25	58	42
1561	3	7	26	53	35	4	50	10	30	15	1	34	27	6	13
1562	3	7	34	5	35	4	49	56	10	24	1	34	28	13	43
1563	3	7	41	17	35	4	49	41	50	32	1	34	29	21	14
1564 B	3	7	48	30	46	4	50	26	39	1	1	34	30	28	56
1565	3	7	55	42	46	4	50	12	19	10	1	34	31	36	26
1566	3	8	2	54	46	4	49	57	59	18	1	34	32	43	57
1567	3	8	10	6	46	4	49	43	39	27	1	34	33	51	28
1568 B	3	8	17	19	57	4	50	28	27	55	1	34	34	52	9
1569	3	8	24	31	57	4	50	14	8	4	1	34	36	6	40
1570	3	8	31	43	57	4	49	59	48	13	1	34	37	14	11
1571	3	8	38	55	57	4	49	45	28	21	1	34	38	21	41
1572 B	3	8	46	9	8	4	50	30	16	50	1	34	39	29	23
1573	3	8	53	21	8	4	50	15	56	59	1	34	40	36	54
1574	3	9	0	33	8	4	50	1	37	7	1	34	41	44	24
1575	3	9	7	45	8	4	49	47	17	16	1	34	42	51	55
1576 B	3	9	14	58	19	4	50	32	5	44	1	34	43	59	37
1577	3	9	22	10	19	4	50	17	45	53	1	34	45	7	7
1578	3	9	29	22	19	4	50	3	26	2	1	34	46	14	38
1579	3	9	36	34	19	4	49	49	6	10	1	34	47	22	9
1580 B	3	9	43	47	30	4	50	33	54	39	1	34	48	29	51
1581	3	9	50	59	30	4	50	19	34	47	1	34	49	37	21
1582	3	9	58	11	30	4	51	4	23	15	1	34	50	44	52

RACINES DES MOYENS
MOVVEMENS DV SOLEIL EN
ANS GREGORIENS.

Ans.	Centre.					Moyen mouuement.					Apogée.				
	s	o	I	II	III	s	o	I	II	III	s	o	I	II	III
1583	3	10	5	11	40	4	39	59	31	47	1	34	51	50	32
1584	3	10	12	24	51	4	40	44	20	16	1	34	52	58	14
1585	3	10	19	36	51	4	40	30	0	24	1	34	54	5	45
1586	3	10	26	48	51	4	40	15	40	33	1	34	55	13	15
1587	3	10	34	0	51	4	40	1	20	42	1	34	56	20	46
1588	3	10	41	14	2	4	40	46	9	10	1	34	57	28	28
1589	3	10	48	26	2	4	40	31	49	19	1	34	58	35	58
1590	3	10	55	38	2	4	40	17	29	28	1	34	59	43	29
1591	3	11	2	50	2	4	40	3	9	36	1	35	0	51	0
1592	3	11	10	3	13	4	40	47	58	5	1	35	1	58	41
1593	3	11	17	15	13	4	40	33	38	13	1	35	3	6	12
1594	3	11	24	27	13	4	40	19	18	22	1	35	4	13	43
1595	3	11	31	39	13	4	40	4	58	31	1	35	5	21	13
1596	3	11	38	52	13	4	40	49	46	59	1	35	6	28	55
1597	3	11	46	4	24	4	40	35	27	8	1	35	7	36	26
1598	3	11	53	16	24	4	40	21	7	16	1	35	8	43	56
1599	3	12	0	28	24	4	40	6	47	25	1	35	9	51	27
1600	3	12	7	41	24	4	40	51	35	54	1	35	10	59	9
1601	3	12	14	53	35	4	40	37	16	2	1	35	12	6	39
1602	3	12	22	5	35	4	40	22	56	11	1	35	13	14	10
1603	3	12	29	17	35	4	40	8	36	20	1	35	14	21	41
1604	3	12	36	29	35	4	40	53	24	48	1	35	15	29	22
1605	3	12	43	42	46	4	40	39	4	57	1	35	16	36	53
1606	3	12	50	54	46	4	40	24	45	5	1	35	17	44	24
1607	3	12	58	6	46	4	40	10	25	14	1	35	18	51	54
1608	3	13	5	18	46	4	40	55	13	42	1	35	19	59	36
1609	3	13	12	31	57	4	40	40	53	51	1	35	21	7	7
1610	3	13	19	43	57	4	40	26	34	0	1	35	22	14	37
1611	3	13	26	55	57	4	40	12	14	8	1	35	23	22	8
1612	3	13	34	9	57	4	40	57	2	37	1	35	26	29	50
1613	3	13	41	21	8	4	40	42	42	46	1	35	25	37	20
1614	3	13	48	33	8	4	40	28	22	54	1	35	26	44	51
1615	3	13	55	45	8	4	40	14	3	3	1	35	21	51	32
1616	3	14	2	58	8	4	40	58	51	31	1	35	29	0	3
1617	3	14	10	10	19	4	40	44	31	40	1	35	30	7	34
1618	3	14	17	22	19	4	40	30	11	49	1	35	31	15	5
1619	3	14	24	34	19	4	40	15	51	57	1	35	32	22	35
1620	3	14	31	47	19	4	41	0	40	26	1	35	33	30	17

RACINES DES MOYENS MOUVEMENS
du Soleil en ans Gregoriens.

Année	Centre					Moyen mouvement					Apogée				
	s	0	I	II	III	s	0	I	II	III	s	0	I	II	III
1621	3	14	38	59	30	4	40	46	20	34	1	35	34	37	48
1622	3	14	46	11	30	4	40	32	0	43	1	35	35	45	18
1623	3	14	53	23	30	4	40	17	40	52	1	35	36	52	49
1624	3	15	0	26	41	4	41	2	29	20	1	35	38	0	31
1625	3	15	7	48	41	4	40	48	9	29	1	35	39	8	1
1626	3	15	15	0	41	4	40	33	49	3	1	35	40	15	32
1627	3	15	22	12	41	4	40	19	29	46	1	35	41	23	3
1628	3	15	29	25	52	4	41	4	18	15	1	35	42	30	44
1629	3	15	36	37	52	4	40	49	58	23	1	35	43	38	15
1630	3	15	43	49	52	4	40	35	38	32	1	35	44	45	46
1631	3	15	51	1	52	4	40	21	18	41	1	35	45	53	16
1632	3	15	58	15	3	4	41	6	7	9	1	35	47	0	58
1633	3	16	5	27	3	4	40	51	47	18	1	35	48	8	27
1634	3	16	12	39	3	4	40	37	27	26	1	35	49	15	59
1635	3	16	19	51	3	4	40	23	7	35	1	35	50	23	30
1636	3	16	27	4	14	4	41	7	56	3	1	35	51	31	12
1637	3	16	34	16	14	4	40	53	36	12	1	35	52	38	42
1638	3	16	41	28	14	4	40	39	16	21	1	35	53	46	13
1639	3	16	48	40	14	4	40	24	56	29	1	35	54	53	44
1640	3	16	55	53	25	4	41	9	44	58	1	35	56	1	25
1641	3	17	3	5	25	4	40	55	25	7	1	35	57	8	56
1642	3	17	10	17	25	4	40	41	5	15	1	35	58	16	27
1643	3	17	17	29	25	4	40	26	45	24	1	35	59	23	57
1644	3	17	24	42	36	4	41	11	33	52	1	36	0	31	39
1645	3	17	31	54	36	4	40	55	14	2	1	36	1	39	10
1646	3	17	39	6	36	4	40	42	54	10	1	36	2	46	40
1647	3	17	46	18	36	4	40	28	34	18	1	36	3	54	11
1648	3	17	53	31	46	4	41	13	22	47	1	36	5	1	53
1649	3	18	0	43	47	4	40	59	2	55	1	36	6	9	23
1650	3	18	7	55	47	4	40	44	3	4	1	36	7	16	54
1651	3	18	15	7	47	4	40	30	23	13	1	36	8	24	24
1652	3	18	22	20	58	4	41	15	11	42	1	36	9	32	6
1653	3	18	29	32	58	4	42	0	51	50	1	36	10	39	37
1654	3	18	36	44	58	4	40	46	31	59	1	36	11	47	8
1655	3	18	43	56	58	4	40	32	22	7	1	36	12	54	38
1656	3	18	51	10	9	4	41	17	0	36	1	36	14	2	20
1657	3	18	58	21	9	4	41	2	40	44	1	36	15	9	52
1658	3	19	5	34	9	4	40	48	20	53	1	36	16	17	22
1659	3	19	18	46	9	4	40	34	1	2	1	36	17	24	52
1660	3	19	19	59	20	4	41	18	49	30	1	36	18	32	33
1661	3	19	27	11	20	4	41	4	19	39	1	36	19	40	3
1662	3	19	34	23	20	4	40	50	9	48	1	36	28	47	33

MOVVEMENS DV SOLEIL EN
ANS GREGORIENS.

Ans	Centre. s	0	I	II	III	Moyen mouvemens. s	0	I	II	III	Apogée. s	0	I	II	III
1663	3	19	41	35	20	4	40	35	49	36	1	36	21	55	4
1664	3	19	48	48	31	4	41	20	38	25	2	36	23	2	46
1665	3	19	56	0	31	4	41	6	18	33	1	36	24	10	16
1666	3	20	3	12	31	4	40	51	58	42	2	36	25	17	47
1667	3	20	10	24	31	4	40	37	38	51	1	36	26	25	17
1668	3	20	17	37	42	4	41	22	27	19	1	36	27	32	59
1669	3	20	24	49	42	4	41	8	7	28	1	36	28	40	30
1670	3	20	32	1	42	4	40	53	47	36	1	36	29	48	0
1671	3	20	39	13	42	4	40	39	27	45	1	36	30	55	31
1672	3	20	46	26	53	4	41	24	16	14	1	36	32	3	13
1673	3	20	53	38	53	4	41	9	56	22	1	36	33	10	43
1674	3	21	0	50	53	4	40	55	36	31	1	36	34	18	14
1675	3	21	8	2	53	4	40	41	16	40	1	36	35	25	44
1676	3	21	15	16	4	4	41	26	5	8	1	36	36	33	27
1677	3	21	22	28	4	4	41	11	45	17	1	36	37	40	57
1678	3	21	29	40	4	4	40	57	25	25	1	36	38	48	28
1679	3	21	36	52	4	4	40	43	5	34	1	36	39	55	59
1680	3	21	44	5	13	4	41	27	54	2	1	36	41	3	42
1681	3	21	51	17	15	4	41	13	34	11	1	36	42	11	12
1682	3	21	58	29	15	4	40	59	14	20	1	36	43	18	43
1683	3	22	5	41	15	4	40	44	54	28	1	36	44	26	13
1684	3	22	12	54	26	4	41	29	42	57	1	36	45	33	56
1685	3	22	20	6	26	4	41	15	23	6	1	36	46	41	26
1686	3	22	27	18	26	4	41	1	3	14	1	36	47	48	57
1687	3	22	34	30	26	4	40	46	43	23	1	36	48	56	27
1688	3	22	41	43	37	4	41	31	31	51	1	36	50	4	10
1689	3	22	48	55	37	4	41	17	12	0	1	36	51	11	40
1690	3	22	56	7	37	4	41	2	52	9	1	36	52	19	11
1691	3	23	3	19	37	4	40	48	32	17	1	36	53	26	41
1692	3	23	10	32	48	4	41	33	20	46	1	36	54	34	24
1693	3	23	17	44	48	4	41	19	0	54	1	36	55	41	54
1694	3	23	24	56	48	4	41	4	41	3	1	36	56	49	24
1695	3	23	32	8	48	4	40	50	21	12	1	36	57	56	54
1696	3	23	39	21	59	4	41	35	9	40	1	36	59	4	37
1697	3	23	46	33	59	4	41	20	49	39	1	37	0	12	7
1698	3	23	53	45	59	4	41	6	29	58	1	37	1	19	37
1699	3	24	0	57	59	4	40	52	10	6	1	37	2	27	7
1700	3	24	8	11	10	4	41	36	58	35	1	37	3	34	50

B

Sexag. 0

Degrez	Des Equinoxes Oste. '	''	Obl. du Zod. adiouste '	''
0	0	0	22	0
1	1	18	22	0
2	2	36	21	59
3	3	54	21	59
4	5	12	21	58
5	6	29	21	57
6	7	46	21	56
7	9	3	21	55
8	10	20	21	53
9	11	37	21	51
10	12	54	21	49
11	14	10	21	47
12	15	26	21	45
13	16	42	21	43
14	17	57	21	40
15	19	12	21	37
16	20	28	21	34
17	21	42	21	31
18	22	56	21	27
19	24	10	21	24
20	25	23	21	20
21	26	36	21	16
22	27	48	21	11
23	29	0	21	7
24	30	11	21	2
25	31	22	20	58
26	32	32	20	53
27	33	42	20	48
28	34	51	20	42
29	36	0	20	37
30	37	8	20	31

Deg. adiouste. | adiouste. — **Sexag. 5.**

Sexag. 1

Des Equinoxes Oste. '	''	Obl. du Zod. adiouste '	''
1 4	18	16	30
1 4	56	16	19
1 5	33	16	9
1 6	9	15	59
1 6	44	15	49
1 7	17	15	38
1 7	49	15	28
1 8	20	15	17
1 8	50	15	7
1 9	19	14	56
1 9	46	14	45
1 10	12	14	34
1 10	37	14	23
1 11	0	14	12
1 11	22	14	1
1 11	43	13	50
1 12	2	13	39
1 12	20	13	28
1 12	37	13	17
1 12	53	13	5
1 13	8	12	54
1 13	21	12	43
1 13	33	12	31
1 13	43	12	20
1 13	52	12	8
1 13	59	11	57
1 14	5	11	46
1 14	10	11	34
1 14	13	11	23
1 14	15	11	11
1 14	16	11	0

Adiouste. | adiouste. — **4.**

2. Sex.

Des Equinoxes Oste. '	''	Obl. du Zod. adiouste '	''	Degrez
1 4	18	5	30	60
1 3	38	5	21	59
1 2	57	5	11	58
1 2	15	5	1	57
1 1	32	4	51	56
1 0	48	4	42	55
1 0	3	4	33	54
0 59	17	4	23	53
0 58	30	4	14	52
0 57	42	4	5	51
0 56	53	3	56	50
0 56	3	3	48	49
0 55	12	3	39	48
0 54	19	3	30	47
0 53	25	3	22	46
0 52	30	3	14	45
0 51	34	3	6	44
0 50	37	2	58	43
0 49	39	2	50	42
0 48	41	2	42	41
0 47	42	2	35	40
0 46	42	2	28	39
0 45	41	2	20	38
0 44	40	2	13	37
0 43	38	2	7	36
0 42	35	2	0	35
0 41	31	1	53	34
0 40	26	1	47	33
0 39	21	1	41	32
0 38	15	1	35	31
0 37	8	1	29	30

adiouste. | adiouste. Deg. — **3. Sex.**

Sexag. 0

Degrez	Equinoxe. Osté (0 · ' · ")			Obliquité. adiousté (' · ")	
30	0	37	8	20	33
31	0	38	15	20	25
32	0	39	21	20	19
33	0	40	26	20	13
34	0	41	31	20	7
35	0	42	35	20	0
36	0	43	38	19	53
37	0	44	40	19	47
38	0	45	41	19	40
39	0	46	42	19	32
40	0	47	42	19	25
41	0	48	41	19	18
42	0	49	39	19	10
43	0	50	37	19	2
44	0	51	34	18	54
45	0	52	30	18	46
46	0	53	25	18	38
47	0	54	19	18	30
48	0	55	12	18	21
49	0	56	3	18	12
50	0	56	53	18	4
51	0	57	42	17	55
52	0	58	30	17	46
53	0	59	17	17	37
54	1	0	3	17	27
55	1	0	48	17	18
56	1	1	32	17	9
57	1	2	15	16	59
58	1	2	57	16	49
59	1	3	38	16	39
60	1	4	18	16	30
deg	adiousté			adiousté	

Sexag. 5.

1

Equinoxe. Osté (0 · ' · ")			Obliquité. Adiousté (' · ")	
1	14	16	11	0
1	14	15	10	49
1	14	13	10	37
1	14	10	10	26
1	14	5	10	14
1	13	59	10	3
1	13	52	9	52
1	13	43	9	40
1	13	33	9	29
1	13	21	9	17
1	13	8	9	6
1	12	53	8	55
1	12	37	8	43
1	12	20	8	32
1	12	2	8	21
1	11	43	8	10
1	11	22	7	59
1	11	0	7	48
1	10	37	7	37
1	10	12	7	26
1	9	46	7	15
1	9	19	7	4
1	8	50	6	53
1	8	20	6	43
1	7	49	6	32
1	7	17	6	22
1	6	44	6	11
1	6	9	6	1
1	5	33	5	51
1	4	56	5	41
1	4	18	5	30
adiousté			adiousté	

4.

---

2. Sex.

Equinoxe. Osté (0 · ' · ")			Obliquité. adiousté (' · ")		Degrez
0	37	8	1	29	30
0	36	0	1	23	29
0	34	51	1	18	28
0	33	42	1	12	27
0	32	32	1	7	26
0	31	22	1	2	25
0	30	11	0	58	24
0	29	0	0	53	23
0	27	48	0	49	22
0	26	36	0	44	21
0	25	23	0	40	20
0	24	11	0	36	19
0	22	57	0	33	18
0	21	42	0	29	17
0	20	27	0	26	16
0	19	12	0	23	15
0	17	57	0	20	14
0	16	42	0	17	13
0	15	26	0	15	12
0	14	10	0	13	11
0	12	54	0	11	10
0	11	37	0	9	9
0	10	20	0	7	8
0	9	3	0	6	7
0	7	46	0	4	6
0	6	29	0	3	5
0	5	12	0	2	4
0	3	54	0	1	3
0	2	36	0	1	2
0	1	18	0	0	1
0	0	0	0	0	0
adiousté			adiousté		

3. Sex.

TABLE DES EQVATIONS,
CALCVLEES POVR 150. ANS,
selon les fondemens de Lansberge.

Des Equinoxes

L'année.	Equations	Ans.	Equations.	Ans.	Equations.	Ans.	Equat.
Ans.	′ ″		′ ″		′ ″		′ ″
1550	25.33 A.	1588 B	15.36 A.	1626	12.30 A.	1664 B	7.36 A.
1551	25.15 A.	1589	15.20 A.	1627	12.30 A.	1665	7.20 A.
1552 B	25. 0 A.	1590	15. 4 A.	1628 B	12.30 A.	1666	7. 4 A.
1553	24.44 A.	1591	14.48 A.	1629	12.30 A.	1667	6.47 A.
1554	24.29 A.	1592 B	14.32 A.	1630	12.30 A.	1668 B	6.30 A.
1555	24.14 A.	1593	14.16 A.	1631	12.30 A.	1669	6.13 A.
1556 B	23.58 A.	1594	14. 0 A.	1632 B	12.30 A.	1670	5.56 A.
1557	23.43 A.	1595	13.44 A.	1633	12.30 A.	1671	5.40 A.
1558	23.27 A.	1596 B	13.28 A.	1634	12.30 A.	1672 B	5.24 A.
1559	23.12 A.	1597	13.13 A.	1635	12.30 A.	1673	5. 8 A.
1560 B	22.56 A.	1598	12.57 A.	1636 B	12.30 A.	1674	4.51 A.
1561	22.40 A.	1599	12.40 A.	1637	12.30 A.	1675	4.35 A.
1562	22.25 A.	1600 B	12.30 A.	1638	12.30 A.	1676 B	4.19 A.
1563	22.10 A.	1601	12.30 A.	1639	12.30 A.	1677	4. 2 A.
1564 B	21.54 A.	1602	12.30 A.	1640 B	12.30 A.	1678	3.46 A.
1565	21.38 A.	1603	12.30 A.	1641	12.30 A.	1679	3.30 A.
1566	21.23 A.	1604 B	12.30 A.	1642	12.30 A.	1680 B	3.14 A.
1567	21. 7 A.	1605	12.30 A.	1643	12.30 A.	1681	2.58 A.
1568 B	20.52 A.	1606	12.30 A.	1644 B	12.30 A.	1682	2.42 A.
1569	20.36 A.	1607	12.30 A.	1645	12.30 A.	1683	2.26 A.
1570	20.21 A.	1608 B	12.30 A.	1646	12.30 A.	1684 B	2.10 A.
1571	20. 5 A.	1609	12.30 A.	1647	12.14 A.	1685	1.54 A.
1572 B	19.49 A.	1610	12.30 A.	1648 B	11.55 A.	1686	1.38 A.
1573	19.33 A.	1611	12.30 A.	1649	11.39 A.	1687	1.22 A.
1574	19.17 A.	1612 B	12.30 A.	1650	11.23 A.	1688 B	1. 6 A.
1575	19. 1 A.	1613	12.30 A.	1651	11. 6 A.	1689	0.50 A.
1576 B	18.45 A.	1614	12.30 A.	1652 B	10.50 A.	1690	0.33 A.
1577	18.30 A.	1615	12.30 A.	1653	10.33 A.	1691	0.17 A.
1578	18.14 A.	1616 B	12.30 A.	1654	10.17 A.	1692 B	0. 0
1579	17.58 A.	1617	12.30 A.	1655	10. 1 A.	1693	0.16 S.
1580 B	17.42 A.	1618	12.30 A.	1656 B	9.45 A.	1694	0.31 S.
1581	17.27 A.	1619	12.30 A.	1657	9.29 A.	1695	0.47 S.
1582	17.11 A.	1620 B	12.30 A.	1658	9.13 A.	1696 B	1. 3 S.
1583	16.56 A.	1621	12.30 A.	1659	8.57 A.	1697	1.19 S.
1584 B	16.40 A.	1622	12.30 A.	1660 B	8.40 A.	1698	1.36 S.
1585	16.24 A.	1623	12.30 A.	1661	8.24 A.	1699	1.52 S.
1586	16. 8 A.	1624 B	12.30 A.	1662	8. 8 A.	1700	2. 7 S.
1587	15.52 A.	1625	12.30 A.	1663	7.52 A.		

La lettre A signifie Adiouster, & la lettre S signifie Souftraire.

PROSTHAPHERESES DV CENTRE
DV SOLEIL.

Sex. 0

Degrez	Cent. Osc.	Min. Prop.
0	0 0	60
1	0 5	60
2	0 10	60
3	0 15	60
4	0 20	60
5	0 26	60
6	0 31	60
7	0 36	60
8	0 41	60
9	0 46	60
10	0 51	60
11	0 56	60
12	1 2	59
13	1 7	59
14	1 12	59
15	1 17	59
16	1 22	59
17	1 27	59
18	1 32	59
19	1 37	58
20	1 42	58
21	1 47	58
22	1 52	58
23	1 57	58
24	2 2	58
25	2 7	57
26	2 11	57
27	2 16	57
28	2 21	57
29	2 26	57
30	2 30	56
Deg. Adiouste.		
Sexag.	5.	

Sex. 1

Cent. Osc.	Min. Propor.
4 27	46
4 30	46
4 33	45
4 36	45
4 39	44
4 42	44
4 45	43
4 48	43
4 50	42
4 52	42
4 54	41
4 57	41
4 59	41
5 1	40
5 3	40
5 5	39
5 7	39
5 8	38
5 10	38
5 11	37
5 13	37
5 14	36
5 16	35
5 17	35
5 18	34
5 19	34
5 20	33
5 21	33
5 22	32
5 23	32
5 23	31
Adiouste.	
	4.

Sex. 2

Cent. Osc.	Min. Propor.	Degrez
4 54	16	60
4 51	16	59
4 48	15	58
4 46	15	57
4 43	14	56
4 40	14	55
4 37	13	54
4 34	13	53
4 31	12	52
4 28	12	51
4 24	12	50
4 21	11	49
4 17	11	48
4 13	10	47
4 9	10	46
4 5	9	45
4 1	9	44
3 57	9	43
3 53	8	42
3 49	8	41
3 44	8	40
3 40	7	39
3 36	7	38
3 32	7	37
3 26	6	36
3 21	6	35
3 16	6	34
3 11	5	33
3 6	5	32
3 1	5	31
2 56	4	30
Adiouste.		Deg.
	3.	Sex.

PROSTHAPHERESES DV CENTRE DV SOLEIL.

Sex. 0

Degrez	Cent. Osc. (o ')	Min. Prop. (')
	0 '	'
30	2 30	56
31	2 35	56
32	2 39	56
33	2 44	56
34	2 48	55
35	2 52	55
36	2 57	55
37	3 2	54
38	3 6	54
39	3 10	54
40	3 14	53
41	3 18	53
42	3 22	53
43	3 26	52
44	3 30	52
45	3 34	52
46	3 38	51
47	3 42	51
48	3 46	51
49	3 50	50
50	3 54	50
51	3 58	50
52	4 1	49
53	4 4	49
54	4 7	48
55	4 11	48
56	4 14	48
57	4 17	47
58	4 20	47
59	4 23	46
60	4 27	46
Deg.	Adioufte	'

Sexag.   5.

II

Cent. Osc. (o ')	Min. Propor. (')
0 '	'
5 23	31
5 24	31
5 24	30
5 24	30
5 24	29
5 24	29
5 24	28
5 24	28
5 23	27
5 23	27
5 23	26
5 22	26
5 22	25
5 21	25
5 21	24
5 20	24
5 19	23
5 18	23
5 17	22
5 15	22
5 14	21
5 12	21
5 10	20
5 8	20
5 6	19
5 4	19
5 2	18
5 0	18
4 58	17
4 56	17
4 54	16
Adioufte	'

4.

2 Sex.

Cent. Osc. (o ')	Min. Propor (')	Degrez
0 '	'	
2 56	4	30
2 51	4	29
2 46	4	28
2 41	4	27
2 36	3	26
2 30	3	25
2 25	3	24
2 19	3	23
2 13	2	22
2 7	2	21
2 1	2	20
1 56	2	19
1 50	2	18
1 44	1	17
1 38	1	16
1 32	1	15
1 26	1	14
1 20	1	13
1 14	1	12
1 8	1	11
1 2	1	10
0 56	1	9
0 50	0	8
0 44	0	7
0 38	0	6
0 31	0	5
0 25	0	4
0 19	0	3
0 13	0	2
0 6	0	1
0 0	0	0
Adioufte	'	Deg.

3.   Sex.

PROSTHAPHERESE DE L'ORBE
DV SOLEIL.

Sex. 0

Degrez	Orbe Oste.		Excés Adiou-ste.	
	0	1	0	1
0	0	0	0	0
1	0	2	0	0
2	0	4	0	1
3	0	6	0	1
4	0	8	0	2
5	0	10	0	2
6	0	12	0	2
7	0	14	0	3
8	0	16	0	3
9	0	18	0	4
10	0	20	0	4
11	0	22	0	4
12	0	24	0	5
13	0	26	0	5
14	0	28	0	6
15	0	30	0	6
16	0	32	0	6
17	0	34	0	7
18	0	36	0	7
19	0	38	0	8
20	0	40	0	8
21	0	42	0	8
22	0	44	0	9
23	0	45	0	9
24	0	47	0	9
25	0	49	0	10
26	0	51	0	10
27	0	53	0	11
28	0	55	0	11
29	0	56	0	11
30	0	58	0	12

Deg. | adiou-ste. | Adiou-ste. — Sexag. 5.

1

Orbe Oste.		Excés. Adiou-ste.	
0	1	0	1
1	42	0	21
1	43	0	21
1	44	0	21
1	45	0	22
1	46	0	22
1	47	0	22
1	48	0	22
1	49	0	22
1	50	0	23
1	51	0	23
1	51	0	23
1	52	0	23
1	53	0	23
1	54	0	23
1	54	0	24
1	55	0	24
1	55	0	24
1	56	0	24
1	56	0	24
1	57	0	24
1	57	0	24
1	58	0	24
1	58	0	24
1	59	0	25
1	59	0	25
1	59	0	25
1	59	0	25
2	0	0	25
2	0	0	25
2	0	0	25
2	0	0	25

adiou-ste. | adiou-ste. — 4.

2 Sex.

Orbe Oste.		Excés. adioute		Degrez
0	1	0	1	
1	46	0	22	60
1	45	0	22	59
1	44	0	22	58
1	43	0	22	57
1	41	0	22	56
1	40	0	21	55
1	39	0	21	54
1	38	0	21	53
1	37	0	21	52
1	35	0	20	51
1	34	0	20	50
1	33	0	20	49
1	33	0	20	48
1	30	0	19	47
1	28	0	19	46
1	27	0	19	45
1	26	0	18	44
1	24	0	18	43
1	22	0	18	42
1	21	0	17	41
1	19	0	17	40
1	18	0	17	39
1	16	0	16	38
1	14	0	16	37
1	13	0	16	36
1	11	0	15	35
1	9	0	15	34
1	7	0	15	33
1	6	0	14	32
1	4	0	14	31
1	2	0	14	30

adiou-ste. | adiou-ste. | Deg. — 3. Sex.

PROSTHAPHERESE DE L'ORBE DU SOLEIL.

Sex. 0

Degrez	Orbe Oste. (0 | ')	Excés Adioufte (0 | '')
30	0 | 58	0 | 12
31	1 | 0	0 | 12
32	1 | 2	0 | 12
33	1 | 3	0 | 13
34	1 | 5	0 | 13
35	1 | 7	0 | 14
36	1 | 9	0 | 14
37	1 | 10	0 | 14
38	1 | 12	0 | 15
39	1 | 14	0 | 15
40	1 | 15	0 | 15
41	1 | 17	0 | 16
42	1 | 18	0 | 16
43	1 | 20	0 | 16
44	1 | 21	0 | 17
45	1 | 23	0 | 17
46	1 | 24	0 | 17
47	1 | 26	0 | 17
48	1 | 27	0 | 18
49	1 | 29	0 | 18
50	1 | 30	0 | 18
51	1 | 31	0 | 19
52	1 | 33	0 | 19
53	1 | 34	0 | 19
54	1 | 35	0 | 20
55	1 | 36	0 | 20
56	1 | 38	0 | 20
57	1 | 39	0 | 20
58	1 | 40	0 | 20
59	1 | 41	0 | 21
60	1 | 42	0 | 21

Deg. adioufte. | Adioufte. — Sexag. 5.

Sex. 1

Degrez	Orbe Oste. (0 | ')	Excés Adioufte (0 | '')
30	2 | 0	0 | 25
31	2 | 0	0 | 25
32	2 | 0	0 | 25
33	2 | 0	0 | 25
34	2 | 0	0 | 25
35	2 | 0	0 | 25
36	2 | 0	0 | 25
37	1 | 59	0 | 25
38	1 | 59	0 | 25
39	1 | 59	0 | 25
40	1 | 59	0 | 25
41	1 | 59	0 | 25
42	1 | 58	0 | 25
43	1 | 58	0 | 25
44	1 | 57	0 | 25
45	1 | 57	0 | 25
46	1 | 56	0 | 25
47	1 | 56	0 | 24
48	1 | 55	0 | 24
49	1 | 55	0 | 24
50	1 | 54	0 | 24
51	1 | 53	0 | 24
52	1 | 53	0 | 24
53	1 | 52	0 | 24
54	1 | 51	0 | 24
55	1 | 50	0 | 23
56	1 | 49	0 | 23
57	1 | 49	0 | 23
58	1 | 48	0 | 23
59	1 | 47	0 | 23
60	1 | 46	0 | 22

adioufte. | adioufte. — 4.

Sex. 2

Orbe Oste. (0 | ')	Excés adioute. (0 | ')	Degrez
1 | 2	0 | 13	30
1 | 0	0 | 13	29
0 | 58	0 | 13	28
0 | 56	0 | 12	27
0 | 54	0 | 12	26
0 | 52	0 | 11	25
0 | 50	0 | 11	24
0 | 48	0 | 11	23
0 | 46	0 | 10	22
0 | 44	0 | 10	21
0 | 42	0 | 9	20
0 | 40	0 | 9	19
0 | 38	0 | 8	18
0 | 36	0 | 8	17
0 | 34	0 | 7	16
0 | 32	0 | 7	15
0 | 30	0 | 7	14
0 | 28	0 | 6	13
0 | 26	0 | 6	12
0 | 24	0 | 5	11
0 | 22	0 | 5	10
0 | 19	0 | 4	9
0 | 17	0 | 4	8
0 | 15	0 | 3	7
0 | 13	0 | 3	6
0 | 11	0 | 2	5
0 | 9	0 | 2	4
0 | 7	0 | 1	3
0 | 4	0 | 1	2
0 | 2	0 | 0	1
0 | 0	0 | 0	0

adioufte. | adioufte. | Deg. — 3. Sex.

TABLE DES MOYENS
MOVVEMENS DE LA
LVNE.

Ans.	Longitude depuis le Soleil.					Anomalie.					Latitude.				
	s	o	I	II	III	s	o	I	II	III	s	o	I	II	III
Racine.															
Nabonassare	1	11	43	17	17	4	28	32	36	57	5	55	53	46	39
Iesus-Christ	3	36	51	42	17	3	34	2	22	57	2	17	8	28	29
20	2	13	24	37	34	0	39	43	54	16	2	40	23	55	41
40	4	26	49	15	7	1	19	27	48	33	5	20	47	51	20
60	0	40	13	52	41	1	59	11	42	49	2	1	11	47	2
80	2	53	38	30	15	2	38	55	37	5	4	41	35	42	40
100	5	7	3	7	48	3	18	39	31	22	1	21	59	38	28
200	4	14	6	15	35	0	37	19	2	44	2	43	59	16	56
300	3	21	9	23	22	3	55	58	34	6	4	5	58	55	24
400	2	28	12	31	10	1	14	38	5	29	5	27	58	33	50
500	1	35	15	38	58	4	33	17	36	52	0	49	58	11	40
600	0	42	18	46	44	1	51	57	8	12	2	11	57	10	48
700	5	49	21	54	33	5	10	36	39	36	3	33	57	29	20
800	4	56	25	2	20	2	29	16	10	58	4	55	57	7	40
900	4	3	28	10	6	5	47	55	42	20	0	17	56	45	0
1000	3	10	31	17	56	3	6	35	13	42	1	39	56	23	50
1100	2	17	34	25	44	0	25	14	45	7	3	1	56	2	18
1200	1	24	37	33	31	3	43	54	16	29	4	23	55	41	49
1300	0	31	40	41	19	1	2	33	47	51	5	45	55	20	17
1400	5	38	43	49	5	4	21	13	19	13	1	7	54	58	45
1500	4	45	46	56	50	1	39	52	50	35	2	29	54	37	16
1600	3	52	50	4	40	4	58	32	21	57	3	51	54	15	44
1700	2	59	53	12	29	2	17	11	53	20	5	13	53	54	14
1800	2	6	56	20	17	5	35	51	24	41	0	35	53	32	42
1900	1	13	59	28	4	2	54	30	56	3	1	57	53	11	10
2000	0	21	2	35	52	0	13	10	27	25	3	19	52	47	40
3000	3	3	33	53	49	1	19	45	41	10	4	59	49	14	32
4000	0	42	5	11	44	0	26	20	54	50	0	39	45	35	20
5000	3	52	36	29	40	3	32	56	8	34	2	19	42	4	16
6000	1	3	7	47	20	2	39	31	22	20	3	59	38	29	4

C

TABLE DES MOYENS
MOVVEMENS DE LA
LVNE EN ANS.

Ans.	Longitude depuis le Soleil.					Anomalie.					Latitude.				
	s	0	′	″	‴	s	0	′	″	‴	s	0	′	″	‴
1	2	9	37	22	12	1	28	43	13	13	2	28	42	45	22
2	4	19	14	44	24	2	57	26	26	27	4	57	25	30	44
3	0	28	52	6	36	4	26	9	39	40	1	26	8	16	6
4	2	50	40	55	30	0	7	56	46	51	4	8	4	47	7
5	5	0	18	17	42	1	36	40	0	4	0	36	47	32	30
6	1	9	55	39	55	3	5	23	13	18	3	5	30	17	53
7	3	19	33	2	7	4	34	6	26	31	5	34	13	3	15
8	5	41	21	51	1	0	15	53	33	42	2	16	9	34	16
9	1	50	59	13	13	1	44	36	46	55	4	44	52	19	38
10	4	0	36	35	26	5	13	20	0	9	1	13	35	5	1
11	0	10	13	57	38	4	42	3	13	22	3	42	17	50	23
12	2	32	2	46	32	0	23	50	20	32	0	24	14	21	24
13	4	41	40	8	44	1	52	33	33	46	2	52	57	6	46
14	0	51	17	30	56	3	21	16	46	59	5	21	39	52	8
15	3	0	54	53	9	4	50	0	0	12	1	50	22	37	30
16	5	22	43	42	2	0	31	47	7	22	4	32	19	8	31
17	1	32	21	4	15	2	0	30	20	36	1	1	1	53	53
18	3	41	58	26	27	3	29	13	33	49	3	29	44	39	15
19	5	51	35	48	39	4	57	56	47	5	5	58	27	24	37
20	2	13	24	37	33	0	39	43	54	16	2	40	23	55	41

EN MOIS COMMVNS.

Mois.	s	0	′	″	‴	s	0	′	″	‴	s	0	′	″	‴
Iannier.	0	17	54	47	25	0	45	0	52	34	0	50	6	35	24
Feurier.	5	59	15	14	46	0	50	50	3	17	1	0	31	53	51
Mars.	0	17	10	2	10	1	35	50	55	52	1	50	38	29	16
Auril.	0	22	53	22	54	2	7	47	54	30	2	27	31	19	1
May.	0	40	48	10	20	2	52	48	52	4	3	17	37	55	26
Iuin.	0	46	31	31	3	3	24	45	50	42	3	54	30	45	11
Iuillet.	5	4	26	18	29	4	9	46	43	16	4	44	37	19	36
Aoust.	1	22	21	5	54	4	54	47	35	50	5	34	43	56	1
Septemb.	1	28	4	26	37	5	26	44	34	28	0	11	36	45	46
Octobre.	1	45	59	14	3	0	11	45	27	3	1	1	43	21	11
Nouemb.	1	51	42	34	46	0	43	42	25	40	3	38	36	10	57
Decemb.	2	9	37	22	12	1	28	43	28	15	2	28	42	45	22

Mois.	Longitude depuis le Soleil.					Anomalie.					Latitude.				
	s	0	I	II	III	s	0	I	II	III	s	0	I	II	III
Lanuier.	0	17	54	47	25	0	45	0	52	34	0	50	6	35	24
Feurier.	0	11	26	41	27	1	3	53	57	14	1	13	45	39	30
Mars.	0	29	21	28	52	1	48	54	49	49	2	3	52	14	55
Auril.	0	35	4	49	35	2	20	51	48	26	2	40	45	4	40
May.	0	52	59	37	0	3	5	52	41	0	3	30	51	40	4
Iuin.	0	58	42	57	44	3	37	49	39	38	4	7	44	29	49
Iuillet.	1	16	37	45	9	4	22	50	32	13	4	57	51	5	13
Aoust.	1	34	32	32	35	5	7	51	24	48	5	47	57	40	38
Septemb.	1	40	15	53	28	5	39	48	23	15	0	24	50	30	22
Octobre.	1	58	10	40	54	0	24	49	15	50	1	14	57	5	46
Nouemb.	2	3	54	1	37	0	56	46	14	28	1	51	49	55	32
Decemb.	2	21	48	49	3	1	41	47	7	3	2	41	56	30	56

EN IOVRS.

Iours.	Longitude.					Anomalie.					Latitude.				
	s	0	I	II	III	s	0	I	II	III	s	0	I	II	III
1	0	12	11	26	41	0	13	3	53	57	0	13	13	45	39
2	0	24	22	53	22	0	26	7	47	54	0	26	27	31	19
3	0	36	34	20	4	0	39	11	41	51	0	39	41	16	58
4	0	48	45	46	45	0	52	15	35	48	0	52	55	2	38
5	1	0	57	13	27	1	5	19	29	46	1	6	8	48	17
6	1	13	8	40	8	1	18	23	23	43	1	19	22	33	57
7	1	25	20	6	50	1	31	27	17	40	1	32	36	19	36
8	1	37	31	33	31	1	44	31	11	38	1	45	50	5	16
9	1	49	43	0	13	1	57	35	5	35	1	59	3	50	55
10	2	1	54	26	54	2	10	38	59	32	2	12	17	36	35
11	2	14	5	53	36	2	23	42	53	29	2	25	31	22	14
12	2	26	17	20	17	2	36	46	47	27	2	38	45	7	54
13	2	38	28	46	59	2	49	50	41	24	2	51	58	53	33
14	2	50	40	13	40	3	2	54	35	21	3	5	12	39	13
15	3	2	51	40	21	3	15	58	29	18	3	18	26	24	52
16	3	15	3	7	3	3	29	2	23	15	3	31	40	10	32
17	3	27	14	33	44	3	42	6	17	13	3	44	53	56	11
18	3	39	26	0	26	3	55	10	11	10	3	58	7	41	51
19	3	51	37	27	7	4	8	14	5	7	4	11	21	27	30
20	4	3	48	53	49	4	21	17	59	5	4	24	35	13	10
21	4	16	0	20	30	4	34	21	53	2	4	37	48	58	49
22	4	28	11	47	12	4	47	25	46	59	4	51	2	44	29
23	4	40	23	13	53	5	0	29	40	56	5	4	16	30	8
24	4	52	34	40	36	5	13	33	34	53	5	17	30	15	48
25	5	4	46	7	16	5	26	37	28	51	5	30	44	1	27
26	5	16	57	33	58	5	39	41	22	48	5	43	57	47	7
27	5	29	9	0	39	5	52	45	16	45	5	57	11	32	46
28	5	41	20	27	20	0	5	49	10	42	0	10	25	18	26
29	5	53	31	54	2	0	18	53	4	40	0	23	39	4	5
30	0	5	43	20	43	0	31	56	58	37	0	36	52	49	45
31	0	17	54	47	25	0	45	0	52	34	0	50	6	35	24

Heu.	Longitude depuis le Soleil.			Anomalie.			Latitude.		
	0	I	II	0	I	II	0	I	II
1	0	30	29	0	32	40	0	33	5
2	1	0	57	1	5	19	1	6	10
3	1	31	26	1	37	59	1	39	14
4	2	1	54	2	10	38	2	12	19
5	2	32	23	2	43	19	2	45	23
6	3	2	52	3	15	58	3	18	27
7	3	33	20	3	48	38	3	51	32
8	4	3	49	4	21	18	4	24	36
9	4	34	18	4	53	57	4	57	41
10	5	4	46	5	26	37	5	30	45
11	5	35	15	5	59	17	6	3	49
12	6	5	43	6	31	57	6	36	54
13	6	36	12	7	4	36	7	9	58
14	7	6	41	7	36	16	7	43	3
15	7	37	9	8	9	56	8	16	7
16	8	7	38	8	42	36	8	49	11
17	8	38	6	9	15	15	9	22	16
18	9	8	35	9	47	55	9	55	19
19	9	38	54	10	20	35	10	28	25
20	10	9	23	10	53	14	11	1	29
21	10	39	52	11	25	54	11	34	33
22	11	10	29	11	58	24	12	7	38
23	11	40	58	12	31	14	12	40	41
24	12	11	27	13	3	54	13	13	46

Min.	Longitude depuis le Soleil.			Anomalie.		Latitude.	
	I	II	III	I	II	I	II
25	12	41	55	13	37	13	47
26	13	12	23	14	9	14	20
27	13	42	52	14	42	14	53
28	14	13	21	15	15	15	26
29	14	43	49	15	47	15	59
30	15	14	18	16	20	16	32
31	15	44	46	16	53	17	5
32	16	15	15	17	25	17	38
33	16	45	44	17	58	18	11
34	17	16	12	18	31	18	44
35	17	46	41	19	3	19	18
36	18	17	10	19	36	19	51
37	18	47	38	20	8	20	24
38	19	18	7	20	41	20	57
39	19	49	35	21	14	21	30
40	20	19	4	21	46	22	3
41	20	49	33	22	19	22	36
42	21	20	1	22	51	23	9
43	21	50	30	23	24	23	42
44	22	20	58	23	57	24	15
45	22	51	27	24	30	24	48
46	23	21	56	25	3	25	21
47	23	52	24	25	36	25	54
48	24	22	53	26	8	26	27
49	24	53	21	26	41	27	0
50	25	23	50	27	13	27	34
51	25	54	19	27	46	28	7
52	26	24	47	28	18	28	48
53	26	55	16	28	51	29	13
54	27	25	45	29	24	29	44
55	27	56	13	29	56	30	15
56	28	26	42	30	29	30	52
57	28	57	10	31	1	31	25
58	29	27	39	31	34	31	58
59	29	58	8	32	7	32	31
60	30	28	36	32	40	33	5

RACINES DES MOYENS
MOVVEMENS DE LA LVNE.

Ans.	Moyen mouuement de la Lune depuis le Soleil.					Moyen mouuemēt de l'Anomalie de l'orbe de la ☽.					Moyen mouuement de la latitude de la Lune.				
	s.	o	I	II	III	s.	o	I	II	III	s.	o	I	II	III
1550	4	50	4	29	40	3	46	43	2	17	5	21	26	2	21
1551	0	59	41	51	52	5	15	26	15	31	1	50	8	47	43
1552 B	3	21	30	40	46	0	57	13	22	41	4	32	5	18	45
1553	5	31	8	2	58	2	25	56	35	55	1	0	48	4	7
1554	1	40	45	25	10	3	54	39	49	8	3	29	30	49	19
1555	3	50	22	47	23	5	23	23	2	22	5	58	13	34	51
1556 B	0	12	11	36	17	1	5	10	9	33	2	40	10	5	53
1557	2	21	48	58	29	2	33	53	22	46	5	8	52	51	15
1558	4	31	26	20	41	4	2	36	36	0	1	37	35	36	37
1559	0	41	3	42	54	5	31	19	49	13	4	6	18	22	0
1560 B	3	2	52	31	47	1	13	6	56	24	0	48	14	57	1
1561	5	12	29	53	59	2	41	50	9	37	3	16	57	38	23
1562	1	22	7	16	12	4	10	33	22	51	5	45	40	23	46
1563	3	31	44	38	24	5	39	16	36	4	2	14	23	9	8
1564 B	5	53	33	27	18	1	21	3	43	15	4	56	19	40	10
1565	2	3	10	49	30	2	49	46	56	29	1	25	2	25	32
1566	4	12	48	11	43	4	18	30	9	42	3	53	45	10	54
1567	0	22	25	33	55	5	47	13	22	56	0	22	27	56	16
1568 B	2	44	14	22	49	1	29	0	30	6	3	4	24	27	18
1569	4	53	51	45	1	2	57	43	43	20	5	33	7	12	40
1570	1	3	29	7	13	4	26	26	56	34	2	1	49	58	3
1571	3	13	6	29	26	5	55	10	9	47	4	30	32	43	25
1572 B	5	34	55	18	19	1	36	57	16	58	1	12	29	14	26
1573	1	44	32	40	32	3	5	40	30	12	3	41	11	59	49
1574	3	54	10	2	44	4	34	23	43	25	0	9	54	45	11
1575	0	3	47	24	56	0	3	6	56	38	2	38	37	30	33
1576 B	2	25	36	13	50	1	44	54	3	49	5	20	34	1	35
1577	4	35	13	36	2	3	13	37	17	18	1	49	16	46	57
1578	0	44	50	58	15	4	42	20	30	16	4	17	59	32	19
1579	2	54	28	20	27	0	11	3	43	44	0	46	42	17	41
1580 B	5	16	17	9	21	1	52	50	50	40	3	28	38	48	43
1581	1	25	54	31	33	3	21	34	3	54	5	57	21	34	5
1582	1	33	37	26	51	2	39	38	17	35	0	13	46	42	52

Icy l'an 1582. est de 355. iours; d'autant qu'on a retranché dix iours du mois d'Octobre.

Racines des mouuemens de la Lune en ans Gregoriens.

Ans.															
1583	3	43	14	49	3	4	8	21	30	48	2	42	29	28	15
1584 B	0	5	3	37	57	5	50	8	37	59	5	24	25	59	16

C . iij

RACINES DES MOYENS
MOVVEMENS DE LA LVNE.

Ans.	Moyen mouuement de la Lune depuis le Soleil.					Moyen mouuemēt de l'Anomalie de l'orbe de la ☽					Moyen mouuement de la latitude de la Lune.				
	s	o	i	ii	iii	s	o	i	ii	iii	s	o	i	ii	iii
1585	2	14	41	0	9	1	18	51	51	12	1	53	8	44	39
1586	4	24	18	22	21	2	47	35	4	26	4	21	51	29	50
1587	0	33	55	44	34	4	16	18	17	39	0	50	34	15	23
1588 B	2	55	44	33	27	5	58	5	24	50	3	32	30	46	25
1589	5	5	21	55	40	1	26	48	38	4	0	1	13	31	47
1590	1	14	54	17	52	2	55	31	51	18	2	29	56	17	9
1591	3	24	36	40	4	4	24	15	4	31	4	58	39	2	31
1592 B	5	46	25	28	58	0	6	2	11	42	1	40	35	33	33
1593	1	56	2	51	10	1	34	45	24	55	4	9	18	18	55
1594	4	5	40	13	23	3	3	28	38	9	0	38	1	4	18
1595	0	15	17	35	35	4	32	11	51	12	3	6	43	49	40
1596 B	2	37	6	24	29	0	13	58	58	23	5	48	40	20	41
1597	4	46	43	46	41	1	42	42	11	36	2	17	23	6	4
1598	0	56	21	8	54	3	11	25	24	50	4	46	5	51	26
1599	3	5	58	31	6	4	40	8	38	3	1	44	48	36	48
1600 B	5	17	47	20	0	0	21	55	45	14	3	56	45	7	50
1601	1	37	24	42	12	1	50	38	58	27	0	25	27	53	12
1602	3	47	2	4	24	3	19	22	11	51	2	54	10	38	34
1603	5	56	39	26	36	4	48	5	25	4	5	22	53	23	56
1604 B	2	18	28	15	30	0	29	52	32	15	1	4	49	54	58
1605	4	28	5	37	43	1	58	35	45	29	4	33	32	40	20
1606	0	37	42	59	55	3	27	18	58	42	1	2	15	25	43
1607	2	47	20	22	7	4	56	2	11	55	3	30	58	11	5
1608 B	5	9	9	11	1	0	37	49	19	6	0	12	54	42	7
1609	1	18	46	33	13	2	6	32	32	20	2	41	37	27	29
1610	3	28	23	55	26	3	35	15	45	34	5	10	20	12	51
1611	5	38	1	17	38	5	3	58	58	47	1	39	2	58	13
1612 B	1	59	50	6	32	0	45	46	5	57	4	20	59	29	15
1613	4	9	27	28	44	2	14	29	19	11	0	49	42	14	37
1614	0	19	4	50	56	3	43	12	32	25	3	18	24	59	59
1615	2	28	42	13	9	5	11	55	45	38	5	47	7	45	22
1616 B	4	50	31	2	2	0	53	42	52	49	2	29	4	16	23
1617	1	0	8	24	15	2	22	26	6	2	4	57	47	1	45
1618	3	9	45	46	27	3	51	9	19	16	1	26	29	47	8
1619	5	19	23	8	39	3	19	52	42	29	3	55	12	32	30
1620 B	1	41	11	57	33	1	39	39	39	41	0	37	9	3	32
1621	3	50	49	19	45	2	30	22	52	55	5	5	14	48	54
1622	0	0	26	41	58	3	59	6	6	8	5	34	34	34	16

Ans.	Moyen mouuement de la Lune depuis le Soleil.					Moyen mouuemēt de l'Anomalie de la Lune.					Moyen mouuemēt de la Latitude de la Lune.				
	s	0	'	''	'''	s	0	'	''	'''	s	0	'	''	'''
1623	2	10	4	4	10	5	27	49	19	22	2	3	17	19	38
1624 B	4	31	52	53	4	1	9	36	26	32	4	45	13	50	40
1625	0	41	30	15	16	2	38	19	39	46	1	13	56	36	2
1626	2	51	7	37	28	4	7	2	52	59	3	42	39	21	24
1627	5	0	44	59	41	5	35	46	6	13	0	11	22	6	47
1628 B	1	22	33	48	34	1	17	33	13	24	2	53	18	37	48
1629	3	32	11	10	47	2	46	16	26	37	5	22	1	23	11
1630	5	14	48	32	59	4	14	59	39	51	1	50	44	8	33
1631	1	51	25	55	11	5	43	42	53	4	4	19	26	53	55
1632 B	4	13	14	44	5	1	25	30	0	15	1	1	23	24	57
1633	0	22	52	6	17	2	54	13	13	28	3	30	6	10	19
1634	2	32	29	28	30	4	32	56	26	42	5	58	48	55	41
1635	4	42	6	50	42	5	51	39	39	55	2	27	31	41	3
1636 B	1	3	55	39	36	1	33	26	47	6	5	9	28	12	5
1637	3	13	33	1	48	3	2	10	0	20	1	38	10	57	27
1638	5	23	10	24	0	4	30	53	13	33	4	6	53	42	49
1639	1	32	47	46	13	5	59	36	26	47	0	35	36	28	12
1640 B	3	54	36	35	6	1	41	23	23	57	3	17	32	59	13
1641	0	4	13	57	19	3	10	6	47	11	5	46	1	44	36
1642	2	13	51	19	31	4	38	50	0	24	2	14	58	29	58
1643	4	23	28	41	43	0	7	33	13	38	4	43	41	15	20
1644 B	0	45	17	30	37	1	49	20	20	49	1	25	37	46	22
1645	2	54	54	52	49	3	18	3	34	2	3	54	20	31	44
1646	5	4	32	15	2	4	46	46	17	16	0	23	3	17	6
1647	1	14	9	37	14	0	15	30	0	29	2	51	46	2	28
1648 B	3	35	58	26	8	1	57	17	7	4	5	33	42	33	30
1649	5	45	35	48	20	3	26	0	20	54	2	2	25	18	52
1650	1	55	13	10	32	4	54	43	34	7	4	31	8	4	15
1651	4	4	50	32	45	0	23	26	47	21	0	54	50	49	37
1652 B	0	26	39	21	39	2	51	13	54	31	3	41	47	20	39
1653	2	36	16	43	51	3	37	57	7	45	0	10	30	6	1
1654	4	45	54	6	33	5	2	40	20	58	2	39	12	51	23
1655	0	55	31	28	16	0	31	23	34	12	5	7	55	36	45
1656 B	3	17	20	17	9	2	13	10	41	23	1	49	52	7	47
1657	5	26	57	39	22	3	41	53	54	36	4	18	34	53	9
1658	1	36	35	1	34	5	10	37	7	50	0	47	17	38	31
1659	3	46	12	23	46	0	39	20	21	3	3	16	0	23	54
1660 B	0	8	3	12	40	2	21	7	28	14	5	57	56	54	55

RACINES DES MOYENS
MOUVEMENS DE LA LUNE.

Ans.	Moyen mouuement de la Lune depuis le Soleil.					Moyen mouuemēt de l'Anomalie de la Lune.					Moyen mouuement de la Latitude de la Lune.				
	s	0	'	''	'''	s	0	'	''	'''	s	0	'	''	'''
1661	2	17	38	34	52	3	49	50	41	27	2	26	39	40	17
1662	4	27	15	57	5	5	18	33	54	41	4	55	22	25	40
1663	0	36	53	19	17	0	47	17	7	54	1	24	5	11	2
1664 B	2	58	42	8	11	2	29	4	15	5	4	6	1	42	4
1665	5	8	19	30	23	3	57	47	28	19	0	34	44	27	26
1666	1	17	56	52	35	5	26	30	41	32	3	3	27	12	48
1667	3	27	34	14	48	0	55	13	54	46	5	32	9	58	10
1668 B	5	49	23	3	41	2	37	1	1	56	2	14	6	29	12
1669	1	59	0	25	54	4	5	44	15	10	4	42	49	14	34
1670	4	8	37	48	6	5	34	27	28	24	1	11	31	59	56
1671	0	18	15	10	18	1	3	10	41	37	3	40	14	45	19
1672 B	2	40	3	59	12	2	44	57	48	48	0	22	11	16	20
1673	4	49	41	21	24	4	13	41	2	1	2	50	54	1	43
1674	0	59	18	43	37	5	42	24	15	15	5	19	36	47	5
1675	3	8	56	5	49	1	11	7	28	28	1	48	19	32	27
1676 B	5	30	44	54	43	2	52	54	35	39	4	30	16	3	29
1677	1	40	22	16	55	4	21	37	48	53	0	58	58	48	51
1678	3	49	59	39	7	5	50	21	2	6	3	27	41	34	13
1679	5	59	37	1	20	1	19	4	15	20	5	56	24	19	35
1680 B	2	21	25	50	13	3	0	51	22	30	2	38	20	50	37
1681	4	31	3	12	26	4	29	34	35	44	5	7	3	25	59
1682	0	40	40	34	38	5	58	17	48	57	1	35	46	21	22
1683	2	50	17	56	50	1	27	2	2	11	4	4	29	8	44
1684 B	5	12	6	45	44	3	8	48	9	22	0	46	25	37	45
1685	1	21	44	7	56	4	37	31	22	35	3	15	8	23	8
1686	3	31	21	30	9	0	6	14	35	49	5	43	51	8	30
1687	5	40	58	52	21	1	34	57	49	2	2	13	33	53	52
1688 B	2	2	47	41	15	3	16	44	56	13	4	54	30	24	54
1689	4	12	25	3	27	4	45	28	9	26	1	23	13	10	16
1690	0	22	2	25	39	0	14	11	22	40	3	51	35	55	38
1691	2	31	39	47	52	1	42	54	35	53	0	20	38	41	0
1692 B	4	53	28	36	45	3	24	41	43	4	3	2	35	12	2
1693	1	3	5	58	58	4	53	24	56	18	5	31	17	57	24
1694	3	12	43	21	10	0	22	8	9	31	2	0	0	42	47
1695	5	22	20	43	22	1	50	51	22	45	4	28	43	28	9
1696 B	1	44	9	32	16	3	32	38	29	56	1	10	39	59	11
1697	3	53	46	54	28	5	1	21	43	9	3	39	22	44	33
1698	0	3	24	16	41	0	30	4	56	23	0	8	5	29	55
1699	2	13	1	38	53	1	58	48	9	36	2	36	48	15	17
1700 B	4	34	50	27	47	3	40	35	16	47	5	18	44	46	19

PROSTHAPHERESES DV CENTRE
DE LA LVNE.

Sex. 0

Degrez	adiouste	Minutes proport.
0	0 | 0	0
1	0 | 8	0
2	0 | 16	0
3	0 | 24	0
4	0 | 32	0
5	0 | 40	0
6	0 | 49	0
7	0 | 57	0
8	1 | 5	0
9	1 | 13	0
10	1 | 21	1
11	1 | 29	1
12	1 | 37	1
13	1 | 45	1
14	1 | 53	1
15	2 | 1	1
16	2 | 10	1
17	2 | 18	2
18	2 | 26	2
19	2 | 34	2
20	2 | 42	2
21	2 | 50	3
22	2 | 59	3
23	3 | 7	3
24	3 | 15	3
25	3 | 23	4
26	3 | 31	4
27	3 | 40	4
28	3 | 48	4
29	3 | 56	5
30	4 | 4	5
Oftez		

Sex. 1

adiouste	Minutes proport.
8 | 21	18
8 | 29	18
8 | 38	19
8 | 46	19
8 | 55	20
9 | 4	20
9 | 12	21
9 | 20	21
9 | 29	22
9 | 37	22
9 | 45	23
9 | 54	23
10 | 2	24
10 | 10	24
10 | 18	25
10 | 26	25
10 | 34	26
10 | 41	26
10 | 49	27
10 | 57	27
11 | 4	28
11 | 11	28
11 | 18	29
11 | 25	30
11 | 32	30
11 | 39	31
11 | 45	31
11 | 52	32
11 | 58	32
12 | 4	32
12 | 11	33
Oftez	

Sex. 2

adiouste	Minutes proport.	Degrez
13 | 2	47	60
12 | 59	48	59
12 | 55	48	58
12 | 51	48	57
12 | 47	49	56
12 | 42	49	55
12 | 37	49	54
12 | 31	50	53
12 | 25	50	52
12 | 19	51	51
12 | 12	51	50
12 | 5	51	49
11 | 58	52	48
11 | 50	52	47
11 | 42	52	46
11 | 33	53	45
11 | 24	53	44
11 | 15	53	43
11 | 5	54	42
10 | 55	54	41
10 | 44	54	40
10 | 33	54	39
10 | 22	55	38
10 | 10	55	37
9 | 59	55	36
9 | 46	55	35
9 | 34	56	34
9 | 21	56	33
9 | 7	56	32
8 | 54	56	11
8 | 40	57	10
Oste.		Deg.

Sexag. 5.   4.   3.   Sex.

D

PROSTHAPHERESES DV CENTRE
DE LA LVNE.

Sex.	0			1.			2.			Sex.
Degrez	adiouste		Minutes proport.	adiouste		Minutes proport.	adiouste		Minutes proport.	**Degrez**
	0	'	'	0	'	'	0	'	'	
30	4	4	5	12	11	33	8	40	57	30
31	4	13	5	12	17	34	8	26	57	29
32	4	21	6	12	21	34	8	11	57	28
33	4	29	6	12	26	35	7	56	57	27
34	4	38	6	12	31	35	7	41	58	26
35	4	46	7	12	36	36	7	26	58	25
36	4	55	7	12	41	36	7	10	58	24
37	5	3	7	12	45	37	6	54	58	23
38	5	12	8	12	49	37	6	38	58	22
39	5	20	8	12	53	38	6	22	58	21
40	5	28	9	12	56	38	6	5	59	20
41	5	37	9	13	0	39	5	48	59	19
42	5	45	9	13	3	39	5	31	59	18
43	5	54	10	13	5	40	5	14	59	17
44	6	1	10	13	8	40	4	57	59	16
45	6	11	11	13	10	41	4	39	59	15
46	6	20	11	13	12	41	4	21	59	14
47	6	28	12	13	13	41	4	3	59	13
48	6	37	12	13	14	42	3	45	59	12
49	6	45	12	13	15	42	3	27	60	11
50	6	54	13	13	16	43	3	8	60	10
51	7	3	13	13	16	43	2	50	60	9
52	7	12	14	13	16	44	2	51	60	8
53	7	20	14	13	15	44	2	13	60	7
54	7	29	15	13	15	45	1	54	60	6
55	7	37	15	13	14	45	1	35	60	5
56	7	46	16	13	12	45	1	16	60	4
57	7	55	16	13	10	46	0	57	60	3
58	8	3	17	13	8	46	0	38	60	2
59	8	12	17	13	5	47	0	19	60	1
60	8	21	18	13	2	47	0	0	60	0
Deg.	Ofte.		'	Oftez		'	Ofte.		'	Deg.
Sexag.	5.			4.			3.			Sex.

PROSTHAPHERESES DE L'ANOMALIE
Lorbe
DE LA LVNE.

Sex. 0						1					2				Sex.
	Anomal.		Excés.			Anomal.		Excés.			Anomal.		Excés.		
Degrez	Oste.		adiouste.			Oste.		adiouste.			Oste.		adiouste.		Degrez
	0	1	0	1		0	1	0	1		0	1	0	1	
0	0	0	0	0		4	5	2	6		4	27	2	36	60
1	0	5	0	2		4	8	2	7		4	25	2	35	59
2	0	10	0	5		4	10	2	9		4	22	2	34	58
3	0	14	0	7		4	13	2	11		4	20	2	33	57
4	0	19	0	9		4	16	2	12		4	17	2	32	56
5	0	24	0	12		4	18	2	14		4	14	2	31	55
6	0	28	0	14		4	20	2	15		4	11	2	29	54
7	0	33	0	16		4	23	2	17		4	8	2	28	53
8	0	38	0	18		4	25	2	18		4	6	2	26	52
9	0	43	0	21		4	27	2	20		4	3	2	25	51
10	0	47	0	23		4	29	2	21		3	59	2	23	50
11	0	52	0	25		4	31	2	21		3	56	2	22	49
12	0	57	0	28		4	33	2	23		3	53	2	20	48
13	1	1	0	30		4	35	2	25		3	49	2	18	47
14	1	6	0	32		4	37	2	26		3	46	2	16	46
15	1	11	0	34		4	39	2	27		3	42	2	14	45
16	1	15	0	37		4	40	2	28		3	39	2	13	44
17	1	20	0	39		4	22	2	30		3	35	2	11	43
18	1	24	0	41		4	43	2	31		3	31	2	8	42
19	1	29	0	44		4	45	2	32		3	27	2	6	41
20	1	34	0	46		4	46	2	33		3	23	2	4	40
21	1	38	0	48		4	47	2	34		3	19	2	2	39
22	1	43	0	50		4	49	2	35		3	15	2	0	38
23	1	47	0	52		4	50	2	36		3	11	1	57	37
24	1	51	0	55		4	51	2	37		3	7	1	55	36
25	1	56	0	57		4	52	2	37		3	2	1	52	35
26	2	0	0	59		4	52	2	38		2	58	1	50	34
27	2	5	1	1		4	53	2	39		2	53	1	47	33
28	2	9	1	3		4	54	2	40		2	49	1	45	32
29	2	13	1	6		4	54	2	40		2	44	1	43	31
30	2	17	1	8		4	55	2	41		2	40	1	39	30
Deg.	adiouste.		adiouste.			adiouste.		adiouste.			adiouste.		adiouste.		Deg.
Sexag. 5.						4.					3.				Sex.

D ij

PROSTHAPHERESES DE L'ANOMALIE DE LA LVNE.

	Sex. 0		Sex. 1		Sex. 2		
Degrez.	Ano. mal. Ofte. (0 ′)	Excés. adioufte (0 ′)	Ano. mal. Ofte. (0 ′)	Excés. adioufte (0 ′)	Ano. mal. Ofte. (0 ′)	Excés. adioufte (0 ′)	Degrez.
30	2 17	1 8	4 55	2 41	2 40	1 39	30
31	2 22	1 10	4 55	2 42	2 35	1 36	29
32	2 26	1 12	4 56	2 42	2 30	1 34	28
33	2 30	1 14	4 56	2 43	2 25	1 31	27
34	2 34	1 16	4 56	2 43	2 20	1 28	26
35	2 38	1 18	4 56	2 44	2 15	1 25	25
36	2 42	1 21	4 56	2 44	2 10	1 22	24
37	2 46	1 23	4 56	2 44	2 5	1 19	23
38	2 50	1 25	4 56	2 44	2 0	1 16	22
39	2 54	1 27	4 55	2 45	1 55	1 13	21
40	2 58	1 29	4 55	2 45	1 50	1 9	20
41	3 2	1 31	4 54	2 45	1 45	1 6	19
42	3 6	1 33	4 54	2 45	1 39	1 3	18
43	3 10	1 35	4 53	2 45	1 34	0 59	17
44	3 13	1 37	4 51	2 45	1 29	0 56	16
45	3 17	1 39	4 51	2 45	1 23	0 53	15
46	3 20	1 41	4 50	2 45	1 18	0 49	14
47	3 24	1 43	4 49	2 44	1 13	0 46	13
48	3 28	1 45	4 48	2 44	1 7	0 42	12
49	3 31	1 46	4 47	2 44	1 2	0 39	11
50	3 34	1 48	4 46	2 43	0 56	0 36	10
51	3 38	1 50	4 44	2 43	0 51	0 32	9
52	3 41	1 52	4 43	2 42	0 45	0 29	8
53	3 44	1 54	4 41	2 42	0 39	0 25	7
54	3 47	1 56	4 39	2 41	0 34	0 21	6
55	3 50	1 58	4 37	2 41	0 38	0 18	5
56	3 53	1 59	4 36	2 40	0 23	0 15	4
57	3 57	2 1	4 34	2 39	0 17	0 11	3
58	3 59	2 3	4 32	2 38	0 11	0 7	2
59	4 2	2 4	4 29	2 37	0 6	0 3	1
60	4 5	2 6	4 27	2 36	0 0	0 0	0
Deg.	adioufte	adioufte	adioufte	adioufte	adioufte	adioufte	Deg.

Sexag. 5.   4.   3.   Sex.

CANON POVR REDVIRE
LA LVNE A L'ECLIPTIQVE.

Adjouste.

Dodeca.	6	7	8	Dodeca.
	0	1	2	
Degrez.	° '	° '	° '	Degrez.
0	0 0	6 6	6 5	30
1	0 15	6 12	5 57	29
2	0 30	6 18	5 48	28
3	0 45	6 24	5 39	27
4	0 59	6 29	5 30	26
5	1 13	6 35	5 21	25
6	1 27	6 40	5 12	24
7	1 42	6 44	5 1	23
8	1 56	6 47	4 51	22
9	2 10	6 51	4 40	21
10	2 24	6 54	4 29	20
11	2 38	6 56	4 18	19
12	2 52	6 57	4 7	18
13	3 6	6 58	3 55	17
14	3 19	6 59	3 42	16
15	3 32	7 0	3 31	15
16	3 43	6 59	3 18	14
17	3 56	6 58	3 5	13
18	4 8	6 57	2 51	12
19	4 19	6 56	2 38	11
20	4 30	6 54	2 23	10
21	4 41	6 51	2 9	9
22	4 52	6 47	1 55	8
23	5 2	6 44	1 41	7
24	5 13	6 40	1 26	6
25	5 22	6 35	1 12	5
26	5 31	6 28	0 58	4
27	5 40	6 23	0 45	3
28	5 49	6 17	0 30	2
29	5 58	6 11	0 15	1
30	6 6	6 5	0 0	0
Dodeca.	5	4	3	Dodeca.
	11	10	9	

Oste.

CANON ENTIER DE LA LATITVDE
DE LA LVNE.

Auftr.	3		4		5	Afcend.
Bore.	9		10		11	Defcend.

Degrez.	Latitude. 0 / //	Excés. / //	Latitude. 0 / //	Excés. / //	Latitude. 0 / //	Excés. / //	Degrez.
0	0 0 0	0 0	2 29 52	7 58	4 19 43	13 52	30
1	0 5 14	0 17	2 34 22	8 13	4 22 18	14 0	29
2	0 10 27	0 34	2 38 50	8 27	4 24 49	14 7	28
3	0 15 41	0 50	2 43 15	8 41	4 27 14	14 14	27
4	0 20 54	1 7	2 47 37	8 55	4 29 34	14 21	26
5	0 26 7	1 23	2 51 56	9 9	4 31 50	14 28	25
6	0 31 19	1 40	2 56 11	9 23	4 34 0	14 35	24
7	0 36 31	1 57	3 0 24	9 37	4 36 6	14 42	23
8	0 41 42	2 13	3 4 33	9 51	4 38 6	14 49	22
9	0 46 52	2 30	3 8 39	10 4	4 40 2	14 56	21
10	0 52 2	2 46	3 12 42	10 17	4 41 52	15 2	20
11	0 57 10	3 3	3 16 41	10 29	4 43 37	15 8	19
12	1 2 18	3 19	3 20 46	10 41	4 45 17	15 13	18
13	1 7 24	3 35	3 24 28	10 53	4 46 52	15 18	17
14	1 12 29	3 52	3 28 16	11 5	4 48 21	15 23	16
15	1 17 33	4 8	3 32 0	11 16	4 49 45	15 27	15
16	1 22 36	4 24	3 35 40	11 28	4 51 4	15 31	14
17	1 27 37	4 40	3 39 17	11 40	4 52 17	15 35	13
18	1 32 36	4 56	3 42 49	11 52	4 53 26	15 38	12
19	1 37 34	5 12	3 46 17	12 3	4 54 29	15 41	11
20	1 42 30	5 28	3 49 42	12 14	4 55 26	15 44	10
21	1 47 24	5 43	3 53 2	12 25	4 56 18	15 47	9
22	1 52 17	5 59	3 56 17	12 36	4 57 4	15 49	8
23	1 57 6	6 14	3 59 29	12 47	4 57 45	15 51	7
24	2 1 54	6 30	4 2 36	12 57	4 58 21	15 53	6
25	2 6 39	6 45	4 5 38	13 7	4 58 51	15 55	5
26	2 11 23	7 0	4 8 37	13 17	4 59 16	15 56	4
27	2 16 4	7 15	4 11 30	13 26	4 59 35	15 57	3
28	2 20 42	7 29	4 14 19	13 35	4 59 49	15 58	2
29	2 25 18	7 44	4 17 4	13 44	4 59 57	15 59	1
30	2 29 52	7 58	4 19 43	13 52	5 0 0	16 0	0

Auftr.	8		7		6	Afcend.
Bore.	2		1		0	Defcend.

TABLE DES MOVVEMENS

DE LA LONGITVDE ET APOGEE

DE SATVRNE.

Ans.	Longitude de Saturne.					Apogée.					Ans.	Longitude.					Apogée.				
	s	0	I	II	III	s	0	I	II	III		s	0	I	II	III	s	0	I	II	III
Racine.											1	0	12	13	35	13	0	0	1	18	24
Nabonas-sarc.	4	54	42	9	44	3	34	46	23	0	2	0	24	27	10	27	0	0	2	36	49
Iesus-Chrift.	1	11	15	0	44	3	51	3	0	0	3	0	36	40	45	40	0	0	3	55	13
											4	0	48	56	21	29	0	0	5	13	50
20	4	4	41	47	28	0	0	16	9	10	5	1	1	9	56	43	0	0	6	32	14
40	2	9	23	34	56	0	0	52	18	21	6	1	13	23	31	56	0	0	7	50	38
60	0	14	5	22	24	0	1	18	27	32	7	1	25	37	7	10	0	0	9	9	3
80	4	18	47	9	52	0	1	44	36	43	8	1	37	52	42	59	0	0	10	27	40
100	2	23	28	57	20	0	2	10	45	54	9	1	50	6	18	12	0	0	11	46	4
200	4	46	57	55	39	0	4	21	31	49	10	2	2	19	53	26	0	0	13	4	29
300	1	10	26	52	59	0	6	32	17	44	11	2	14	33	28	39	0	0	14	22	53
400	3	33	55	51	19	0	8	43	3	39	12	2	26	49	4	28	0	0	15	41	30
500	5	57	24	48	39	0	10	53	49	34	13	2	39	2	39	42	0	0	16	59	54
600	2	20	53	45	59	0	13	4	35	28	14	2	51	16	14	55	0	0	18	18	19
700	4	44	22	44	19	0	15	15	21	23	15	3	3	29	50	9	0	0	19	36	43
800	1	7	51	42	39	0	17	26	7	18	16	3	15	45	25	58	0	0	20	55	20
900	3	31	20	39	59	0	19	36	53	15	17	3	27	59	1	12	0	0	22	13	45
1000	5	54	49	37	20	0	21	47	39	8	18	3	40	12	36	25	0	0	23	32	9
1100	2	18	18	30	39	0	23	58	25	3	19	3	52	26	14	39	0	0	24	50	33
1200	4	41	47	27	59	0	26	9	10	57	20	4	4	41	47	28	0	0	26	9	16
1300	1	5	16	25	0	0	28	19	56	52											
1400	3	28	45	28	39	0	30	30	42	47											
1500	5	52	14	27	0	0	32	41	28	42											
1600	2	15	43	25	19	0	34	52	14	37											
1700	4	39	12	22	40	0	37	3	0	41											
1800	1	2	41	20	0	0	39	13	46	31											
1900	3	26	10	17	19	0	41	24	32	50											
2000	5	49	39	14	40	0	43	35	18	17											
3000	5	44	28	54	0	1	5	22	57	25											
4000	5	39	18	29	21	1	27	10	36	35											
5000	5	34	8	2	40	1	48	58	15	43											
6000	5	28	57	48	0	2	10	45	54	51											

TABLE DES MOYENS
MOVVEMENS DE SATVRNE.

En mois communs.

Mois.	Longitude. s	o	'	''	'''	Apogée. s	o	'	''	'''
Ianuier.	0	1	2	18	16	0	0	0	6	39
Feurier.	0	1	58	34	47	0	0	0	12	40
Mars.	0	3	0	53	4	0	0	0	19	19
Auril.	0	4	1	10	45	0	0	0	25	46
May.	0	5	3	29	2	0	0	0	32	26
Iuin.	0	6	3	46	43	0	0	0	38	52
Iuillet.	0	7	6	5	0	0	0	0	45	32
Aoust.	0	8	8	23	17	0	0	0	52	11
Septemb.	0	9	8	40	58	0	0	0	58	38
Octobre.	0	10	10	59	15	0	0	1	5	18
Nouemb.	0	11	11	16	56	0	0	1	11	44
Decemb.	0	12	13	35	13	0	0	1	18	24

En mois Bissextils.

Mois.	Longitude. s	o	'	''	'''	Apogée. s	o	'	''	'''
Ianuier.	0	1	2	18	16	0	0	0	6	39
Feurier.	0	2	0	35	22	0	0	0	12	53
Mars.	0	3	2	53	39	0	0	0	19	32
Auril.	0	4	3	11	20	0	0	0	25	59
May.	0	5	5	29	37	0	0	0	32	39
Iuin.	0	6	5	47	19	0	0	0	39	5
Iuillet.	0	7	8	5	35	0	0	0	45	45
Aoust.	0	8	10	23	52	0	0	0	52	24
Septemb.	0	9	10	41	34	0	0	0	58	51
Octobre.	0	10	12	59	50	0	0	1	5	31
Nouemb.	0	11	13	17	32	0	0	1	11	57
Decemb.	0	12	15	35	48	0	0	1	18	37

EN IOVRS.

Iours.	Longitude. s	o	'	''	'''	Apogée. s	o	'	''	'''
1	0	0	2	0	35	0	0	0	0	12
2	0	0	4	1	10	0	0	0	0	25
3	0	0	6	1	46	0	0	0	0	38
4	0	0	8	2	21	0	0	0	0	51
5	0	0	10	2	56	0	0	0	1	4
6	0	0	12	3	32	0	0	0	1	17
7	0	0	14	4	7	0	0	0	1	30
8	0	0	16	4	43	0	0	0	1	43
9	0	0	18	5	18	0	0	0	1	55
10	0	0	20	5	53	0	0	0	2	8
11	0	0	22	6	29	0	0	0	2	21
12	0	0	24	7	4	0	0	0	2	34
13	0	0	26	7	39	0	0	0	2	47
14	0	0	28	8	15	0	0	0	3	0
15	0	0	30	8	50	0	0	0	3	13
16	0	0	32	9	26	0	0	0	3	26
17	0	0	34	10	1	0	0	0	3	39
18	0	0	36	10	36	0	0	0	3	51
19	0	0	38	11	12	0	0	0	4	4
20	0	0	40	11	47	0	0	0	4	17
21	0	0	42	12	22	0	0	0	4	30
22	0	0	44	12	58	0	0	0	4	43
23	0	0	46	13	33	0	0	0	4	56
24	0	0	48	14	9	0	0	0	5	9
25	0	0	50	14	44	0	0	0	5	22
26	0	0	52	15	19	0	0	0	5	35
27	0	0	54	15	55	0	0	0	5	47
28	0	0	56	16	30	0	0	0	6	0
29	0	0	58	17	6	0	0	0	6	13
30	0	1	0	17	41	0	0	0	6	26
31	0	1	2	18	16	0	0	0	6	39

EN HEVRES.

Heur.	o	'	''	'''	''''
1	0	0	5	1	28
2	0	0	10	2	56
3	0	0	15	4	25
4	0	0	20	5	53
5	0	0	25	7	22
6	0	0	30	8	50
7	0	0	35	10	19
8	0	0	40	11	47
9	0	0	45	13	16
10	0	0	50	14	44
11	0	0	55	16	13
12	0	1	0	17	41
13	0	1	5	19	9
14	0	1	10	20	38
15	0	1	15	22	6
16	0	1	20	23	35
17	0	1	25	25	3
18	0	1	30	26	32
19	0	1	35	28	0
20	0	1	40	29	28
21	0	1	45	30	57
22	0	1	50	32	25
23	0	1	55	33	54
24	0	2	0	35	22
25	0	2	5	36	51
26	0	2	10	38	19
27	0	2	15	39	48
28	0	2	20	41	16
29	0	2	25	42	45
30	0	2	30	44	13

Min.	''	'''	''''	v	vi
31	2	35	45	41	55
32	2	40	47	10	22
33	2	45	48	38	48
34	2	50	50	7	15
35	2	55	51	35	42
36	3	0	53	4	9
37	3	5	54	32	36
38	3	10	56	1	3
39	3	15	57	29	30
40	3	20	58	57	57
41	3	26	0	26	24
42	3	31	1	54	51
43	3	36	3	23	18
44	3	41	4	51	45
45	3	46	6	20	12
46	3	51	7	48	39
47	3	56	9	17	6
48	4	1	10	45	32
49	4	6	12	13	59
50	4	11	13	42	26
51	4	16	15	10	53
52	4	21	16	39	20
53	4	26	18	7	47
54	4	31	19	36	14
55	4	36	21	4	14
56	4	41	22	33	8
57	4	46	24	1	35
58	4	51	25	30	2
59	4	56	26	58	29
60	5	1	28	26	56

RACINES

Racines (1550–1584)

Ans.	Longitude s	0	′	″	‴	Apogée s	0	′	″	‴
1550	5	16	12	49	5	4	24	49	51	33
1551	5	28	26	24	19	4	24	51	9	57
1552 B	5	40	42	0	8	4	24	52	28	35
1553	5	52	55	35	21	4	24	53	46	59
1554	0	5	9	10	35	4	24	55	5	23
1555	0	17	22	45	49	4	24	56	23	48
1556 B	0	29	38	21	37	4	24	57	42	25
1557	0	41	51	56	51	4	24	59	0	49
1558	0	54	5	32	5	4	25	0	19	13
1559	1	6	19	7	18	4	25	1	37	38
1560 B	1	18	34	43	7	4	25	2	56	15
1561	1	30	48	18	21	4	25	4	14	39
1562	1	43	1	53	34	4	25	5	33	4
1563	1	55	15	28	48	4	25	6	51	28
1564 B	2	7	31	4	37	4	25	8	10	5
1565	2	19	44	39	50	4	25	9	28	29
1566	2	31	58	15	4	4	25	10	46	54
1567	2	44	11	50	17	4	25	12	5	18
1568 B	2	56	27	26	6	4	25	13	13	55
1569	3	8	41	1	20	4	25	14	42	20
1570	3	20	54	36	33	4	25	16	0	44
1571	3	33	8	11	47	4	25	17	19	8
1572 B	3	45	23	47	36	4	25	18	37	46
1573	3	57	37	22	49	4	25	19	56	10
1574	4	9	50	58	3	4	25	21	14	34
1575	4	22	4	33	17	4	25	22	32	59
1576 B	4	34	20	9	5	4	25	23	51	36
1577	4	46	33	44	19	4	25	25	10	0
1578	4	58	47	19	33	4	25	26	28	24
1579	5	11	8	54	46	4	25	27	46	49
1580 B	5	23	16	30	35	4	25	29	5	26
1581	5	35	30	5	49	4	25	30	23	50
1582	5	47	23	35	8	4	25	31	40	6

Racines en ans Gregoriens.

Ans.	Longitude s	0	′	″	‴	Apogée s	0	′	″	‴
1583	5	59	37	10	22	4	25	32	58	30
1584 B	0	11	52	46	11	4	25	34	17	7.

Racines (1585–1622)

Ans.	Longitude s	0	′	″	‴	Apogée s	0	′	″	‴
1585	0	24	6	21	24	4	25	35	35	32
1586	0	36	19	56	38	4	25	36	53	56
1587	0	48	33	31	52	4	25	38	12	20
1588 B	1	0	49	7	40	4	25	39	30	57
1589	1	13	2	42	54	4	25	40	49	22
1590	1	25	16	18	8	4	25	42	7	56
1591	1	37	29	53	21	4	25	43	26	10
1592 B	1	49	45	29	10	4	25	44	44	48
1593	2	1	59	4	24	4	25	46	3	12
1594	2	14	12	39	37	4	25	47	21	36
1595	2	26	26	14	51	4	25	48	40	1
1596 B	2	38	41	50	40	4	25	49	58	38
1597	2	50	55	25	53	4	25	51	17	2
1598	3	3	9	1	7	4	25	52	35	26
1599	3	15	22	36	20	4	25	53	53	51
1600 B	3	27	38	12	9	4	25	55	12	28
1601	3	39	51	47	23	4	25	56	30	52
1602	3	52	5	22	36	4	25	57	49	17
1603	4	4	18	57	50	4	25	59	7	41
1604 B	4	16	34	33	39	4	26	0	26	18
1605	4	28	48	8	52	4	26	1	44	43
1606	4	41	1	44	6	4	26	3	3	7
1607	4	53	15	19	20	4	26	4	21	31
1608 B	5	5	30	55	8	4	26	5	40	8
1609	5	17	44	30	22	4	26	6	58	33
1610	5	29	58	5	36	4	26	8	16	57
1611	5	42	11	40	49	4	26	9	35	21
1612 B	5	54	27	16	38	4	26	10	53	59
1613	0	6	40	51	52	4	26	12	12	23
1614	0	18	54	27	5	4	26	13	30	47
1615	0	31	8	2	19	4	26	14	49	12
1616 B	0	43	23	38	8	4	26	16	7	49
1617	0	55	37	13	21	4	26	17	26	13
1618	1	7	50	48	35	4	26	18	44	37
1619	1	20	4	23	48	4	26	20	3	2
1620 B	1	32	19	59	37	4	26	21	21	39
1621	1	44	33	34	51	4	26	22	40	3
1622	1	56	47	10	4	4	26	23	58	28

E

RACINES DES MOYENS
MOUVEMENS DE SATURNE.

Ans.	Longitude. s	0	'	''	'''	Apogée. s	0	'	''	'''
1623	2	9	0	45	18	4	26	25	16	52
1624 B	2	21	16	21	7	4	26	26	35	29
1625	2	33	29	56	20	4	26	27	53	53
1626	2	45	43	31	34	4	26	29	12	18
1627	2	57	57	6	47	4	26	30	30	42
1628 B	3	10	12	42	36	4	26	31	49	19
1629	3	22	26	17	50	4	26	33	7	44
1630	3	34	39	53	4	4	26	34	26	8
1631	3	46	53	28	17	4	26	35	44	32
1632 B	3	59	9	4	6	4	26	37	3	10
1633	4	11	22	39	20	4	26	38	21	34
1634	4	23	36	14	33	4	26	39	39	58
1635	4	35	49	49	47	4	26	40	58	22
1636 B	4	48	5	25	36	4	26	42	17	0
1637	5	0	19	0	49	4	26	43	35	24
1638	5	12	32	36	3	4	26	44	53	48
1639	5	24	46	11	16	4	26	46	12	13
1640 B	5	37	1	47	5	4	26	47	30	50
1641	5	49	15	22	19	4	26	48	49	14
1642	0	1	28	57	32	4	26	50	7	39
1643	0	13	42	32	46	4	26	51	26	3
1644 B	0	25	58	8	35	4	26	52	44	40
1645	0	38	11	43	48	4	26	54	3	4
1646	0	50	25	19	2	4	26	55	21	29
1647	1	2	38	54	15	4	26	56	39	53
1648 B	1	14	54	30	4	4	26	57	58	30
1649	1	27	8	5	18	4	26	59	16	55
1650	1	39	21	40	32	4	27	0	35	19
1651	1	51	35	15	45	4	27	1	53	43
1652 B	2	3	50	51	34	4	27	3	12	20
1653	2	16	4	26	48	4	27	4	30	45
1654	2	28	18	2	1	4	27	5	49	9
1655	2	40	31	37	15	4	27	7	7	33
1656 B	2	52	47	13	4	4	27	8	26	11
1657	3	5	0	48	17	4	27	9	44	35
1658	3	17	14	23	31	4	27	10	2	59
1659	3	29	27	58	44	4	27	12	21	24
1660 B	3	41	43	34	34	4	27	13	40	1

Ans.	Longitude. s	0	'	''	'''	Apogée. s	0	'	''	'''
1661	3	53	57	9	47	4	27	14	58	25
1662	4	6	10	45	1	4	27	16	16	50
1663	4	18	24	20	15	4	27	17	35	14
1664 B	4	30	39	56	3	4	27	18	53	51
1665	4	42	53	31	17	4	27	20	12	15
1666	4	55	7	6	31	4	27	21	30	40
1667	5	7	20	41	44	4	27	22	49	4
1668 B	5	19	36	17	33	4	27	24	7	41
1669	5	31	49	52	47	4	27	25	26	5
1670	5	44	3	28	0	4	27	26	44	30
1671	5	56	17	3	14	4	27	28	2	54
1672 B	0	8	32	39	3	4	27	29	21	31
1673	0	20	46	14	16	4	27	30	39	56
1674	0	32	59	49	30	4	27	31	58	20
1675	0	45	13	24	43	4	27	33	16	44
1676 B	0	57	29	0	32	4	27	34	35	22
1677	1	9	42	35	46	4	27	35	53	46
1678	1	21	56	10	59	4	27	37	12	10
1679	1	34	9	46	13	4	27	38	30	35
1680 B	1	46	25	22	4	4	27	39	49	10
1681	1	58	38	57	15	4	27	41	7	38
1682	2	10	52	32	29	4	27	42	26	1
1683	2	23	6	7	42	4	27	43	44	25
1684 B	2	35	21	43	31	4	27	45	3	2
1685	2	47	35	18	44	4	27	46	21	26
1686	2	59	48	33	58	4	27	47	39	57
1687	3	12	2	29	11	4	27	48	58	15
1688 B	3	24	18	5	0	4	27	50	16	52
1689	3	36	31	40	14	4	27	51	35	16
1690	3	48	45	15	28	4	27	52	53	41
1691	4	0	58	50	41	4	27	54	12	5
1692 B	4	13	14	26	30	4	27	55	30	42
1693	4	25	28	1	44	4	27	56	49	7
1694	4	37	41	36	57	4	27	58	7	31
1695	4	49	55	12	11	4	27	59	25	55
1696 B	5	2	10	48	0	4	28	0	44	33
1697	5	14	24	23	13	4	28	2	2	57
1698	5	26	37	58	27	4	28	3	21	21
1699	5	38	51	33	40	4	28	4	39	45
1700 B	5	51	7	9	29	4	28	5	58	23

Sex.	0			1.			2.		Sex.
Degrez.	Centre. Oste.		Minutes proport.	Centre. Oste.		Minutes proport.	Centre. Oste.		Minutes proport.	Degrez.
	0 '		'	0 '		'	0 '		'	
0	0	0	0				5 48	41	60
1	0	6	0	5 29	11		5 45	41	59
2	0	13	0	5 32	12		5 41	42	58
3	0	19	0	5 36	12		5 38	42	57
4	0	26	0	5 39	13		5 34	43	56
5	0	32	0	5 42	13		5 31	44	55
6	0	39	0	5 45	13		5 27	44	54
7	0	45	0	5 48	14		5 23	45	53
8	0	52	0	5 51	14		5 19	45	52
9	0	58	0	5 54	15		5 15	46	51
10	1	4	0	5 57	15		5 10	46	50
11	1	11	0	6 0	15		5 6	47	49
12	1	17	0	6 2	16		5 2	47	48
13	1	23	1	6 5	16		4 57	47	47
14	1	30	1	6 7	17		4 53	48	46
15	1	36	1	6 9	17		4 48	48	45
16	1	42	1	6 11	18		4 43	49	44
17	1	49	1	6 13	18		4 38	49	43
18	1	55	1	6 15	19		4 33	50	42
19	2	1	1	6 17	19		4 28	50	41
20	2	7	1	6 19	19		4 23	51	40
21	2	13	1	6 20	20		4 17	51	39
22	2	19	2	6 22	20		4 12	51	38
23	2	25	2	6 23	21		4 6	52	37
24	2	31	2	6 24	21		4 1	52	36
25	2	37	2	6 25	22		3 55	53	35
26	2	43	2	6 26	22		3 49	53	34
27	2	49	2	6 27	23		3 44	53	33
28	2	55	2	6 28	23		3 38	54	32
29	3	1	3	6 29	24		3 32	54	31
30	3	6	3	6 29	24		3 26	55	30
0	adiouste		1	6 30	25				
1				adiouste	'		adiouste	'	0

| Sexag. | 5 | | 4 | | 3 | | Sex. |

E ij

PROSTAPHERESES DV CENTRE
DE SATVRNE.

Sex. 0			1.		2.		Sex.
Degrez	Centre Oste (° ')	Minutes proport.	Centre Oste (° ')	Minutes proport.	Centre Oste (° ')	Minutes proport.	Degrez
30	3 6	3	6 30	25	3 26	55	30
31	3 12	3	6 30	25	3 20	55	29
32	3 18	3	6 30	26	3 13	55	28
33	3 23	3	6 31	26	3 7	56	27
34	3 29	4	6 31	27	3 1	56	26
35	3 34	4	6 30	27	2 54	56	25
36	3 40	4	6 30	28	2 48	56	24
37	3 45	4	6 30	29	2 41	57	23
38	3 50	5	6 29	29	2 35	57	22
39	3 56	5	6 29	30	2 28	57	21
40	4 1	5	6 28	30	2 21	58	20
41	4 6	5	6 27	31	2 14	58	19
42	4 11	6	6 26	31	2 8	58	18
43	4 16	6	6 25	32	2 1	58	17
44	4 21	6	6 24	32	1 54	58	16
45	4 26	6	6 22	33	1 47	58	15
46	4 30	7	6 21	33	1 40	59	14
47	4 35	7	6 19	34	1 33	59	13
48	4 40	7	6 17	34	1 26	59	12
49	4 44	8	6 16	35	1 19	59	11
50	4 49	8	6 14	36	1 12	59	10
51	4 53	8	6 12	36	1 5	59	9
52	4 57	9	6 10	37	0 58	60	8
53	5 2	9	6 7	37	0 51	60	7
54	5 6	9	6 5	38	0 43	60	6
55	5 10	10	6 2	38	0 36	60	5
56	5 14	10	6 0	39	0 29	60	4
57	5 18	10	5 57	39	0 22	60	3
58	5 21	11	5 54	40	0 14	60	2
59	5 25	11	5 51	40	0 7	60	1
60	5 29	11	5 48	41	0 0	60	0
0	adiouste.		adiouste.		adiouste.		Deg.

PROSTAPHERESES DE L'ANOMALIE
DE SATVRNE.

Sex. 0				1.				2.				Sex.
Degrez	Anomal. adiouste.		Excés. adiouste.		Anomal. adiouste.		Excés. adiouste.		Anomal. adiouste.		Excés. adiouste.	Degrez
	0	'	0	'	0	'	0	'	0	'	0	'	
1	0	6	0	1	4	30	0	31	4	58	0	38	60
2	0	11	0	1	4	33	0	31	4	56	0	37	59
3	0	16	0	2	4	36	0	32	4	53	0	37	58
4	0	21	0	2	4	39	0	32	4	50	0	37	57
5	0	26	0	3	4	42	0	33	4	47	0	36	56
6	0	31	0	3	4	45	0	33	4	44	0	36	55
7	0	36	0	4	4	48	0	34	4	41	0	35	54
8	0	41	0	4	4	51	0	34	4	38	0	35	53
9	0	47	0	5	4	53	0	35	4	35	0	34	52
10	0	52	0	6	4	55	0	35	4	31	0	34	51
11	0	57	0	6	4	57	0	35	4	27	0	33	50
12	1	2	0	7	4	59	0	35	4	23	0	33	49
13	1	7	0	7	5	1	0	35	4	19	0	32	48
14	1	12	0	8	5	3	0	36	4	15	0	32	47
15	1	17	0	8	5	5	0	36	4	11	0	31	46
16	1	22	0	9	5	7	0	36	4	7	0	31	45
17	1	27	0	9	5	9	0	36	4	3	0	31	44
18	1	33	0	10	5	11	0	37	3	59	0	30	43
19	1	38	0	10	5	13	0	37	3	55	0	30	42
20	1	43	0	11	5	15	0	37	3	51	0	29	41
21	1	48	0	12	5	16	0	37	3	47	0	29	40
22	1	53	0	12	5	18	0	37	3	43	0	28	39
23	1	58	0	13	5	20	0	37	3	38	0	28	38
24	2	3	0	13	5	21	0	38	3	33	0	27	37
25	2	8	0	14	5	22	0	38	3	28	0	27	36
26	2	13	0	14	5	23	0	38	3	23	0	26	35
27	2	17	0	15	5	24	0	38	3	18	0	26	34
28	2	22	0	16	5	25	0	38	3	13	0	25	33
29	2	27	0	16	5	26	0	39	3	8	0	25	32
30	2	31	0	17	5	27	0	39	3	3	0	24	31
0	Oste.		adiouste.		5	37	0	39	2	58	0	24	30
					Oste.		adiouste		Oste.		adiouste	0

Sexag. 5.	4.	5. Sex.

E iij

PROSTAPHERESES DE L'ANOMALIE DE SATURNE.

Sex. 0					1.				2.				Sex.
Degrez.	**Anomal.** adiouste.		**Excés.** adiouste.		**Anomal.** adiouste.		**Excés.** adiouste.		**Anomal.** adiouste.		**Excés.** adiouste.		**Degrez.**
	0	′	0	′	0	′	0	′	0	′	0	′	
30	2	31	0	17	5	27	0	39	2	58	0	24	30
31	2	36	0	17	5	28	0	39	2	53	0	23	29
32	2	41	0	18	5	28	0	39	2	48	0	23	28
33	2	46	0	18	5	28	0	39	2	43	0	22	27
34	2	51	0	19	5	28	0	40	2	38	0	22	26
35	2	55	0	19	5	28	0	40	2	32	0	21	25
36	2	59	0	20	5	28	0	40	2	26	0	21	24
37	3	3	0	21	5	28	0	40	2	20	0	20	23
38	3	7	0	21	5	28	0	40	2	14	0	20	22
39	3	12	0	22	5	27	0	40	2	8	0	19	21
40	3	16	0	22	5	27	0	40	2	1	0	19	20
41	3	20	0	23	5	26	0	40	1	57	0	18	19
42	3	24	0	23	5	26	0	40	1	51	0	17	18
43	3	28	0	24	5	25	0	40	1	45	0	16	17
44	3	32	0	24	5	24	0	40	1	39	0	15	16
45	3	36	0	25	5	23	0	40	1	33	0	14	15
46	3	40	0	25	5	22	0	40	1	27	0	13	14
47	3	44	0	26	5	21	0	40	1	21	0	12	13
48	3	48	0	26	5	19	0	40	1	15	0	11	12
49	3	52	0	27	5	18	0	40	1	9	0	10	11
50	3	56	0	27	5	17	0	40	1	3	0	9	10
51	4	0	0	27	5	16	0	39	0	56	0	9	9
52	4	4	0	28	5	14	0	39	0	50	0	8	8
53	4	8	0	28	5	12	0	39	0	44	0	7	7
54	4	12	0	28	5	10	0	39	0	38	0	6	6
55	4	15	0	29	5	8	0	39	0	32	0	5	5
56	4	18	0	29	5	6	0	38	0	26	0	4	4
57	4	21	0	30	5	4	0	38	0	19	0	3	3
58	4	24	0	30	5	2	0	38	0	13	0	2	2
59	4	27	0	30	5	0	0	38	0	6	0	1	1
60	4	30	0	31	4	58	0	38	0	0	0	0	0
0	Ofte.		adiouste.		Ofte.		adiouste.		Ofte.		adiouste.		0

TABLE DV MOYEN MOVVEMENT

DV NOEVD BOREAL DE

SATVRNE.

EN ANS.

Racine.	s	0	I	II	III
Nabonas-sarc.	5	11	21	30	0
Iesus-Chrilt.	5	25	15	32	0
20	0	0	22	20	4
40	0	0	44	40	8
60	0	1	7	0	13
80	0	1	29	20	17
100	0	1	51	40	21
200	0	3	43	20	43
300	0	5	35	1	5
400	0	7	26	41	27
500	0	9	18	21	49
600	0	11	10	2	11
700	0	13	1	42	33
800	0	14	53	22	55
900	0	16	45	3	16
1000	0	18	36	43	38
1100	0	20	28	23	59
1200	0	22	20	4	23
1300	0	24	11	44	45
1400	0	26	3	25	7
1500	0	27	55	5	28
1600	0	29	46	45	50
1700	0	31	38	26	12
1800	0	33	30	6	33
1900	0	35	21	46	55
2000	0	37	13	27	17
3000	0	55	50	10	55
4000	1	14	26	54	35
5000	1	33	3	38	14
6000	1	51	40	21	52

Ans.	0	I	II	III	IIII
1	0	1	6	57	28
2	0	2	13	54	56
3	0	3	20	52	24
4	0	4	28	0	52
5	0	5	34	58	20
6	0	6	41	55	48
7	0	7	48	53	16
8	0	8	56	1	44
9	0	10	2	59	12
10	0	11	9	56	41
11	0	12	16	54	9
12	0	13	24	2	37
13	0	14	31	0	5
14	0	15	37	57	33
15	0	16	44	55	1
16	0	17	52	3	29
17	0	18	59	1	57
18	0	20	5	58	25
19	0	21	12	55	34
20	0	22	20	4	22

En mois communs.

Mois.	0	I	II	III	IIII
Ianuier.	0	0	5	41	12
Feurier.	0	0	10	49	23
Mars.	0	0	16	30	36
Auril.	0	0	22	0	48
May.	0	0	27	42	1
Iuin.	0	0	33	12	13
Iuillet.	0	0	38	53	26
Aoust.	0	0	44	34	38
Septemb.	0	0	50	4	50
Octobre.	0	0	55	46	3
Nouemb.	0	1	1	16	15
Decemb.	0	1	6	57	28

En mois bis-sextils.

0	I	II	III	IIII
0	0	5	41	12
0	0	11	0	24
0	0	16	41	36
0	0	22	11	49
0	0	27	53	1
0	0	33	23	13
0	0	39	4	26
0	0	44	45	38
0	0	50	15	51
0	0	55	57	3
0	1	1	27	15
0	1	7	8	28

EN IOVRS.

Iours.	0	I	II	III	IIII
1	0	0	0	11	0
2	0	0	0	22	0
3	0	0	0	33	1
4	0	0	0	44	1
5	0	0	0	55	2
6	0	0	1	6	2
7	0	0	1	17	2
8	0	0	1	28	3
9	0	0	1	39	3
10	0	0	1	50	4
11	0	0	2	1	4
12	0	0	2	12	4
13	0	0	2	23	5
14	0	0	2	34	5
15	0	0	2	45	6
16	0	0	2	56	6
17	0	0	3	7	6
18	0	0	3	18	7
19	0	0	3	29	7
20	0	0	3	40	7
21	0	0	3	51	8
22	0	0	4	2	8
23	0	0	4	13	9
24	0	0	4	24	9
25	0	0	4	35	10
26	0	0	4	46	10
27	0	0	4	57	10
28	0	0	5	8	11
29	0	0	5	19	11
30	0	0	5	30	12
31	0	0	5	41	12

RACINES DV MOYEN MOVVEMENT
DV NOEVD BOREAL DE SATVRNE.

Ans.		s	0	I	II	III
		Moyen mouvement du Nœud Boreal de Saturne.				
1550		1	54	6	27	33
1551		1	54	7	34	31
1552	B	1	54	8	41	39
1553		1	54	9	48	37
1554		1	54	10	55	34
1555		1	54	12	2	32
1556	B	1	54	13	9	40
1557		1	54	14	16	38
1558		1	54	15	23	35
1559		1	54	16	30	32
1560	B	1	54	17	37	41
1561		1	54	18	44	38
1562		1	54	19	51	36
1563		1	54	20	58	33
1564	B	1	54	22	5	42
1565		1	54	23	12	39
1566		1	54	24	19	37
1567		1	54	25	26	34
1568	B	1	54	26	33	43
1569		1	54	27	40	40
1570		1	54	28	47	38
1571		1	54	29	54	35
1572	B	1	54	31	1	44
1573		1	54	32	8	41
1574		1	54	33	15	38
1575		1	54	34	22	36
1576	B	1	54	35	29	44
1577		1	54	36	36	42
1578		1	54	37	43	39
1579		1	54	38	50	37
1580	B	1	54	39	57	45
1581		1	54	41	4	43
1582		1	54	42	9	50

Racines en ans Gregoriens.

Ans.		s	0	I	II	III
1583		1	54	43	16	48
1584	B	1	54	44	23	56
1585		1	54	45	30	54
1546		1	54	46	37	51
1587		1	54	47	44	49
1588	B	1	54	48	51	57
1589		1	54	49	58	54
1590		1	54	51	5	52
1591		1	54	52	12	49
1592	B	1	54	53	19	58
1593		1	54	54	26	55
1594		1	54	55	33	53
1595		1	54	56	40	50
1596	B	1	54	57	47	59
1597		1	54	58	54	56
1598		1	55	0	1	54

Ans.		s	0	I	II	III
		Moyen mouvement du Nœud Boreal de Saturne.				
1599		1	55	1	8	51
1600	B	1	55	2	16	0
1601		1	55	3	22	57
1602		1	55	4	29	55
1603		1	55	5	36	52
1604	B	1	55	6	44	0
1605		1	55	7	50	58
1606		1	55	8	57	55
1607		1	55	10	4	53
1608	B	1	55	11	12	1
1609		1	55	12	18	59
1610		1	55	13	25	56
1611		1	55	14	32	54
1612	B	1	55	15	40	2
1613		1	55	16	47	0
1614		1	55	17	53	57
1615		1	55	19	0	55
1616	B	1	55	20	8	3
1617		1	55	21	15	1
1618		1	55	22	21	58
1619		1	55	23	28	56
1620	B	1	55	24	36	4
1621		1	55	25	42	1
1622		1	55	26	49	59
1623		1	55	27	56	56
1624	B	1	55	29	4	5
1625		1	55	30	11	2
1626		1	55	31	18	0
1627		1	55	32	24	57
1628	B	1	55	33	32	5
1629		1	55	34	39	3
1630		1	55	35	46	1
1631		1	55	36	52	58
1632	B	1	55	38	0	7
1633		1	55	39	7	4
1634		1	55	40	14	2
1635		1	55	41	20	59
1636	B	1	55	42	28	7
1637		1	55	43	35	4
1638		1	55	44	42	2
1639		1	55	45	49	0
1640	B	1	55	46	56	8
1641		1	55	48	3	6
1642		1	55	49	10	3
1643		1	55	50	17	1
1644	B	1	55	51	24	9
1645		1	55	52	31	7
1646		1	55	53	38	4
1647		1	55	54	45	2
1648	B	1	55	55	52	10
1649		1	55	56	59	8
1650		1	55	58	6	5

Ans.		s	0	I	II	III
		Moyen mouvement du Nœud Boreal de Saturne.				
1651		1	55	59	13	3
1652	B	1	56	0	20	11
1653		1	56	1	27	8
1654		1	56	2	34	6
1655		1	56	3	41	3
1656	B	1	56	4	48	12
1657		1	56	5	55	9
1658		1	56	7	2	7
1659		1	56	8	9	4
1660	D	1	56	9	16	13
1661		1	56	10	23	10
1662		1	56	11	30	8
1663		1	56	12	37	5
1664	B	1	56	13	44	14
1665		1	56	14	51	12
1666		1	56	15	58	8
1667		1	56	17	5	6
1668	B	1	56	18	12	14
1669		1	56	19	19	12
1670		1	56	20	26	9
1671		1	56	21	33	7
1672	B	1	56	22	40	15
1673		1	56	23	47	13
1674		1	56	24	54	10
1675		1	56	26	1	8
1676	B	1	56	27	8	16
1677		1	56	28	15	14
1678		1	56	29	22	11
1679		1	56	30	29	9
1680	B	1	56	31	36	17
1681		1	56	32	43	15
1682		1	56	33	50	12
1683		1	56	34	57	10
1684	B	1	56	36	4	18
1685		1	56	37	11	15
1686		1	56	38	18	13
1687		1	56	39	25	10
1688	B	1	56	40	32	19
1689		1	56	41	39	16
1690		1	56	42	46	14
1691		1	56	43	53	11
1692	B	1	56	45	0	20
1693		1	56	46	7	17
1694		1	56	47	14	15
1695		1	56	48	21	12
1696	B	1	56	49	28	21
1697		1	56	50	35	18
1698		1	56	51	42	16
1699		1	56	52	49	13
1700	B	1	56	53	56	22

MINVTTES proportionnelles.

Sig.	6	7	8	Sig.
Sig.	0	1	2	Sig.
Deg.	'	'	'	Deg.
0	0	30	52	30
1	1	31	52	29
2	2	32	53	28
3	3	33	53	27
4	4	33	54	26
5	5	34	54	25
6	6	35	55	24
7	7	36	55	23
8	8	37	55	22
9	9	38	56	21
10	10	39	56	20
11	11	39	56	19
12	12	40	57	18
13	13	41	57	17
14	14	41	58	16
15	15	42	58	15
16	16	43	58	14
17	17	44	58	13
18	18	44	59	12
19	19	45	59	11
20	20	46	59	10
21	21	46	59	9
22	22	46	59	8
23	23	48	59	7
24	24	48	60	6
25	25	49	60	5
26	26	50	60	4
27	27	50	60	3
28	28	51	60	2
29	29	51	60	1
30	30	52	60	0
Sig.	5	4	3	Sig.
Sig.	11	10	9	Sig.

CANON DE LA LATITVDE DE SATVRNE.

Signes de la vraie Anomalie.

Degrez.	0	1	2	3	4	5	Degrez.
	0 '	0 '	0 '	0 '	0 '	0 '	
0	2 17	2 18	2 23	2 30	2 38	2 45	30
3	2 17	2 18	2 23	2 30	2 39	2 45	27
6	2 17	2 19	2 24	2 31	2 40	2 46	24
9	2 17	2 19	2 24	2 32	2 40	2 46	21
12	2 17	2 20	2 25	2 33	2 41	2 47	18
15	2 17	2 21	2 25	2 34	2 42	2 47	15
18	2 17	2 21	2 26	2 35	2 42	2 47	12
21	2 18	2 21	2 27	2 36	2 43	2 48	9
24	2 18	2 22	2 28	2 37	2 44	2 48	6
27	2 18	2 22	2 29	2 37	2 44	2 48	3
30	2 18	2 23	2 30	2 38	2 45	2 48	0
Deg.	0 '	0 '	0 '	0 '	0 '	0 '	Deg.
	11	10	9	8	7	6	

Signes de l'Anomalie de l'Orbe.

TABLE DES MOYENS
MOVVEMENS DE
IVPITER.

EN ANS.

Ans.	Longitude.				Apogée de Iupiter.					Ans.	Longitude.				Apogée.				
	s	0	1	11	111	s	0	1	11	111/1111	Ans.	s	0	1	11	111	1	11/111/1111	v
Racine.											1	0	30	20	31	48	1	0 11 34 43
Nabonat-Iare.	3	3	18	48	52	2	23	57	56	0 3	2	1	0	41	3	36	2	0 23 9 26
Iesus-Christ	2	59	48	3	52	3	36	22	42	0 3	3	1	31	1	35	24	3	0 34 44 9
											4	2	1	27	6	28	4	0 56 12 34
20	4	7	15	32	23	0	0	20	4	41 2	5	2	31	47	38	16	5	1 7 47 17
40	2	14	31	4	47	0	0	40	9	22 5	6	3	2	8	10	5	6	1 19 22 0
60	0	21	46	37	10	0	1	0	14	3 8	7	3	32	18	42	53	7	1 30 56 43
80	4	29	2	9	34	0	1	20	18	44 11	8	4	2	54	12	57	8	1 52 25 8
100	2	6	17	41	58	0	1	40	23	25 14	9	4	33	14	44	45	9	2 3 59 51
200	5	12	35	23	56	0	3	20	46	50 28	10	5	3	35	16	33	10	2 15 34 34
300	1	48	53	15	54	0	5	1	10	15 42	11	5	33	55	48	22	11	2 27 9 17
400	4	25	30	47	52	0	6	41	33	40 56	12	0	4	21	19	26	12	2 48 37 42
500	1	1	28	29	50	0	8	21	57	6 10	13	0	34	41	51	14	13	3 0 12 25
600	3	37	46	11	48	0	10	2	20	31 25	14	1	5	2	23	2	14	3 11 47 8
700	0	14	3	52	46	0	11	42	43	56 39	15	1	35	22	54	50	15	3 23 21 41
800	2	50	21	33	44	0	13	23	7	21 53	16	2	5	48	25	54	16	3 44 50 16
900	5	26	37	15	42	0	15	3	30	47 7	17	2	36	8	57	43	17	3 56 24 59
1000	2	2	54	57	40	0	16	43	54	12 21	18	3	6	29	29	31	18	4 7 59 42
1100	4	39	14	41	39	0	18	24	17	37 36	19	3	36	50	1	19	19	4 19 34 25
1200	1	15	32	23	37	0	20	4	41	2 50	20	4	7	15	32	23	20	4 41 2 50
1300	3	51	50	5	35	0	21	45	4	28 4
1400	0	28	7	47	33	0	23	25	27	53 18
1500	3	4	25	29	31	0	25	5	51	18 32
1600	5	40	43	11	29	0	26	46	14	43 47
1700	2	17	0	53	27	0	28	26	38	19 1
1800	4	53	18	35	25	0	30	7	1	44 15
1900	1	29	36	17	23	0	31	47	25	9 29
2000	4	5	53	59	22	0	32	27	48	34 43
3000	0	8	50	59	2	0	49	11	42	47 5
4000	2	11	47	58	43	1	5	55	36	59 27
5000	4	14	44	58	24	1	22	39	31	11 1
6000	0	17	41	58	5	1	39	23	25	14 49

MOVVEMÉNS DE IVPITER.

En mois communs.

Mois.	Longitude o	'	''	'''	Apogée '	''	'''	''''	v
Ianuier.	2	34	37	13	0	5	6	44	12
Feurier.	4	54	16	38	0	9	43	47	21
Mars.	7	28	53	52	0	14	50	31	34
Auril.	9	58	31	49	0	19	47	22	6
May.	12	33	9	2	0	24	54	6	18
Iuin.	15	7	47	0	0	29	50	56	50
Iuillet.	17	37	24	13	0	34	57	41	2
Aoust.	20	12	1	26	0	40	4	25	15
Septemb.	22	41	39	24	0	45	16	15	46
Octobre.	25	16	16	37	0	50	7	59	59
Nouemb.	27	45	54	34	0	55	4	50	30
Decemb.	30	20	31	48	1	0	1	34	43

En mois Biffextils.

Mois.	Longitude o	'	''	'''	Apogée '	''	'''	''''	v
Ianuier.	2	34	37	13	0	5	6	44	12
Feurier.	4	59	15	54	0	9	53	41	3
Mars.	7	33	53	8	0	15	0	25	15
Auril.	10	3	31	5	0	19	57	15	47
May.	12	38	8	18	0	25	3	59	50
Iuin.	15	7	46	16	0	30	0	50	31
Iuillet.	17	42	23	29	0	35	7	34	43
Aoust.	20	17	0	42	0	40	14	18	56
Septemb.	22	46	38	40	0	45	11	9	27
Octobre.	25	21	15	53	0	50	17	53	40
Nouemb.	27	50	53	50	0	55	14	54	11
Decemb.	30	25	31	5	1	0	21	28	24

EN IOVRS.

Iours.	o	'	''	'''	''''	''	'''	''''	v	vi
1	0	4	59	15	54	0	9	53	41	3
2	0	9	58	31	49	0	19	47	22	6
3	0	14	57	47	44	0	29	41	3	9
4	0	19	57	3	32	0	39	34	44	12
5	0	24	56	19	33	0	49	28	25	15
6	0	29	55	35	28	0	59	22	6	18
7	0	34	54	51	23	1	9	15	47	21
8	0	39	54	7	18	1	19	9	28	24
9	0	44	53	23	12	1	29	3	9	27
10	0	49	52	39	7	1	38	56	50	30
11	0	54	51	55	2	1	48	50	31	33
12	0	59	51	10	57	1	58	44	12	36
13	1	4	50	26	52	2	8	3	53	39
14	1	9	49	42	46	2	18	31	34	42
15	1	14	48	58	47	2	28	25	15	45
16	1	19	48	14	36	2	38	18	56	48
17	1	24	47	30	31	2	48	12	37	51
18	1	29	46	46	25	2	58	6	18	54
19	1	34	46	2	20	3	7	59	59	57
20	1	39	45	18	15	3	17	53	41	0
21	1	44	44	34	10	3	27	47	22	3
22	1	49	43	50	5	3	37	41	3	6
23	1	54	43	5	59	3	47	34	44	9
24	1	59	42	21	54	3	57	28	25	12
25	2	4	41	37	4	4	7	22	6	15
26	2	9	40	53	44	4	17	15	47	18
27	2	14	40	9	3	4	27	9	28	21
28	2	19	39	25	33	4	37	3	9	24
29	2	24	38	41	28	4	46	56	50	27
30	2	29	37	57	23	4	55	50	31	30
31	2	34	37	13	17	5	6	44	12	33

EN HEVRES.

Heures.	'	''	'''	''''	v	'''	''''	v	vi	vii
1	0	12	28	9	46	0	24	44	12	37
2	0	24	56	19	3	0	49	28	25	14
3	0	37	24	29	20	1	14	12	37	51
4	0	49	52	39	7	1	38	56	50	28
5	1	2	20	48	54	2	3	41	3	5
6	1	14	48	58	41	2	28	25	15	42
7	1	27	17	8	28	2	53	9	28	19
8	1	39	45	18	15	3	17	53	40	40
9	1	52	13	28	2	3	42	37	53	33
10	2	4	41	37	49	4	7	22	6	10
11	2	17	9	47	36	4	32	6	18	47
12	2	29	37	57	23	4	56	50	31	24
13	2	42	6	7	10	5	21	34	44	1
14	2	54	34	16	57	5	46	18	56	38
15	3	7	2	26	44	6	11	3	9	15
16	3	19	30	36	31	6	35	47	21	52
17	3	31	58	46	18	7	0	31	34	29
18	3	44	26	56	5	7	25	15	47	6
19	3	56	55	5	52	7	49	59	59	43
20	4	9	23	15	38	8	14	44	12	20
21	4	21	51	25	25	8	39	28	24	57
22	4	34	19	35	12	9	4	12	37	34
23	4	46	47	44	59	9	28	56	50	1
24	4	59	15	54	46	9	53	41	2	48

F ij

RACINES DES MOYENS
MOVVEMENS DE IVPITER.

Ans.	Longitude s	0	I	II	III	Apogée s	0	I	II	III
1550	1	22	19	54	44	3	2	18	44	56
1551	1	52	40	26	32	3	2	19	45	7
1552 B	2	23	5	57	37	3	2	20	45	29
1553	2	53	26	29	25	3	2	21	45	40
1554	3	23	47	1	13	3	2	22	45	52
1555	3	54	7	33	1	3	2	23	46	4
1556 B	4	24	33	4	5	3	2	24	46	25
1557	4	54	53	35	54	3	2	25	46	37
1558	5	25	14	7	42	3	2	26	46	48
1559	5	55	34	39	30	3	2	27	47	0
1560 B	0	26	0	10	34	3	2	28	47	21
1561	0	56	20	42	22	3	2	29	47	33
1562	1	26	41	14	10	3	2	30	47	44
1563	1	57	1	45	59	3	2	31	47	56
1564 B	2	27	27	17	3	3	2	32	48	17
1565	2	57	47	48	51	3	2	33	48	29
1566	3	28	8	20	39	3	2	34	48	41
1567	3	58	28	52	27	3	2	35	48	52
1568 B	4	28	54	23	32	3	2	36	49	14
1569	4	59	14	55	20	3	2	37	49	25
1570	5	29	35	27	8	3	2	38	49	37
1571	5	59	55	58	56	3	2	39	49	48
1572 B	0	30	21	30	0	3	2	40	50	10
1573	1	0	42	1	48	3	2	41	50	21
1574	1	31	2	33	37	3	2	42	50	33
1575	2	1	23	5	25	3	2	43	50	45
1576 B	2	31	48	36	29	3	2	44	51	6
1577	3	2	9	8	17	3	2	45	51	18
1578	3	32	29	40	5	3	2	46	51	29
1579	4	2	50	11	54	3	2	47	51	41
1580 B	4	33	15	42	58	3	2	48	52	2
1581	5	3	36	14	46	3	2	49	52	14
1582	5	33	6	53	55	3	2	50	50	47

Racines en ans Gregoriens.

Ans.	Longitude s	0	I	II	III	Apogée s	0	I	II	III
1583	0	3	27	25	43	3	2	51	50	58
1584 B	0	33	52	56	47	3	2	52	51	20
1585	1	4	13	28	35	3	2	53	51	31
1586	1	34	34	0	24	3	2	54	51	43
1587	2	4	54	32	12	3	2	55	51	54
1588 B	2	35	20	3	16	3	2	56	52	16

Ans.	Longitude s	0	I	II	III	Apogée s	0	I	II	III
1589	3	5	40	35	4	3	2	57	52	27
1590	3	36	1	6	52	3	2	58	52	39
1591	4	6	21	38	41	3	2	59	52	51
1592 B	4	36	47	9	45	3	3	0	53	12
1593	5	7	41	33	24	3	3	1	53	24
1594	5	37	28	13	21	3	3	2	53	35
1595	0	7	48	45	9	3	3	3	53	47
1596 B	0	38	14	16	13	3	3	4	54	8
1597	1	8	34	48	2	3	3	5	54	20
1598	1	38	55	19	50	3	3	6	54	31
1599	2	9	15	51	38	3	3	7	54	43
1600 B	2	39	41	22	42	3	3	8	55	4
1601	3	10	1	54	30	3	3	9	55	16
1602	3	40	22	26	19	3	3	10	55	28
1603	4	10	42	58	7	3	3	11	55	39
1604 B	4	41	8	29	11	3	3	12	56	1
1605	5	11	29	0	59	3	3	13	56	12
1606	5	41	49	32	47	3	3	14	56	24
1607	0	12	10	4	35	3	3	15	56	35
1608 B	0	42	35	35	40	3	3	16	56	57
1609	1	12	56	7	28	3	3	17	57	8
1610	1	43	16	39	16	3	3	18	57	20
1611	2	13	37	11	4	3	3	19	57	32
1612 B	2	44	2	42	8	3	3	20	57	53
1613	3	14	23	13	57	3	3	21	58	5
1614	3	44	43	45	45	3	3	22	58	16
1615	4	15	4	17	33	3	3	23	58	28
1616 B	4	45	29	48	37	3	3	24	58	49
1617	5	15	50	20	25	3	3	25	59	1
1618	5	46	10	52	14	3	3	26	59	12
1619	0	16	31	24	2	3	3	27	59	24
1620 B	0	46	56	55	6	3	3	28	59	45
1621	1	17	17	26	54	3	3	29	59	57
1622	1	47	37	58	42	3	3	30	0	9
1623	2	17	58	30	31	3	3	31	0	20
1624 B	2	48	24	1	35	3	3	32	0	42
1625	3	18	44	33	23	3	3	33	0	53
1626	3	49	5	5	11	3	3	34	1	5
1627	4	19	25	36	59	3	3	35	1	16
1628 B	4	49	51	8	3	3	3	36	1	38
1629	5	20	11	39	52	3	3	37	1	49
1630	5	50	32	11	40	3	3	38	2	1

RACINES DES MOYENS
MOVVEMENS DE
IVPITER.

Ans.	Longitude. s 0 I II III	Apogée. s 0 I II III	Ans.	Longitude. s 0 I II III	Apogée. s 0 I II III
1631	0 20 52 43 28	3 3 40 2 13	1667	0 33 56 41 46	3 4 16 10 38
1632 B	0 51 18 14 32	3 3 41 2 34	1668 B	1 4 22 12 51	3 4 17 11 0
1633	1 21 38 46 20	3 3 42 2 46	1669	1 34 42 44 39	3 4 18 11 12
1634	1 51 59 18 8	3 3 43 2 57	1670	2 5 3 16 27	3 4 19 11 23
1635	2 22 19 49 57	3 3 44 3 9	1671	2 35 23 48 15	3 4 20 11 35
1636 B	2 52 45 21 1	3 3 45 3 30	1672 B	3 5 49 19 19	3 4 21 11 56
1637	3 23 5 52 49	3 3 46 3 42	1673	3 36 9 51 8	3 4 22 12 8
1638	3 53 26 24 37	3 3 47 3 53	1674	4 6 30 22 56	3 4 23 12 19
1639	4 23 46 56 25	3 3 48 4 5	1675	4 36 50 54 25	3 4 24 12 31
1640 B	4 54 12 27 30	3 3 49 4 26	1676 B	5 7 16 25 48	3 4 25 12 52
1641	5 24 32 59 18	3 3 50 4 38	1677	5 37 36 57 36	3 4 26 13 4
1642	5 54 53 31 6	3 3 51 4 50	1678	0 7 57 29 24	3 4 27 13 16
1643	0 25 14 2 54	3 3 52 5 1	1679	0 38 18 1 13	3 4 28 13 27
1644 B	0 55 39 33 58	3 3 53 5 13	1680 B	1 8 43 32 17	3 4 29 13 49
1645	1 26 0 5 46	3 3 54 5 34	1681	1 39 4 4 5	3 4 30 14 0
1646	1 56 20 37 35	3 3 55 5 46	1682	2 9 24 35 53	3 4 31 14 12
1647	2 26 41 9 23	3 3 56 5 57	1683	2 39 45 7 41	3 4 32 14 24
1648 B	2 57 6 40 27	3 3 57 6 19	1684 B	3 10 10 38 45	3 4 33 14 45
1649	3 27 27 12 15	3 3 58 6 30	1685	3 40 31 10 34	3 4 34 14 56
1650	3 57 47 44 3	3 3 59 6 41	1686	4 10 51 12 14	3 4 35 15 8
1651	4 28 8 15 52	3 4 0 6 54	1687	4 41 12 14 10	3 4 36 15 20
1652 B	4 58 33 46 56	3 4 1 7 15	1688 B	5 11 37 45 14	3 4 37 15 48
1653	5 28 54 18 44	3 4 2 7 2	1689	5 41 58 17 2	3 4 38 15 53
1654	5 59 14 50 32	3 4 3 7 3	1690	0 12 18 48 51	3 4 39 16 4
1655	0 29 35 22 20	3 4 4 7 50	1691	0 42 39 20 39	3 4 40 16 16
1656 B	1 0 0 53 24	3 4 5 8 11	1692 B	1 13 4 51 43	3 4 41 16 37
1657	1 30 21 25 13	3 4 6 8 23	1693	1 43 25 23 31	3 4 42 16 49
1658	2 0 41 57 1	3 4 7 8 34	1694	2 13 45 55 19	3 4 43 17 0
1659	2 31 2 28 49	3 4 8 8 46	1695	2 44 6 27 8	3 4 44 17 12
1660 B	3 1 27 59 53	3 4 9 9 8	1696 B	3 14 31 58 12	3 4 45 17 33
1661	3 31 48 31 41	3 4 10 9 19	1697	3 44 52 30 0	3 4 46 17 45
1662	4 2 9 3 30	3 4 11 9 31	1698	4 15 13 1 48	3 4 47 17 57
1663	4 32 29 35 18	3 4 12 9 42	1699	4 45 33 33 36	3 4 48 18 8
1664 B	5 2 55 6 22	3 4 13 10 4	1700 E	5 15 59 4 40	3 4 47 18 30
1665	5 33 15 38 10	3 4 14 10 15			
1666	0 3 36 9 58	3 4 15 10 27			

F iij

PROSTAPHERESES DV CENTRE DE IVPITER.

Sex. 0

Degrez.	Centre Oste. (0 | ')	Minutes proport. (')
0	0 | 0	0
1	0 | 5	0
2	0 | 10	0
3	0 | 16	0
4	0 | 21	0
5	0 | 26	0
6	0 | 31	0
7	0 | 37	3
8	0 | 42	1
9	0 | 47	1
10	0 | 52	1
11	0 | 57	1
12	1 | 3	1
13	1 | 8	1
14	1 | 13	1
15	1 | 18	1
16	1 | 23	1
17	1 | 28	1
18	1 | 33	2
19	1 | 38	2
20	1 | 43	2
21	1 | 48	2
22	1 | 53	2
23	1 | 58	2
24	2 | 3	2
25	2 | 8	2
26	2 | 12	2
27	2 | 17	2
28	2 | 22	2
29	2 | 27	2
30	2 | 32	3

Deg. adiouste.
Sexag. 5.

1.

Centre Oste. (0 | ')	Minutes proport. (')
4 | 26	12
4 | 29	12
4 | 32	13
4 | 35	13
4 | 38	14
4 | 40	14
4 | 42	15
4 | 44	15
4 | 47	15
4 | 49	16
4 | 51	16
4 | 53	17
4 | 55	17
4 | 57	18
4 | 59	18
5 | 0	19
5 | 2	19
5 | 3	19
5 | 5	20
5 | 6	20
5 | 7	21
5 | 9	21
5 | 10	22
5 | 11	22
5 | 11	23
5 | 12	23
5 | 12	24
5 | 13	24
5 | 13	25
5 | 14	26
5 | 14	26

adiouste.
4

2. Sex.

Centre Oste. (0 | ')	Minutes proport. (')	Degrez.
4 | 41	42	60
4 | 39	42	59
4 | 36	43	58
4 | 33	43	57
4 | 30	44	56
4 | 27	44	55
4 | 23	45	54
4 | 20	45	53
4 | 17	46	52
4 | 13	46	51
4 | 9	47	50
4 | 5	47	49
4 | 1	48	48
3 | 58	48	47
3 | 54	49	46
3 | 50	49	45
3 | 46	49	44
3 | 42	50	43
3 | 38	50	42
3 | 33	51	41
3 | 29	51	40
3 | 25	52	39
3 | 21	52	38
3 | 16	52	37
3 | 12	53	36
3 | 7	53	35
3 | 3	53	34
2 | 58	54	33
2 | 53	54	32
2 | 48	55	31
2 | 44	55	30

adiouste.
3. Sex.

PROSTAPHERESES DV CENTRE DE IVPITER.

Sex.	0		Sex.
Degrez.	Centre. Oste.	Minutes proport.	
30	2 32	3	
31	2 36	3	
32	2 40	3	
33	2 45	4	
34	2 49	4	
35	2 54	4	
36	2 58	4	
37	3 2	5	
38	3 7	5	
39	3 11	5	
40	3 15	5	
41	3 19	6	
42	3 23	6	
43	3 27	6	
44	3 31	7	
45	3 35	7	
46	3 39	7	
47	3 43	8	
48	3 46	8	
49	3 50	8	
50	3 54	8	
51	3 57	9	
52	4 1	9	
53	4 4	9	
54	4 7	10	
55	4 11	10	
56	4 14	11	
57	4 17	11	
58	4 20	11	
59	4 23	12	
60	4 26	12	
Deg.	adiouſte.		
Sexag. 5.			

1.	
Centre. Oste.	Minutes proport.
5 15	26
5 15	26
5 15	27
5 15	27
5 15	28
5 15	29
5 15	29
5 14	30
5 14	30
5 14	31
5 13	31
5 12	32
5 12	32
5 11	33
5 10	33
5 10	34
5 9	34
5 8	35
5 6	35
5 4	36
5 2	36
5 1	37
4 59	38
4 57	38
4 55	39
4 53	39
4 53	40
4 49	40
4 47	41
4 44	42
4 41	42
adioûte.	
4.	

2.		Sex.
Centre. Oste.	Minutes proport.	Degrez.
2 44	55	30
2 39	55	29
2 34	56	28
2 29	56	27
2 24	56	26
2 19	56	25
2 13	57	24
2 8	57	23
2 3	57	22
1 58	57	21
1 52	58	20
1 47	58	19
1 42	58	18
1 36	58	17
1 31	59	16
1 25	59	15
1 20	59	14
1 14	59	13
1 8	59	12
1 3	59	11
0 57	59	10
0 52	60	9
0 46	60	8
0 40	60	7
0 34	60	6
0 29	60	5
0 23	60	4
0 17	20	3
0 12	60	2
0 6	60	1
0 0	60	0
adioûte.		Deg.
3.		Sex.

PROSTAPHERESES DE L'ANOMALIE DE IVPITER.

Sex.	0					1.					2.				Sex.
	Anomal. adiouste.		Excés. adiouste.			Anomal. adiouste.		Excés. adiouste.			Anomal. adiouste.		Excés. adiouste.		
Degrez	0	1	0	1		0	1	0	1		0	1	0	1	Degrez
0	0	0	0	0		8	1	0	41		9	33	1	0	60
1	0	9	0	1		8	7	0	42		9	29	0	59	59
2	0	18	0	1		8	13	0	42		9	25	0	59	58
3	0	27	0	2		8	19	0	43		9	21	0	59	57
4	0	36	0	3		8	25	0	43		9	16	0	58	56
5	0	45	0	4		8	30	0	44		9	11	0	58	55
6	0	54	0	4		8	35	0	44		9	6	0	58	54
7	1	3	0	5		8	40	0	45		9	0	0	57	53
8	1	12	0	6		8	45	0	45		8	54	0	57	52
9	1	21	0	6		8	50	0	46		8	48	0	56	51
10	1	30	0	7		8	55	0	47		8	42	0	56	50
11	1	39	0	8		9	0	0	47		8	36	0	55	49
12	1	48	0	9		9	4	0	48		8	30	0	55	48
13	1	57	0	10		9	9	0	48		8	23	0	54	47
14	2	6	0	10		9	13	0	49		8	16	0	54	46
15	2	14	0	11		9	17	0	50		8	9	0	53	45
16	2	23	0	12		9	21	0	50		8	1	0	53	44
17	2	32	0	12		9	25	0	51		7	54	0	52	43
18	2	41	0	13		9	29	0	51		7	46	0	52	42
19	2	49	0	14		9	32	0	52		7	38	0	51	41
20	2	58	0	14		9	36	0	53		7	30	0	51	40
21	3	7	0	15		9	59	0	53		7	22	0	50	39
22	3	16	0	15		9	42	0	54		7	13	0	49	38
23	3	25	0	16		9	45	0	54		7	4	0	48	37
24	3	34	0	16		9	48	0	54		6	55	0	47	36
25	3	42	0	17		9	51	0	55		6	46	0	46	35
26	3	51	0	18		9	54	0	55		6	37	0	45	34
27	3	59	0	19		9	57	0	55		6	28	0	44	33
28	4	7	0	20		9	59	0	56		6	18	0	43	32
29	4	15	0	21		10	1	0	56		6	8	0	42	31
30	4	23	0	22		10	3	0	56		5	58	0	41	30
Deg.	Oste.		adiouste.			Oste.		adiouste.			Oste.		adiouste.		Deg.
Sexag.	5.					4.					3.				Sex.

PROSTA

de Sorbe

Sex. 0

Degrez	Anomal. adiouste 0 ' //	Excés. adiouste 0 '
30	4 23	0 22
31	4 31	0 23
32	4 40	0 23
33	4 48	0 24
34	4 56	0 25
35	5 4	0 25
36	5 12	0 26
37	5 20	0 27
38	5 28	0 27
39	5 36	0 28
40	5 43	0 29
41	5 51	0 29
42	5 59	0 30
43	6 7	0 31
44	6 14	0 31
45	6 21	0 32
46	6 29	0 33
47	6 36	0 33
48	6 43	0 34
49	6 50	0 35
50	6 57	0 35
51	7 4	0 36
52	7 11	0 37
53	7 18	0 37
54	7 24	0 38
55	7 30	0 39
56	7 36	0 39
57	7 42	0 40
58	7 49	0 40
59	7 55	0 41
60	8 1	6 41
Deg.	Ofte.	adiouste.

Sexag. 5.

1.

Anomal. adiouste 0 ' //	Excés. adiouste 0 '
10 3	0 56
10 4	0 57
10 6	0 57
10 7	0 57
10 8	0 58
10 10	0 58
10 11	0 59
10 12	0 59
10 12	0 59
10 12	0 59
10 12	0 59
10 12	0 59
10 12	0 59
10 12	0 59
10 13	1 0
10 10	1 0
10 9	1 0
10 8	1 0
10 7	1 0
10 5	1 0
10 3	1 0
10 1	1 0
10 0	1 0
9 56	1 0
9 54	1 0
9 51	1 0
9 48	1 0
9 45	1 0
9 41	1 0
9 37	1 0
9 33	1 0
Ofte.	adiouste.

4.

2. Sex.

Anomal. adiouste 0 ' //	Excés. adiouste 0 '	Degrez
5 58	0 41	30
5 48	0 40	29
5 38	0 39	28
5 28	0 38	27
5 17	0 37	26
5 6	0 35	25
4 55	0 34	24
4 44	0 32	23
4 33	0 31	22
4 21	0 30	21
4 9	0 28	20
3 58	0 27	19
3 46	0 26	18
3 35	0 24	17
3 23	0 23	16
3 11	0 21	15
2 59	0 20	14
2 46	0 19	13
2 34	0 18	12
2 21	0 17	11
2 8	0 15	10
1 56	0 14	9
1 43	0 12	8
1 30	0 11	7
1 17	0 9	6
1 4	0 8	5
0 52	0 6	4
0 39	0 5	3
0 26	0 3	2
0 13	0 1	1
0 0	0 0	0
Ofte.	adiouste.	Deg.

3. Sex.

G

CANON DE LA LATITVDE DE IVPITER.

Signes de l'Anomalie égalée.

Deg.	0		1		2		3		4		5		Deg.
	0	1	0	1	0	1	0	1	0	1	0	1	
0	0		0		0		0		0		0		Deg.
0	1	7	1	9	1	12	1	18	1	26	1	34	30
3	1	7	1	9	1	13	1	19	1	27	1	35	27
6	1	7	1	9	1	14	1	20	1	28	1	35	24
9	1	7	1	10	1	14	1	21	1	29	1	36	21
12	1	7	1	10	1	15	1	22	1	30	1	37	18
15	1	8	1	10	1	16	1	22	1	30	1	37	15
18	1	8	1	11	1	16	1	23	1	31	1	37	12
21	1	8	1	11	1	17	1	24	1	32	1	37	9
24	1	8	1	11	1	17	1	24	1	33	1	38	6
27	1	9	1	12	1	18	1	25	1	33	1	38	3
30	1	9	1	12	1	18	1	26	1	34	1	38	0
Deg.	11		10		9		8		7		6		Deg.

Signes de l'Anomalie égalée.

TABLE DES MOYENS
MOVVEMENS DE
MARS.

EN ANS.

Ans.	Longitude (s | 0 | ' | " | ''')	Apogée (s | 0 | ' | " | ''')
Racine.		
Nabonaſſare.	5 | 59 | 52 | 49 | 47	1 | 33 | 17 | 39 | 0
Ieſus-Chriſt.	0 | 39 | 16 | 38 | 47	1 | 49 | 55 | 9 | 0
20	3 | 48 | 20 | 35 | 31	0 | 0 | 26 | 42 | 44
40	1 | 36 | 41 | 11 | 2	0 | 0 | 53 | 25 | 28
60	5 | 25 | 1 | 46 | 33	0 | 1 | 20 | 8 | 13
80	3 | 13 | 22 | 22 | 4	0 | 1 | 46 | 50 | 57
100	1 | 1 | 42 | 57 | 35	0 | 2 | 13 | 33 | 41
200	2 | 3 | 25 | 55 | 10	0 | 4 | 27 | 7 | 23
300	3 | 5 | 8 | 52 | 45	0 | 6 | 40 | 41 | 5
400	4 | 6 | 51 | 50 | 21	0 | 8 | 54 | 14 | 47
500	5 | 8 | 34 | 47 | 56	0 | 11 | 7 | 48 | 29
600	0 | 10 | 17 | 45 | 31	0 | 13 | 21 | 22 | 11
700	1 | 12 | 0 | 43 | 6	0 | 15 | 34 | 55 | 53
800	2 | 13 | 43 | 40 | 42	0 | 17 | 48 | 29 | 34
900	3 | 15 | 26 | 38 | 17	0 | 20 | 2 | 3 | 16
1000	4 | 17 | 9 | 35 | 52	0 | 22 | 15 | 36 | 58
1100	5 | 18 | 52 | 33 | 28	0 | 24 | 29 | 10 | 40
1200	0 | 20 | 35 | 31 | 3	0 | 26 | 42 | 44 | 22
1300	1 | 22 | 18 | 28 | 38	0 | 28 | 56 | 18 | 4
1400	2 | 24 | 1 | 26 | 13	0 | 31 | 9 | 51 | 46
1500	3 | 25 | 44 | 23 | 49	0 | 33 | 23 | 25 | 27
1600	4 | 27 | 27 | 21 | 24	0 | 35 | 36 | 59 | 9
1700	5 | 29 | 10 | 18 | 59	0 | 37 | 50 | 32 | 51
1800	0 | 30 | 53 | 16 | 35	0 | 40 | 4 | 6 | 33
1900	1 | 32 | 36 | 14 | 10	0 | 42 | 17 | 40 | 15
2000	2 | 34 | 19 | 11 | 45	0 | 44 | 31 | 13 | 57
3000	0 | 51 | 28 | 47 | 38	1 | 6 | 46 | 50 | 55
4000	5 | 8 | 38 | 23 | 31	1 | 29 | 2 | 27 | 54
5000	3 | 25 | 47 | 59 | 23	1 | 51 | 18 | 4 | 53
6000	1 | 42 | 57 | 35 | 16	2 | 13 | 33 | 41 | 51

Ans.	Longitude (s | 0 | ' | " | ''')	Apogée (' | " | ''' | '''' | v)
1	3 | 11 | 17 | 10 | 6	1 | 20 | ? | ? | 39
2	0 | 22 | 34 | 20 | 13	2 | 40 | ? | 1 | 18
3	3 | 33 | 51 | 30 | 20	4 | 0 | 14 | 46 | 58
4	0 | 45 | 40 | 7 | 6	5 | 20 | 32 | 52 | 28
5	3 | 56 | 57 | 17 | 12	6 | 40 | 37 | 48 | 7
6	1 | 8 | 14 | 27 | 19	8 | 0 | 42 | 43 | 47
7	4 | 19 | 31 | 37 | 26	9 | 20 | 47 | 39 | 26
8	1 | 31 | 20 | 14 | 12	10 | 41 | 5 | 44 | 56
9	4 | 42 | 37 | 24 | 19	12 | 1 | 10 | 40 | 36
10	1 | 53 | 54 | 34 | 25	13 | 21 | 15 | 36 | 15
11	5 | 5 | 11 | 44 | 32	14 | 41 | 20 | 31 | 54
12	2 | 17 | 0 | 21 | 18	16 | 1 | 38 | 37 | 25
13	5 | 28 | 17 | 31 | 25	17 | 21 | 43 | 33 | 4
14	2 | 39 | 34 | 41 | 32	18 | 41 | 48 | 28 | 43
15	5 | 50 | 51 | 51 | 38	20 | 1 | 53 | 24 | 23
16	3 | 2 | 40 | 28 | 24	21 | 22 | 11 | 39 | 53
17	0 | 13 | 57 | 38 | 30	22 | 42 | 16 | 25 | 32
18	3 | 25 | 14 | 48 | 37	24 | 2 | 21 | 21 | 12
19	0 | 36 | 31 | 58 | 43	25 | 22 | 26 | 16 | 51
20	3 | 48 | 20 | 35 | 31	26 | 42 | 44 | 22 | 22

G ij

TABLE DES MOYENS
MOVVEMENS DE MARS.

En mois communs.

Mois.	s	°	'	''	'''	'	''	'''	''''	v
		Longitude.				Apogée.				
Ianuier.	0	16	14	46	23	0	6	48	5	23
Feurier.	0	30	55	12	48	0	12	56	41	12
Mars.	0	47	9	59	12	0	19	44	46	36
Auril.	1	2	53	18	56	0	26	19	42	8
May.	1	19	8	5	20	0	33	7	47	31
Iuin.	1	34	51	25	4	0	39	42	43	3
Iuillet.	1	51	6	11	27	0	46	30	48	26
Aoust.	2	7	20	37	51	0	53	18	53	49
Septemb.	2	23	4	17	35	0	59	53	49	21
Octobre.	2	39	19	3	58	1	6	41	54	44
Nouemb.	2	55	2	23	43	1	13	16	50	16
Decemb.	3	11	7	10	6	1	20	4	55	30

En mois Bissextils.

Mois.	s	°	'	''	'''	'	''	'''	''''	v
		Longitude.				Apogée.				
Ianuier.	0	16	14	46	23	0	6	48	5	23
Feurier.	0	31	26	39	28	0	13	9	51	4
Mars.	0	47	41	25	51	0	19	57	56	27
Auril.	1	3	24	45	35	0	26	32	51	59
May.	1	19	39	31	59	0	33	20	57	22
Iuin.	1	35	22	51	43	0	39	55	52	54
Iuillet.	1	51	37	38	7	0	46	43	58	17
Aoust.	2	7	52	24	30	0	53	34	3	40
Septemb.	2	23	35	44	14	1	0	6	59	12
Octobre.	2	39	50	30	38	1	6	55	4	35
Nouemb.	2	55	33	50	22	1	13	30	0	7
Decemb.	3	11	48	56	46	1	20	18	5	30

EN IOVRS.

Iours.	°	'	''	'''	''''	''	'''	''''	v	vi
1	0	31	26	39	28	0	13	9	51	4
2	1	2	53	18	56	0	26	19	42	8
3	1	34	19	58	24	0	39	29	33	12
4	2	5	46	37	52	0	52	39	24	16
5	2	37	13	17	21	1	5	49	15	20
6	3	8	39	56	49	1	18	59	6	24
7	3	40	6	36	17	1	32	8	57	28
8	4	11	33	15	45	1	45	18	48	32
9	4	42	59	55	14	1	58	28	39	36
10	5	14	26	34	42	2	11	38	30	40
11	5	45	53	14	10	2	24	48	21	44
12	6	17	19	53	38	2	37	58	12	48
13	6	48	46	33	6	2	51	8	3	52
14	7	20	13	12	35	3	4	17	54	56
15	7	51	39	52	3	3	17	27	46	0
16	8	23	6	31	31	3	30	37	37	4
17	8	54	33	10	59	3	43	47	28	8
18	9	25	59	50	28	3	56	57	19	12
19	9	57	26	29	56	4	10	7	10	16
20	10	28	53	9	24	4	23	17	1	20
21	11	0	19	48	52	4	36	26	52	24
22	11	31	46	28	20	4	49	36	43	28
23	12	3	13	7	49	5	2	46	34	32
24	12	34	39	47	17	5	15	56	25	36
25	13	6	6	26	45	5	29	6	16	40
26	13	37	33	6	13	5	42	16	7	44
27	14	8	59	45	42	5	55	25	58	48
28	14	40	26	25	10	6	8	35	49	52
29	15	11	53	4	38	6	21	45	40	56
30	15	43	19	44	6	6	34	55	32	0
31	16	14	46	23	34	6	48	5	23	4

EN HEVRES.

Heures.	'	''	'''	''''	v
1	2	18	36	38	40
2	2	37	13	17	21
3	3	55	49	56	1
4	5	14	26	34	42
5	6	33	3	13	22
6	7	51	39	52	3
7	9	10	16	30	43
8	10	28	53	9	24
9	11	47	29	48	5
10	13	6	6	26	45
11	14	24	43	5	26
12	15	43	19	44	6
13	17	1	56	22	47
14	18	20	33	1	27
15	19	39	9	40	8
16	20	57	46	18	48
17	22	16	22	57	29
18	23	34	59	36	10
19	24	53	36	14	50
20	26	12	12	53	31
21	27	30	49	32	11
22	28	49	26	10	52
23	30	8	2	49	32
24	31	26	39	28	13

RACINES DES MOYENS
MOVVEMENS DE MARS.

Ans.	Longitude s	0	I	II	III	Apogée s	0	I	II	III
1550	1	35	36	48	4	2	24	25	21	12
1551	4	46	53	58	11	2	24	26	41	17
1552 B	1	58	42	34	57	2	24	28	1	35
1553	5	9	59	45	4	2	24	29	21	40
1554	2	21	16	55	10	2	24	30	41	45
1555	5	32	34	5	17	2	24	32	1	50
1556 B	2	44	22	42	3	2	24	33	22	8
1557	5	55	39	52	10	2	24	34	42	13
1558	3	6	57	2	17	2	24	36	2	18
1559	0	18	14	12	23	2	24	37	22	23
1560 B	3	30	2	49	9	2	24	38	42	41
1561	0	41	19	59	16	2	24	40	2	46
1562	3	52	37	9	23	2	24	41	22	51
1563	1	3	54	19	29	2	24	42	42	55
1564 B	4	15	42	56	16	2	24	44	3	14
1565	1	27	0	6	22	2	24	45	23	18
1566	4	38	17	16	29	2	24	46	43	23
1567	1	44	34	26	36	2	24	48	3	28
1568 B	5	1	23	3	22	2	24	49	23	46
1569	2	12	40	13	28	2	24	50	3	15
1570	5	23	57	23	35	2	24	52	3	56
1571	2	35	14	53	42	2	24	53	24	1
1572 B	5	47	3	10	28	2	24	54	44	9
1573	2	58	20	20	35	2	24	56	4	24
1574	0	9	37	30	41	2	24	57	24	29
1575	3	20	54	40	48	2	24	58	44	34
1576 B	0	32	43	17	34	2	25	0	4	52
1577	3	44	0	27	43	2	25	1	24	57
1578	0	55	17	37	48	2	25	2	45	2
1579	4	6	34	47	54	2	25	4	5	7
1580 B	1	18	23	24	40	2	25	5	25	25
1581	4	29	40	34	47	2	25	6	45	30
1582	1	35	43	18	19	2	25	8	3	23

Racines en ans gregoriens.

Ans.	Longitude s	0	I	II	III	Apogée s	0	I	II	III
1583	4	47	0	28	26	2	25	9	23	38
1584 B	1	58	49	5	12	2	25	10	43	46
1585	5	10	6	15	19	2	25	12	3	51
1586	2	21	23	25	25	2	25	13	23	56

Ans.	Longitude s	0	I	II	III	Apogée s	0	I	II	III
1587	5	32	40	35	32	2	25	14	44	1
1588 B	2	44	29	1	18	2	25	16	4	19
1589	5	55	46	22	25	2	25	17	24	24
1590	3	7	3	32	31	2	25	18	44	29
1591	0	18	20	42	38	2	25	20	4	34
1592 B	3	30	9	19	24	2	25	21	24	52
1593	0	41	26	29	31	2	25	22	44	57
1594	3	52	43	39	38	2	25	24	5	2
1595	1	4	0	49	44	2	25	25	25	7
1596 B	4	15	4	26	31	2	25	26	45	25
1597	1	27	6	36	37	2	25	28	5	30
1598	4	38	23	46	44	2	25	29	25	35
1599	1	49	40	56	51	2	25	30	45	40
1600 B	5	1	29	33	37	2	25	32	5	58
1601	2	12	46	43	43	2	25	33	26	3
1602	5	24	3	53	50	2	25	34	46	8
1603	2	35	21	3	57	2	25	36	6	13
1604 E	5	47	9	40	43	2	25	37	26	31
1605	2	58	26	50	50	2	25	38	46	36
1606	0	9	44	0	56	2	25	39	6	40
1607	3	21	1	11	33	2	25	41	26	45
1608 B	0	32	49	47	49	2	25	42	47	4
1609	3	44	6	57	56	2	25	44	7	8
1610	0	55	24	8	3	2	25	45	27	13
1611	4	6	41	18	9	2	25	46	47	18
1612 B	1	18	29	54	55	2	25	48	7	36
1613	4	29	47	5	2	2	25	49	27	41
1614	1	41	4	15	9	2	25	50	47	46
1615	4	52	21	25	15	2	25	52	7	51
1616 E	2	4	10	2	2	2	25	53	28	9
1617	5	15	27	12	8	2	25	54	48	14
16 Q	2	26	44	22	15	2	25	56	8	19
	5	38	1	32	22	2	25	57	28	24
	2	49	50	9	8	2	25	58	48	42
1621	0	1	7	19	14	2	26	0	8	47
1622	3	12	24	29	21	2	26	1	28	52
1623	0	23	41	39	28	2	26	2	48	57
1624 B	3	35	30	16	14	2	26	4	9	15
1625	0	46	47	26	21	2	26	5	29	20
1626	3	58	4	36	27	2	26	6	49	25

RACINES DES MOYENS
MOVVEMENS DE MARS.

Ans.	Longitude.					Apogée.					Ans.	Longitude.					Apogée.				
	s	0	I	II	III	s	0	I	II	III		s	0	I	II	III	s	0	I	II	III
1627	1	9	21	46	34	2	26	8	9	30	1665	2	23	28	37	23	2	26	58	54	49
1628 B	4	21	10	23	20	2	26	9	29	48	1666	5	34	45	47	29	2	27	0	14	54
1629	1	32	27	33	27	2	26	10	49	53	1667	2	46	2	57	36	2	27	1	34	59
1630	4	43	44	43	34	2	26	12	9	58	1668 B	5	57	51	34	22	2	27	2	55	17
1631	1	55	1	53	40	2	26	13	30	3	1669	3	9	8	44	29	2	27	4	15	22
1632 B	5	6	50	30	26	2	26	14	50	21	1670	0	20	25	54	36	2	27	5	35	26
1633	2	18	7	40	33	2	26	16	10	26	1671	3	31	43	4	42	2	27	6	55	31
1634	5	29	24	50	40	2	26	17	30	31	1672 B	0	43	31	41	29	2	27	8	15	50
1635	2	40	42	0	46	2	26	18	50	36	1673	3	54	48	51	35	2	27	9	35	54
1636 B	5	52	30	37	53	2	26	20	10	54	1674	1	6	6	1	42	2	27	10	55	59
1637	3	3	47	47	39	2	26	21	30	59	1675	4	17	23	11	49	2	27	12	16	4
1638	0	15	4	57	46	2	26	23	51	4	1676 B	1	29	11	48	35	2	27	13	36	22
1639	3	26	22	7	53	2	26	24	11	8	1677	4	40	28	58	41	2	27	14	56	27
1640 B	0	38	10	44	39	2	29	25	31	27	1678	1	51	46	8	48	2	27	16	16	32
1641	3	49	27	54	46	2	26	26	51	31	1679	5	3	3	18	55	2	27	17	36	37
1642	1	0	45	4	52	2	26	28	11	36	1680 B	2	14	51	55	41	2	27	18	56	55
1643	4	12	2	14	59	2	26	29	31	41	1681	5	26	9	5	48	2	27	20	17	0
1644 B	1	23	50	51	45	2	26	30	51	59	1682	2	37	26	15	54	2	27	21	37	5
1645	4	35	8	1	52	2	26	32	12	4	1683	5	48	43	26	1	2	27	22	57	10
1646	1	46	25	11	58	2	26	33	32	9	1684 B	3	0	32	2	47	2	27	24	17	28
1647	4	57	42	22	5	2	26	34	52	14	1685	0	11	49	12	54	2	27	25	37	33
1648 B	2	9	30	58	51	2	26	36	12	32	1686	3	23	6	23	1	2	27	26	57	38
1649	5	20	48	8	58	2	26	37	32	37	1687	0	34	23	33	7	2	27	28	17	43
1650	2	32	5	19	5	2	26	38	52	42	1688 B	3	46	12	9	53	2	27	29	38	1
1651	5	43	22	29	11	2	26	40	12	47	1689	0	57	29	20	0	2	27	30	58	6
1652 B	2	55	11	5	57	2	25	41	33	5	1690	4	8	46	30	7	2	27	32	18	11
1653	0	6	28	16	4	2	26	42	53	10	1691	1	20	3	40	13	2	27	33	38	16
1654	3	17	45	26	11	2	26	44	13	15	1692 B	4	31	52	17	0	2	27	34	58	34
1655	0	29	2	36	18	2	26	45	33	20	1693	1	43	9	27	6	2	27	36	18	39
1656 B	3	40	51	13	4	2	26	46	53	38	1694	4	54	26	37	13	2	27	37	38	44
1657	0	52	8	23	10	2	26	48	13	43	1695	2	5	43	47	20	2	27	38	58	49
1658	4	3	25	33	17	2	26	49	33	48	1696 B	5	17	32	24	6	2	27	40	19	7
1659	1	14	42	43	24	2	26	50	53	53	1697	2	28	49	34	12	2	27	41	39	12
1660 B	4	26	31	20	10	2	26	52	14	11	1698	5	40			19	2	27	42	59	17
1661	1	37	48	30	17	2	26	53	34	16	1699	2	51		4	26	2	27	44	19	22
1662	4	49	5	40	23	2	26	54	54	21	1700 D	0	3	12	31	12	2	27	45	39	40
1663	2		22	50	30	2	26	56	14	26											
1664 B	5		11	27	16	2	26	57	34	44											

Sex.	0			1.			2.		Sex.
Degrez	Centre Oste. ° ' ||		Minutes proport. '	Centre Oste. ° ' ||		Minutes proport. '	Centre Oste. ° ' ||	Minutes proport. '	Degrez
0	0	0 ||	0	9	7 ||	9	10 0 ||	37	60
1	0	11 ||	0	9	13 ||	9	9 55 ||	37	59
2	0	21 ||	0	9	19 ||	9	9 50 ||	38	58
3	0	32 ||	0	9	25 ||	10	9 44 ||	38	57
4	0	43 ||	0	9	31 ||	10	9 39 ||	39	56
5	0	53 ||	0	9	36 ||	10	9 33 ||	39	55
6	1	4 ||	0	9	41 ||	11	9 27 ||	40	54
7	1	15 ||	0	9	46 ||	11	9 21 ||	41	53
8	1	25 ||	0	9	51 ||	11	9 14 ||	41	52
9	1	35 ||	0	9	56 ||	12	9 7 ||	42	51
10	1	46 ||	0	10	1 ||	12	9 0 ||	42	50
11	1	56 ||	0	10	5 ||	12	8 53 ||	43	49
12	2	7 ||	0	10	10 ||	13	8 46 ||	44	48
13	2	18 ||	0	10	14 ||	13	8 38 ||	44	47
14	2	28 ||	0	10	18 ||	13	8 30 ||	45	46
15	2	38 ||	0	10	22 ||	14	8 22 ||	45	45
16	2	48 ||	1	10	26 ||	14	8 14 ||	46	44
17	2	59 ||	1	10	29 ||	15	8 6 ||	46	43
18	3	9 ||	1	10	33 ||	15	7 57 ||	47	42
19	3	19 ||	1	10	36 ||	16	7 49 ||	47	41
20	3	29 ||	1	10	39 ||	16	7 40 ||	48	40
21	3	40 ||	1	10	42 ||	16	7 32 ||	48	39
22	3	50 ||	1	10	44 ||	17	7 21 ||	49	38
23	4	0 ||	1	10	47 ||	17	7 12 ||	49	37
24	4	10 ||	1	10	49 ||	18	7 2 ||	50	36
25	4	19 ||	1	10	51 ||	18	6 53 ||	50	35
26	4	29 ||	2	10	53 ||	19	6 43 ||	51	34
27	4	38 ||	2	10	55 ||	19	6 33 ||	51	33
28	4	48 ||	2	10	57 ||	19	6 23 ||	52	32
29	4	58 ||	2	10	58 ||	20	6 13 ||	52	31
30	5	7 ||	2	10	59 ||	20	6 3 ||	53	30
Deg.	adiouste.			adiouste.			adiouste.		Deg
Sexag.	5.			4			3		Sex.

Sex.	0		1.		2.		Sex.
Degrez	Centre Offic. (o ')	Minutes proport. (')	Centre Offic. (o ')	Minutes proport. (')	Centre Offic. (o ')	Minutes proport. (')	Degrez
30	5 7	2	10 59	20	6 3	53	30
31	5 17	2	11 0	21	5 52	53	29
32	5 26	2	11 1	21	5 41	54	28
33	5 36	2	11 1	22	5 30	54	27
34	5 45	3	11 2	22	5 19	54	26
35	5 54	3	11 2	23	5 8	55	25
36	6 3	3	11 2	23	4 56	55	24
37	6 12	3	11 2	24	4 45	56	23
38	6 21	3	11 1	24	4 33	56	22
39	6 30	4	11 1	25	4 22	56	21
40	6 38	4	11 0	25	4 10	57	20
41	6 47	4	10 59	26	3 59	57	19
42	6 55	4	10 58	26	3 48	57	18
43	7 3	4	10 56	27	3 36	58	17
44	7 11	5	10 55	28	3 23	58	16
45	7 19	5	10 53	28	3 11	58	15
46	7 27	5	10 51	29	2 59	58	14
47	7 35	5	10 49	29	2 46	59	13
48	7 43	5	10 46	30	2 34	59	12
49	7 51	6	10 43	30	2 21	59	11
50	7 58	6	10 40	31	2 9	59	10
51	8 6	6	10 37	31	1 56	59	9
52	8 13	6	10 34	32	1 43	59	8
53	8 20	7	10 31	33	1 30	60	7
54	8 28	7	10 27	33	1 18	60	6
55	8 35	7	10 23	34	1 5	60	5
56	8 41	7	10 19	34	0 52	60	4
57	8 48	8	10 15	35	0 39	60	3
58	8 55	8	10 10	35	0 26	60	2
59	9 1	8	10 5	36	0 13	60	1
60	9 7	9	10 0	37	0 0	60	0
Deg.	adiouste.		adiouste.		adiouste.		Deg.
Sexag.	5.		4		3.		Sex.

PROSTA.

PROSTAPHERESES DE L'ANOMALIE
Corb. de
DE MARS.

Sex.	0			1.			2.		Sex.
	Anomal.	Excés.		Anomal.	Excés.		Anomal.	Excés.	
	adiouste.	adiouste.		adiouste.	adiouste.		adiouste.	adiouste.	
Degrez	0 '	0 '		0 '	0 '		0 '	0 '	Degrez
0	0 0	0 0		21 48	3 2		36 37	8 14	60
1	0 23	0 3		22 8	3 6		36 42	8 22	59
2	0 45	0 6		22 28	3 9		36 45	8 30	58
3	1 8	0 8		22 48	3 13		36 49	8 38	57
4	1 30	0 11		23 8	3 17		36 51	8 46	56
5	1 53	0 14		23 28	3 21		36 53	8 54	55
6	2 15	0 16		23 48	3 25		36 54	9 3	54
7	2 38	0 19		24 7	3 29		36 54	9 12	53
8	3 0	0 22		24 27	3 32		36 54	9 21	52
9	3 22	0 24		24 46	3 36		36 54	9 30	51
10	3 45	0 28		25 5	3 41		36 50	9 39	50
11	4 7	0 30		25 24	3 45		36 47	9 48	49
12	4 30	0 33		25 43	3 49		36 43	9 57	48
13	4 52	0 36		26 2	3 53		36 38	10 6	47
14	5 15	0 39		26 21	3 57		36 32	10 15	46
15	5 37	0 41		26 39	4 1		36 26	10 24	45
16	5 59	0 44		26 58	4 5		36 17	10 33	44
17	6 22	0 47		27 16	4 9		36 8	10 42	43
18	6 44	0 50		27 34	4 13		35 58	10 51	42
19	7 6	0 53		27 52	4 17		35 46	11 0	41
20	7 29	0 56		28 10	4 21		35 33	11 9	40
21	7 51	0 59		28 28	4 26		35 19	11 19	39
22	8 13	1 2		28 45	4 30		35 4	11 29	38
23	8 36	1 5		29 3	4 35		34 47	11 39	37
24	8 58	1 8		29 20	4 39		34 28	11 49	36
25	9 20	1 11		29 37	4 44		34 8	11 58	35
27	9 42	1 14		29 54	4 48		33 46	12 7	34
26	10 4	1 17		30 10	4 53		33 23	12 16	33
28	10 26	1 20		30 27	4 57		32 58	12 25	32
29	10 48	1 23		30 43	5 2		32 31	12 33	31
30	11 10	1 26		30 59	5 7		32 2	12 41	30
Deg.	Oste.	adiouste.		Oste.	adiouste.		Oste.	adiouste.	Deg.
Sexag.	5.			4.			3.		Sex.

H

PROSTAPHERESES DE L'ANOMALIE
Lorb. 5.
DE MARS.

Sex.	0				1.				2.			Sex.
Degrez	*Anomal.* adiouste.		*Excés.* adiouste.		*Anomal.* adiouste.		*Excés.* adiouste.		*Anomal.* adiouste.		*Excés.* adiouste.	**Degrez**
	o	'	o	'	o	'	o	'	o	'	o	'	
30	11	10	1	26	30	59	5	7	32	2	12	41	30
31	11	32	1	28	31	15	5	12	31	33	12	49	29
32	11	54	1	31	31	30	5	17	30	58	12	56	28
33	12	16	1	34	31	46	5	22	30	23	13	2	27
34	12	38	1	37	32	1	5	27	29	46	13	7	26
35	13	0	1	40	32	16	5	33	29	7	13	11	25
36	13	22	1	43	32	30	5	38	28	25	13	14	24
37	13	44	1	46	32	45	5	44	27	41	13	16	23
38	14	5	1	49	32	59	5	49	26	55	13	16	22
39	14	27	1	52	33	12	5	54	26	6	13	14	21
40	14	49	1	55	33	26	6	0	25	14	13	11	20
41	15	10	1	58	33	39	6	5	24	20	13	5	19
42	15	32	2	1	33	52	6	11	23	24	12	57	18
43	15	53	2	4	34	5	6	17	22	25	12	47	17
44	16	14	2	7	34	17	6	23	21	23	12	34	16
45	16	36	2	10	34	29	6	29	20	18	12	17	15
46	16	57	2	14	34	40	6	36	19	12	11	56	14
47	17	18	2	18	34	52	6	42	18	2	11	31	13
48	17	39	2	21	35	2	6	48	16	50	11	2	12
49	18	1	2	25	35	13	6	54	15	36	10	29	11
50	18	22	2	28	35	23	7	1	14	19	9	54	10
51	18	43	2	32	35	32	7	8	13	0	9	12	9
52	19	4	2	35	35	41	7	15	11	39	8	26	8
53	19	24	2	39	35	50	7	22	10	16	7	35	7
54	19	45	2	42	35	58	7	29	8	51	6	41	6.
55	20	6	2	45	36	6	7	36	7	25	5	41	5
56	20	26	2	48	36	13	7	43	5	58	4	37	4.
57	20	47	2	52	36	20	7	50	4	29	3	31	3
58	21	7	2	55	36	26	7	58	3	0	2	22	2
59	21	28	2	59	36	32	8	6	1	30	1	11	1
60	21	48	3	2	36	37	8	14	0	0	0	0	0
Deg.	Ofte.		adiouste.		Ofte.		adiouste.		Ofte.		adiouste.		**Deg.**
Sexag.	5.				4.				3.				**Sex.**

PROSTAPHERESES
DE LA LONGITVDE
Centrique de Mars aux Acronyches.

MINVTES PRO-
PORTIONNELLES
appartenantes à l'Anomalie.

Sig.	♂		♒		♓		♈		♉		♊	
Degrez.	Ad-ioût.		Ad-ioût.		Ad-ioût.		Ad-ioût.		Ad-ioût.		Ad-ioût.	
	0	'	0	'	0	'	0	'	0	'	0	'
0	0	0	0	27	0	53	1	7	1	1	0	38
1	0	0	0	28	0	54	1	7	1	0	0	36
2	0	0	0	29	0	54	1	7	1	0	0	35
3	0	0	0	30	0	55	1	7	0	59	0	34
4	0	0	0	31	0	55	1	7	0	59	0	33
5	0	0	0	33	0	56	1	7	0	58	0	32
6	0	0	0	34	0	56	1	7	0	57	0	31
7	0	1	0	35	0	57	1	7	0	56	0	30
8	0	2	0	36	0	57	1	7	0	56	0	29
9	0	3	0	37	0	58	1	7	0	55	0	28
10	0	4	0	38	0	58	1	6	0	55	0	27
11	0	5	0	39	0	59	1	6	0	54	0	26
12	0	6	0	40	0	59	1	6	0	53	0	25
13	0	7	0	41	1	0	1	6	0	53	0	24
14	0	8	0	42	1	0	1	6	0	52	0	23
15	0	9	0	42	1	1	1	6	0	52	0	22
16	0	11	0	43	1	1	1	6	0	51	0	21
17	0	12	0	43	1	2	1	6	0	51	0	20
18	0	13	0	44	1	2	1	6	0	50	0	19
19	0	14	0	44	1	3	1	5	0	50	0	18
20	0	15	0	45	1	3	1	5	0	49	0	17
21	0	16	0	46	1	4	1	5	0	48	0	16
22	0	17	0	47	1	4	1	4	0	47	0	15
23	0	18	0	47	1	5	1	4	0	45	0	14
24	0	19	0	48	1	5	1	4	0	44	0	12
25	0	20	0	49	1	6	1	3	0	43	0	10
26	0	22	0	50	1	6	1	3	0	42	0	8
27	0	23	0	51	1	7	1	3	0	41	0	6
28	0	24	0	52	1	7	1	2	0	40	0	4
29	0	25	0	53	1	7	1	2	0	39	0	2
30	0	27	0	53	1	7	1	1	0	38	0	0

Ano-ma-lie	Min. pro-port.	Ano-ma-lie	Ano-ma-lie	Min. pro-port.	Ano-ma-lie
fex.o	'	fex.o	fex.o	'	fex.o
2 15	0	3 45	2 39	44	3 21
2 16	2	3 44	2 40	45	3 20
2 17	4	3 43	2 41	46	3 19
2 18	6	3 42	2 42	48	3 18
2 19	8	3 41	2 43	50	3 17
2 20	10	3 40	2 44	51	3 16
2 21	12	3 39	2 45	52	3 15
2 22	14	3 38	2 46	53	3 14
2 23	16	3 37	2 47	54	3 13
2 24	18	3 36	2 48	55	3 12
2 25	20	3 35	2 49	55	3 11
2 26	22	3 34	2 50	56	3 10
2 27	24	3 33	2 51	57	3 9
2 28	26	3 32	2 52	58	3 8
2 29	28	3 31	2 53	58	3 7
2 30	30	3 30	2 54	59	3 6
2 31	32	3 29	2 55	59	3 5
2 32	33	3 28	2 56	59	3 4
2 33	35	3 27	2 57	59	3 3
2 34	37	3 26	2 58	60	3 2
2 35	39	3 25	2 59	60	3 1
2 36	40	3 24	3 0	60	3 0
2 37	41	3 23			
2 38	43	3 22			

Quand le lieu apparoit de ♂ si tourner de
♈ jusques ♎ de jour jusques alafin de ♑ il faut
oster du calcul d'ortus 9 minutes; au commencement
de ♏ 12 minutes et au commencement de ♒
8 quintes

TABLE DV MOYEN
MOVVEMENT DV NOEVD
BOREAL DE MARS.

EN ANS.						Ans.							Mois.						Biflextils				
Racine.	s	0	I	II	III		I	II	III	IIII	V	VI	Mois.	I	II	III	IIII	V		II	III	IIII	V
Nebonai-fare.						1	0	40	0	0	0	10	Ianuier.	0	3	23	50	8		3	23	50	8
	0	21	11	46	0	2	1	20	0	0	0	20	Feurier.	0	6	7	56	42		6	34	31	14
Iefus-Chrift.						3	2	0	0	0	0	30	Mars.	0	9	51	46	50		9	58	21	22
	0	29	30	30	0	4	2	40	6	34	31	54	Auril.	0	13	9	2	27		13	15	36	59
20	0	0	13	20	32	5	3	20	6	34	32	4	May.	0	16	32	52	35		16	39	27	7
40	0	0	26	41	5	6	4	0	6	34	32	14	Iuin.	0	19	50	8	12		19	56	42	44
60	0	0	40	1	38	7	4	40	6	34	32	22	Iuillet.	0	23	13	58	20		23	20	32	52
80	0	0	53	22	11	8	5	20	13	9	3	48	Aouft.	0	26	37	48	29		26	44	23	0
100	0	1	6	42	44	9	6	0	13	9	3	58	Septemb.	0	29	55	4	6		30	1	38	37
200	0	2	13	25	28	10	6	40	13	9	4	8	Octobre.	0	33	18	54	14		33	25	28	46
300	0	3	20	8	13	11	7	20	13	9	4	18	Nouemb.	0	36	36	9	52		36	42	44	23
400	0	4	26	50	57	12	8	0	19	43	35	42	Decemb.	0	40	0	0	0		46	6	34	31
500	0	5	33	33	41	13	8	40	19	43	35	52											

EN IOVRS.

600	0	6	40	16	26	14	9	20	19	43	36	2	Iours.	I	II	III	IIII	V	VI
700	0	7	46	59	10	15	10	0	19	43	36	12	1	0	6	34	31	14	
800	0	8	53	41	55	16	10	40	26	18	7	36	2	0	13	9	2	28	
900	0	10	0	24	39	17	11	20	26	18	7	46	3	0	19	43	33	42	
1000	0	11	7	7	23	18	12	0	26	18	7	56	4	0	26	18	4	56	
1100	0	12	13	50	8	19	12	40	26	18	8	6	5	0	32	52	36	10	
1200	0	13	20	32	52	20	13	20	32	52	39	30	6	0	39	27	7	24	
1300	0	14	27	15	37								7	0	46	1	38	38	
1400	0	15	33	58	21								8	0	52	36	9	52	
1500	0	16	40	41	5								9	0	59	10	41	6	
1600	0	17	47	23	50								10	1	5	45	12	20	
1700	0	18	54	6	34								11	1	12	19	43	34	
1800	0	20	0	49	18								12	1	18	54	14	48	
1900	0	21	7	32	3								13	1	25	28	46	2	
2000	0	22	14	14	47								14	1	32	3	17	16	
3000	0	33	21	22	11								15	1	38	37	48	30	
4000	0	44	28	29	35								16	1	45	12	19	44	
5000	0	55	35	36	59								17	1	51	46	50	58	
6000	1	6	42	44	23								18	1	58	21	22	12	
													19	2	4	55	53	26	
													20	2	11	30	24	40	
													21	2	18	4	55	54	
													22	2	24	39	27	8	
													23	2	31	13	58	22	
													24	2	37	48	29	36	
													25	2	44	23	0	50	
													26	2	50	57	32	4	
													27	2	57	32	3	18	
													28	3	4	6	34	32	
													29	3	10	41	5	46	
													30	3	17	15	37	0	
													31	3	23	50	8	14	

RACINES DV MOYEN MOVVEMENT DV NOEVD BOREAL DE MARS.

Ans.	s	0	'	''	'''
1550	0	46	44	32	24
1551	0	46	45	12	24
1552 B	0	46	45	52	31
1553	0	46	46	32	31
1554	0	46	47	12	31
1555	0	46	47	52	31
1556 B	0	46	48	32	37
1557	0	46	49	12	37
1558	0	46	49	52	37
1559	0	46	50	32	37
1560 B	0	46	51	12	44
1561	0	46	51	52	44
1562	0	46	52	32	44
1563	0	46	53	12	44
1564 B	0	46	53	52	51
1565	0	46	54	32	51
1566	0	46	55	12	50
1567	0	46	55	52	51
1568 B	0	46	56	32	57
1569	0	46	57	12	57
1570	0	46	57	52	57
1571	0	46	58	32	57
1572 B	0	46	59	13	4
1573	0	46	59	53	4
1574	0	47	0	33	4
1575	0	47	1	13	4
1576 B	0	47	1	53	10
1577	0	47	2	13	10
1578	0	47	3	33	10
1579	0	47	3	33	10
1580 L	0	47	4	33	17
1581	0	47	5	13	17
1582	0	47	5	52	11

Racines en ans Gregoriens.

Ans.	s	0	'	''	'''
1583	0	47	6	32	11
1584 B	0	47	7	12	18
1585	0	47	7	52	18
1586	0	47	8	32	18
1587	0	47	9	12	18
1588 B	0	47	9	52	24
1589	0	47	10	32	24
1590	0	47	11	52	24
1591	0	47	11	52	24
1592 B	0	47	12	32	30
1593	0	47	13	12	31
1594	0	47	13	52	31
1595	0	47	14	32	31
1596 B	0	47	15	12	37
1597	0	47	15	52	37
1598	0	47	16	32	37

Ans.	s	0	'	''	'''
1599	0	47	17	12	37
1600 B	0	47	17	52	44
1601	0	47	18	32	44
1602	0	47	19	12	44
1603	0	47	19	52	44
1604 B	0	47	20	32	50
1605	0	47	21	12	50
1606	0	47	21	52	50
1607	0	47	22	32	50
1608 B	0	47	23	12	57
1609	0	47	23	52	57
1610	0	47	24	32	57
1611	0	47	25	12	57
1612 B	0	47	25	53	4
1613	0	47	26	33	4
1614	0	47	27	13	4
1615	0	47	27	53	4
1616 B	0	47	28	33	10
1617	0	47	29	13	10
1618	0	47	29	53	10
1619	0	47	30	33	10
1620 B	0	47	31	13	17
1621	0	47	31	53	17
1622	0	47	32	33	17
1623	0	47	33	13	17
1624 B	0	47	33	55	23
1625	0	47	34	33	23
1626	0	47	35	13	23
1627	0	47	35	53	23
1628 B	0	47	36	33	30
1629	0	47	37	13	30
1630	0	47	37	53	30
1631	0	47	38	33	30
1632 B	0	47	39	13	36
1633	0	47	39	53	36
1634	0	47	40	33	36
1635	0	47	41	13	36
1636 B	0	47	41	53	43
1637	0	47	42	33	43
1638	0	47	43	13	43
1639	0	47	43	53	43
1640 B	0	47	44	33	50
1641	0	47	45	13	50
1642	0	47	45	13	50
1643	0	47	46	33	50
1644 B	0	47	47	13	56
1645	0	47	47	53	56
1646	0	47	48	33	56
1647	0	47	49	13	56
1648 B	0	47	4	54	3
1649	0	47	50	34	3
1650	0	47	51	14	3

Ans.	s	0	'	''	'''
1651	0	47	51	54	3
1652 B	0	47	52	34	9
1653	0	47	53	14	9
1654	0	47	53	54	9
1655	0	47	54	34	9
1656 B	0	47	55	14	16
1657	0	47	55	54	16
1658	0	47	56	34	16
1659	0	47	57	14	16
1660 B	0	47	57	54	22
1661	0	47	58	34	22
1662	0	47	59	14	22
1663	0	47	59	54	22
1664 B	0	48	0	34	29
1665	0	48	1	14	29
1666	0	48	1	54	29
1667	0	48	2	34	29
1668 B	0	48	3	14	36
1669	0	48	3	54	36
1670	0	48	4	34	36
1671	0	48	5	14	36
1672 B	0	48	5	54	42
1673	0	48	6	34	42
1674	0	48	7	14	42
1675	0	48	7	54	42
1676 B	0	48	8	34	49
1677	0	48	9	14	49
1678	0	48	9	54	49
1679	0	48	10	34	49
1680 B	0	48	11	14	55
1681	0	48	11	54	55
1682	0	48	12	34	55
1683	0	48	13	14	55
1684 B	0	48	13	55	2
1685	0	48	14	35	2
1686	0	48	15	15	2
1687	0	48	15	55	2
1688 B	0	48	16	35	8
1689	0	48	17	15	8
1690	0	48	17	55	8
1691	0	48	18	35	8
1692 B	0	48	19	15	15
1693	0	48	19	55	15
1694	0	48	20	35	15
1695	0	48	21	15	22
1696 B	0	48	21	55	22
1697	0	48	22	35	22
1698	0	48	23	15	22
1699	0	48	23	55	22
1700 B	0	48	24	35	28

CANON DE LA LATITVDE
BOREALE DE MARS.

Signes de l'Anomalie égalée.

Degrez.	0		1		2		3		4		5		Degrez.
	0	'	0	'	0	'	0	'	0	'	0	'	
0	1	9	1	12	1	19	1	34	2	7	3	14	30
2	1	9	1	12	1	19	1	36	2	10	3	20	28
4	1	9	1	12	1	20	1	37	2	12	3	25	26
6	1	9	1	13	1	21	1	39	2	15	3	31	24
8	1	9	1	13	1	21	1	40	2	19	3	38	22
10	1	9	1	12	1	22	1	42	2	23	3	46	20
12	1	9	1	14	1	23	1	44	2	27	3	54	18
14	1	10	1	15	1	24	1	46	2	31	4	2	16
16	1	10	1	15	1	25	1	48	2	35	4	9	14
18	1	10	1	15	1	26	1	50	2	40	4	15	12
20	1	10	1	16	1	27	1	53	2	45	4	20	10
22	1	11	1	16	1	28	1	56	2	50	4	24	8
24	1	11	1	17	1	29	1	59	2	55	4	28	6
26	1	11	1	17	1	31	2	1	3	0	4	30	4
28	1	12	1	18	1	33	2	4	3	7	4	32	2
30	1	12	1	19	1	34	2	7	3	14	4	34	0
Deg.	11		10		9		8		7		6		Deg

Signes de l'Anomalie égalée.

CANON DE LA LATITVDE
AVSTRALE DE MARS.

Signes de l'Anomalie égalée.

Degrez.	0		1		2		3		4		5		Degrez.
	0	'	0	'	0	'	0	'	0	'	0	'	
0	1	4	1	10	1	17	1	29	2	3	3	32	30
2	1	4	1	10	1	18	1	30	2	7	3	34	28
4	1	4	1	11	1	18	1	31	2	11	3	53	26
6	1	5	1	11	1	19	1	33	2	15	4	7	24
8	1	5	1	12	1	20	1	35	2	19	4	19	22
10	1	5	1	12	1	20	1	37	2	23	4	33	20
12	1	6	1	12	1	21	1	39	2	28	4	48	18
14	1	6	1	13	1	22	1	41	2	32	5	4	16
16	1	7	1	13	1	23	1	43	2	37	5	20	14
18	1	7	1	14	1	23	1	45	2	43	5	37	12
20	1	7	1	14	1	24	1	47	2	48	5	53	10
22	1	8	1	15	1	25	1	50	2	56	6	9	8
24	1	8	1	15	1	26	1	52	3	4	6	22	6
26	1	9	1	16	1	27	1	56	3	12	6	32	4
28	1	9	1	16	1	28	1	59	3	21	6	40	2
30	1	10	1	17	1	29	2	3	3	32	6	45	0
Deg.	11		10		9		8		7		6		Deg.

Signes de l'Anomalie égalée.

TABLE DES MOYENS
MOVVEMENS DE
VENVS.

EN ANS.

Ans.	Anomalie.					Apogée.				
	s	0	I	II	III	s	0	I	II	III
Racine.										
Nabonaſare.	1	4	23	37	52	0	34	54	16	0
Iesus-Chriſt.	2	3	53	9	52	0	52	42	40	0
20	3	3	43	4	58	0	0	28	36	39
40	0	7	26	9	56	0	0	57	13	18
60	3	11	9	14	54	0	1	25	49	58
80	0	14	52	19	53	0	1	54	26	37
100	3	18	35	24	51	0	2	23	3	17
200	0	37	10	49	42	0	4	46	6	34
300	3	55	46	14	34	0	7	9	9	52
400	1	14	21	39	25	0	9	32	13	9
500	4	32	57	4	16	0	11	55	16	27
600	1	51	32	29	8	0	14	18	19	44
700	5	10	7	53	59	0	16	41	23	2
800	2	28	43	18	50	0	19	4	26	19
900	5	47	18	43	42	0	21	27	29	37
1000	3	5	54	8	33	0	23	50	33	5
1100	0	24	29	33	41	0	26	13	36	1
1200	3	43	4	58	16	0	28	36	39	22
1300	1	1	40	23	7	0	30	59	42	46
1400	4	20	15	47	59	0	33	22	46	4
1500	1	38	51	12	50	0	35	45	49	21
1600	4	57	26	37	41	0	38	8	52	38
1700	2	16	2	2	33	0	40	31	55	56
1800	5	34	37	27	24	0	42	54	59	13
1900	2	53	12	52	16	0	45	18	2	31
2000	0	11	48	17	7	0	47	41	5	48
3000	3	17	42	25	41	1	11	31	38	42
4000	0	23	36	34	14	1	35	21	11	37
5000	3	29	30	42	48	1	59	12	44	31
6000	0	35	24	51	21	2	23	3	17	25

Ans.	Anomalie.					Apogée.				
	s	0	I	II	III	0	I	II	III	IIII
1	3	45	1	54	22	0	1	25	46	26
2	1	30	3	48	45	0	2	51	32	53
3	5	15	5	43	7	0	4	17	19	20
4	3	0	44	36	59	0	5	43	19	53
5	0	45	46	31	22	0	7	9	6	20
6	4	30	48	25	44	0	8	34	52	47
7	2	15	50	20	7	0	10	0	39	14
8	0	1	29	13	59	0	11	26	39	47
9	3	46	31	8	21	0	12	52	26	14
10	1	31	33	2	44	0	14	18	12	41
11	5	16	34	57	6	0	15	43	59	8
12	3	2	13	50	58	0	17	9	59	41
13	0	47	15	45	21	0	18	35	46	8
14	4	32	17	39	44	0	20	1	32	35
15	2	17	19	34	6	0	21	27	19	2
16	0	2	58	27	58	0	22	53	19	35
17	3	48	0	22	21	0	24	19	6	2
18	1	33	2	16	43	0	25	44	52	29
19	5	18	4	11	6	0	27	10	38	56
20	3	3	43	4	58	0	28	36	39	29

TABLE DES MOYENS
MOVVEMENS DE VENVS.

En mois communs.

	Apogée.					Anomalie.				
Mois.	I	II	III	IIII	V	S	O	I	II	III
Ianuier.	0	7	17	5	44	0	19	6	44	14
Feurier.	0	13	51	53	30	0	36	22	29	59
Mars.	0	21	8	59	15	0	55	29	14	13
Auril.	0	28	11	59	0	1	13	58	58	58
May.	0	35	29	4	44	1	33	5	43	12
Iuin.	0	42	32	4	29	1	51	35	27	57
Iuillet.	0	49	49	10	14	2	10	42	12	11
Aoust.	0	57	6	15	58	2	29	42	56	25
Septemb.	1	4	9	15	43	2	48	18	41	9
Octobre.	1	11	26	21	28	3	7	25	25	23
Nouemb.	1	18	29	21	13	3	25	55	10	8
Decemb.	1	25	46	26	57	3	45	1	54	2

En mois Bissextils.

	Apogée.					Anomalie.				
Mois.	I	II	III	IIII	V	S	O	I	II	III
Ianuier.	0	7	17	5	44	0	19	6	44	14
Feurier.	0	14	5	59	30	0	36	59	29	29
Mars.	0	21	27	5	14	0	56	6	13	43
Auril.	0	28	26	5	59	1	14	35	58	27
May.	0	35	43	10	44	1	33	42	42	42
Iuin.	0	42	46	10	29	1	52	12	27	26
Iuillet.	0	50	3	15	13	2	11	19	11	40
Aoust.	0	57	20	21	58	2	30	25	55	54
Septemb.	1	4	23	21	43	2	48	55	40	39
Octobre.	1	11	40	27	27	3	8	2	24	53
Nouemb.	1	18	43	27	12	3	26	32	9	38
Decemb.	1	26	0	32	57	3	45	38	53	52

EN IOVRS.

	Anomalie.					Apogée.				
Iours.	0	I	II	III	IIII	II	III	IIII	V	I
1	0	36	59	29	29	0	14	5	59	30
2	1	13	58	58	58	0	28	11	59	0
3	1	50	58	28	27	0	42	17	58	30
4	2	27	57	57	56	0	56	23	58	0
5	3	4	57	27	25	1	10	29	57	30
6	3	41	56	56	55	1	24	35	57	0
7	4	18	56	26	24	1	38	41	56	30
8	4	55	55	55	53	1	52	47	56	0
9	5	32	55	25	22	2	6	53	55	30
10	6	9	54	54	51	2	20	59	55	0
11	6	46	54	24	21	2	35	5	54	30
12	7	23	53	53	50	2	49	11	54	0
13	8	0	53	23	19	3	3	17	53	30
14	8	37	52	52	48	3	17	23	53	0
15	9	14	52	22	17	3	31	29	52	30
16	9	51	51	51	46	3	45	35	51	0
17	10	28	51	21	16	3	59	41	51	30
18	11	5	50	50	45	4	13	47	51	0
19	11	42	50	20	14	4	27	53	50	30
20	12	19	49	49	43	4	41	59	50	0
21	12	56	49	19	12	4	56	5	49	30
22	13	33	48	48	42	5	10	11	49	0
23	14	10	48	18	11	5	24	17	48	30
24	14	47	47	47	40	5	38	23	48	0
25	15	24	47	17	9	5	52	29	47	30
26	16	1	46	46	38	6	6	35	47	0
27	16	38	46	16	7	6	20	41	46	30
28	17	15	45	45	37	6	34	47	46	0
29	17	52	45	15	6	6	48	53	45	30
30	18	29	44	44	1	7	2	59	45	0
31	19	6	44	14	4	7	17	5	44	30

EN HEVRES.

Heures.	I	II	III	IIII	V
1	1	32	28	43	42
2	3	4	57	27	25
3	4	37	26	11	8
4	6	9	54	54	51
5	7	42	23	38	34
6	9	14	52	22	17
7	10	47	21	6	0
8	12	19	49	49	43
9	13	52	18	33	26
10	15	24	47	17	9
11	16	57	16	0	52
12	18	29	44	44	35
13	20	2	13	28	18
14	21	34	42	12	1
15	23	7	10	55	44
16	24	39	39	39	27
17	26	12	8	23	10
18	27	44	37	6	53
19	29	17	5	50	36
20	30	49	34	34	19
21	32	22	3	18	2
22	33	54	32	1	45
23	35	27	0	45	28
24	36	59	29	29	31

RACINES

Ans.	Anomalie.					Apogée.					Ans.	Anomalie.					Apogée.				
	s	0	'	''	'''	s	0	'	''	'''		s	0	'	''	'''	s	0	'	''	'''
1550	5	21	43	35	23	1	29	40	0	53	1587	0	7	17	7	48	1	30	32	54	57
1551	3	6	45	29	46	1	29	41	26	39	1588 B	3	52	56	1	40	1	30	34	20	18
1552 B	0	51	24	23	38	1	29	42	52	40	1589	1	37	57	56	2	1	30	35	46	4
1553	4	37	26	18	0	1	29	44	18	26	1590	5	22	59	50	25	1	30	37	11	51
1554	2	22	28	12	23	1	29	45	44	13	1591	3	8	1	44	48	1	30	38	37	37
1555	0	7	30	6	45	1	29	47	9	59	1592 B	0	53	40	38	40	1	30	40	3	38
1556 B	3	53	9	0	38	1	29	48	36	0	1593	4	38	42	33	2	1	30	41	29	24
1557	1	38	10	55	0	1	29	50	1	46	1594	2	23	44	27	25	1	30	42	55	11
1558	5	23	12	49	23	1	29	51	27	32	1595	0	8	46	21	47	1	30	44	20	57
1559	3	8	14	43	45	1	29	52	53	19	1596 B	3	54	25	15	39	1	30	45	46	48
1560 B	0	53	53	37	37	1	29	54	19	19	1597	1	39	27	10	2	1	30	47	12	44
1561	4	38	55	32	0	1	29	55	45	6	1598	5	24	29	4	24	1	30	48	38	30
1562	2	23	57	26	22	1	29	57	10	52	1599	3	9	30	58	47	1	30	50	4	17
1563	0	8	59	20	45	1	29	58	36	39	1600 B	0	55	9	52	39	1	30	51	30	17
1564 B	3	54	38	14	37	1	30	0	2	39	1601	4	40	11	47	3	1	30	52	56	4
1565	1	39	40	8	59	1	30	1	28	26	1602	2	25	13	41	25	1	30	54	21	50
1566	5	24	42	3	22	1	30	2	54	12	1603	0	10	15	35	46	1	30	55	47	37
1567	3	9	43	57	44	1	30	4	19	59	1604 B	3	55	54	29	38	1	30	57	13	37
1568 B	0	55	22	51	36	1	30	5	45	59	1605	1	40	56	24	1	1	30	58	39	24
1569	4	40	24	45	59	1	30	7	11	46	1606	5	25	58	18	24	1	31	0	5	10
1570	2	25	26	40	22	1	30	8	37	32	1607	3	11	0	12	46	1	31	1	30	57
1571	0	10	28	34	44	1	30	10	3	19	1608 B	0	56	39	6	38	1	31	2	56	57
1572 B	3	56	7	28	36	1	30	11	29	19	1609	4	41	41	1	1	1	31	4	22	44
1573	1	41	9	22	59	1	30	12	55	6	1610	2	26	42	55	23	1	31	5	48	30
1574	5	26	11	17	21	1	30	14	20	52	1611	0	11	44	49	46	1	31	7	14	16
1575	3	11	13	11	44	1	30	15	46	39	1612 B	3	57	23	43	38	1	31	8	40	17
1576 B	0	56	52	5	36	1	30	17	12	39	1613	1	42	25	38	0	1	31	10	6	4
1577	4	41	53	59	58	1	30	18	38	25	1614	5	27	27	32	23	1	31	11	31	50
1578	2	26	55	54	21	1	30	20	4	11	1615	3	12	29	26	45	1	31	12	57	56
1579	0	11	57	48	43	1	30	21	29	58	1616 B	0	58	8	20	37	1	31	14	23	37
1580 B	3	57	36	42	35	1	30	23	55	59	1617	4	43	10	15	0	1	31	15	49	23
1581	1	42	38	36	58	1	30	24	21	45	1618	2	28	12	9	23	1	31	17	15	10
1582	5	21	30	36	26	1	30	25	45	11	1619	0	13	14	3	45	1	31	18	40	56
											1620 B	3	58	52	57	37	1	31	20	6	57
Racines en ans Gregoriens.											1621	1	44	54	52	0	1	31	21	32	43
											1622	5	28	56	46	22	1	31	22	58	30
1583	3	6	32	30	48	1	30	27	10	57	1623	3	13	58	40	45	1	31	24	24	16
1584 B	0	52	1	24	40	1	30	28	36	58	1624 B	0	59	37	34	37	1	31	25	50	17
1585	4	37	13	19	3	1	30	30	2	44	1625	4	44	39	28	59	1	31	27	16	3
1586	2	22	15	13	25	1	30	31	28	31	1626	2	29	41	23	22	1	31	28	41	50

RACINES DES MOYENS
MOUVEMENS DE VENUS.

Ans.	Anomalie. (s ° ′ ″ ‴)	Apogée. (s ° ′ ″ ‴)	Ans.	Anomalie. (s ° ′ ″ ‴)	Apogée. (s ° ′ ″ ‴)
1627	0 14 43 17 44	1 31 30 7 36	1665	4 52 5 38 56	1 32 24 29 22
1628 B	4 0 22 11 36	1 31 31 33 37	1666	2 37 7 33 38	1 32 25 55 9
1629	1 45 24 5 59	1 31 32 59 23	1667	0 22 9 27 41	1 32 27 20 55
1630	5 30 26 0 22	1 31 34 25 10	1668 B	4 7 48 21 33	1 32 28 46 56
1631	3 15 27 54 44	1 31 35 50 56	1669	1 52 50 15 56	1 32 30 12 42
1632 B	1 1 6 48 36	1 31 37 16 57	1670	5 37 52 10 18	1 32 31 38 29
1633	4 46 8 42 59	1 31 38 42 43	1671	3 22 54 4 41	1 32 33 4 15
1634	2 31 10 37 21	1 31 40 8 29	1672 B	1 8 32 58 33	1 32 34 30 16
1635	0 16 12 31 44	1 31 41 34 16	1673	4 53 34 52 55	1 32 35 56 2
1636 B	4 1 51 25 36	1 31 43 0 17	1674	2 38 36 47 18	1 32 37 21 48
1637	1 46 53 19 58	1 31 44 26 3	1675	0 23 38 41 40	1 32 38 47 35
1638	5 31 55 14 21	1 31 45 51 49	1676 B	4 9 17 35 32	1 32 40 13 35
1639	3 16 57 8 43	1 31 47 17 36	1677	1 54 19 29 55	1 32 41 39 22
1640 B	1 2 36 2 35	1 31 48 43 36	1678	5 39 21 24 17	1 32 43 5 8
1641	4 47 37 56 58	1 31 50 9 23	1679	3 24 23 18 40	1 32 44 30 55
1642	2 32 39 51 21	1 31 51 35 9	1680 B	1 10 2 12 32	1 32 45 56 55
1643	0 17 45 45 43	1 31 53 0 56	1681	4 55 4 6 54	1 32 47 22 42
1644 B	4 3 20 39 35	1 31 54 26 56	1682	2 40 6 1 17	1 32 48 48 28
1645	1 48 22 33 58	1 31 55 52 43	1683	0 25 7 55 40	1 32 50 14 15
1646	5 33 24 28 20	1 31 57 18 29	1684 B	4 10 46 49 31	1 32 51 40 15
1647	3 18 26 22 43	1 31 58 44 16	1685	1 55 48 43 53	1 32 53 6 2
1648 B	1 4 5 16 35	1 32 0 10 16	1686	5 40 50 38 16	1 32 54 31 48
1649	4 49 7 10 57	1 32 1 36 3	1687	3 25 52 32 38	1 32 55 57 35
1650	2 34 9 5 20	1 32 3 1 49	1688 B	1 11 31 26 30	1 32 57 23 35
1651	0 19 10 59 42	1 32 4 27 36	1689	4 56 33 20 53	1 32 58 49 22
1652 B	4 4 49 53 34	1 32 5 53 36	1690	2 41 35 15 15	1 33 0 15 8
1653	1 49 51 47 57	1 32 7 19 23	1691	0 26 37 9 38	1 33 1 40 55
1654	5 34 53 42 19	1 32 8 45 9	1692 B	4 12 16 3 30	1 33 3 6 55
1655	3 19 55 36 42	1 32 10 10 55	1693	1 57 17 57 52	1 33 4 32 42
1656 B	1 5 34 30 34	1 32 11 36 56	1694	5 42 19 52 15	1 33 5 58 28
1657	4 50 36 24 57	1 32 13 2 42	1695	3 27 21 46 38	1 33 7 24 14
1658	2 35 38 19 19	1 32 14 28 29	1696 B	1 13 0 40 30	1 33 8 50 15
1659	0 20 40 13 42	1 32 15 54 15	1697	4 58 2 34 52	1 33 10 16 1
1660 B	4 6 19 7 34	1 32 17 20 10	1698	2 43 4 29 15	1 33 11 41 48
1661	1 51 21 1 56	1 32 18 46 2	1699	0 28 6 23 37	1 33 13 7 34
1662	5 36 22 56 19	1 32 20 11 49	1700 B	4 13 45 17 29	1 33 14 33 35
1663	3 21 24 50 41	1 32 21 37 35			
1664 B	1 7 3 44 33	1 32 23 3 36			

PROSTAPHÉRESES DV CENTRE DE VENVS.

Sex.	0				1.				2.			Sex.
Degrez.	Centre. Oste.		Minutes proport.		Centre. Oste.		Minutes proport.		Centre. Oste.		Minutes proport.	Degrez.
	0	′	′		0	′	′		0	′	′	
0	0	0	0		1	43	14		1	45	44	60
1	0	2	0		1	44	14		1	44	44	59
2	0	4	0		1	45	14		1	43	44	58
3	0	6	0		1	46	15		1	42	45	57
4	0	8	0		1	47	15		1	41	45	56
5	0	10	0		1	48	16		1	39	46	55
6	0	12	0		1	49	16		1	38	46	54
7	0	15	0		1	50	17		1	37	47	53
8	0	17	0		1	51	17		1	36	47	52
9	0	19	0		1	51	18		1	34	48	51
10	0	21	0		1	52	18		1	33	48	50
11	0	23	0		1	53	19		1	32	49	49
12	0	25	1		1	54	19		1	30	49	48
13	0	27	1		1	55	19		1	29	49	47
14	0	29	1		1	55	20		1	27	50	46
15	0	31	1		1	56	20		1	26	50	45
16	0	33	1		1	56	21		1	24	51	44
17	0	35	1		1	57	21		1	23	51	43
18	0	37	1		1	57	22		1	21	51	42
19	0	39	1		1	58	22		1	20	52	41
20	0	41	1		1	58	23		1	18	52	40
21	0	43	2		1	59	23		1	17	53	39
22	0	44	2		1	59	24		1	15	53	38
23	0	46	2		1	59	24		1	13	53	37
24	0	48	2		1	59	25		1	12	54	36
25	0	50	2		2	0	25		1	10	54	35
26	0	52	3		2	0	26		1	8	54	34
27	0	54	3		2	0	26		1	6	55	33
28	0	56	3		2	0	27		1	5	55	32
29	0	58	3		2	0	28		1	3	55	31
30	0	59	4		2	0	28		1	1	56	30
Deg.	adiouste.				adiouste.				adiouste.			Deg.
Sexag.	5.				4.				3.			Sex.

I ij

PROSTAPHERESES DV CENTRE
DE VENVS.

Sex. 0				1.			1. Sex.		
Degrez	Centre Oste. 0	'	Minutes proport. '	Centre Oste. 0	'	Minutes proport. '	Centre Oste. 0	'	Minutes proport. '

Left block:

Degrez	Centre Oste. (0)	(')	Minutes proport. (')
30	0	59	4
31	1	1	4
32	1	1	4
33	1	5	4
34	1	6	5
35	1	8	5
36	1	10	5
37	1	12	5
38	1	13	6
39	1	15	6
40	1	16	6
41	1	18	7
42	1	20	7
43	1	21	7
44	1	23	8
45	1	24	8
46	1	26	8
47	1	27	9
48	1	29	9
49	1	30	9
50	1	31	10
51	1	33	10
52	1	34	10
53	1	35	11
54	1	37	11
55	1	38	12
56	1	39	12
57	1	40	12
58	1	41	13
59	1	42	13
60	1	43	14

Deg. adiouste. — Sexag. 5.

Middle block:

Centre Oste. (0)	(')	Minutes proport. (')
2	0	28
2	0	29
2	0	29
2	0	30
2	0	30
2	0	31
2	0	31
2	0	32
1	59	32
1	59	33
1	59	33
1	58	34
1	58	34
1	57	35
1	57	35
1	57	36
1	56	36
1	56	37
1	55	37
1	54	38
1	54	39
1	53	39
1	52	40
1	51	40
1	51	41
1	50	41
1	49	42
1	48	42
1	47	43
1	46	43
1	45	44

adiouste. — 4.

Right block:

Centre Oste. (0)	(')	Minutes proport. (')	Degrez
1	1	56	30
0	59	56	29
0	57	56	28
0	55	56	27
0	53	57	26
0	52	57	25
0	50	57	24
0	48	57	23
0	46	58	22
0	44	58	21
0	42	58	20
0	40	58	19
0	38	58	18
0	36	59	17
0	34	59	16
0	32	59	15
0	30	59	14
0	27	59	13
0	25	59	12
0	23	59	11
0	21	59	10
0	19	59	9
0	17	60	8
0	15	60	7
0	13	60	6
0	11	60	5
0	9	60	4
0	6	60	3
0	4	60	2
0	2	60	1
0	0	60	0

adiouste. — Deg. — 3. Sex.

PROSTAPHERESES DE L'ANOMALIE DE VENVS.

Sex.	0		1		2		Sex.
	Ano mal.	Excés.	Ano mal.	Excés.	Ano mal.	Excés.	
Degrez	adioufte.	adioufte.	adioufte.	adioufte.	adiouste.	adioufte.	Degrez
	0 '	' '	0 '	0 '	0 '	0 '	
0	0 0	0 0	24 23	0 17	43 35	1 16	60
1	0 25	0 0	24 47	0 28	43 46	1 18	59
2	0 50	0 1	25 10	0 28	43 56	1 19	58
3	1 15	0 1	25 33	0 29	44 6	1 20	57
4	1 40	0 2	25 56	0 29	44 16	1 22	56
5	2 4	0 2	26 19	0 30	44 24	1 23	55
6	2 29	0 2	26 42	0 31	44 32	1 25	54
7	2 54	0 3	27 5	0 31	44 40	1 26	53
8	3 19	0 3	27 27	0 32	44 46	1 28	52
9	3 44	0 4	27 50	0 32	44 52	1 29	51
10	4 9	0 4	28 12	0 33	44 57	1 31	50
11	4 34	0 5	28 35	0 33	45 2	1 32	49
12	4 59	0 5	28 57	0 34	45 5	1 34	48
13	5 23	0 5	29 20	0 35	45 8	1 36	47
14	5 48	0 6	29 42	0 35	45 10	1 38	46
15	6 13	0 6	30 4	0 36	45 10	1 39	45
16	6 38	0 7	30 26	0 37	45 10	1 41	44
17	7 3	0 7	30 48	0 37	45 9	1 43	43
18	7 27	0 8	31 9	0 38	45 6	1 45	42
19	7 52	0 8	31 31	0 38	45 2	1 47	41
20	8 16	0 8	31 53	0 39	44 57	1 49	40
21	8 42	0 9	32 14	0 40	44 50	1 51	39
22	9 6	0 9	32 35	0 41	44 42	1 53	38
23	9 31	0 10	32 56	0 41	44 33	1 55	37
24	9 56	0 10	33 17	0 42	44 21	1 57	36
25	10 20	0 11	33 38	0 43	44 9	1 59	35
26	10 45	0 11	33 59	0 43	43 54	2 1	34
27	11 10	0 11	34 20	0 44	43 38	2 3	33
28	11 34	0 12	34 40	0 45	43 19	2 5	32
29	11 59	0 12	35 1	0 46	42 58	2 7	31
30	12 23	0 13	35 21	0 46	42 35	2 9	30
Deg.	Ofte.	adioufte.	Ofte.	adioute.	Ofte.	adioute.	Deg.
Sexag.	5.		4.		3.		Sex.

I iii

PROSTAPHERESES DE L'ANOMALIE
DE VENVS.

Sex. 0				1.				2.			Sex.
Degrez	Ano mal. adiouſte.	Excés. adiouſte.		Ano mal. adiouſte.	Excés. adiouſte.			Ano mal. adiouſte.	Excés. adiouſte.		Degrez
	0 '	0 '		0 '	0 '			0 '	0 '		
30	12 23	0 13		35 21	0 46			42 35	2 9		30
31	12 48	0 13		35 41	0 47			42 10	2 11		29
32	13 12	0 14		36 1	0 48			41 42	2 13		28
33	13 37	0 14		36 20	0 49			41 11	2 15		27
34	14 1	0 14		36 40	0 49			40 37	2 17		26
35	14 26	0 15		36 59	0 50			40 0	2 19		25
36	14 50	0 15		37 18	0 51			39 20	2 21		24
37	15 15	0 16		37 37	0 52			38 36	2 22		23
38	15 39	0 16		37 57	0 53			37 48	2 23		22
39	16 3	0 17		38 14	0 54			36 57	2 24		21
40	16 27	0 17		38 32	0 55			36	2 25		20
41	16 52	0 18		38 50	0 55			35 2	2 26		19
42	17 16	0 18		39 8	0 56			33 57	2 26		18
43	17 40	0 19		39 26	0 57			32 48	2 25		17
44	18 4	0 19		39 43	0 59			31 34	2 24		16
45	18 28	0 20		40 0	0 59			30 14	2 22		15
46	18 52	0 20		40 17	1 0			28 49	2 20		14
47	19 16	0 21		40 33	1 1			27 19	2 17		13
48	19 40	0 21		40 49	1 2			25 43	2 13		12
49	20 4	0 22		41 5	1 3			24 1	2 8		11
50	20 28	0 22		41 21	1 4			22 13	2 1		10
51	20 52	0 23		41 36	1 5			20 20	1 54		9
52	21 15	0 23		41 51	1 7			18 21	1 46		8
53	21 39	0 24		42 5	1 8			16 17	1 36		7
54	22 3	0 24		42 19	1 9			14 7	1 25		6
55	22 26	0 25		42 33	1 10			11 54	1 13		5
56	22 50	0 25		42 46	1 11			9 36	1 0		4
57	23 13	0 26		42 59	1 12			7 15	0 46		3
58	23 37	0 26		43 12	1 14			4 51	0 31		2
59	24 0	0 27		43 23	1 15			2 26	0 16		1
60	24 23	0 27		43 35	1 16			0 0	0 0		0
Deg.	Oſte.	adiouſte.		Oſte.	adiouſte.			Oſte.	adiouſte.		Deg.

TABLE DV MOYEN
MOVVEMENT DV NOEVD
BOREAL DE VENVS.

EN ANS.

Racine.	s	0	I	II	III	Ans.	I	II	III	IIII	V
Nabonat-fare.	0	45	44	27	0	1	0	39	11	3	10
						2	1	18	22	6	20
Iesus-Chrift.	0	53	52	31	0	3	1	57	33	9	31
						4	2	36	50	39	9
20	0	0	13	4	13	5	3	16	1	42	20
40	0	0	26	8	26	6	3	55	12	45	30
60	0	0	39	12	39	7	4	34	23	48	40
80	0	0	52	16	53	8	5	13	41	18	19
100	0	1	5	21	6	9	5	52	52	21	29
200	0	2	10	42	12	10	6	32	3	24	40
300	0	3	16	3	19	11	7	11	14	27	50
400	0	4	21	24	25	12	7	50	31	57	29
500	0	5	26	45	31	13	8	29	43	0	39
600	0	6	32	6	37	14	9	8	54	3	50
700	0	7	37	27	44	15	9	48	5	7	0
800	0	8	42	48	50	16	10	27	22	36	39
900	0	9	48	9	56	17	11	6	33	39	49
1000	0	10	53	31	3	18	11	45	44	42	59
1100	0	11	58	52	9	19	12	24	55	46	10
1200	0	13	4	13	15	20	13	4	13	15	49
1300	0	14	9	34	22						
1400	0	15	14	55	28						
1500	0	16	20	16	34						
1600	0	17	25	37	41						
1700	0	18	30	58	47						
1800	0	19	36	19	53						
1900	0	20	41	41	0						
2000	0	21	47	2	6						
3000	0	32	40	33	9						
4000	0	43	34	4	12						
5000	0	54	27	35	15						
6000	1	5	21	6	19						

En mois communs. / En mois Bissextils.

Mois.	II	III	IIII	V	VI	II	III	IIII	V	VI
Ianuier.	3	19	40	42	28	3	19	40	42	28
Feurier.	6	20	1	59	32	6	26	28	28	0
Mars.	9	39	42	42	0	9	46	9	10	28
Auril.	12	52	56	56	0	12	59	23	24	28
May.	16	12	37	38	28	16	19	4	6	56
Iuin.	19	25	51	52	28	19	32	18	20	56
Iuillet.	22	45	32	34	56	22	51	59	3	24
Aouft.	26	5	13	17	24	26	11	39	45	52
Septemb.	29	18	27	31	24	29	24	53	59	52
Octobre.	32	38	8	13	52	32	44	34	42	20
Nouemb.	35	51	22	27	52	35	57	48	56	20
Decemb.	39	11	3	10	20	39	17	29	38	48

EN IOVRS.

Iours.	I	II	III	IIII	V	I
1	0	0	6	26	28	28
2	0	0	12	52	56	56
3	0	0	19	19	25	24
4	0	0	25	45	53	52
5	0	0	32	12	22	20
6	0	0	38	38	50	48
7	0	0	45	5	19	16
8	0	0	51	31	47	44
9	0	0	57	58	16	12
10	0	1	4	24	44	40
11	0	1	10	51	13	
12	0	1	17	17	41	36
13	0	1	23	44	10	4
14	0	1	30	10	38	32
15	0	1	36	37	7	0
16	0	1	43	3	35	28
17	0	1	49	30	3	56
18	0	1	55	56	32	24
19	0	2	2	23	0	52
20	0	2	8	49	29	20
21	0	2	15	15	57	48
22	0	2	21	42	26	16
23	0	2	28	8	54	44
24	0	2	34	35	23	12
25	0	2	41	1	51	40
26	0	2	47	28	20	8
27	0	2	53	54	48	36
28	0	3	0	21	17	4
29	0	3	6	47	45	32
30	0	3	13	14	14	0
31	0	3	19	40	4	28

RACINES DV MOYEN MOVVEMENT
DV NOEVD BOREAL DE VENVS.

Ans.	s	0	I	II	III
1550	1	10	45	28	4
1551	1	10	46	7	15
1552 B	1	10	46	46	33
1553	1	10	47	25	44
1554	1	10	48	4	55
1555	1	10	48	44	6
1556 B	1	10	49	23	23
1557	1	10	50	2	35
1558	1	10	50	41	46
1559	1	10	51	20	57
1560 B	1	10	52	0	14
1561	1	10	52	39	25
1562	1	10	53	18	36
1563	1	10	53	57	47
1564 B	1	10	54	37	5
1565	1	10	55	16	16
1566	1	10	55	55	27
1567	1	10	56	34	38
1568 B	1	10	57	13	55
1569	1	10	57	53	6
1570	1	10	58	32	18
1571	1	10	59	11	29
1572 B	1	10	59	50	46
1573	1	11	0	29	58
1574	1	11	1	9	8
1575	1	11	1	48	19
1576 B	1	11	2	27	37
1577	1	11	3	6	48
1578	1	11	3	45	59
1579	1	11	4	25	10
1580 B	1	11	5	4	28
1581	1	11	5	43	38
1582	1	11	6	21	45

Racines en ans Gregoriens.

Ans.	s	0	I	II	III
1583	1	11	7	0	56
1584 B	1	11	7	40	14
1585	1	11	8	19	25
1586	1	11	8	58	36
1587	1	11	9	37	47
1588 B	1	11	10	17	4
1589	1	11	10	56	15
1590	1	11	11	35	26
1591	1	11	12	14	37
1592 B	1	11	12	53	55
1593	1	11	13	33	6
1594	1	11	14	12	17
1595	1	11	14	51	28
1596 B	1	11	15	30	46
1597	1	11	16	9	57
1598	1	11	16	49	8

Ans.	s	0	I	II	III
1599	1	11	17	28	19
1600 B	1	11	18	7	36
1601	1	11	18	46	47
1602	1	11	19	25	58
1603	1	11	20	5	9
1604 B	1	11	20	44	27
1605	1	11	21	23	38
1606	1	11	22	2	49
1607	1	11	22	42	0
1608 B	1	11	23	21	18
1609	1	11	24	0	29
1610	1	11	24	39	40
1611	1	11	25	18	51
1612 B	1	11	25	58	8
1613	1	11	26	37	19
1614	1	11	27	16	30
1615	1	11	27	55	41
1616 B	1	11	28	34	59
1617	1	11	29	14	10
1618	1	11	29	53	21
1619	1	11	30	32	32
1620 B	1	11	31	11	49
1621	1	11	31	51	1
1622	1	11	32	30	12
1623	1	11	33	9	23
1624 B	1	11	33	48	40
1625	1	11	34	27	51
1626	1	11	35	7	2
1627	1	11	35	46	13
1628 B	1	11	36	25	31
1629	1	11	37	4	42
1630	1	11	37	43	53
1631	1	11	38	23	4
1632 B	1	11	39	2	21
1633	1	11	39	41	33
1634	1	11	40	20	4
1635	1	11	40	59	5
1636 B	1	11	41	39	12
1637		11	42	18	23
1638		11	42	57	34
1639	1	11	43	36	45
1640 B	1	11	44	16	3
1641	1	11	44	55	14
1642	1	11	45	34	25
1643	1	11	46	13	36
1644 B	1	11	46	52	53
1645	1	11	47	32	4
1646	1	11	48	11	16
1647	1	11	48	50	27
1648 B	1	11	49	29	44
1649	1	11	50	8	55
1650	1	11	50	48	6

Ans.	s	0	I	II	III
1651	1	11	51	27	17
1652 B	1	11	52	6	35
1653	1	11	52	45	46
1654	1	11	53	24	57
1655	1	11	54	4	8
1656 B	1	11	54	43	25
1657	1	11	55	22	36
1658	1	11	56	1	47
1659	1	11	56	40	54
1660 B	1	11	57	20	16
1661	1	11	57	59	27
1662	1	11	58	38	38
1663	1	11	59	17	49
1664 B	1	11	59	57	7
1665	1	12	0	36	18
1666	1	12	1	15	29
1667	1	12	1	54	40
1668 B	1	12	2	33	57
1669	1	12	3	13	8
1670	1	12	3	52	19
1671	1	12	4	31	30
1672 B	1	12	5	10	48
1673	1	12	5	49	59
1674	1	12	6	29	10
1675	1	12	7	8	21
1676 B	1	12	7	47	39
1677	1	12	8	26	50
1678	1	12	9	6	1
1679	1	12	9	45	12
1680 B	1	12	10	24	29
1681	1	12	11	3	40
1682	1	12	11	42	51
1683	1	12	12	22	2
1684 B	1	12	13	1	20
1685	1	12	13	40	31
1686	1	12	14	19	42
1687	1	12	14	58	53
1688 B	1	12	15	38	11
1689	1	12	16	17	22
1690	1	12	16	56	33
1691	1	12	17	35	44
1692 B	1	12	18	15	1
1693	1	12	18	54	12
1694	1	12	19	33	23
1695	1	12	20	12	34
1696 B	1	12	20	51	52
1697	1	12	21	31	3
1698	1	12	22	10	14
1699	1	12	22	49	25
1700 B	1	12	23	28	43

MINVTES proportionnelles.

Can.	0	1	2	pre.
Can.	**6**	**7**	**8**	**sec.**
Deg.	′	′	′	Deg.
0	0	30	52	30
1	1	31	52	29
2	2	32	53	28
3	3	33	53	27
4	4	33	54	26
5	5	34	54	25
6	6	35	55	24
7	7	36	55	23
8	8	37	55	22
9	9	38	56	21
10	10	39	56	20
11	11	39	57	19
12	12	40	57	18
13	13	41	57	17
14	14	41	58	16
15	15	42	58	15
16	16	43	58	14
17	17	44	58	13
18	18	44	59	12
19	19	45	59	11
20	20	46	59	10
21	21	46	59	9
22	22	47	59	8
23	23	48	59	7
24	24	48	60	6
25	25	49	60	5
26	26	50	60	4
27	27	50	60	3
28	28	51	60	2
29	29	51	60	1
30	30	52	60	0
Can.	**5**	**4**	**3**	**pre.**
Can.	**11**	**10**	**9**	**sec.**

PREMIER CANON DE LA DECLINAISON de Venus.

Degrez	Declinaison Boreale			Declinaison Aust.			Degrez
	0	1	2	3	4	5	
	° ′	° ′	° ′	° ′	° ′	° ′	
0	1 25	1 16	0 49	0 0	1 22	4 4	30
2	1 25	1 15	0 46	0 3	1 30	4 20	28
4	1 25	1 14	0 43	0 8	1 37	4 38	26
6	1 24	1 13	0 40	0 13	1 45	4 56	24
8	1 24	1 12	0 38	0 18	1 53	5 14	22
10	1 24	1 10	0 35	0 23	2 2	5 34	20
12	1 23	1 8	0 32	0 28	2 12	5 55	18
14	1 23	1 6	0 29	0 23	2 22	6 17	16
16	1 22	1 4	0 26	0 39	2 32	6 40	14
18	1 21	1 2	0 23	0 44	2 43	7 4	12
20	1 21	1 0	0 20	0 49	2 54	7 24	10
22	1 20	0 58	0 16	0 55	3 6	7 42	8
24	1 19	0 56	0 12	1 2	3 19	7 58	6
26	1 18	0 54	0 8	1 8	3 33	8 12	4
28	1 17	0 52	0 4	1 15	3 47	8 25	2
30	1 16	0 49	0 0	1 22	4 4	8 36	0
Deg.	11	10	9	8	7	6	Deg.
	Declin. Boreale.			Declin. Australe.			

SECOND.

Degrez	Declin. Australe.			Declin. Boreale.			Degrez
	0	1	2	3	4	5	
	° ′	° ′	° ′	° ′	° ′	° ′	
0	1 28	1 19	0 51	0 0	1 25	4 12	30
2	1 28	1 18	0 48	0 3	1 33	4 29	28
4	1 28	1 17	0 45	0 8	1 40	4 47	26
6	1 27	1 15	0 42	0 13	1 48	5 6	24
8	1 27	1 14	0 40	0 18	1 56	5 25	22
10	1 27	1 12	0 36	0 24	2 6	5 45	20
12	1 26	1 10	0 33	0 29	2 16	6 6	18
14	1 26	1 8	0 30	0 34	2 26	6 30	16
16	1 25	1 6	0 27	0 40	2 36	6 54	14
18	1 24	1 4	0 24	0 46	2 48	7 18	12
20	1 24	1 2	0 20	0 51	3 0	7 39	10
22	1 23	1 0	0 16	0 57	3 12	7 58	8
24	1 22	0 58	0 12	1 4	3 26	8 14	6
26	1 21	0 56	0 8	1 10	3 40	8 29	4
28	1 20	0 54	0 4	1 17	3 55	8 42	2
30	1 19	0 51	0 0	1 25	4 12	8 54	0
Deg.	11	10	9	8	7	6	Deg.
	Declin. Australe.			Declin. Boreale.			

K

MINVTES proportion-nelles.

Can.	0	1	2	pre.
Can.	6	7	8	sec.
Deg.	'	'	'	Deg.
0	60	52	30	30
1	60	51	29	29
2	60	51	28	28
3	60	50	27	27
4	60	50	26	26
5	60	49	25	25
6	60	48	24	24
7	59	48	23	23
8	59	47	22	22
9	59	46	21	21
10	59	46	20	20
11	39	45	19	19
12	59	44	18	18
13	58	44	17	17
14	58	43	16	16
15	58	42	15	15
16	58	41	14	14
17	57	41	13	13
18	57	40	12	12
19	57	39	11	11
20	56	39	10	10
21	56	38	9	9
22	55	37	8	8
23	55	36	7	7
24	55	35	6	6
25	54	34	5	5
26	54	33	4	4
27	53	33	3	3
28	53	32	2	2
29	52	31	1	1
30	52	30	0	0
Can.	11	10	9	pre.
Can.	5	4	3	sec.

PREMIER CANON DE LA REFLEXION de Venus.

Reflexion Boreale.

Degrez	0		1		2		3		4		5		Degrez
	0	'	0	'	0	'	0	'	0	'	0	'	
0	0	0	0	44	1	25	1	59	2	22	2	20	30
2	0	3	0	47	1	27	2	1	2	23	2	19	28
4	0	6	0	50	1	30	2	3	2	23	2	16	26
6	0	9	0	53	1	32	2	5	2	24	2	13	24
8	0	12	0	56	1	35	2	7	2	24	2	10	22
10	0	15	0	59	1	37	2	8	2	25	2	3	20
12	0	18	1	1	1	40	2	10	2	25	1	56	18
14	0	21	1	5	1	42	2	11	2	26	1	49	16
16	0	24	1	7	1	45	2	13	2	26	1	40	14
18	0	26	1	10	1	47	2	15	2	26	1	30	12
20	0	29	1	12	1	49	2	17	2	26	1	19	10
22	0	32	1	15	1	51	2	18	2	25	1	7	8
24	0	35	1	18	1	53	2	19	2	24	0	52	6
26	0	38	1	21	1	55	2	20	2	23	0	36	4
28	0	41	1	23	1	57	2	21	2	22	0	18	2
30	0	44	1	25	1	59	2	20	2	20	0	0	0
Deg.	11		10		9		8		7		6		Deg.

Reflexion Australe.

SECOND.

Reflexion Australe.

Degrez	0		1		2		3		4		5		Degrez
	0	'	0	'	0	'	0	'	0	'	0	'	
0	0	0	0	45	1	28	2	3	2	27	2	25	30
2	0	3	0	48	1	30	2	5	2	28	2	23	28
4	0	6	0	51	1	33	2	7	2	28	2	20	26
6	0	9	0	54	1	35	2	9	2	29	2	17	24
8	0	12	0	58	1	38	2	11	2	29	2	13	22
10	0	15	1	0	1	40	2	12	2	30	2	7	20
12	0	19	1	3	1	43	2	14	2	30	2	0	18
14	0	22	1	6	1	45	2	15	2	31	1	52	16
16	0	25	1	9	1	48	2	17	2	31	1	43	14
18	0	27	1	12	1	50	2	19	2	31	1	33	12
20	0	30	1	14	1	52	2	21	2	30	1	22	10
22	0	33	1	17	1	54	2	22	2	30	1	9	8
24	0	36	1	20	1	57	2	23	2	29	0	54	6
26	0	39	1	23	1	59	2	25	2	28	0	37	4
28	0	42	1	25	2	1	2	26	2	27	0	19	2
30	0	45	1	28	2	3	2	27	2	25	0	0	0
Deg	11		10		9		8		7		6		Deg

Reflexion Boreale.

TABLE DES MOYENS
MOVVEMENS DE
MERCVRE.

E N   A N S.

Racine.	Anomalie. s	0	I	II	III	Apogée. s	0	I	II	III
Nabonaffare.	0	17	5	49	54	2	43	36	0	0
Iefus-Chrift.	0	47	25	20	54	3	7	25	6	0
20	0	14	36	23	18	0	0	38	16	22
40	0	29	12	46	36	0	1	16	32	25
60	0	43	49	9	54	0	1	54	48	38
80	0	58	25	33	12	0	2	33	4	51
100	1	13	1	56	30	0	3	11	21	4
200	2	26	3	53	1	0	6	22	42	9
300	3	39	5	49	32	0	9	34	3	14
400	4	52	7	46	3	0	11	45	24	19
500	0	5	9	42	34	0	15	56	45	24
600	1	18	11	39	5	0	19	8	6	29
700	2	31	13	35	36	0	22	19	27	34
800	3	44	15	32	7	0	25	30	48	39
900	4	57	17	28	38	0	28	42	9	43
1000	0	10	19	25	9	0	31	53	30	48
1100	1	23	21	21	40	0	35	4	51	53
1200	2	36	23	18	11	0	38	16	12	58
1300	3	49	25	14	42	0	41	27	34	3
1400	5	2	27	11	13	0	44	38	55	8
1500	0	15	29	7	43	0	47	50	16	13
1600	1	28	31	4	14	0	51	1	37	18
1700	2	41	33	0	45	0	54	12	58	22
1800	3	54	34	57	16	0	57	24	19	27
1900	5	7	36	53	47	1	0	35	40	32
2000	0	20	38	50	18	1	3	47	1	37
3000	0	30	58	15	27	1	35	40	32	26
4000	0	41	17	40	37	2	7	34	3	15
5000	0	51	37	5	46	2	39	27	34	4
6000	1	1	56	30	55	3	11	21	4	52

Ans.	Anomalie. s	0	I	II	III	Apogée. I	II	III	IIII	v
1	0	53	57	13	6	1	54	43	56	1
2	1	47	54	26	13	3	49	27	52	3
3	2	41	51	39	20	5	44	11	48	5
4	3	38	55	16	39	7	39	14	35	43
5	4	32	52	29	46	9	33	58	31	44
6	5	26	49	42	53	11	28	42	27	46
7	0	20	46	56	0	13	23	26	23	48
8	1	17	50	33	19	15	18	29	11	26
9	2	11	47	46	26	17	13	13	7	27
10	3	5	44	59	33	19	7	57	3	29
11	3	59	42	12	39	21	2	40	59	31
12	4	56	45	49	58	22	57	43	47	9
13	5	50	43	3	5	24	52	27	43	10
14	0	44	40	16	12	26	47	11	39	12
15	1	38	37	29	19	28	41	55	35	14
16	2	35	41	6	38	30	36	58	22	52
17	3	29	38	19	45	32	31	42	18	53
18	4	23	35	32	52	34	26	26	15	55
19	5	17	32	45	59	36	21	10	10	57
20	0	14	36	23	18	38	16	12	58	55

K ij

TABLE DES MOYENS
MOVVEMENS DE MERCVRE.

	En mois communs.									En mois Biffextils.								
	Anomalie.					Apogée.				Anomalie.					Apogée.			
Mois.	s	0	I	II	III	II	III	IIII	V	Mois.	s	0	I	II	III	I	II	III	IIII	V
Ianuier.	1	36	18	30	12	0	9	44	39	46	Ianuier.	1	36	18	30	12	0	9	44	39	46
Feurier.	3	3	17	47	49	0	18	32	44	43	Feurier.	3	6	24	12	1	0	18	51	36	20
Mars.	4	39	36	18	1	0	28	17	24	30	Mars.	4	42	42	42	13	0	28	36	16	6
Auril.	0	12	48	24	2	0	37	43	12	40	Auril.	0	15	54	48	14	0	38	2	4	16
May.	1	49	6	54	14	0	47	27	52	26	May.	1	52	13	18	26	0	47	46	44	2
Iuin.	3	22	19	0	15	0	56	53	40	36	Iuin.	3	25	25	24	27	0	57	12	32	12
Iuillet.	4	58	37	30	28	1	6	38	20	22	Iuillet.	5	1	43	54	40	1	6	57	11	59
Aoust.	0	34	56	0	40	1	16	23	0	9	Aoust.	0	38	2	24	52	1	16	41	51	45
Septemb.	2	8	8	6	41	1	25	48	48	19	Septemb.	2	11	14	30	53	1	26	7	39	55
Octobre.	3	44	26	36	53	1	35	33	28	5	Octobre.	3	47	33	1	5	1	35	52	19	41
Nouemb.	5	17	38	42	54	1	44	59	16	15	Nouemb.	5	20	45	7	6	1	45	18	7	51
Decemb.	0	53	57	13	6	1	54	43	56	1	Decemb.	0	57	3	37	18	1	55	2	47	38

EN IOVRS.   EN HEVRES.

Iours.	s	0	I	II	III	II	III	IIII	V	VI	Heures.	Anomalie.					Mi.	Apogée.				
												0	I	II	III	IIII		I	II	III	IIII	V
1	0	3	6	24	12	0	18	51	36	20	1	0	7	46	0	30	31	4	0	46	15	31
2	0	6	12	48	24	0	37	43	12	40	2	0	15	32	1	0	32	4	8	32	16	1
3	0	9	19	17	36	0	56	34	49	0	3	0	23	18	1	30	33	4	16	18	16	31
4	0	12	25	36	48	1	15	26	25	20	4	0	31	4	2	0	34	4	24	4	17	1
5	0	15	32	1	0	1	34	18	1	40	5	0	38	50	2	30	35	4	31	50	17	31
6	0	18	38	25	12	1	53	9	38	0	6	0	46	36	3	0	36	4	39	36	18	1
7	0	21	44	49	24	2	12	1	14	20	7	0	54	22	3	30	37	4	47	22	18	31
8	0	24	51	13	36	2	30	52	50	40	8	1	2	8	4	0	38	4	55	8	19	1
9	0	27	57	37	48	2	49	44	27	0	9	1	9	54	4	30	39	5	2	54	19	31
10	0	31	4	2	0	3	8	36	3	20	10	1	17	40	5	0	40	5	10	40	20	1
11	0	34	10	26	12	3	27	27	39	40	11	1	25	26	5	30	41	5	18	26	20	31
12	0	37	16	50	24	3	46	19	16	0	12	1	33	12	6	0	42	5	26	12	21	1
13	0	40	23	14	36	4	5	10	52	20	13	1	40	58	6	30	43	5	33	58	21	31
14	0	43	29	38	48	4	24	2	28	40	14	1	48	44	7	0	44	5	41	44	22	1
15	0	46	36	3	0	4	42	54	5	0	15	1	56	30	7	30	45	5	49	30	22	31
16	0	49	42	27	12	5	1	45	41	20	16	2	4	16	8	0	46	5	57	16	23	1
17	0	52	48	51	24	5	20	37	17	40	17	2	12	2	8	30	47	6	5	2	23	31
18	0	55	55	15	36	5	39	28	54	0	18	2	19	48	9	0	48	6	12	48	24	1
19	0	59	1	39	48	5	58	20	30	20	19	2	27	34	9	30	49	6	20	34	24	31
20	1	2	8	4	0	6	17	12	6	40	20	2	35	20	10	0	50	6	28	20	25	1
21	1	5	14	28	12	6	36	3	43	0	21	2	43	6	10	30	51	6	36	6	25	31
22	1	8	20	52	24	6	54	55	19	20	22	2	50	52	11	0	52	6	43	52	26	1
23	1	11	27	16	36	7	13	46	55	40	23	2	58	38	11	31	53	6	51	38	26	31
24	1	14	33	40	48	7	32	38	33	0	24	3	6	24	12	1	54	6	59	24	27	1
25	1	17	40	5	0	7	51	30	8	20	25	3	14	10	12	31	55	7	7	10	27	31
26	1	20	46	29	12	8	10	21	44	40	26	3	21	56	13	1	56	7	14	56	28	2
27	1	23	52	53	24	8	29	13	21	0	27	3	29	42	13	31	57	7	22	42	28	32
28	1	26	59	17	36	8	48	4	57	20	28	3	37	28	14	1	58	7	30	28	29	2
29	1	30	5	41	48	9	6	56	33	40	29	3	45	14	14	31	59	7	38	14	29	32
30	1	33	12	6	0	9	25	48	10	0	30	3	53	0	15	1	60	7	46	0	30	2
31	1	36	18	30	12	9	44	39	46	20		I	II	III	IIII	V						

RACINES DES MOYENS
MOVVEMENS DE MERCVRE.

Ans.	Anomalie.					Apogée.				
	s	0	'	''	'''	s	0	'	''	'''
1550	4	37	52	14	47	3	56	51	2	36
1551	5	37	49	27	54	3	56	52	57	20
1552 B	0	28	33	5	13	3	56	54	52	23
1553	1	22	50	18	20	3	56	56	47	7
1554	2	16	47	31	27	3	56	58	41	50
1555	3	10	44	44	33	3	57	0	36	34
1556 B	4	7	48	21	52	3	57	2	31	37
1557	5	1	45	34	59	3	57	4	26	21
1558	5	55	42	48	6	3	57	6	21	5
1559	0	49	40	1	13	3	57	8	15	49
1560 B	1	46	43	38	32	3	57	10	10	52
1561	2	40	40	51	39	3	57	12	5	36
1562	3	34	38	4	46	3	57	14	0	20
1563	4	28	35	17	53	3	57	15	55	4
1564 B	5	25	38	55	12	3	57	17	50	6
1565	0	19	36	8	18	3	57	19	44	50
1566	1	13	33	21	25	3	57	21	39	34
1567	2	7	30	34	32	3	57	23	34	18
1568 B	3	4	34	11	51	3	57	25	29	21
1569	3	58	31	24	58	3	57	27	24	5
1570	4	52	28	38	5	3	57	29	18	49
1571	5	46	25	51	12	3	57	31	13	33
1572 B	0	43	29	28	11	3	57	33	8	36
1573	1	37	26	41	38	3	57	35	3	19
1574	2	31	23	54	45	3	57	36	58	3
1575	3	25	21	7	51	3	57	38	52	47
1576 B	4	22	24	45	10	3	57	40	47	50
1577	5	16	21	58	17	3	57	42	42	34
1578	0	10	59	11	24	3	57	44	37	18
1579	1	4	56	24	31	3	57	46	32	2
1580 B	2	1	20	1	50	3	57	48	27	5
1581	2	55	17	14	57	3	57	50	21	49
1582	3	18	10	26		3	57	52	13	24

Racines en ans Gregoriens.

Ans.	Anomalie.					Apogée.				
	s	0	'	''	'''	s	0	'	''	'''
1583	4	12	7	39	10	3	57	54	8	8
1584 B	5	9	11	16	29	3	57	56	3	11
1585	0	3	8	29	36	3	57	57	57	55
1586	0	57	5	42	43	3	57	59	52	39
1587	1	51	2	55	50	3	58	1	47	23
1588 B	2	48	6	33	9	3	58	3	42	25

Ans.	Apogée.					Anomalie.				
	s	0	'	''	'''	s	0	'	''	'''
1589	3	58	5	37	9	3	42	3	46	16
1590	3	58	7	31	53	4	36	0	59	23
1591	3	58	9	26	37	5	29	58	12	30
1592 B	3	58	11	21	40	0	27	1	49	48
1593	3	58	13	16	24	1	20	59	2	55
1594	3	58	15	11	8	2	14	56	16	2
1595	3	58	17	5	52	3	8	53	29	9
1596 B	3	58	19	0	55	4	5	57	6	28
1597	3	58	20	55	38	4	59	54	19	35
1598	3	58	22	50	22	5	53	51	32	42
1599	3	58	24	45	6	0	47	48	45	49
1600 B	3	58	26	40	9	1	44	52	23	8
1601	3	58	28	34	53	2	38	49	36	15
1602	3	58	30	29	37	3	32	46	49	22
1603	3	58	32	24	21	4	26	44	2	29
1604 B	3	58	34	19	24	5	23	47	39	48
1605	3	58	36	14	8	0	17	44	52	55
1606	3	58	38	8	52	1	11	42	6	2
1607	3	58	40	3	36	2	5	39	19	9
1608 B	3	58	41	58	38	3	2	42	56	28
1609	3	58	43	53	22	3	56	40	9	34
1610	3	58	45	48	6	4	50	37	22	41
1611	3	58	47	42	50	5	44	34	35	48
1612 B	3	58	49	37	53	0	41	38	13	7
1613	3	58	51	32	37	1	35	35	26	14
1614	3	58	53	27	21	2	29	32	39	21
1615	3	58	55	22	5	3	23	29	52	28
1616 B	3	58	57	17	8	4	20	33	29	47
1617	3	58	59	11	51	5	14	30	42	54
1618	3	59	1	6	35	0	8	27	56	1
1619	3	59	3	1	19	1	2	25	9	7
1620 B	3	59	4	56	22	1	59	28	46	26
1621	3	59	6	51	6	2	53	25	59	33
1622	3	59	8	45	50	3	47	23	12	40
1623	3	59	10	40	34	4	41	20	25	47
1624 B	3	59	12	35	37	5	38	24	3	6
1625	3	59	14	30	21	0	32	21	16	13
1626	3	59	16	25	5	1	26	18	29	20
1627	3	59	18	19	48	2	20	15	42	27
1628 B	3	59	20	14	51	3	17	19	19	46
1629	3	59	22	9	35	4	11	16	32	52
1630	3	59	24	4	19	5	5	13	45	59

K iij

RACINES DES MOYENS
MOVVEMENS DE MERCVRE.

Ans.	Anomalie.					Apogée.				
	s	0	I	II	III	s	0	I	II	III
1631	5	59	10	59	6	3	59	25	59	3
1632 B	0	56	14	36	15	3	59	27	54	6
1633	1	50	11	49	32	3	59	29	48	50
1634	2	44	9	2	39	3	59	31	43	34
1635	3	38	6	15	46	3	59	33	38	18
1636 B	4	35	9	53	5	3	59	35	33	20
1637	5	29	7	6	12	3	59	37	28	4
1638	0	23	4	19	19	3	59	39	22	48
1639	1	17	1	32	26	3	59	41	17	32
1640 B	2	14	5	9	45	3	59	43	12	35
1641	3	8	2	22	51	3	59	45	7	19
1642	4	1	59	35	58	3	59	47	2	3
1643	4	55	56	49	5	3	59	48	56	22
1644 B	5	53	0	26	24	3	59	50	51	50
1645	0	46	57	39	31	3	59	52	46	54
1646	1	40	54	52	38	3	59	54	41	18
1647	2	34	52	5	45	3	59	56	1	58
1648 B	3	31	55	43	4	3	59	58	31	4
1649	4	25	52	56	11	4	0	0	25	48
1650	5	19	50	9	17	4	0	2	20	32
1651	0	13	47	22	24	4	0	4	15	16
1652 B	1	10	50	59	44	4	0	6	10	19
1653	2	4	48	12	50	4	0	8	5	3
1654	2	58	45	25	57	4	0	9	59	47
1655	3	52	42	39	4	4	0	11	54	31
1656 B	4	49	46	16	23	4	0	13	49	33
1657	5	43	43	29	30	4	0	15	44	17
1658	0	37	40	42	37	4	0	17	39	1
1659	1	31	37	55	44	4	0	19	33	45
1660 B	2	28	41	33	3	4	0	21	28	48
1661	3	22	38	46	10	4	0	23	23	32
1662	4	16	35	59	17	4	0	25	18	16
1663	5	10	33	12	24	4	0	27	13	0
1664 B	0	7	36	49	43	4	0	29	8	3
1665	1	1	34	2	49	4	0	31	2	47
1666	1	55	31	15	56	4	0	32	57	31

Ans.	Anomalie.					Apogée.				
	s	0	I	II	III	s	0	I	II	III
1667	2	49	28	29	3	4	0	34	52	15
1668 B	3	46	32	6	22	4	0	36	47	17
1669	4	40	29	19	29	4	0	38	42	1
1670	5	34	26	32	36	4	0	40	36	45
1671	0	28	23	45	43	4	0	42	31	29
1672 B	1	25	27	23	2	4	0	44	26	32
1673	2	19	24	36	8	4	0	46	21	16
1674	3	13	21	49	16	4	0	48	16	0
1675	4	7	19	2	23	4	0	50	10	44
1676 B	5	4	22	39	41	4	0	52	5	47
1677	5	58	19	52	49	4	0	54	0	30
1678	0	52	17	5	55	4	0	55	55	14
1679	1	46	14	19	2	4	0	57	49	58
1680 B	2	43	17	56	21	4	0	59	45	1
1681	3	37	15	9	28	4	1	1	39	45
1682	4	31	12	22	35	4	1	3	34	29
1683	5	25	9	35	42	4	1	5	29	13
1684 B	0	22	13	13	1	4	1	7	24	16
1685	1	16	10	26	8	4	1	9	19	0
1686	2	10	7	39	15	4	1	11	13	44
1687	3	4	4	52	22	4	1	13	8	27
1688 B	4	1	8	29	40	4	1	15	3	30
1689	4	55	5	42	47	4	1	16	58	14
1690	5	49	2	55	54	4	1	18	52	58
1691	0	43	0	9	1	4	1	20	47	42
1692 B	1	40	3	46	20	4	1	22	42	45
1693	2	34	0	59	27	4	1	24	37	29
1694	3	27	58	12	34	4	1	26	32	13
1695	4	21	55	25	41	4	1	28	26	57
1696 B	5	18	59	3	0	4	1	30	21	59
1697	0	12	56	16	7	4	1	32	16	43
1698	1	6	53	29	14	4	1	34	11	27
1699	2	0	50	42	20	4	1	36	6	11
1700 B	2	57	54	19	39	4	1	38	1	14

PROSTAPHERESES DV CENTRE
DE MERCVRE.

Sex. 0

Degrez.	Centre. Ofte. '	Minutes proport. '
	0 /	/
0	0 0	0
1	0 3	0
2	0 6	0
3	0 9	0
4	0 11	0
5	0 13	0
6	0 17	0
7	0 20	1
8	0 23	1
9	0 26	1
10	0 29	1
11	0 31	1
12	0 34	2
13	0 37	2
14	0 40	2
15	0 43	2
16	0 45	3
17	0 48	3
18	0 51	4
19	0 54	4
20	0 56	4
21	0 59	5
22	1 2	5
23	1 5	6
24	1 7	6
25	1 10	7
26	1 13	7
27	1 15	8
28	1 18	8
29	1 20	9
30	1 23	9

Deg. adioufte.
Sexag. 5.

1.

Centre. Ofte. '	Minutes proport. '
0 /	/
2 29	32
2 30	33
2 32	33
2 34	34
2 35	35
2 37	36
2 38	36
2 40	37
2 41	38
2 42	39
2 44	40
2 44	40
2 46	41
2 47	42
2 48	42
2 49	43
2 50	44
2 51	45
2 52	45
2 53	46
2 54	47
2 55	47
2 56	48
2 56	48
2 57	49
2 58	50
2 58	50
2 59	51
2 59	51
2 59	52
3 0	52

adioufte.
4

2. Sex.

Centre. Ofte. '	Minutes proport. '	Degrez.
0 /	/	
2 43	60	60
2 42	60	59
2 40	60	58
2 39	60	57
2 37	60	56
2 36	60	55
2 34	60	54
2 32	60	53
2 30	60	52
2 29	60	51
2 27	59	50
2 25	59	49
2 23	59	48
2 21	59	47
2 18	59	46
4 16	59	45
2 14	59	44
1 12	59	43
2 9	58	42
2 7	58	41
2 5	58	40
2 2	58	39
2 0	58	38
1 57	57	37
1 54	57	36
1 52	57	35
1 49	57	34
1 46	57	33
1 44	56	32
1 41	56	31
1 38	56	30

adioufte. Deg.
3. Sex.

PROSTAPHERESES DV CENTRE
DE MERCVRE.

Sex. 0				ε.			2.			Sex.
Degrez.	Centre. Oste. (0 /)	Minutes proport. (/)		Centre. Oste. (0 /)	Minutes proport. (/)		Centre. Oste. (0 /)	Minutes proport. (/)		Degrez.
30	1 23	9		3 0	52		1 38	56		30
31	1 26	10		3 0	53		1 35	56		29
32	1 28	11		3 0	53		1 32	56		28
33	1 31	11		3 0	54		1 29	56		27
34	1 33	12		3 0	54		1 26	55		26
35	1 36	13		3 0	55		1 23	55		25
36	1 38	13		3 0	55		1 20	55		24
37	1 41	14		3 0	56		1 17	55		23
38	1 43	15		3 0	56		1 14	54		22
39	1 45	15		3 0	56		1 11	54		21
40	1 48	16		3 0	57		1 7	54		20
41	1 50	17		2 59	57		1 4	54		19
42	1 52	18		2 59	57		1 1	54		18
43	1 55	18		2 59	58		0 58	54		17
44	1 57	19		2 58	58		0 55	54		16
45	1 59	20		2 58	58		0 51	53		15
46	2 1	21		2 57	58		0 48	53		14
47	2 3	21		2 57	59		0 45	53		13
48	2 6	22		2 56	59		0 41	53		12
49	2 8	23		2 55	59		0 38	53		11
50	2 10	24		2 54	59		0 34	53		10
51	2 12	24		2 54	59		0 31	53		9
52	2 14	25		2 53	59		0 28	53		8
53	2 16	26		2 52	60		0 24	53		7
54	2 18	27		2 51	60		0 21	53		6
55	2 20	28		2 50	60		0 17	52		5
56	2 21	29		2 48	60		0 14	52		4
57	2 23	29		2 47	60		0 10	52		3
58	2 25	30		2 46	60		0 7	52		2
59	2 27	31		2 45	60		0 3	52		1
60	2 29	32		2 43	60		0 0	52		0
Deg. adiouste.				adiouste.			adiouste.			Deg.
Sexag. 5				4			3			Sex.

PROSTAPHERESES DE L'ANOMALIE
DE MERCVRE.

L'orbe de

Degrez	Sex. 0 Orbe. adiouste. 0 | '	Excés. adiouste. 0 | '	Sex. 1 Orbe. adiouste. 0 | '	Excés. adiouste. 0 | '	Sex. 2 Orbe. adiouste. 0 | '	Excés. adiouste. 0 | '	Degrez
0	0|0	0|0	13|40	2|35	18|40	5|2	60
1	0|15	0|3	13|51	2|38	18|35	5|4	59
2	0|30	0|5	14|2	2|41	18|30	5|5	58
3	0|44	0|8	14|13	2|43	18|25	5|6	57
4	0|59	0|10	14|24	2|46	18|19	5|7	56
5	1|14	0|13	14|34	2|49	18|13	5|7	55
6	1|29	0|15	14|45	2|51	18|6	5|8	54
7	1|43	0|18	14|55	2|54	17|58	5|9	53
8	1|58	0|20	15|6	2|57	17|51	5|9	52
9	2|13	0|23	15|16	3|0	17|42	5|10	51
10	2|27	0|25	15|26	3|2	17|34	5|10	50
11	2|42	0|28	15|35	3|5	17|24	5|10	49
12	2|57	0|30	15|45	3|8	17|15	5|9	48
13	3|11	0|33	15|54	3|11	17|4	5|9	47
14	3|26	0|35	16|4	3|13	16|53	5|8	46
15	3|40	0|38	16|13	3|16	16|42	5|8	45
16	3|55	0|40	16|22	3|19	16|30	5|7	44
17	4|10	0|43	16|30	3|22	16|18	5|6	43
18	4|24	0|45	16|39	3|24	16|5	5|4	42
19	4|39	0|48	16|47	3|27	15|52	5|3	41
20	4|53	0|50	16|55	3|30	15|38	5|1	40
21	5|7	0|53	17|3	3|32	15|23	4|59	39
22	5|22	0|56	17|11	3|35	15|8	4|56	38
23	5|36	0|58	17|18	3|38	14|53	4|54	37
24	5|50	1|1	17|26	3|41	14|37	4|51	36
25	6|5	1|3	17|33	3|43	14|20	4|48	35
26	6|19	1|6	17|40	3|46	14|3	4|45	34
27	6|33	1|8	17|46	3|49	13|35	4|41	33
28	6|47	1|11	17|53	3|51	13|27	4|37	32
29	7|1	1|13	17|59	3|54	13|8	4|33	31
30	7|15	1|16	18|5	3|57	12|49	4|28	30
Deg.	Ofte.	adiouste.	Ofte.	adiouste.	Ofte.	adiouste.	Deg.

PROSTAPHERESES DE L'ANOMALIE
DE MERCVRE.

Sex.	0			♄			2		Sex.
	Orbe.	Excès.		Orbe.	Excès.		Orbe.	Excès.	
Degrez	adiouste.	adiouste.		adiouste.	ndiouste.		adiouste.	adiouste.	Degrez
	° '	° '		° '	° '		° '	° '	
30	7 15	1 16		18 5	3 57		12 49	4 18	30
31	7 29	1 19		18 10	3 59		12 29	4 24	29
32	7 43	1 21		18 16	4 2		12 9	4 18	28
33	7 57	1 24		18 21	4 5		11 48	4 13	27
34	8 10	1 26		18 26	4 7		11 27	4 7	26
35	8 24	1 29		18 30	4 10		11 5	4 1	25
36	8 38	1 32		18 35	4 12		10 43	3 55	24
37	8 51	1 34		18 39	4 15		10 20	3 48	23
38	9 5	1 37		18 42	4 17		9 57	3 41	22
39	9 18	1 39		18 46	4 20		9 33	3 34	21
40	9 32	1 42		18 49	4 22		9 9	3 26	20
41	9 45	1 45		18 52	4 25		8 44	3 18	19
42	9 58	1 47		18 54	4 27		8 19	3 10	18
43	10 11	1 50		18 57	4 30		7 54	3 1	17
44	10 24	1 52		18 59	4 32		7 28	2 52	16
45	10 37	1 55		19 0	4 34		7 2	2 43	15
46	10 50	1 58		19 1	4 37		6 36	2 33	14
47	11 3	2 0		19 2	4 39		6 9	2 24	13
48	11 16	2 3		19 3	4 41		5 42	2 14	12
49	11 28	2 6		19 3	4 43		5 14	2 4	11
50	11 41	2 8		19 3	4 45		4 46	1 53	10
51	11 53	2 11		19 2	4 47		4 19	1 42	9
52	12 5	2 14		19 2	4 49		3 50	1 31	8
53	12 18	2 16		19 0	4 51		3 22	1 20	7
54	12 30	2 19		18 59	4 53		2 54	1 9	6
55	12 42	2 22		18 56	4 55		2 25	0 58	5
56	12 53	2 24		18 54	4 57		1 56	0 46	4
57	13 5	2 27		18 51	4 58		1 27	0 35	3
58	13 17	2 30		18 48	5 0		0 58	0 23	2
59	13 28	2 32		18 44	5 1		0 29	0 12	1
60	13 40	2 35		18 40	5 2		0 0	0 0	0
Deg.	Oste.	adiouste.		Oste.	adiouste.		Oste.	adiouste.	Deg.
Sexag.	5.			4.			3.		Sex.

TABLE DV MOYEN
MOVVEMENT DV NOEVD
AVSTRAL DE MERCVRE.

EN ANS.

Racine.	s	0	/	//	///
Nabonaſſare.	3	35	10	26	0
Ieſus-Chriſt.	3	38	0	0	0
20	0	0	4	32	28
40	0	0	9	4	56
60	0	0	13	37	24
80	0	0	18	9	53
100	0	0	22	42	21
200	0	0	45	24	42
300	0	1	8	7	4
400	0	1	30	49	25
500	0	1	53	31	47
600	0	2	16	14	8
700	0	2	38	56	29
800	0	3	1	38	51
900	0	3	24	21	12
1000	0	3	47	3	34
1100	0	4	9	45	55
1200	0	4	32	28	17
1300	0	4	55	10	38
1400	0	5	17	52	59
1500	0	5	40	35	21
1600	0	6	3	17	42
1700	0	6	26	0	4
1800	0	6	48	42	25
1900	0	7	11	24	47
2000	0	7	34	7	8
3000	0	11	21	10	42
4000	0	15	8	14	17
5000	0	18	55	17	51
6000	0	22	42	21	25

Ans	s	0	/	//	///
1	0	0	0	13	36
2	0	0	0	27	13
3	0	0	0	40	50
4	0	0	0	54	29
5	0	0	1	8	6
6	0	0	1	21	43
7	0	0	1	35	20
8	0	0	1	48	59
9	0	0	2	2	36
10	0	0	2	16	13
11	0	0	2	29	49
12	0	0	2	43	28
13	0	0	2	57	5
14	0	0	3	10	42
15	0	0	3	24	19
16	0	0	3	37	58
17	0	0	3	51	35
18	0	0	4	5	12
19	0	0	4	18	49
20	0	0	4	32	28

En mois communs. / En mois Biſſextils.

Mois.	s	0	/	//	///	s	0	/	//	///
Ianuier.	0	0	0	1	9	0	0	0	1	9
Feurier.	0	0	0	2	12	0	0	0	2	14
Mars.	0	0	0	3	21	0	0	0	3	23
Auril.	0	0	0	4	28	0	0	0	4	30
May.	0	0	0	5	37	0	0	0	5	40
Iuin.	0	0	0	6	45	0	0	0	6	47
Iuillet.	0	0	0	7	54	0	0	0	7	56
Aouſt.	0	0	0	9	3	0	0	0	9	6
Septemb.	0	0	0	10	10	0	0	0	10	13
Octobre.	0	0	0	11	20	0	0	0	11	22
Nouemb.	0	0	0	12	27	0	0	0	12	29
Decemb.	0	0	0	13	36	0	0	0	13	39

EN IOVRS.

Iours.	0	/	//	///	////
1	0	0	0	2	14
2	0	0	0	4	28
3	0	0	0	6	42
4	0	0	0	8	57
5	0	0	0	11	11
6	0	0	0	13	25
7	0	0	0	15	39
8	0	0	0	17	54
9	0	0	0	20	8
10	0	0	0	22	22
11	0	0	0	24	37
12	0	0	0	26	51
13	0	0	0	29	5
14	0	0	0	31	19
15	0	0	0	33	34
16	0	0	0	35	48
17	0	0	0	38	2
18	0	0	0	40	16
19	0	0	0	42	31
20	0	0	0	44	45
21	0	0	0	46	59
22	0	0	0	49	14
23	0	0	0	51	28
24	0	0	0	53	42
25	0	0	0	55	56
26	0	0	0	58	11
27	0	0	1	0	25
28	0	0	1	2	39
29	0	0	1	4	54
30	0	0	1	7	8
31	0	0	1	9	22

RACINES DV MOYEN MOVVEMENT
DV NOEVD AVSTRAL
DE MERCVRE.

Ans.	s	0	I	II	III
1550	3	43	51	56	31
1551	3	43	52	10	7
1552 B	3	43	52	23	46
1553	3	43	52	37	23
1554	3	43	52	51	0
1555	3	43	53	4	37
1556 B	3	43	53	18	16
1557	3	43	53	31	53
1558	3	43	53	45	30
1559	3	43	53	59	7
1560 B	3	43	54	12	46
1561	3	43	54	26	25
1562	3	43	54	40	0
1563	3	43	54	53	36
1564 B	3	43	55	7	15
1565	3	43	55	20	52
1566	3	43	55	34	29
1567	3	43	55	48	6
1568 B	3	43	56	1	45
1569	3	43	56	15	22
1570	3	43	56	28	59
1571	3	43	56	42	36
1572 B	3	43	56	56	15
1573	3	43	57	9	52
1574	3	43	57	23	28
1575	3	43	57	37	5
1576 B	3	43	57	50	44
1577	3	43	58	4	21
1578	3	43	58	17	58
1579	3	43	58	31	35
1580 B	3	43	58	45	14
1581	3	43	58	58	51
1582	3	43	59	12	5

Racines en ans Gregoriens.

Ans.	s	0	I	II	III
1583	3	43	59	25	42
1584 B	3	43	39	39	21
1585	3	43	59	52	58
1586	3	44	0	6	35
1587	3	44	0	20	12
1588 B	3	44	0	33	51
1589	3	44	0	47	28
1590	3	44	1	1	5
1591	3	44	1	14	42
1592 B	3	44	1	28	21
1593	3	44	1	41	58
1594	3	44	1	55	34
1595	3	44	2	9	11
1596 B	3	44	2	22	50
1597	3	44	2	36	27
1598	3	44	2	50	4

Ans.	s	0	I	II	III
1599	3	44	3	3	41
1600 B	3	44	3	17	20
1601	3	44	3	30	57
1602	3	44	3	44	34
1603	3	44	3	58	11
1604 B	3	44	4	11	50
1605	3	44	4	25	26
1606	3	44	4	39	3
1607	3	44	4	52	40
1608 B	3	44	5	6	19
1609	3	44	5	19	56
1610	3	44	5	33	33
1611	3	44	5	47	10
1612 B	3	44	6	0	49
1613	3	44	6	14	26
1614	3	44	6	28	3
1615	3	44	6	41	40
1616 B	3	44	6	55	19
1617	3	44	7	8	55
1618	3	44	7	22	32
1619	3	44	7	36	9
1620 B	3	44	7	49	48
1621	3	44	8	3	25
1622	3	44	8	17	2
1623	3	44	8	30	39
1624 B	3	44	8	44	18
1625	3	44	8	57	55
1626	3	44	9	11	32
1627	3	44	9	25	8
1628 B	3	44	9	38	48
1629	3	44	9	52	24
1630	3	44	10	6	1
1631	3	44	10	19	38
1632 B	3	44	10	33	17
1633	3	44	10	46	54
1634	3	44	11	0	31
1635	3	44	11	14	8
1636 B	3	44	11	27	47
1637	3	44	11	41	24
1638	3	44	11	55	1
1639	3	44	12	8	37
1640 B	3	44	12	22	17
1641	3	44	12	35	53
1642	3	44	12	49	30
1643	3	44	13	3	7
1644 B	3	44	13	16	44
1645	3	44	13	30	23
1646	3	44	13	44	0
1647	3	44	13	57	37
1648 B	3	44	14	11	16
1649	3	44	14	24	53
1650	3	44	14	38	30

Ans.	s	0	I	II	III
1651	3	44	14	52	6
1652 B	3	44	15	5	46
1653	3	44	15	19	22
1654	3	44	15	32	59
1655	3	44	15	46	36
1656 B	3	44	16	0	15
1657	3	44	16	13	52
1658	3	44	16	27	29
1659	3	44	16	41	6
1660 B	3	44	16	54	45
1661	3	44	17	8	22
1662	3	44	17	21	59
1663	3	44	17	35	35
1664 B	3	44	17	49	15
1665	3	44	18	2	51
1666	3	44	18	16	28
1667	3	44	18	30	5
1668 B	3	44	18	43	44
1669	3	44	18	57	21
1670	3	44	19	10	58
1671	3	44	19	24	35
1672 B	3	44	19	38	14
1673	3	44	19	51	51
1674	3	44	20	5	28
1675	3	44	20	19	4
1676 B	3	44	20	32	43
1677	3	44	20	46	20
1678	3	44	20	59	57
1679	3	44	21	13	34
1680 B	3	44	21	27	13
1681	3	44	21	40	50
1682	3	44	21	54	27
1683	3	44	22	8	4
1684 B	3	44	22	21	43
1685	3	44	22	35	20
1686	3	44	22	48	56
1687	3	44	23	2	33
1688 B	3	44	23	16	12
1689	3	44	23	29	49
1690	3	44	23	43	26
1691	3	44	23	57	3
1692 B	3	44	24	10	42
1693	3	44	24	24	19
1694	3	44	24	37	56
1695	3	44	24	51	33
1696 B	3	44	25	5	12
1697	3	44	25	18	49
1698	3	44	25	32	25
1699	3	44	25	46	2
1700 B	3	44	25	59	41

MINVTES proportionnelles.

PREMIER CANON DE LA DECLINAISON de Mercure.

Can.	0	1	2	pre.
Can.	6	7	8	sec.
Deg.	'	'	'	Deg.
0	0	30	52	30
1	1	31	52	29
2	2	32	53	28
3	3	33	53	27
4	4	33	54	26
5	5	34	54	25
6	6	35	55	24
7	7	36	55	23
8	8	37	55	22
9	9	38	56	21
10	10	39	56	20
11	11	39	57	19
12	12	40	57	18
13	13	41	57	17
14	14	41	58	16
15	15	42	58	15
16	16	43	58	14
17	17	44	58	13
18	18	44	59	12
19	19	45	59	11
20	20	46	59	10
21	21	46	59	9
22	22	47	59	8
23	23	48	59	7
24	24	48	60	6
25	25	49	60	5
26	26	50	60	4
27	27	50	60	3
28	28	51	60	2
29	29	51	60	1
30	30	52	60	0
Can.	5	4	3	pre.
Can.	11	10	9	sec.

	Declin. Australe.			Declin. Boreale.			
Degrez	0	1	2	3	4	5	Degrez
	0 '	0 '	0 '	0 '	0 '	0 '	
0	1 32	1 24	0 51	0 0	1 25	3 7	30
2	1 32	1 22	0 49	0 5	1 32	3 14	28
4	1 32	1 21	0 46	0 10	1 38	3 20	26
6	1 32	1 19	0 43	0 15	1 45	3 26	24
8	1 31	1 17	0 40	0 20	1 52	3 31	22
10	1 31	1 15	0 37	0 26	1 59	3 37	20
12	1 31	1 13	0 34	0 31	2 6	3 42	18
14	1 31	1 10	0 30	0 37	2 13	3 46	16
16	1 30	1 8	0 26	0 42	2 20	3 50	14
18	1 30	1 6	0 23	0 48	2 27	3 54	12
20	1 29	1 3	0 20	0 54	2 34	3 57	10
22	1 29	1 1	0 16	1 0	2 40	3 59	8
24	1 28	0 59	0 12	1 6	2 47	4 2	6
26	1 27	0 57	0 8	1 13	2 54	4 4	4
28	1 26	0 54	0 4	1 19	3 0	4 5	2
30	1 24	0 51	0 0	1 25	3 7	4 5	0
Deg.	11	10	9	8	7	6	Deg.
	Declin. Australe.			Declin. Boreale.			

SECOND.

	Declin. Boreale.			Declin. Australe.			
Degrez	0	1	2	3	4	5	Degrez
	0 '	0 '	0 '	0 '	0 '	0 '	
0	1 32	1 24	0 51	0 0	1 25	3 7	30
2	1 32	1 22	0 49	0 5	1 32	3 14	28
4	1 32	1 21	0 46	0 10	1 38	3 20	26
6	1 32	1 19	0 43	0 15	1 45	3 26	24
8	1 31	1 17	0 40	0 20	1 52	3 31	22
10	1 31	1 15	0 37	0 26	1 59	3 37	20
12	1 31	1 11	0 34	0 31	2 6	3 42	18
14	1 31	1 10	0 30	0 37	2 13	3 46	16
16	1 30	1 8	0 26	0 42	2 20	3 50	14
18	1 30	1 6	0 23	0 48	2 27	3 54	12
20	1 29	1 3	0 10	0 54	2 34	3 57	10
22	1 29	1 1	0 16	1 0	2 40	3 59	8
24	1 28	0 59	0 12	1 6	2 47	4 2	6
26	1 27	0 57	0 8	1 13	2 54	4 4	4
28	1 26	0 54	0 4	1 19	3 0	4 5	2
30	1 24	0 51	0 0	1 25	3 7	4 5	0
Deg.	11	10	9	8	7	6	Deg.
	Declin. Boreale.			Declin. Australe.			

MINVTES proportionnelles.

Can.	0	1	2	pre.
Can.	6	7	8	sec.
Deg.	/	/	/	Deg.
0	60	52	30	30
1	60	51	29	29
2	60	51	28	28
3	60	50	27	27
4	60	50	26	26
5	60	49	25	25
6	60	48	24	24
7	59	48	23	23
8	59	47	22	22
9	59	46	21	21
10	59	46	20	20
11	59	45	19	19
12	59	44	18	18
13	59	44	17	17
14	58	43	16	16
15	58	42	15	15
16	58	41	14	14
17	58	41	13	13
18	57	40	12	12
19	57	39	11	11
20	56	39	10	10
21	55	38	9	9
22	55	37	8	8
23	55	36	7	7
24	55	35	6	6
25	54	34	5	5
26	53	33	4	4
27	52	33	3	3
28	52	32	2	2
29	52	31	1	1
30	52	30	0	0
Can.	11	10	9	pre.
Can.	5	4	3	sec.

PREMIER CANON DE LA REFLEXION de Mercure.

Reflexion Australe.

Degrez	0		1		2		3		4		5		Degrez
	0	/	0	/	0	/	0	/	0	/	0	/	
0	0	0	0	50	1	34	2	6	2	13	1	35	30
2	0	3	0	53	1	36	2	8	2	13	1	30	28
4	0	6	0	57	1	38	2	10	2	13	1	26	26
6	0	10	1	0	1	41	2	11	2	12	1	20	24
8	0	13	1	3	1	43	2	12	2	10	1	15	22
10	0	16	1	6	1	45	2	12	2	8	1	9	20
12	0	20	1	9	1	48	2	13	2	6	1	3	18
14	0	23	1	12	1	50	2	13	2	4	0	56	16
16	0	26	1	15	1	52	2	14	2	0	0	50	14
18	0	30	1	18	1	54	2	14	1	58	0	43	12
20	0	33	1	21	1	55	2	14	1	55	0	36	10
22	0	36	1	24	1	56	2	14	1	52	0	29	8
24	0	40	1	26	1	58	2	14	1	48	0	22	6
26	0	43	1	29	2	0	2	14	1	44	0	15	4
28	0	46	1	31	2	2	2	14	1	40	0	7	2
30	0	50	1	34	2	6	2	13	1	55	0	0	0
Deg.	11		10		9		8		7		6		Deg.

Reflexion Boreale.

SECOND.

Reflexion Boreale.

Degrez	0		1		2		3		4		5		Degrez
	0	/	0	/	0	/	0	/	0	/	0	/	
0	0	0	0	50	1	34	2	6	2	13	1	35	30
2	0	3	0	53	1	36	2	8	2	13	1	30	28
4	0	6	0	57	1	38	2	10	2	13	1	26	26
6	0	10	1	0	1	41	2	11	2	12	1	20	24
8	0	13	1	3	1	43	2	12	2	10	1	15	22
10	0	16	1	6	1	45	2	12	2	8	1	9	20
12	0	20	1	9	1	48	2	13	2	6	1	3	18
14	0	23	1	12	1	50	2	13	2	4	0	56	16
16	0	26	1	15	1	52	2	14	2	0	0	50	14
18	0	30	1	18	1	54	2	14	1	58	0	43	12
20	0	33	1	21	1	55	2	14	1	55	0	36	10
22	0	36	1	24	1	56	2	14	1	52	0	29	8
24	0	40	1	26	1	58	2	14	1	48	0	22	6
26	0	43	1	29	2	0	2	14	1	44	0	15	4
28	0	46	1	31	2	2	2	14	1	40	0	7	2
30	0	50	1	34	2	6	2	13	1	35	0	0	0
Deg.	11		10		9		8		7		6		Deg.

Reflexion Australe.

TABLE DES STATIONS DES
TROIS PLANETES SVPERIEVRES.

Station. Degrez		SATVRNE. Premiere.		SATVRNE. Seconde.		IVPITER. Premiere.		IVPITER. Seconde.		MARS. Premiere.		MARS. Seconde.	
		0	'	0	'	0	'	0	'	0	'	0	'
0	360	112	38	247	22	124	8	235	52	157	33	202	27
6	354	112	39	247	21	124	9	235	51	157	35	202	25
12	348	112	40	247	20	124	11	235	49	157	40	202	20
18	342	112	42	247	18	124	13	235	47	157	48	202	12
24	336	112	45	247	15	124	17	235	43	157	59	202	1
30	330	112	49	247	11	124	22	235	38	158	14	201	46
36	324	112	53	247	7	124	27	235	33	158	31	201	29
42	318	112	58	247	2	124	33	235	27	158	53	201	7
48	312	113	4	246	56	124	39	235	21	159	16	200	44
54	306	113	11	246	49	124	46	235	14	159	42	200	18
60	300	113	18	246	42	124	54	235	6	160	9	199	51
66	294	113	25	246	35	125	3	234	57	160	39	199	21
72	288	113	33	246	27	125	12	234	48	161	10	198	50
78	282	113	41	246	19	125	21	234	39	161	42	198	18
84	276	113	49	246	11	125	30	234	30	162	16	197	44
90	270	113	58	246	2	125	40	234	20	162	51	197	9
96	264	114	6	245	54	125	51	234	9	163	25	196	35
102	258	114	14	245	46	126	1	233	59	164	0	196	0
108	252	114	22	245	38	126	11	233	49	164	34	195	26
114	246	114	30	245	30	126	20	233	40	164	9	194	51
120	240	114	37	245	23	126	29	233	31	165	44	194	16
126	234	114	44	245	16	126	38	233	22	166	16	193	44
132	228	114	51	245	9	126	46	233	14	166	47	193	13
138	222	114	57	245	3	126	53	233	7	167	16	192	44
144	216	115	3	244	57	126	59	233	1	167	42	192	18
150	210	115	8	244	52	127	5	232	55	168	4	191	56
156	204	115	12	244	48	127	10	232	50	168	24	191	36
162	198	115	15	244	45	127	14	232	46	168	39	191	21
168	192	115	18	244	42	127	17	232	43	168	50	191	10
174	186	115	20	244	40	127	18	232	42	168	56	191	4
180	180	115	31	244	39	127	19	232	41	168	56	191	4

TABLE DES STATIONS DES
DEVX PLANETES INFERIEVRES.

Station.		VENVS.				MERCVRE.			
		Premiere.		Seconde.		Premiere.		Seconde.	
Degrez.		o	'	o	'	o	'	o	'
0	360	166	1	193	59	146	50	213	10
6	354	166	1	193	59	146	47	213	13
12	348	166	2	193	58	146	40	213	20
18	342	166	4	193	56	146	28	213	32
24	336	166	6	193	54	146	12	213	48
30	330	166	9	193	51	145	54	214	6
36	324	166	13	193	47	145	36	214	24
42	318	166	17	193	43	145	16	214	44
48	312	166	22	193	38	144	58	215	2
54	306	166	28	193	32	144	41	215	19
60	300	166	34	193	26	144	26	215	34
66	294	166	40	193	20	144	15	215	45
72	288	166	47	193	13	144	6	215	54
78	282	166	53	193	7	143	59	216	4
84	276	167	0	193	0	143	56	216	4
90	270	167	7	192	53	143	55	216	5
96	264	167	14	192	46	143	57	216	3
102	258	167	21	192	39	144	0	216	0
108	252	167	28	192	32	144	7	215	53
114	246	167	35	192	25	144	15	215	45
120	240	167	41	192	19	144	25	215	35
126	234	157	47	192	13	144	36	215	24
132	228	167	53	192	7	144	48	215	12
138	222	167	58	192	2	145	1	214	49
144	216	168	2	191	58	145	14	214	46
150	210	168	6	191	54	145	26	214	34
156	204	168	9	191	51	145	37	214	23
162	198	168	12	191	48	145	47	214	13
168	192	168	14	191	46	145	54	214	6
174	186	168	15	191	45	145	58	214	2
180	180	168	15	191	45	146	0	214	0

TABLE

TABLE DE L'EMERSION ET OCCVLTATION DES CINQ PLANETES.

EMERSION.

	Leuer Matutin.			VENVS.		MERCVRE	
	♄	♃	♂	Leuer Vespert.	Coucher matutin.	Leuer Vespert.	Coucher matutin.
	0 ′	0 ′	0 ′	0 ′	0 ′	0 ′	0 ′
Aries.	29|28	19|33	29|0	15|31	4|25	24|10	12|24
Taurus.	26|26	18|21	27|11	13|48	4|29	21|15	12|18
Gemini.	22|10	14|15	22|14	10|39	7|38	17|10	13|37
Cancer.	17|18	11|44	18|15	8|38	8|58	14|9	14|9
Leo.	14|8	9|44	16|7	7|5	8|59	12|53	16|39
Virgo.	13|8	9|7	15|8	6|53	10|46	22|8	20|23
Libra.	12|15	9|0	14|12	6|57	11|5	12|10	23|50
Scorpio.	13|1	9|7	15|8	7|11	11|26	12|41	23|49
Sagittarius.	13|47	9|44	16|7	7|56	12|27	14|3	20|44
Capricornus.	16|36	11|44	18|15	9|18	9|28	16|19	16|19
Aquarius.	21|16	14|14	22|14	12|47	8|29	20|15	14|7
Pisces.	26|46	18|11	27|11	15|28	7|43	24|38	22|14

OCCVLTATION.

	Occultat. Vespert.			Leuer matutin.	Coucher Vespert.	Leuer matutin.	Coucher Vespert.
Aries.	13|46	9|28	14|12	3|36	2|27	22|43	12|9
Taurus.	14|7	9|38	15|8	4|9	3|30	21|23	12|12
Gemini.	15|5	10|16	16|7	5|14	8|47	22|28	14|44
Cancer.	17|9	11|44	18|15	10|12	10|44	18|48	19|48
Leo.	14|48	13|32	22|14	17|45	11|30	15|18	23|25
Virgo.	22|0	15|23	27|11	23|40	7|43	13|18	26|37
Libra.	22|32	16|7	29|0	22|27	6|40	12|29	25|38
Scorpio.	21|26	15|23	27|11	15|14	6|17	12|10	20|33
Sagittarius.	18|35	13|32	22|14	7|1	5|12	12|16	17|41
Capricornus.	16|36	11|44	18|15	2|18	2|18	12|15	12|30
Aquarius.	14|40	10|16	16|7	1|36	1|14	14|25	11|32
Pisces.	14|0	9|38	15|10	2|43	1|31	18|22	11|47

M

CATALOGVE DES
LONGITVDES ET LATITVDES
DES PRINCIPAVX LIEVX
en diuerses Regions.

Noms des lieux.	Temps.		Longit.		Latitude	
		H. M.	D. M.		D. M.	
Aarusie en la Chersonnese Cymbrique en Dannem..	A	0 44	54	30	56	16
Abbeuille.	S	0 1	23	10	50	20
Agen.	S	0 9	21	9	44	50
Aigue-morres.	A	0 10	25	10	42	44
Aix en Prouence.	A	0 14	27	0	42	40
Aix la Chappelle en Allemagne.	A	0 16	27	30	50	48
Alby.	S	0 4	22	20	43	57
Alcmer.	A	0 11	26	15	52	41
Alençon.	S	0 8	21	20	48	50
Alexandrie en Egypte.	A	2 28	60	30	30	58
Amboise.	S	0 11	21	35	47	40
Ambrun ou Embrun.	A	0 16	27	30	43	44
Amiens.		0 0	23	34	49	50
Amsterdam.	A	0 12	26	30	52	26
Angers.	S	0 16	19	20	47	20
Angoulesme.	S	0 9	21	15	46	8
Anthioche en Sirie.	A	3 25	74	45	37	0
Anuers en Brabant.	A	0 10	26	0	51	26
Aracte en Sirie.	A	3 35	77	15	36	4
Arnhem en Gueldres.	A	0 17	27	45	52	7
Athenes en Grece.	A	1 58	53	0	37	15
Arles.	A	0 8	25	40	42	45
Arras.	A	0 2	24	0	50	16
Ausbourg.	A	0 39	33	15	48	21
Auignon.	A	0 9	25	50	43	9
Auranches.	S	0 18	18	50	48	51
Avranges ou Oranges.	A	0 10	26	0	43	20
Autun.	A	0 8	25	40	46	20
Aux.	S	0 6	21	49	43	25
Auxerre.	A	0 4	24	40	47	15

CATALOGVE DES LONGITVDES
ET LATITVDES.

Noms des lieux.	Temps.		Longit.		Latitud.	
		H. M.	D.	M.	D.	M.
Babylon.	A	3 20	73	30	35	0
Barcelonne en Espagne.	S	0 20	18	30	41	24
Basle.	A	0 20	28	30	47	3
Bayeux.	S	0 14	20	0	49	20
Bayonne.	S	0 18	19	0	43	25
Beauuais.	S	0 11	23	10	49	30
Bergue en Noruegue.	A	0 16	27	30	60	30
Bergue en Brabant.	A	0 9	25	45	51	30
Beziers.	A	0 2	24	0	42	45
Besançon.	A	0 16	27	30	47	0
Bethleem.	A	2 49	65	45	31	50
Blois.	S	0 4	22	25	47	50
Bolduc en Brabant.	A	0 12	26	40	51	45
Boloigne en Italie.	A	0 44	34	30	43	54
Bordeaux.	S	0 17	19	15	44	30
Bourges.	A	0 0	23	32	46	56
Breme en Allemagne.	A	0 27	30	15	53	10
Brianson.	A	0 20	28	30	43	50
Briga en Silesie.	A	1 12	41	30	51	0
Bruges en Flandres.	A	0 5	24	45	51	19
Bruxelles en brabant.	A	0 10	26	0	50	48
Caën.	S	0 10	20	30	49	20
Calecut ville des Indes.	A	5 20	104	0	11	0
Cahors.	S	0 4	22	30	44	15
Chalon en Champagne.	A	0 9	25	50	48	49
Chalon sur Saone.	A	0 11	26	20	46	5
Chartres.	S	0 3	22	45	48	24
Campan en Gueldres.	A	0 15	27	15	52	40
Cassel en Hessen.	A	0 27	30	15	51	19
Cologne.	A	0 19	28	15	50	56
Compostelle.	S	0 53	10	15	42	30
Conimbre en Portugal.	S	0 51	10	45	40	0
Constance.	A	0 34	32	0	47	30
Cracouie en Pologne.	A	1 30	46	0	50	0
Dantzig, ville de Prussie.	A	1 24	44	30	54	20
Delphi en Hollande.	A	0 10	26	0	52	0
Diepe.	S	0 4	22	30	50	0
Dijon.	A	0 10	26	10	46	48
Dole.	A	0 13	26	50	46	45
Dordrecht en Hollande.	A	0 12	26	30	51	51
Burazzo en Macedoine.	A	1 30	46	0	41	27
Duysbourg en Cleues.	A	0 18	28	0	51	30

M ij

CATALOGVE DES LONGITVDES
ET LATITVDES.

Noms des lieux.	Temps.		Longit.		Latitude	
	H.	M.	D.	M.	D.	M.
Edembourg en Escoffe.	S 0	18	19	0	56	10
Embde en Frise.	A 0	18	28	0	53	32
Eureux.	S 0	2	22	50	48	26
Francfort fur le Mein.	A 0	24	29	30	50	8
Francfort fur l'Odere.	A 1	4	39	30	52	20
Franeckere en Frise.	A 0	15	27	15	53	12
Fruembourg en Pruffie.	A 1	30	46	0	54	19
Gand en Flandres.	A 0	8	25	30	51	8
Geneue.	A 0	17	27	50	45	40
Grenoble.	A 0	14	27	0	44	35
Goa aux Indes.	A 5	30	106	0	18	30
Goefe en Hollande.	A 0	9	25	30	51	31
Goude en Hollande.	A 0	11	26	15	52	2
Gratie en Stirie.	A 1	3	39	15	47	2
Groninge en Frise.	A 0	18	28	0	53	12
Hafnie, ou Copenhagen en Dannemarc.	A 0	53	36	45	55	43
Hamburg en Holfatie.	A 0	30	31	0	53	44
Harlem en Hollande.	A 0	11	26	15	52	27
la Haye en Hollande.	A 0	10	26	0	52	5
Heidelberg.	A 0	33	31	45	49	22
Honfleur.	S 0	8	21	30	49	0
Ierufalem.	A 3	8	70	30	31	55
Ilie ou Troye en Afie.	A 2	10	56	0	41	10
Ingolftad en Bauiere.	A 0	42	34	0	48	30
Langres.	A 0	12	26	35	47	34
Laon.	A 0	5	24	55	49	35
Leyden en Hollande.	A 0	11	26	15	52	11
Limoges.	S 0	3	22	40	45	35
Leovvardie en Frise.	S 0	3	22	35	45	40
Leiptzig en Mifnie.	A 0	16	27	30	53	30
Lisbonne en Portugal.	A 0	44	34	30	51	17
Londres.	S 0	48	11	30	39	0
Louuain en Brabant.	A 0	12	26	30	50	50
Luxembourg.	A 0	16	27	30	49	45
Lyon.	A 0	10	26	10	45	0
Lyfieux.	S 0	8	21	20	49	15
le Mans.	S 0	10	21	0	48	30
Marfeille.	A 0	11	26	24	42	20
Mafcon.	A 0	11	26	20	45	26
Melch en Auftriche.	A 1	3	39	15	48	10
Metz.	A 0	16	27	40	49	12

CATALOGVE DES LONGITVDES
ET LATITVDES.

Noms des lieux.	Temps.		Longit.		Latitud.	
	H.	M.	D.	M.	D.	M.
Milan.	A	0 30	31	0	44	35
Montpellier.	A	0 5	24	50	42	40
Montbrison.	A	0 7	25	20	45	0
Mont Royal.	A	1 33	46	45	54	20
Moulins.	A	0 4	24	35	46	20
Nancy.	A	0 17	27	50	48	40
Nantes.	S	0 19	18	35	47	0
Naples.	A	0 59	38	15	40	50
Narbonne.	A	0 2	24	0	42	35
Neuers.	A	0 5	24	45	46	50
Nemours.	A	0 2	24	0	48	0
Nidrosie, vulgairement Dronten en Noruegue.	A	0 25	29	45	63	12
Nismes.	A	0 7	25	26	43	10
Noremberg.	A	0 41	33	45	49	24
Noyon.	A	0 2	24	0	49	30
Oleron.	S	0 18	19	0	42	30
Orcades, isles.	S	0 28	16	30	61	0
Orleans.	S	0 1	23	10	47	55
Oxford en Angleterre.	S	0 16	19	30	51	50
Ostende.	A	0 3	24	15	51	20
Padouë.	A	0 42	34	0	45	15
Palerme en Sicile.	A	0 55	37	15	37	30
Pampelune en Nauarre.	S	0 22	18	0	42	40
Paris.	A	0 0	23	30	48	50
Poictiers.	S	0 10	21	0	46	30
Prague en Boheme.	A	0 52	36	30	50	6
Quinzay.	A	8 26	150	0	40	0
Quinto au Peru.	A	18 36	303	5	20	0
Ratisbonne en Bauiere.	A	0 45	34	45	49	0
Reims.	A	0 5	24	50	49	10
Rennes.	S	0 19	18	40	48	0
Rhodes, isle.	A	2 18	58	0	36	0
Riga en Linonie.	A	1 33	46	45	58	30
Rochelle.	S	0 18	19	0	46	0
Rome.	A	0 51	36	15	42	2
Rostoch.	A	0 45	34	45	54	0
Roteredam.	A	0 11	26	15	51	56
Roüen.	S	0 5	22	10	49	20
Salamanque en Espagne.	S	0 34	15	0	41	12
Sardes en Lydie.	A	2 22	59	0	38	0
Soissons.	A	0 4	24	30	49	10
Stetin en Pomeranie.	A	0 53	36	45	53	46

M iij

CATALOGVE DES LONGITVDES
ET LATITVDES.

Noms des lieux.	Temps.		Longit.		Latitud.	
		H. M.	D.	M.	D.	M.
Stockholme en Suede.	A	0 54	37	0	58	30
Strasbourg.	A	0 24	29	30	48	24
Strigone en Hongrie.	A	1 13	41	45	47	20
Syracuse en Sicile.	A	0 40	33	30	36	20
Tolose.	S	0 6	22	0	43	25
Tolete en Espagne.	S	0 34	15	0	39	30
Tole en Zelande.	A	0 9	23	45	51	30
Torgue en Misnie.	A	0 46	35	0	51	30
Tours.	S	0 9	21	10	47	30
Troye en Champagne.	A	0 8	25	30	48	0
Tubinge en Alemagne.	A	0 30	31	0	48	24
Valence.	A	0 10	26	0	44	10
Valence en Espagne.	S	0 18	19	0	39	30
Vendosme.	S	0 5	22	7	48	0
Venise.	A	0 45	34	45	45	20
Vienne en Austriche.	A	1 2	39	0	48	22
Vienne.	A	0 10	26	0	44	48
Viterbe en Italie.	A	0 48	35	30	42	12
Vlme en Alemagne.	A	0 33	33	45	48	24
Vtrecht.	A	0 14	27	0	52	7
Vranibourg Chasteau de Tycho Brahe.	A	0 53	36	45	55	55
Vratislaue ou Preslau en Silesie.	A	1 4	39	30	51	10
Vvitemberg en Saxe.	A	0 46	35	0	51	54
Xainctes.	S	0 14	20	0	45	40
Zirize en Zelande.	A	0 8	23	30	52	43
Zurich en Suisse.	A	0 28	30	30	47	0

TABLES
DV CALCVL
DES ECLYPSES DV
SOLEIL ET DE LA LVNE.

CANON DE LA LATITVDE
DE LA LVNE, AVX NOVVELLES
Lunes & pleines Lunes.

Auſt.	3		4		5		Deſc.
Bor.	9		10		11		Aſc.
Degrez.	Latitud.	diff.	Latit.	diff.	Latit.	diff.	Degrez.
	o ′ ″	Ad.	o ′ ″	Ad.	o ′ ″	Ad.	
0	0 0 0	0	2 29 52	′ ″	4 19 43	′ ″	30
1	0 5 14	5 14	2 34 22	4 30	4 22 18	2 35	29
2	0 10 27	5 13	2 38 50	4 28	4 24 49	2 31	28
3	0 15 41	5 14	2 43 15	4 25	4 27 14	2 25	27
4	0 20 54	5 13	2 47 37	4 22	4 29 34	2 20	26
5	0 26 7	5 13	2 51 56	4 19	4 31 50	2 16	25
6	0 31 19	5 12	2 56 11	4 15	4 34 0	2 10	24
7	0 36 31	5 12	3 0 24	4 13	4 36 6	2 6	23
8	0 41 42	5 11	3 4 33	4 9	4 38 6	2 0	22
9	0 46 52	5 10	3 8 39	4 6	4 40 2	1 56	21
10	0 52 2	5 10	3 12 42	4 3	4 41 52	1 50	20
11	0 57 10	5 8	3 16 41	3 59	4 43 37	1 45	19
12	1 2 18	5 8	3 20 36	3 55	4 45 17	1 40	18
13	1 7 24	5 6	3 24 28	3 52	4 46 52	1 35	17
14	1 12 39	5 5	3 28 16	3 48	4 48 21	1 29	16
15	1 17 33	5 4	3 32 0	3 44	4 49 45	1 24	15
16	1 22 36	5 3	3 35 40	3 40	4 51 4	1 19	14
17	1 27 37	5 2	3 39 17	3 37	4 52 17	1 13	13
18	1 32 36	4 59	3 42 49	3 32	4 53 26	1 9	12
19	1 37 34	4 58	3 46 17	3 28	4 54 29	1 3	11
20	1 42 30	4 54	3 49 42	3 25	4 55 26	0 57	10
21	1 47 24	4 54	3 53 2	3 20	4 56 18	0 52	9
22	1 52 16	4 52	3 56 17	3 15	4 57 4	0 46	8
23	1 57 6	4 50	3 59 29	3 12	4 57 45	0 41	7
24	2 1 54	4 48	4 2 36	3 7	4 58 21	0 36	6
25	2 6 39	4 45	4 5 38	3 2	4 58 51	0 30	5
26	2 11 23	4 44	4 8 37	2 59	4 59 16	0 25	4
27	2 16 4	4 41	4 11 30	2 53	4 59 35	0 19	3
28	2 20 42	4 38	4 14 19	2 49	4 59 49	0 14	2
29	2 25 18	4 36	4 17 4	2 45	4 59 57	0 8	1
30	2 29 52	4 34	4 19 43	2 39	5 0 0	0 3	0
Auſt.	8	Oſte.	7	Oſte.	6	Oſte.	Aſc.
Bor.	2		1		0		Deſc.

CANON

Do. dec.	Bo- Au-		9 3	1c- ft-		9 3	a- ra-	Degrez
Deg. '	0 ' '' '	0	0 '	0 ' ''	0	0 '	0 ' '' '	0
0 , 0	0 0 0 0	30	5 0	0 26 7 0	25	10 0	0 52 1 0	20
10	0 _ 52 50		10	0 26 59 50		10	0 52 53 50	
20	0 1 44 40		20	0 27 51 40		20	0 53 44 40	
30	0 2 37 30		30	0 28 43 30		30	0 54 36 30	
40	0 3 29 20		40	0 29 35 20		40	0 55 2 20	
1 50	0 4 21 10	29	6 50	0 30 27 10	24	11 50	0 56 19 10	19
0	0 5 14 0		0	0 31 19 0		0	0 57 10 0	
10	0 6 _ 50		10	_ 32 11 50		10	0 58 2 50	
20	0 6 58 40		20	0 33 3 40		20	0 58 53 40	
30	0 7 50 30		30	0 33 55 30		30	0 59 14 30	
40	0 8 43 20		40	0 34 47 20		40	1 0 36 20	
2 50	0 9 35 10	28	7 50	0 35 39 10	23	12 50	1 1 27 10	18
0	0 10 27 0		0	0 36 31 0		0	1 2 18 0	
10	0 11 20 50		10	0 37 23 5		10	1 3 9 50	
20	0 12 12 40		20	0 38 15 40		20	1 4 0 40	
30	0 13 4 30		30	0 39 7 30		30	1 4 51 30	
40	0 13 56 20		40	0 39 58 20		40	1 5 42 0	
3 50	0 14 49 10	27	8 50	0 40 50 10	22	13 50	1 6 33 10	17
0	0 15 41 0		0	0 41 4 0		0	1 7 24 0	
10	0 16 33 50		10	0 42 34 50		10	1 8 15 50	
20	0 17 25 40		20	0 43 25 40		20	1 9 6 40	
30	0 18 18 30		30	0 44 17 30		30	1 9 57 30	
40	0 19 10 20		40	0 45 9 20		40	1 10 48 20	
4 50	0 20 2 10	26	9 0	0 46 1 10	21	14 50	1 11 38 10	16
0	0 20 54 0		0	0 46 52 0		0	1 12 29 0	
10	0 21 46 50		10	0 47 44 50		10	1 13 20 50	
20	0 22 39 40		20	0 48 35 40		20	1 14 10 40	
30	0 23 31 30		30	0 49 27 30		30	1 15 1 30	
40	0 24 3 20		40	0 50 18 20		40	1 15 52 20	
5 50	0 25 15 10	25	10 50	0 51 10 10	20	15 50	1 16 42 10	15
0	0 26 7 0		0	0 52 1 0		0	1 17 33 0	
Do. dec.	Lati-		8	tu-	8		de. 8	Dodec.
dec.	Lati-		2	tu-	2		de. 2	

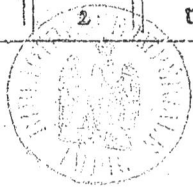

N

Do- dec.	9 3	le. le.				9 3	Latit. Latit.			
Deg.	'	o	'	''	o	'	o	'	''	o
15	0	1	17	33	0 · 15	20 · 0	1	42	30	0 · 10
	10	1	18	23	50	10	1	43	19	50
	20	1	19	14	40	20	1	44	8	40
	30	1	20	4	30	30	1	44	57	30
	40	1	20	55	20	40	2	45	46	20
16 · 50	0	3	21	45	10 · 14	21 · 50	1	46	35	10 · 9
	0	1	22	36	0	0	1	47	24	0
	10	1	23	26	50	10	1	48	13	50
	20	1	24	16	40	20	1	49	1	40
	30	1	25	7	30	30	1	49	50	30
	40	1	25	57	20	40	1	50	39	20
17 · 50	0	1	26	47	10 · 13	22 · 50	1	51	27	10 · 8
	0	1	27	37	0	0	1	52	16	0
	10	1	28	27	50	10	1	53	4	50
	20	1	29	17	40	20	1	53	53	40
	30	1	30	6	30	30	1	54	41	30
	40	1	30	56	20	40	1	55	29	20
18 · 50	0	1	31	46	10 · 12	23 · 50	1	56	18	10 · 7
	0	1	32	36	0	0	1	57	6	0
	10	1	33	25	50	10	1	57	54	50
	20	1	34	15	40	20	1	58	42	40
	30	1	35	5	30	30	1	59	30	30
	40	1	35	54	20	40	2	0	18	20
19 · 50	0	1	36	44	10 · 11	24 · 50	2	1	6	10 · 6
	0	1	37	34	0	0	2	1	54	0
	10	1	38	23	50	10	2	2	42	50
	20	1	39	13	40	20	2	3	29	40
	30	1	40	2	30	30	2	4	17	30
	40	1	40	51	20	40	2	5	4	20
20 · 50	0	1	41	41	10 · 10	25 · 50	2	5	52	10 · 5
	0	1	42	30	0	0	2	6	39	0
Do- dec.		Auf- 8. Bore- 2.					trale. 8. ale. 2.			Dodec.

TABLE DE LA CONVERSION
DES ANS IVLIANS EN ANS
Egiptiens, & au contraire.

Ans Iulians, font Ans Egiptiens.		Ans Iulians, font Ans Egiptiens.	
		100	100 & 25 Iours.
4	4 & 1 Iour.	200	200 50
5	5 1	300	300 75
6	6 1	400	400 100
7	7 1	500	500 125
8	8 & 2 Iours.	600	600 150
9	9 2	700	700 175
10	10 2	800	800 200
11	11 2	900	900 225
12	12 & 3 Iours.	1000	1000 & 250 Iours.
13	13 3	1100	1100 275
14	14 3	1200	1200 300
15	15 3	1300	1300 325
16	16 4	1400	1400 350
17	17 4	1500	1501 10
18	18 4	1600	1601 35
19	19 4	1700	1701 60
20	20 & 5 Iours.	1800	1801 85 Iours.
21	21 5	1900	1901 110
22	22 5	2000	2001 135
23	23 5	2100	2101 160
24	24 6	2200	2201 185
25	25 6	2300	2301 210
26	26 6	2400	2401 235
27	27 6	2500	2501 260
28	28 & 7 Iours	2600	2601 285 Iours.
29	29 7	2700	2701 310
30	30 7	2800	2801 335
40	40 10	2900	2901 360
50	50 12	3000	3002 20
60	60 15	3100	3102 45
70	70 17	3200	3202 70
80	80 20	3300	3302 95
		3400	3402 120

N ij

TABLE DE LA CONVERSION DES
MOIS DE L'AN IVLIAN EN
Mois Egiptiens.

Mois de l'an Iulian. Commun.			Mois de l'an Iulian, Biffextil.				Mois de l'an Egiptien.		
Mois.	Iours.	Somme des iours.	Iours.	Somme des iours.	Se-xag.	Iours.	Mois.	Se-xag.	Iours.
Ianuier.	31	31	31	31	0	31	Thoth.	0	30
Feurier.	28	59	29	60	1	0	Phaothi.	1	0
Mars.	31	90	31	91	1	31	Athyr.	1	30
Auril.	30	120	30	121	2	1	Chæar.	2	0
May.	31	151	31	152	2	32	Tybi.	2	30
Iuin.	30	181	30	182	3	2	Mechir.	3	0
Iuillet.	31	212	31	213	3	33	Phamenoth.	3	30
Aouſt.	31	243	31	244	4	4	Pharmuthi.	4	0
Septembre.	30	273	30	274	4	34	Pachon.	4	30
Octobre.	31	304	31	305	5	5	Payni.	5	0
Nouembre.	30	334	30	335	5	35	Epephi.	5	30
Decembre.	31	365	31	366	6	6	Mefori.	6	0

Epactes annuelles. 6. | 5

TABLE DES EPACTES EN ANS EGIPTIENS.

Racine de Nabonaffare le iour commençant à minuict.

Ans.	Iours.	Heur.	I	II
Rac.	5	9	11	54
100	6	1	41	38
200	6	6	11	22
300	6	10	41	5
400	6	15	10	49
500	6	19	40	32
600	7	0	10	16
700	7	4	40	0
800	7	9	9	44
900	7	13	39	28
1000	7	18	9	11

Table des Syzygies.

	Iours.	Heur.	I	II	III
0—0	15	18	22	2	36
0—	30	12	44	3	12
0—0	45	7	6	5	48
0—	60	1	28	6	0
0—0	74	19	50	8	0
0—	89	14	12	9	36

Ans	Iours	Heur	I	II
1	10	15	11	21
2	21	6	22	42
3	2	8	50	1
4	13	0	1	22
5	23	15	12	43
6	4	17	40	2
7	15	8	51	23
8	26	0	2	44
9	7	2	30	3
10	17	17	41	24
11	28	8	52	45
12	9	11	20	4
13	20	2	31	25
14	1	4	58	43
15	11	20	10	5
16	22	11	21	26
17	3	13	48	44
18	14	5	0	5
19	24	20	11	27
20	5	22	38	45
21	16	13	50	6
22	27	5	1	28
23	8	7	28	46
24	18	22	40	8
25	0	1	7	8
26	10	16	18	29
27	21	7	29	50
28	2	9	57	8
29	13	1	8	30
30	23	16	10	51
40	11	21	17	30
50	0	2	14	52
60	17	19	56	16
80	23	18	35	2
100	0	4	29	43
200	0	8	59	27
300	0	13	29	11
400	0	17	58	55
500	0	22	28	39
600	1	2	58	22
700	1	7	28	6
800	1	11	57	50
900	1	16	27	34
1000	1	20	57	17

Table des mois Egiptiens.

Mois.	Iours	Heur	I	II
Thoth.	0	11	15	57
Phaothy;	0	22	31	53
Athyr.	1	9	47	50
Chæat.	1	21	3	47
Tybi.	2	8	19	43
Mechir.	2	19	35	40
Phamenoth.	3	6	51	37
Pharmuthi.	3	18	7	33
Pachon.	4	5	23	30
Payni.	4	16	39	27
Epephi.	5	3	55	23
Mesori.	5	15	11	20

N iij

TABLE DES RACINES DES EPACTES
EN ANS IVLIANS.

Ans.	Iours.	Heur.	'	''	Ans.	Iours.	Heur.	'	''	Ans.	Iours.	Heur.	'	''
1550	23	19	4	20	1586	21	16	20	28	1626	14	0	53	56
1551	4	21	31	38	1587	2	18	47	46	1627	24	16	5	17
1552	16	12	42	59	1588	14	9	59	8	1628	6	18	32	35
1553	27	3	54	21	1589	25	1	10	29	1629	17	9	43	57
1554	8	6	21	39	1590	6	3	37	47	1630	28	0	55	18
1555	18	21	33	0	1591	16	18	49	9	1631	9	3	22	36
1556	1	0	0	18	1592	28	10	0	30	1632	20	18	33	57
1557	1	15	11	40	1593	9	12	27	48	1633	1	21	1	15
1558	22	6	23	1	1594	20	3	39	10	1634	12	12	12	37
1559	3	8	50	19	1595	1	6	6	28	1635	23	3	23	58
1560	15	0	1	41	1596	12	21	17	49	1636	5	5	51	16
1561	25	15	13	2	1597	23	12	29	11	1637	15	21	2	38
1562	6	17	40	20	1598	4	14	56	29	1638	26	12	13	59
1563	17	8	51	42	1599	15	6	7	50	1639	7	14	41	17
1564	29	0	3	3	1600	26	21	19	12	1640	19	5	52	39
1565	10	2	30	21	1601	7	23	46	30	1641	0	8	19	57
1566	20	17	41	43	1602	18	14	57	51	1642	10	23	31	18
1567	2	20	9	1	1603	29	6	9	13	1643	21	14	42	40
1568	13	11	20	22	1604	11	8	36	31	1644	3	17	9	58
1569	24	2	31	44	1605	21	23	47	52	1645	14	8	21	19
1570	5	4	59	2	1606	3	2	15	10	1646	24	23	32	41
1571	16	20	10	23	1607	13	17	26	32	1647	6	1	59	59
1572	27	11	21	45	1608	25	8	37	53	1648	17	17	11	20
1573	8	13	49	3	1609	6	11	5	11	1649	28	8	22	41
1574	19	5	0	24	1610	17	2	16	33	1650	9	10	50	0
1575	1	7	27	43	1611	27	17	27	54	1651	20	2	1	22
1576	11	22	39	4	1612	9	19	55	12	1652	2	4	28	40
1577	22	13	50	25	1613	20	11	6	34	1653	12	19	40	1
1578	3	16	17	44	1614	1	13	33	52	1654	23	10	51	23
1579	15	7	29	5	1615	12	4	45	13	1655	4	13	18	41
1580	25	22	40	26	1616	16	19	56	35	1656	16	4	30	2
1581	7	1	7	44	1617	4	22	23	53	1657	26	19	41	24
					1618	15	13	35	14	1658	7	22	8	42
					1619	26	4	46	36	1659	18	13	20	3
					1620	8	7	13	54	1660	0	15	47	22

Racines en ans Gregoriens.

Ans.	Iours.	Heur.	'	''	Ans.	Iours.	Heur.	'	''	Ans.	Iours.	Heur.	'	''
1582	7	16	19	6	1621	18	22	25	15	1661	11	6	58	43
1583	18	7	30	27	1622	0	0	52	33	1662	21	22	10	4
1584	0	9	57	45	1623	10	16	3	55	1663	3	0	37	23
1585	11	1	9	7	1624	22	7	15	16	1664	14	15	48	44
					1625	3	9	42	34	1665	25	7	0	5

TABLE DES RACINES DES EPACTES
EN ANS IVLIANS.

Ans.	Iours.	Heur.	'	''
1666	6	9	27	24
1667	17	0	38	45
1668	28	15	50	6
1669	9	18	17	25
1670	20	9	28	46
1671	1	11	56	4
1672	13	3	7	26
1673	23	18	18	47
1674	4	20	46	5
1675	15	11	57	27
1676	27	3	8	48
1677	8	5	36	6
1678	18	20	47	28
1679	29	11	58	49
1680	11	14	26	7
1681	22	5	37	29
1682	3	8	6	47
1683	13	23	16	8
1684	25	14	27	30
1685	6	16	54	48
1686	17	8	6	9
1687	27	23	17	30
1688	10	1	44	49
1689	20	16	56	10
1690	1	19	23	28
1691	12	10	34	50
1692	24	1	46	11
1693	5	4	13	29
1694	15	19	24	51
1695	26	10	36	12
1696	8	13	3	34
1697	19	4	14	52
1698	0	6	42	10
1699	10	21	53	31
1700	22	13	4	53

En mois communs.

Mois.	Iours	Heur.	'	''
Iannier.	1	11	15	57
Feurier.	29	11	15	57
Mars.	1	9	47	50
Auril.	1	21	3	47
May.	3	8	19	44
Iuin.	3	19	35	41
Iuillet.	5	6	51	38
Aoust.	6	18	7	35
Septembre.	7	5	23	32
Octobre.	8	16	39	28
Nouembre.	9	3	55	25
Decembre.	10	15	11	22

En mois bissextils.

Iours.	Heur.	'	''
1	11	15	57
0	22	31	54
2	9	47	50
2	21	3	47
4	8	19	44
4	19	35	41
6	6	51	38
7	18	7	35
8	5	23	32
9	16	39	28
10	3	55	25
11	15	11	22

CANON DU MOUVEMENT
HORAIRE DE LA LUNE AU SOLEIL
és conjonctions & oppositions.

Degrez	Sexagenes de l'Anomalie de la Lune égalée.											
	0		1		2		3		4		5	
	′	″	′	″	′	″	′	″	′	″	′	″
0	27	15	28	37	32	4	34	18	32	4	28	37
3	27	15	28	45	32	16	34	17	31	54	28	29
6	27	16	28	53	32	26	34	16	31	39	28	22
9	27	17	29	3	32	36	34	14	31		28	14
12	27	19	29	12	32	46	34	12	31	16	28	8
15	27	20	29	21	32	57	34	8	31	9	28	2
18	27	23	29	31	33	6	34	4	30	54	27	56
21	27	25	29	41	33	15	33	59	30	44	27	51
24	27	28	29	51	33	24	33	54	30	35	27	45
27	27	32	30	2	33	32	33	45	30	24	27	41
30	27	36	30	12	33	39	33	39	30	12	27	36
33	27	41	30	24	33	45	33	32	30	2	27	32
36	27	45	30	35	33	54	33	24	29	51	27	28
39	27	51	30	44	33	59	33	15	29	41	27	25
42	27	56	30	54	34	4	33	6	29	31	27	23
45	28	2	31	9	34	8	32	57	29	21	27	20
48	28	8	31	16	34	12	32	46	29	12	27	19
51	28	14	31	31	34	14	32	36	29	3	27	17
54	28	22	31	39	34	16	32	26	28	53	27	16
57	28	29	31	54	34	17	32	16	28	45	27	15
60	28	37	32	4	34	18	32	4	28	37	27	15

CANON

CANON DES SEMIDIAMETRES APPARENS DV SOLEIL, DE LA LVNE, ET DE L'OMBRE.

Anomalie du Soleil & de la Lune cœgalée.			Semidiametre du Soleil.		Semidiametre de la Lune.		Variation. Ofte.	Semidiametre de l'Ombre.		Variation. Ofte.
Dodec.	Deg.	Dodec.	′	″	′	″	″	′	″	″
0	0 30	0	16	47	15	0	38	39	0	0
	5 25		16	47	15	0	38	39	0	0
	10 20		16	48	15	1	38	39	2	1
	15 15		16	49	15	2	37	39	5	1
	20 10		16	50	15	3	37	39	8	2
	25 5	II	16	51	15	6	37	39	13	3
	30 0		16	52	15	9	36	30	19	4
I	5 25		16	53	15	12	34	39	31	5
	10 20		16	55	15	16	32	39	41	6
	15 15		16	57	15	20	31	39	52	8
	20 10		16	59	15	24	29	40	2	10
	25 5	10	17	1	15	29	27	40	15	12
	30 0		17	4	15	35	25	40	31	14
2	5 25		17	7	15	41	23	40	46	16
	10 20		17	10	15	47	20	41	2	19
	15 15		17	13	15	53	16	41	19	22
	20 10		17	16	16	0	12	41	36	24
	25 5	9	17	19	16	7	7	41	54	26
	30 0		17	21	16	14	3	42	12	28
3	5 25		17	25	16	21	0	42	30	30
	10 20		17	27	16	28	ajoute 1	42	49	32
	15 15		17	30	16	36	6	43	8	35
	20 10		17	33	16	44	11	43	27	37
	25 5	8	17	36	16	51	16	43	46	40
	30 0		17	39	16	58	20	44	5	42
4	5 25		17	42	17	6	25	44	24	45
	10 20		17	45	17	12	30	44	43	47
	15 15		17	48	17	19	34	45	1	48
	20 10		17	50	17	25	39	45	17	50
	25 5	7	17	52	17	30	44	45	30	52
	30 0		17	54	17	35	47	45	43	53
5	5 25		17	55	17	39	50	45	53	54
	10 20		17	56	17	43	53	46	4	55
	15 15		17	57	17	46	55	46	11	56
	20 10		17	58	17	48	56	46	16	57
	25 5	6	17	59	17	49	57	46	19	58
	30 0		17	59	17	49	58	46	19	58

Diametre apparent		Minutes defaillans.															
		1		2		3		4		5		6		7		8	
/	//	Doigs.	/	Doigs.	/	Doigs.	/	Doigs.	/	Doigs.	/	Doigs.	/	Doigs.	/	Doigs.	/
36	0	0	20	0	40	1	0	1	20	1	40	2	0	2	20	2	40
35	50	0	20	0	40	1	0	1	20	1	40	2	1	2	21	2	41
35	40	0	20	0	40	1	1	1	21	1	41	2	1	2	21	2	41
35	30	0	20	0	41	1	1	1	21	1	41	2	2	2	22	2	42
35	20	0	20	0	41	1	1	1	22	1	42	2	2	2	23	2	43
35	10	0	20	0	41	1	1	1	22	1	42	2	3	2	23	2	44
35	0	0	21	0	41	1	2	1	22	1	43	2	3	2	24	2	45
34	50	0	21	0	41	1	2	1	23	1	43	2	4	2	25	2	45
34	40	0	21	0	42	1	2	1	23	1	44	2	4	2	25	2	46
34	30	0	21	0	42	1	3	1	23	1	44	2	5	2	26	2	47
34	20	0	21	0	42	1	3	1	24	1	45	2	6	2	27	2	48
34	10	0	21	0	42	1	3	1	24	1	45	2	6	2	28	2	49
34	0	0	21	0	42	1	4	1	25	1	46	2	7	2	28	2	49
33	50	0	21	0	43	1	4	1	25	1	46	2	8	2	29	2	50
33	40	0	21	0	43	1	4	1	26	1	47	2	8	2	30	2	51
33	30	0	22	0	43	1	4	1	26	1	47	2	9	2	30	2	52
33	20	0	22	0	43	1	5	1	26	1	48	2	10	2	31	2	53
33	10	0	22	0	43	1	5	1	27	1	49	2	10	2	32	2	54
33	0	0	22	0	44	1	5	1	27	1	49	2	11	2	33	2	55
32	50	0	22	0	44	1	6	1	28	1	50	2	12	2	34	2	55
32	40	0	22	0	44	1	6	1	28	1	50	2	12	2	34	2	56
32	30	0	22	0	44	1	6	1	29	1	51	2	13	2	35	2	57
32	20	0	22	0	45	1	7	1	29	1	52	2	14	2	36	2	58
32	10	0	22	0	45	1	7	1	30	1	52	2	14	2	37	2	59
32	0	0	23	0	45	1	8	1	30	1	53	2	15	2	38	3	0
31	50	0	23	0	45	1	8	1	30	1	53	2	16	2	38	3	1
31	40	0	23	0	45	1	8	1	31	1	54	2	16	2	39	3	2
31	30	0	23	0	46	1	9	1	31	1	54	2	17	2	40	3	3
31	20	0	23	0	46	1	9	1	32	1	55	2	18	2	41	3	4
31	10	0	23	0	46	1	9	1	32	1	56	2	19	2	42	3	5
31	0	0	23	0	47	1	10	1	33	1	56	2	19	2	43	3	6
30	50	0	23	0	47	1	10	1	33	1	57	2	20	2	43	3	7
30	40	0	23	0	47	1	10	1	34	1	57	2	21	2	44	3	8
30	30	0	24	0	47	1	11	1	34	1	58	2	22	2	45	3	9
30	20	0	24	0	47	1	11	1	35	1	59	2	22	2	46	3	10
30	10	0	24	0	48	1	12	1	35	1	59	2	23	2	47	3	11
30	0	0	24	0	48	1	12	1	36	2	0	2	24	2	48	3	12

Diametre apparent		Minutes defaillans															
		9		10		20		30		40		50		60		70	
'	''	Doigs.	/	Doigs.	/	Doigs.	/	Doigs.	/	Doigs.	/	Doigs.	/	Doigs.	/	Doigs.	/
36	0	3	0	3	20	6	40	10	0	13	20	16	40	20	0	23	20
35	50	3	1	3	21	6	42	10	3	13	23	16	44	20	5	23	26
35	40	3	2	3	22	6	44	10	6	13	27	16	49	20	11	23	33
35	30	3	3	3	23	6	46	10	8	13	31	16	54	20	17	23	40
35	20	3	3	3	24	6	47	10	11	13	35	16	59	20	23	23	46
35	10	3	4	3	25	6	49	10	14	13	39	17	4	20	28	23	53
35	0	3	5	3	26	6	51	10	17	13	43	17	9	20	34	24	0
34	50	3	6	3	27	6	53	10	20	13	47	17	14	20	40	24	7
34	40	3	7	3	28	6	55	10	23	13	51	17	19	20	46	24	14
34	30	3	8	3	29	6	57	10	26	13	55	17	24	20	52	24	21
34	20	3	9	3	30	6	59	10	29	13	59	17	29	20	58	24	28
34	10	3	10	3	31	7	2	10	32	14	3	17	34	21	4	24	35
34	0	3	11	3	32	7	4	10	35	14	7	17	39	21	11	24	42
33	50	3	12	3	33	7	6	10	38	14	11	17	44	21	17	24	50
33	40	3	12	3	34	7	8	10	42	14	15	17	49	21	23	24	57
33	30	3	13	3	35	7	10	10	45	14	20	17	55	21	30	25	5
33	20	3	14	3	36	7	12	10	48	14	24	18	0	21	36	25	12
33	10	3	15	3	37	7	14	10	52	14	28	18	6	21	43	25	20
33	0	3	16	3	38	7	16	10	55	14	33	18	11	21	49	25	27
32	50	3	17	3	39	7	19	10	58	14	37	18	17	21	56	25	35
32	40	3	18	3	40	7	21	11	1	14	42	18	22	22	2	25	43
32	30	3	19	3	42	7	23	11	5	14	46	18	28	22	9	25	51
32	20	3	20	3	43	7	25	11	8	14	51	18	34	22	16	25	59
32	10	3	21	3	44	7	28	11	12	14	55	18	39	22	23	26	7
32	0	3	23	3	45	7	30	11	15	15	0	18	45	22	30	26	15
31	50	3	24	3	46	7	32	11	18	15	4	18	51	22	37	26	23
31	40	3	25	3	47	7	35	11	22	15	9	18	57	22	44	26	32
31	30	3	26	3	49	7	37	11	26	15	14	19	3	22	51	26	40
31	20	3	27	3	50	7	40	11	29	15	19	19	9	22	59	26	48
31	10	3	28	3	51	7	42	11	33	15	24	19	15	23	6	26	57
31	0	3	29	3	52	7	45	11	37	15	29	19	21	23	14	27	6
30	50	3	30	3	53	7	47	11	40	15	34	19	27	23	21	27	15
30	40	3	31	3	55	7	50	11	44	15	39	19	34	23	29	27	23
30	30	3	32	3	56	7	52	11	48	15	44	19	40	23	36	27	32
30	20	3	34	3	57	7	55	11	52	15	49	19	47	23	44	27	42
30	10	3	35	3	59	7	57	11	56	15	55	19	53	23	52	27	51
30	0	3	36	4	0	8	0	12	0	16	0	20	0	24	0	28	

CANON DES MINVTES D'INCIDENCE
EN L'ECLIPSE DV SOLEIL,
& des minutes de la moitié de la demeure
en l'Eclipse de la Lune.

Eclipse ☉	Somme des minutes du semid. du Soleil & de la Lune.							
Eclipse ☽	Difference des minut. du semid. de la Lune & de l'Ombre							
	21	22	23	24	25	26	27	28
	ſ. ʹʹ	ſ. ʹʹ	ſ. ʹʹ	ſ. ʹʹ	ſ. ʹʹ	ſ. ʹʹ	ſ. ʹʹ	ſ. ʹʹ
0	21 0	22 0	23 0	24 0	25 0	26 0	27 0	28 0
1	20 59	21 59	22 59	23 59	24 59	25 59	26 59	27 59
2	20 54	21 55	22 55	23 55	24 55	25 55	26 56	27 56
3	20 47	21 48	22 48	23 49	24 49	25 50	26 50	27 50
4	20 37	21 38	22 39	23 40	24 41	25 41	26 42	27 43
5	20 24	21 25	22 27	23 28	24 30	25 31	26 32	27 33
6	20 7	21 10	22 12	23 14	24 16	25 18	26 20	27 21
7	19 48	20 51	21 55	22 57	24 0	25 2	26 5	27 7
8	19 25	20 30	21 34	22 38	23 41	24 44	25 47	26 50
9	18 58	20 4	21 10	22 15	23 19	24 24	25 28	26 31
10	18 23	19 35	20 43	21 49	22 55	24 0	25 5	26 9
11	17 53	19 3	20 12	21 20	22 27	23 34	24 39	25 45
12	17 40	18 26	19 37	20 47	21 56	23 4	24 11	25 18
13	16 30	17 45	18 58	20 10	21 21	22 31	23 40	24 48
14	15 39	16 58	18 15	19 30	20 43	21 55	23 6	24 15
15	14 42	16 6	17 26	18 44	20 0	21 14	22 27	23 39
16	13 36	15 6	16 31	17 53	19 13	20 30	21 45	22 59
17	12 20	13 58	15 30	16 56	18 20	19 40	20 59	22 15
18	10 49	12 39	14 19	15 52	17 21	18 46	20 7	21 27
19	8 57	11 5	12 58	14 40	16 15	17 45	19 11	20 34
20	6 24	9 10	11 21	13 16	15 0	16 37	18 8	19 36
21	0 0	6 33	9 23	11 37	13 34	15 20	16 59	18 32
22		0 0	6 43	9 36	11 52	13 51	15 39	17 19
23			0 0	6 53	9 48	12 7	14 9	15 59
24				0 0	7 0	10 0	12 22	14 25
25					0 0	7 9	10 12	12 37
26						0 0	7 17	10 24
27							0 0	7 26
28								0 0
29								
30								
31								
32								
33								
34								
35								
36								

Minutes de la vraye ou apparente latitude de la Lune.

CANON DES MINVTES D'INCIDENCE
EN L'ECLIPSE DV SOLEIL,
& des minutes de la moitié de la demeure en l'Eclipse de la Lune.

Eclipse ☉ / Eclipse ☽	Somme des minutes du semid. du Soleil & de la Lune. / Difference des minut. du semid. de la Lune & de l'Ombre.														
	29		30		31		32		33		34		35		36	
	'	''	'	''	'	''	'	''	'	''	'	''	'	''	'	''
0	29	0	30	0	31	0	32	0	33	0	34	0	35	0	36	0
1	28	59	29	59	30	59	31	59	32	59	33	59	34	59	35	59
2	28	56	29	56	30	56	31	56	32	56	33	56	34	56	35	57
3	28	51	29	51	30	51	31	51	32	51	33	52	34	52	35	53
4	28	44	29	44	30	44	31	45	32	45	33	46	34	46	35	47
5	28	34	29	35	30	35	31	36	32	37	33	38	34	38	35	39
6	28	22	29	24	30	25	31	26	32	27	33	28	34	29	35	30
7	28	0	29	11	30	12	31	14	32	15	33	16	34	17	35	19
8	27	52	28	55	29	57	30	59	32	1	33	3	34	4	35	6
9	27	34	28	37	29	40	30	42	31	45	32	48	33	49	34	51
10	27	13	28	17	29	21	30	24	31	27	32	30	33	33	34	35
11	26	50	27	55	28	59	30	3	31	7	32	10	33	14	34	17
12	26	24	27	30	28	35	29	40	30	44	31	49	32	53	33	57
13	25	55	27	2	28	9	29	14	30	20	31	25	32	30	33	34
14	25	24	26	32	27	40	28	46	29	53	30	59	32	5	33	10
15	24	50	25	59	27	8	28	16	29	23	30	30	31	37	32	44
16	24	11	25	23	26	33	27	43	28	52	30	0	31	8	32	15
17	23	30	24	43	25	56	27	7	28	17	29	27	30	36	31	44
18	22	44	24	0	25	15	26	27	27	40	28	51	30	2	31	11
19	21	55	23	13	24	30	25	45	26	59	28	12	29	24	30	35
20	21	0	22	22	23	41	24	59	26	15	27	30	28	43	29	56
21	20	0	21	25	22	48	24	9	25	27	26	44	28	0	29	14
22	18	54	20	23	21	51	23	14	24	36	25	55	27	13	28	30
23	17	40	19	16	20	47	22	15	23	40	25	2	26	23	27	42
24	16	17	18	0	19	37	21	10	22	39	24	5	25	29	26	50
25	14	42	16	35	18	20	19	59	21	33	23	3	24	30	25	54
26	12	51	14	58	16	53	18	39	20	19	21	55	23	26	24	54
27	10	35	13	4	15	14	17	11	18	59	20	41	22	16	23	59
28	7	34	10	46	13	18	15	30	17	28	19	17	21	0	22	38
29	0	0	7	41	10	57	13	32	15	45	17	46	19	36	21	20
30			0	0	7	49	11	8	13	45	16	0	18	2	19	54
31					0	0	7	56	11	19	13	58	16	15	18	18
32							0	0	8	4	11	30	14	11	16	30
33									0	0	8	11	11	41	14	23
34											0	0	8	19	11	50
35													0	0	8	26
36															0	0

Minutes de la Vraie ou apparente latitude de la Lune.

CANON DES MINVTES D'INCIDENCE,
ET DE LA MOITIÉ DE LA DEMEVRE
ensemble, en l'Eclipse de la Lune.

Eclipse de la ☽	Somme des minutes du semidiametre de la Lune & de l'Ombre.														
	54		55		56		57		58		59		60		61	
	'	''	'	''	'	''	'	''	'	''	'	''	'	''	'	''
0	54	0	55	0	56	0	57	0	58	0	59	0	60	0	61	0
1	53	59	54	59	55	59	56	59	57	59	58	59	59	59	60	59
2	53	58	54	58	55	58	56	57	57	57	58	57	59	58	60	58
3	53	55	54	55	55	55	56	55	57	55	58	55	59	56	60	56
4	53	51	54	51	55	51	56	52	57	52	58	52	59	53	60	53
5	53	46	54	46	55	46	56	47	57	47	58	48	59	48	60	48
6	53	40	54	40	55	40	56	41	57	41	58	42	59	42	60	42
7	53	33	54	33	55	33	56	34	57	34	58	35	59	35	60	35
8	53	25	54	25	55	25	56	26	57	26	58	27	59	27	60	28
9	53	15	54	16	55	16	56	17	57	18	58	19	59	19	60	20
10	53	4	54	6	55	6	56	7	57	8	58	9	59	10	60	11
11	52	52	53	54	54	55	55	56	56	57	57	58	59	0	60	1
12	52	39	53	41	54	42	55	44	56	45	57	46	58	48	59	49
13	52	25	53	27	54	28	55	30	56	32	57	33	58	35	59	36
14	52	9	53	12	54	13	55	15	56	18	57	19	58	21	59	22
15	51	52	52	55	53	57	54	59	56	2	57	4	58	6	59	8
16	51	34	52	37	53	40	54	42	55	45	56	48	57	50	58	52
17	51	15	52	18	53	22	54	24	55	27	56	30	57	33	58	35
18	50	55	51	58	53	2	54	5	55	8	56	11	57	14	58	17
19	50	33	51	37	52	41	53	44	54	48	55	51	56	54	57	57
20	50	19	51	14	52	19	53	22	54	27	55	30	56	33	57	37
21	49	45	50	50	51	55	52	59	54	4	55	8	56	12	57	16
22	49	19	50	24	51	30	52	35	53	40	54	45	55	49	56	54
23	48	51	49	57	51	4	52	9	53	15	54	20	55	25	56	30
24	48	22	49	29	50	36	51	42	52	48	53	54	54	59	56	5
25	47	52	48	59	50	7	51	14	52	20	53	27	54	32	55	39
26	47	20	48	28	49	36	50	48	51	56	52	58	54	4	55	11
27	46	46	47	55	49	5	50	14	51	23	52	28	53	35	54	42
28	46	20	47	20	48	30	49	39	50	48	51	56	53	4	54	12
29	45	33	46	44	47	55	49	5	50	14	51	23	52	32	53	40
30	44	54	46	6	47	8	48	29	49	39	50	48	51	58	53	7
31	44	13	45	26	46	39	47	51	49	2	50	12	51	23	52	32
32	43	30	44	45	45	58	47	11	48	23	49	34	50	46	51	56
33	42	45	44	0	45	15	46	29	47	43	48	55	50	7	51	18
34	41	57	43	14	44	30	45	45	47	1	48	14	49	26	50	39
35	41	7	42	26	43	43	44	59	46	16	47	31	48	44	49	58

Minutes de la vraye latitude de la Lune.

III

CANON DES MINVTES D'INCIDENCE
ET DE LA MOITIE' DE LA DEMEVRE
ensemble, en l'Eclipse de la Lune.

Eclipse de la ☽	Somme des minutes du semidiametre de la Lune & de l'Ombre.												
	62		63		64		65		66		67		68	
	'	''	'	''	'	''	'	''	'	''	'	''	'	''
0	62	0	63	0	64	0	65	0	66	0	67	0	68	0
1	61	59	62	59	63	59	64	59	65	59	66	59	67	59
2	61	58	62	58	63	58	64	58	65	58	66	58	67	58
3	61	56	62	56	63	56	64	56	65	56	66	56	67	56
4	61	53	62	53	63	53	64	53	65	53	66	53	67	53
5	61	48	62	49	63	49	64	49	65	49	66	49	67	49
6	61	42	62	43	63	43	64	43	65	44	66	44	67	44
7	61	35	62	36	63	36	64	37	65	38	66	38	67	38
8	61	28	62	29	63	29	64	30	65	31	66	31	67	31
9	61	20	62	21	63	21	64	22	65	23	66	24	67	24
10	61	11	62	12	63	12	64	13	65	14	66	15	67	16
11	61	1	62	2	63	2	64	3	65	4	66	5	67	6
12	60	50	61	51	62	52	63	53	64	54	65	55	66	56
13	60	37	61	38	62	40	63	41	64	43	65	44	66	45
14	60	23	61	25	62	27	63	28	64	30	65	32	66	33
15	60	9	61	11	62	13	63	14	64	16	65	18	66	20
16	59	54	60	56	61	58	62	59	64	1	65	3	66	5
17	59	38	60	40	61	42	62	44	63	46	64	48	65	50
18	59	20	60	23	61	25	62	28	63	30	64	32	65	34
19	59	1	60	5	61	7	62	10	63	13	64	15	65	18
20	58	41	59	45	60	48	61	51	62	54	63	57	65	0
21	58	20	59	24	60	28	61	31	62	34	63	37	64	41
22	57	58	59	2	60	7	61	10	62	13	63	16	64	21
23	57	35	58	39	59	44	60	48	61	51	62	55	64	0
24	57	10	58	15	59	20	60	25	61	29	62	33	63	38
25	56	44	57	50	58	55	60	1	61	5	62	10	63	15
26	56	17	57	24	58	29	59	35	60	40	61	45	62	51
27	55	49	56	56	58	2	59	8	60	14	61	19	62	25
28	55	19	56	27	57	33	58	40	59	47	60	52	61	58
29	54	48	55	56	57	3	58	11	59	18	60	24	61	30
30	54	16	55	24	56	32	57	40	58	48	59	55	61	1
31	53	42	54	51	55	59	57	8	58	17	59	24	60	32
32	53	6	54	16	55	25	56	35	57	44	58	52	60	0
33	52	29	53	40	54	50	56	0	57	10	58	19	59	27
34	51	51	53	2	54	13	55	24	56	34	57	44	58	53
35	51	11	52	23	53	35	54	46	55	57	57	8	58	18

Minutes de la vraie latitude de la Lune.

CANON DES MINVTES D'INCIDENCE,
ET DE LA MOITIÉ DE LA DEMEVRE
ensemble, en l'Eclipse de la Lune.

Eclipse de la ☽	Somme des minutes de l'vn & l'autre semidiametre de la Lune & de l'Ombre.							
	54	55	56	57	58	59	60	61
	′ ″	′ ″	′ ″	′ ″	′ ″	′ ″	′ ″	′ ″
35	41 7	42 26	43 43	44 59	46 16	47 31	48 44	49 58
36	40 15	41 35	42 54	44 12	45 29	46 45	48 0	49 15
37	39 20	40 42	42 2	43 22	44 40	45 58	47 14	48 30
38	38 22	39 46	41 8	42 29	43 49	45 9	47 26	47 43
39	37 21	38 47	40 11	41 34	42 56	44 17	45 36	46 55
40	36 17	37 45	39 11	40 37	42 0	43 23	44 44	46 4
41	35 9	36 40	38 8	39 36	41 1	42 26	43 49	45 10
42	33 57	35 31	37 2	38 32	40 0	41 26	42 51	44 14
43	32 40	34 18	35 52	37 24	38 55	40 24	41 52	43 16
44	31 18	33 0	34 38	36 14	37 48	39 18	40 48	42 15
45	29 51	31 37	33 19	34 59	36 36	38 9	39 42	41 11
46	28 17	30 0	31 56	33 40	35 20	36 57	38 31	40 4
47	26 35	28 34	30 27	32 15	33 59	35 40	37 18	38 53
48	24 44	26 51	28 51	30 45	32 34	34 18	36 0	37 39
49	22 42	24 59	27 7	29 7	31 2	32 52	34 38	36 20
50	20 24	22 55	25 13	27 22	29 24	31 19	33 10	34 57
51	17 46	20 35	23 8	25 27	27 37	29 40	31 37	33 28
52	14 34	17 57	20 47	23 46	25 56	27 58	29 56	31 53
53	10 21	14 42	18 5	20 58	23 46	25 56	28 7	30 12
54	0 0	10 27	14 51	18 15	21 13	23 46	26 9	28 22
55		0 0	10 33	14 58	18 25	21 21	23 59	26 23
56			0 0	10 38	15 6	18 34	21 32	24 11
57				0 0	10 43	15 14	18 44	21 44
58					0 0	10 49	15 22	18 54
59						0 0	10 55	15 30
60							0 0	11 0
61								0 0
62								
63								
64								
65								
66								
67								
68								

Minutes de la vraye latitude de la Lune.

CANON

CANON DES MINVTES D'INCIDENCE
& de la moitié de la demeure ensemble, en l'Eclypse de la Lune.

Eclipse de la ☾	Somme des minutes du semidiametre de la Lune & de l'Ombre.												
	62		63		64		65		66		67		68
	′	″	′	″	′	″	′	″	′	″	′	″	′	″
35	51	11	52	23	53	35	54	46	55	57	57	8	58	18
36	50	29	51	42	52	55	54	7	55	19	56	30	57	42
37	49	25	50	59	52	13	53	26	54	39	55	51	57	4
38	48	59	50	15	51	30	52	44	53	58	55	11	56	24
39	48	12	49	29	50	45	52	0	53	15	54	29	55	43
40	47	23	48	41	49	58	51	14	52	30	53	45	55	0
41	46	31	47	51	49	9	50	26	51	43	52	59	54	15
42	45	36	46	58	48	18	49	37	50	55	52	12	53	29
43	44	39	46	3	47	25	48	46	50	5	51	23	52	41
44	43	40	45	6	46	29	47	52	49	12	50	32	51	51
45	42	39	44	6	45	31	46	55	48	17	49	38	50	59
46	41	34	43	3	44	31	45	56	47	20	48	42	50	5
47	40	26	41	57	43	27	44	54	46	20	47	44	49	9
48	39	15	40	48	42	20	43	50	45	18	46	44	48	10
49	37	59	39	36	41	10	42	43	44	12	45	41	47	9
50	36	39	38	20	39	57	41	32	43	4	44	35	46	5
51	35	15	36	59	38	40	40	18	41	53	43	27	44	59
52	33	46	35	34	37	19	39	1	40	39	42	15	43	50
53	32	11	34	4	35	53	37	39	39	21	41	0	42	37
54	30	28	32	27	34	21	36	11	37	57	39	40	41	20
55	28	37	30	43	32	44	34	38	36	29	38	16	39	59
56	26	37	28	52	30	59	33	0	34	56	36	47	38	35
57	24	24	26	50	29	6	31	15	33	16	35	13	37	5
58	21	55	24	36	27	3	29	21	31	30	33	32	35	30
59	19	3	22	6	24	48	27	17	29	35	31	45	33	49
60	15	37	19	13	22	16	25	0	27	30	29	49	32	0
61	11	6	15	45	19	22	22	27	25	12	27	43	30	3
62	0	0	11	11	15	53	19	32	22	38	25	24	27	56
63			0	0	11	16	16	0	19	40	22	48	25	35
64					0	0	11	22	16	8	19	49	22	59
65							0	0	11	27	16	15	19	59
66									0	0	11	32	16	22
67											0	0	11	37
68													0	0

CANON DES PARALLAXES DV SOLEIL au Cercle de hauteur, en la moyenne distance.

CANON DES REFRACTIONS du Soleil & de la Lune.

Hauteur du soleil.	Parallaxe.	Hauteur du Sol.	Parallaxe	Hauteur du Sol.	Parallaxe
Degr.	′ ″	Degr.	′ ″	Degr.	′ ″
1	2 18	31	1 58	61	1 6
2	2 18	32	1 57	62	1 4
3	2 18	33	1 56	63	1 2
4	2 18	34	1 54	64	1 0
5	2 18	35	1 53	65	0 58
6	2 17	36	1 52	66	0 56
7	2 17	37	1 50	67	0 54
8	2 17	38	1 49	68	0 52
9	2 17	39	1 47	69	0 49
10	2 16	40	1 46	70	0 47
11	2 16	41	1 44	71	0 45
12	2 15	42	1 42	72	0 43
13	2 14	43	1 41	73	0 40
14	2 14	44	1 39	74	0 38
15	2 13	45	1 38	75	0 36
16	2 12	46	1 36	76	0 33
17	2 12	47	1 34	77	0 31
18	2 11	48	1 32	78	0 29
19	2 10	49	1 31	79	0 26
20	2 10	50	1 29	80	0 24
21	2 9	51	1 27	81	0 22
22	2 8	52	1 25	82	0 19
23	2 7	53	1 23	83	0 17
24	2 6	54	1 22	84	0 15
25	2 5	55	1 19	85	0 12
26	2 4	56	1 17	86	0 9
27	2 3	57	1 15	87	0 7
28	2 2	58	1 13	88	0 5
29	2 1	59	1 11	89	0 2
30	2 0	60	1 9	90	0 0

Altitude.	Refraction.
Degr.	′ ″
0	34 0
1	26 0
2	21 0
3	18 0
4	15 45
5	14 0
6	12 30
7	11 15
8	10 5
9	9 5
10	8 15
11	7 35
12	7 5
13	6 40
14	6 19
15	6 0
16	5 42
17	5 24
18	5 7
19	4 50
20	4 33
21	4 16
22	4 0
23	3 44
24	3 28
25	3 12
26	2 56
27	2 40
28	2 24
29	2 9
30	1 54
31	1 39
32	1 24
33	1 9
34	0 55
35	0 41
36	0 27
37	0 13
38	0 0

CANON DES PARALLAXES DE LA LVNE EN L'HORIZON.

	Dodecatemories de la Lune égalée.												
	0		**1**		**2**		**3**		**4**		**5**		
	Paral-laxe.	Diff. oste.	Paral-laxe.	Diff. oste.	Paral-laxe.	Diff. oste.	Paral-laxe.	Diff. oste.	Paral-laxe.	Diff. aiou.	Paral-laxe.	Diff. ajou	
Deg.	′ ″	′ ″	′ ″	′ ″	′ ″	′ ″	′ ″	′ ″	′ ″	′ ″	′ ″	′ ″	Deg.
1	53 33	2 13	54 8	2 2	55 43	1 24	58 2	0 12	60 40	1 19	62 48	2 54	29
2	53 33	2 13	54 10	2 0	55 47	1 22	58 7	0 10	60 45	1 22	62 52	2 57	28
3	53 34	2 13	54 12	1 58	55 51	1 20	58 12	0 8	60 50	1 25	62 55	3 0	27
4	53 34	2 13	54 14	1 57	55 55	1 18	58 18	0 5	60 55	1 28	62 58	3 3	26
5	53 35	2 13	54 16	1 56	55 59	1 16	58 23	0 3	61 0	1 32	63 1	3 5	25
6	53 35	2 13	54 18	1 54	56 3	1 14	58 29	0 0	61 5	1 35	63 4	3 7	24
7	53 36	2 13	54 21	1 53	56 8	1 12	58 34	0 3	61 10	1 39	63 6	3 8	23
8	53 36	2 13	54 24	1 52	56 12	1 10	58 39	0 5	61 15	1 42	63 9	3 10	22
9	53 37	2 13	54 27	1 51	56 17	1 8	58 45	0 8	61 20	1 45	63 11	3 11	21
10	53 37	2 13	54 30	1 50	56 21	1 6	58 50	0 10	61 25	1 48	63 14	3 12	20
11	53 38	2 13	54 32	1 49	56 28	1 4	58 55	0 13	61 29	1 51	63 17	3 13	19
12	53 39	2 13	54 35	1 48	56 30	1 1	59 0	0 16	61 33	1 55	63 19	3 14	18
13	53 40	2 13	54 38	1 47	56 35	0 59	59 5	0 19	61 38	1 58	63 21	3 15	17
14	53 41	2 13	54 41	1 46	56 39	0 57	59 10	0 22	61 43	2 1	63 23	3 16	16
15	53 42	2 13	54 44	1 45	56 43	0 55	59 16	0 26	61 46	2 4	63 25	3 17	15
16	53 43	2 13	54 48	1 44	56 48	0 52	59 21	0 29	61 52	2 8	63 27	3 18	14
17	53 44	2 12	54 51	1 43	56 52	0 49	59 27	0 33	61 56	2 11	63 29	3 19	13
18	53 45	2 12	54 55	1 41	56 57	0 46	59 32	0 36	62 0	2 14	63 31	3 20	12
19	53 46	2 11	54 58	1 40	57	0 44	59 38	0 40	62 4	2 17	63 32	3 21	11
20	53 48	2 11	55 1	1 39	57 6	0 42	59 44	0 43	62 8	2 20	63 33	3 22	10
21	53 49	2 10	55 4	1 37	57 11	0 39	59 49	0 47	62 12	2 23	63 34	3 23	9
22	53 51	2 10	55 8	1 36	57 16	0 37	59 54	0 50	62 15	2 26	63 35	3 23	8
23	53 52	2 9	55 12	1 34	57 21	0 34	60 0	0 54	62 19	2 29	63 36	3 24	7
24	53 54	2 8	55 16	1 33	57 27	0 31	60 5	0 57	62 22	2 33	63 37	3 24	6
25	53 56	2 8	55 20	1 32	57 32	0 28	60 10	1 0	62 26	2 36	63 38	3 25	5
26	53 58	2 7	55 24	1 30	57 37	0 25	60 15	1 4	62 30	2 39	63 38	3 25	4
27	54 0	2 6	55 27	1 29	57 42	0 23	60 20	1 7	62 34	2 42	63 39	3 26	3
28	54 2	2 5	55 31	1 28	57 47	0 20	60 25	1 10	62 38	2 45	63 39	3 26	2
29	54 4	2 4	55 35	1 26	57 52	0 18	60 30	1 13	62 41	2 48	63 39	3 27	1
30	54 6	2 3	55 39	1 25	57 57	0 15	60 35	1 16	62 45	2 51	63 39	3 27	0
	11		**10**		**9**		**8**		**7**		**6**		

ajoute (noté au-dessus de la colonne 3)

CANON DV PARALLAXE DE

LA LVNE AV CERCLE

de hauteur.

Degrez de hauteur.	Parallaxes horizontaux de la Lune.																			
	51 0		52 0		54 0		56 0		58 0		60 0		62 0		64 0		66 0		68 0	
	'	//	'	//	'	//	'	//	'	//	'	//	'	//	'	//	'	//	'	//
1	50	59	51	59	53	59	55	59	57	59	59	59	61	59	63	59	65	59	67	59
2	50	59	51	59	53	59	55	59	57	59	59	59	61	59	63	59	65	59	67	59
3	50	57	51	57	53	57	55	57	57	58	59	57	61	57	63	57	65	57	67	57
4	50	55	51	55	53	55	55	54	57	55	59	54	61	54	63	54	65	54	67	54
5	50	52	51	51	53	51	55	51	57	51	59	50	61	50	63	50	65	50	67	50
6	50	48	51	47	53	47	55	47	57	47	59	46	61	45	63	45	65	45	67	45
7	50	42	51	42	53	42	55	42	57	42	59	40	61	39	63	39	65	39	67	39
8	50	36	51	36	53	36	55	35	57	35	59	33	61	32	63	32	65	32	67	32
9	50	29	51	28	53	28	55	25	57	27	59	24	61	24	63	24	65	23	67	24
10	50	21	51	19	53	19	55	18	57	18	59	14	61	14	63	14	65	13	67	14
11	50	12	51	10	53	9	55	9	57	9	59	4	61	3	63	3	65	2	67	3
12	50	2	51	0	52	58	54	59	56	58	58	53	60	51	62	51	64	50	66	51
13	49	51	50	49	52	47	54	47	56	46	58	41	60	38	62	38	64	37	66	37
14	49	40	50	38	52	35	54	34	56	32	58	28	60	24	62	24	64	21	66	21
15	49	28	50	25	52	22	54	20	56	17	58	14	60	10	62	8	64	5	66	4
16	49	15	50	12	52	7	54	5	56	1	57	58	59	54	61	51	63	48	65	46
17	49	0	49	57	51	52	53	49	55	45	57	41	59	37	61	33	63	30	65	27
18	48	42	49	41	51	36	53	33	55	28	57	23	59	18	61	14	63	10	65	7
19	48	28	49	26	51	19	53	16	55	10	57	3	58	58	60	54	62	49	64	46
20	48	11	49	8	51	1	52	57	54	49	56	43	58	38	60	32	62	27	64	24
21	47	53	48	49	50	41	52	36	54	28	56	22	58	17	60	9	62	3	64	1
22	47	34	48	29	50	21	52	16	54	7	56	0	57	54	59	45	61	39	63	36
23	47	14	48	9	50	0	51	55	53	45	55	36	57	29	59	21	61	14	63	9
24	46	53	47	47	49	38	51	33	53	20	55	11	57	3	58	55	60	47	62	41
25	46	31	47	25	49	15	51	10	52	55	54	46	56	36	58	28	60	19	62	12
26	46	8	47	2	48	51	50	45	52	30	54	20	56	9	58	0	59	50	61	43
27	45	45	46	38	48	26	50	18	52	4	53	53	55	41	57	31	59	20	61	12
28	45	21	46	14	48	1	49	51	51	37	53	25	55	12	57	1	58	49	60	39
29	44	56	45	49	47	35	49	23	51	9	52	56	54	42	56	30	58	17	60	4
30	44	31	45	23	47	8	48	55	50	40	52	25	54	11	55	58	57	43	59	29

CANON DES PARALLAXES

DE LA LVNE AV CERCLE

de hauteur.

Degrez de hauteur	Parallaxes horizontaux de la Lune.																			
	51 0		52 0		54 0		56 0		58 0		60 0		62 0		64 0		66 0		68 0	
	′	″	′	″	′	″	′	″	′	″	′	″	′	″	′	″	′	″	′	″
31	44	4	44	55	46	38	48	25	50	10	51	53	53	39	55	25	57	8	58	54
32	43	36	44	27	46	9	47	54	49	38	51	21	53	6	54	50	56	33	58	18
33	43	7	43	57	45	39	47	22	49	5	50	48	52	32	54	14	55	57	57	41
34	42	38	43	27	45	9	46	50	48	32	50	14	51	56	53	38	55	20	57	3
35	42	9	42	56	44	37	46	17	47	58	49	40	51	19	53	0	54	41	56	23
36	41	38	42	26	44	4	45	43	47	23	49	4	50	41	52	21	54	0	55	42
37	41	6	41	53	43	31	45	8	46	48	48	27	50	2	51	41	53	19	55	0
38	40	33	41	20	42	57	44	32	46	12	47	49	49	23	51	1	52	37	54	17
39	40	0	40	47	42	22	43	56	45	34	47	10	48	43	50	20	51	55	53	33
40	39	27	40	13	41	47	43	20	44	56	46	31	48	2	49	38	51	12	52	49
41	38	52	39	38	41	10	42	43	44	17	45	51	47	20	48	55	50	27	52	3
42	38	17	39	2	40	33	42	5	43	36	45	9	46	37	48	10	49	41	51	16
43	37	41	38	26	39	56	41	26	42	54	44	26	45	53	47	24	48	54	50	28
44	37	4	37	49	39	17	40	46	42	12	43	42	45	8	46	38	48	7	49	39
45	36	27	37	10	38	38	40	5	41	30	42	58	44	23	45	51	47	19	48	49
46	35	50	36	30	37	56	39	23	40	48	42	13	43	37	45	3	46	3	47	58
47	35	11	35	50	37	15	38	40	40	4	41	27	42	50	44	14	45	40	47	6
48	34	32	35	19	36	32	37	57	39	19	40	37	42	2	43	25	44	49	46	13
49	33	51	34	29	35	50	37	13	38	34	39	54	41	13	42	35	43	57	45	19
50	33	10	33	48	35	8	36	28	37	48	39	7	40	25	41	44	43	4	44	24
51	32	29	33	6	34	25	35	42	37	2	38	18	39	35	40	53	42	10	43	28
52	31	47	32	23	33	41	34	56	36	14	37	28	38	44	40	1	41	16	42	32
53	31	4	31	40	32	56	34	10	35	25	36	37	37	52	39	7	40	21	41	35
54	30	21	30	56	32	10	33	23	34	35	35	46	37	0	38	12	39	25	40	37
55	29	37	30	12	31	23	32	35	33	45	34	55	36	7	37	16	38	28	39	39
56	28	53	29	27	30	35	31	46	32	55	34	3	35	13	36	20	37	30	38	40
57	28	8	28	41	29	47	30	56	32	5	33	10	34	19	35	24	36	32	37	40
58	27	22	27	55	28	59	30	6	31	13	32	16	33	24	34	27	35	33	36	40
59	26	36	27	8	28	11	29	16	30	20	31	22	32	28	33	29	34	34	35	39
60	25	50	26	21	27	22	28	25	29	27	30	28	31	31	32	31	33	34	34	37

CANON DES PARALLAXES DE
LA LVNE AV CERCLE
de hauteur.

Degrez de hauteur.	Parallaxes horizontaux de la Lune.																		
	51 0		52 0		54 0		56 0		58 0		60 0		62 0		64 0		66 0		68 0	
	'	''	'	''	'	''	'	''	'	''	'	''	'	''	'	''	'	''	'	''
61	25	3	25	33	26	33	27	33	28	34	29	33	30	33	31	33	32	33	33	34
62	24	16	24	45	25	42	26	40	27	40	28	37	29	35	30	33	31	31	32	31
63	23	8	23	56	24	51	25	47	26	45	27	41	28	37	29	32	30	28	31	27
64	22	40	23	7	24	0	24	54	25	49	26	44	27	38	28	32	29	26	30	22
65	21	52	22	17	23	8	24	1	24	54	25	47	26	39	27	31	28	23	29	17
66	21	3	21	27	22	16	23	7	23	58	24	49	25	38	26	30	27	19	28	11
67	20	13	20	36	21	24	22	12	23	1	23	50	24	37	25	28	26	15	27	5
68	19	23	19	45	20	31	21	17	22	4	22	51	23	36	24	25	25	10	25	58
69	18	33	18	54	19	38	20	22	21	7	21	52	22	35	23	22	24	5	24	51
70	17	42	18	2	18	44	19	26	20	10	20	52	21	34	22	18	23	0	23	43
71	16	51	17	10	17	50	18	30	19	12	19	51	20	32	21	14	21	54	22	35
72	16	0	16	18	16	56	17	34	18	14	18	50	19	30	20	9	20	47	21	26
73	15	8	15	26	16	2	16	37	17	15	17	49	18	27	19	4	19	39	20	17
74	14	16	14	33	15	7	15	40	16	16	16	48	17	24	18	0	18	31	19	7
75	13	24	13	40	14	12	14	43	15	16	15	47	16	21	16	55	17	22	17	58
76	12	31	12	46	13	16	13	46	14	16	14	45	15	47	15	49	16	14	16	48
77	11	39	11	52	12	20	12	48	13	16	13	43	14	13	14	42	15	6	15	37
78	10	46	10	58	11	24	11	50	12	16	12	40	13	8	13	35	13	58	14	26
79	9	52	10	4	10	27	10	51	11	16	11	37	12	3	12	28	12	50	13	14
80	8	59	9	10	9	31	9	52	10	15	10	34	10	58	11	20	11	42	12	2
81	8	6	8	16	8	35	8	53	9	13	9	31	9	53	10	12	10	33	10	50
82	7	13	7	21	7	38	7	54	8	12	8	28	8	48	9	4	9	23	9	38
83	6	19	6	26	6	41	6	55	7	10	7	25	7	42	7	56	8	13	8	26
84	5	25	5	31	5	44	5	56	6	8	6	22	6	36	6	48	7	3	7	14
85	4	31	4	36	4	46	4	57	5	7	5	19	5	30	5	40	5	52	6	2
86	3	36	3	41	3	49	3	58	4	6	4	16	4	24	4	32	4	42	4	49
87	2	43	2	46	2	52	2	52	3	4	3	12	3	18	3	24	3	32	3	37
88	1	49	1	51	1	55	1	55	2	3	2	8	2	12	2	16	2	21	2	25
89	0	55	0	56	0	58	0	58	1	2	1	4	1	6	1	8	1	10	1	12
90	0	0	0	0	0	0	0	0	0	0	0	0	0	0	0	0	0	0	0	0

CANONS

DV

TRIANGLE RECTANGLE

DV PARALLAXE DV SOLEIL

ET DE LA LVNE.

Auquel le cofté du Parallaxe, au Cercle de hauteur
fouftendant l'Angle droit, eft pofé
de 60. parties.

$$\textit{Aux Latitudes des} \atop \textit{Regions de degrez.} \left\{ {41 \atop 45} \atop {49} \atop {52 \atop 54} \right\}$$

PARALLAXES DV XLI. DEGRE'
DE LATITVDE.

Cancer ♋

	Heures.	distance du Zenith		Costé de la Long.		Costé de la Latit.	
	heu. '	o	'	part. '		part. '	
Oriét.	7 30	90	0	41	52	42	59
Souftraire. Deuant Midy.	7	85	10	43	54	40	54
	6	74	44	46	57	37	22
	5	63	45	48	46	34	57
	4	52	30	49	26	34	0
	3	41	54	48	35	35	13
	2	30	28	44	40	40	4
	1	21	25	32	6	50	41
Merid.		17	20	0	0	60	0
Adiouter. Apres Midy.	1	21	25	32	6	50	41
	2	30	28	44	40	40	4
	3	41	54	48	35	35	13
	4	52	30	49	26	34	57
	5	63	45	48	46	34	57
	6	74	44	46	57	37	22
	7	85	10	43	54	40	54
Occid.	7 30	90	0	41	52	42	59

Leo ♌

	Heures.	distance du Zenith		Costé de la Long.		Costé de la Latit.	
	Heu. '	o	'	part. '		part. '	
Orient.	7 15	90	0	50	51	38	50
Souftraire.	7	87	26	51	33	30	42
	6	76	49	53	33	27	4
	5	65	43	54	35	24	54
	4	54	25	54	45	24	33
	3	43	15	53	42	26	45
	2	32	46	50	4	33	4
	1	24	17	39	9	45	28
Merid.	0 24	20	39	12	51	58	37
		21	16	0	0	66	0
Adiouter.	1	24	17	16	33	57	40
	2	32	46	31	39	50	58
	3	43	15	37	26	46	43
	4	54	25	39	28	45	82
	5	65	43	39	10	45	27
	6	76	49	37	20	46	58
Occident.	7	87	26	34	0	49	37
	7 15	90	0	32	53	49	11

Capricorne ♑

	Heures	distance du Zenith		Costé de la Long.		Costé de la Latit.	
Oriét.	4 30	90	0	48	52	48	59
Souftr. Deuant	4	85	17	39	22	45	17
	3	76	59	32	52	50	12
	2	70	25	24	2	54	59
	1	66	9	12	49	58	57
Merid.		64	40	0	0	60	0
Adiou. Apres	2	66	9	12	49	58	37
	2	70	25	24	5	54	59
	3	76	59	32	52	50	12
	4	85	17	39	22	45	17
Occi.	4 30	90	0	48	52	48	59

Aquarius ♒

	Heures	distance du Zenith		Costé de la Long.		Costé de la Latit.	
Or.	4 45	90	0	32	55	50	11
Souftr. Adiou.	4	82	47	28	57	52	33
	3	74	12	21	49	55	54
	2	67	24	12	14	58	44
	1	62	55	0	21	60	0
	0 59	63	50	0	0	60	0
Merid.		61	21	12	51	58	37
	1	62	55	25	24	54	22
	2	67	24	35	41	48	14
	3	74	12	43	11	43	39
	4	82	47	48	16	35	38
Oc.	4 45	90	0	50	51	31	53

PARAL.

PARALLAXES DV XLI. DEGRE
DE LATITVDE.

Virgo ♍

	Heures.	distance du Zenith. o /	Costé de la Long. part.	Costé de la Latit. part.
Oriët.	beu. 1	o /	part.	part.
Soustraire / Deuant Midy.	6 41	90 0	55 55	21 49
	6	82 26	56 31	20 10
	5	71 9	56 47	19 23
	4	59 55	56 19	20 42
	3	49 8	54 40	24 43
	2	39 29	50 25	32 31
	1 Merid.	32 15	40 21	44 24
		29 25	21 17	56 6
Adiouter / Apres Midy.	0 58	32 15	0	60 0
	1	32 15	0 44	60 0
	2	39 29	16 10	57 47
	3	49 8	24 31	54 46
	4	59 55	28 25	52 50
	5	71 9	29 38	52 10
Occid.	6	82 26	28 55	52 34
	6 41	90 0	27 24	53 23

Libra ♎

	Heures.	distance du Zenith. o /	Costé de la Long. part.	Costé de la Latit. part.
Orient.	Heu. 1	o /	part.	part.
Soustraire.	6 1	90 0	57 27	17 53
	5	78 44	56 58	18 51
	4	67 50	55 51	21 55
	3	57 45	53 22	27 26
	2	49 11	48 17	35 37
	1 Merid.	43 12	38 46	45 48
		41 0	24 5	54 57
Adiouter.	1	43 12	7 24	59 33
	1 30	45 45	0	60 0
	2	49 11	6 32	59 39
	3	57 45	16 0	57 50
	4	67 50	21 44	55 55
		78 44	24 44	54 40
Occident.	6 7	90 0	25 40	54 14

Pisces ♓

	Heures.	distance du Zenith. o /	Costé de la Long. part.	Costé de la Latit. part.
Oriët.	5 19	90 0	27 24	53 23
	5	86 35	26 26	53 52
Soustr. / Deuant.	4	76 14	22 1	55 49
	3	66 59	15 12	58 3
	2	59 26	5 27	59 45
	1	56 46	0	60 0
	1 Merid.	54 23	7 11	59 34
		52 35	21 17	56 6
Adiout. / Aprés.	1	54 23	34 8	49 21
	2	59 26	34 43	41 6
	3	66 59	49 52	33 22
	4	76 14	53 30	27 10
Occi.	5	86 35	55 30	22 47
	5 19	90 0	55 55	21 46

Aries ♈

	Heures.	distance du Zenith. o /	Costé de la Long. part.	Costé de la Latit. part.
Or.	6 0	90 0	25 40	54 14
	5	78 44	24 44	54 40
Soustr.	4	67 50	21 44	55 55
	3	57 45	16 0	57 50
	2	49 11	6 32	59 39
	1 30	45 45	0	60 0
	1 Merid.	43 12	7 24	59 33
		41 0	24 5	54 57
Adiout.	1	43 12	38 46	45 48
	2	49 11	48 17	35 37
	3	57 45	53 22	27 26
	4	67 50	55 51	21 55
Oc.	5	78 44	56 58	18 51
	6 0	90 0	57 17	17 53

Q

PARALLAXES DV XLI. DEGRE
DE LATITVDE.

Scorpius ♏

	Heures.	distance du Zenith. o /	Costé de la Long. part. /	Costé de la Latit. part. /
Oriet	h. 1			
Souftraire / Deuant midy.	5 19	90 0	55 55	21 46
	5	86 35	55 30	21 47
	4	76 14	53 20	27 10
	3	66 59	49 52	33 22
	2	59 26	43 43	41 6
	1	54 23	34 8	49 21
Adjoutez. / Apres midy.	Meri.	52 35	21 17	56 6
	1 33	54 23	7 11	59 34
	2	56 46	0 0	60 0
	2	59 26	5 27	59 45
	3	66 59	15 12	58 3
	4	76 14	22 1	55 49
	5	86 35	26 26	53 52
Occi.	5 19	90 0	27 24	53 23

Sagitarius ♐

	Heures.	distance du Zenith. o /	Costé de la Long. part. /	Costé de la Latit. part. /
Or.	b. 1			
Souftraire.	4 45	90 0	50 51	31 53
	4	82 47	48 16	35 38
	3	74 12	43 11	41 39
	2	67 24	35 41	48 14
	1	62 55	25 24	54 22
Adjoutez.	Meri.	61 21	12 51	58 37
	0 59	62 50	0 0	60 0
	1	62 55	0 21	60 0
	2	67 24	12 14	58 44
	3	74 12	21 49	55 54
	4	82 47	28 57	52 33
Oc.	4 45	90 0	32½ 53	50 12

Taurus ♉

	Heures.	distance du Zenith. o /	Costé de la Long. part. /	Costé de la Latit. part. /
Oriet	6 41	90 0	27 24	53 23
Souftraire. / Denant.	6	82 26	28 55	52 34
	5	71 9	29 38	52 10
	4	59 55	28 25	52 50
	3	49 8	24 31	54 46
	2	39 29	16 10	57 47
	1	32 15	0 44	60 0
Adjoutez. / Apres.	0 58	32 3	0 0	60 0
	Meri.	29 25	21 17	56 6
	1	32 15	40 21	44 24
	2	39 29	50 25	32 31
	3	49 8	54 40	24 43
	4	59 55	56 19	20 42
	5	71 9	56 47	19 23
	6	82 26	56 31	20 10
Occi.	6 41	90 0	55 55	21 46

Gemini ♊

	Heures.	distance du Zenith. o /	Costé de la Long. part. /	Costé de la Latit. part. /
Or.	7 15	90 0	32 53	49 11
	7	87 26	34 0	49 27
Souftraire.	6	76 49	37 20	46 58
	5	65 43	39 10	45 27
	4	54 25	39 28	45 12
	3	43 15	37 36	46 45
	2	32 46	31 39	50 58
	1	24 17	16 33	57 40
Adjoutez.	0 24	21 16	0 0	60 0
	Meri.	20 39	12 51	58 37
	1	24 17	39 9	45 28
	2	32 46	50 4	33 4
	3	43 15	53 42	26 45
	4	54 25	54 45	24 33
	5	65 43	54 35	24 54
	6	76 49	53 33	27 4
Oc.	7 15	90 0	50 51	31 50

PARALLAXES DV XLV. DEGRÉ
DE LATITVDE.

Cancer ♋

	Heures.	distance du Zenith		Costé de la Long.		Costé de la Latit.	
	h. '	o.	'	part.	'	part.	'
Oriët	7 44	90	0	38	8	46	19
	7	83	20	41	16	43	34
Souftraire. Deuant Midi.	6	73	31	44	14	40	32
	5	63	10	45	56	38	36
	4	52	35	46	16	38	12
	3	42	7	44	44	39	59
	2	32	22	39	38	45	2
	1	24	35	26	25	53	52
Meri.		21	20	0	0	60	0
	1	24	35	26	25	53	52
Aioûtez. Aprés midy.	2	32	22	39	38	45	2
	3	42	7	44	44	39	52
	4	52	35	46	16	38	12
	5	63	10	45	56	38	36
	6	73	31	44	14	40	32
	7	83	20	41	16	43	34
Occi.	6 44	90	0	38	8	46	19

Leo ♌

	Heures.	distance du Zenith		Costé de la Long.		Costé de la Latit.	
	h. '	o.	'	part.	'	part.	'
Or.	7 27	90	0	48	10	35	46
	7	85	45	49	39	33	54
Souftraire.	6	75	46	51	33	30	43
	5	65	21	52	31	29	1
	4	54	45	52	27	29	9
	3	44	23	50	53	31	47
	2	34	55	46	18	38	9
	1	27	36	34	59	48	45
Meri.	0 30	24	39	12	51	58	37
		25	26	0	0	60	0
Adjoûtez.	1	27	36	11	23	58	55
	2	34	55	26	6	54	1
	3	44	23	32	56	50	9
	4	54	45	35	27	48	24
	5	65	21	35	34	48	19
	6	75	46	33	59	49	27
Oc.	7	85	45	30	47	51	38
	7 27	90	0	28	48	52	38

Capricorne ♑

	Heures.	distance du Zenith		Costé de la Long.		Costé de la Latit.	
Oriët	4 16	90	0	43	49	40	59
Deuant. South.	4	87	43	36	47	47	25
	3	79	58	30	28	51	42
	2	73	55	22	5	55	47
	1	70	7	11	41	58	11
Adjour. Aprés. Meri.		68	40	0	0	60	0
	1	70	7	11	41	58	51
	2	73	55	22	5	55	47
	3	79	58	30	28	51	42
	4	87	43	36	47	47	25
Occi.	4 16	90	0	43	49	40	59

Aquarius ♒

	Heures.	distance du Zenith		Costé de la Long.		Costé de la Latit.	
Or.	33	90	0	28	48	52	38
		85	5	25	53	54	8
South.	3	77	7	19	2	56	54
	2	70	50	10	2	59	9
	1 5	67	0	0	0	60	0
	1	66	46	0	54	60	0
Adjout. Meri.	1	65	21	13	51	58	37
		66	46	24	16	54	53
	2	70	50	33	51	49	33
	3	77	7	41	5	43	44
Oc.	4 33	85	5	46	30	38	20
		90	0	48	50	35	48

Q ij

PARALLAXES DV XLV. DEGRE DE LATITVDE.

Virgo ♍

	Heures (h. ')		distance du Zenith (o ')		Costé de la Long. (part. ')		Costé de la Latit. (part. ')	
Oriēt	b. 1		o '		part. '		part. '	
	6	47	90	0	54	11	25	46
	6		81	51	54	58	24	3
Souftraire / Devant Midy	5		71	16	55	12	23	30
	4		60	46	54	37	25	1
	3		50	49	52	27	29	9
	2		42	6	47	40	36	27
	1		35	48	37	46	46	37
Meri.			33	25	21	17	56	6
	1	10	35	48	2	39	59	56
Aioûtez / Apuémidy			36	34	0	0	60	0
	2		42	6	11	29	58	53
	3		50	49	19	56	56	36
	4		60	46	24	13	54	54
	5		71	16	25	43	54	12
Occi.	6		81	51	25	11	54	28
	6	47	98	0	23	28	55	13

Libra ♎

	Heures (h. ')		distance du Zenith (o ')		Costé de la Long. (part. ')		Costé de la Latit. (part. ')	
	b. 1		o '		part. '		part. '	
Or.	6	0	90	0	55	53	21	50
	5		79	27	55	30	22	49
Souftraire	4		69	18	54	11	25	47
	3		60	0	51	24	30	58
	2		52	14	46	7	38	23
	1		46	55	37	5	47	10
Meri.			45	0	24	5	54	57
	1		46	55	9	32	59	14
Adjoûtez	1	44	50	32	0	0	60	0
	2		52	14	3	2	59	55
	3		60	0	12	4	58	46
	4		69	18	17	46	57	19
	5		79	27	20	50	56	16
Oc.	6	0	90	0	21	50	55	53

Pisces ♓

	Heures (h. ')		distance du Zenith (o ')		Costé de la Long. (part. ')		Costé de la Latit. (part. ')	
Oriēt	5	13	90	0	23	28	55	13
	5		87	52	22	49	55	30
Souftraire / Devant	4		78	12	18	30	57	5
	3		69	38	11	55	58	48
	2		62	45	2	47	59	56
		45	61	19	0	0	60	0
	1		58	11	8	42	59	22
Meri.			56	35	21	17	56	6
	1		58	11	32	52	50	12
Adjoût. / Aprés	2		62	45	41	50	43	0
	3		69	38	47	55	36	6
	4		78	12	51	42	30	27
Occi.	5		87	52	53	53	26	24
	5		98	0	54	11	25	46

Aries ♈

	Heures (h. ')		distance du Zenith (o ')		Costé de la Long. (part. ')		Costé de la Latit. (part. ')	
Or.	6	0	90	8	21	50	55	53
	5		79	27	20	50	56	16
Souftraire	4		69	18	17	46	57	19
	3		60	0	12	4	58	46
	2		52	14	3	2	59	55
	1	44	50	32	0	0	60	0
	1		46	55	9	32	59	14
Meri.			45	0	24	5	54	57
	1		46	55	37	5	47	10
Adjoût.	2		52	14	46	7	38	23
	3		60	0	51	24	30	58
	4		69	18	54	11	25	47
Oc.	5		79	27	55	30	22	49
	6	0	90	0	55	53	21	50

Scorpius ♏

	Heures.	distance du Zenith		Cofté de la Long.		Cofté de la Latit.	
		o	'	part.	'	part.	'
Oriët	h. 1						
Souftraire. Deuant midy.	5 13	90	0	54	11	25	46
	5	87	52	53	53	26	24
	4	78	12	51	42	30	27
	3	69	38	47	55	36	6
	2	62	45	41	50	43	4
	1	58	11	32	52	50	12
	Meri.	56	35	21	17	56	6
	1	58	11	8	42	59	22
Adjoûtez. Aprés midy.	1	61	19	0	0	60	0
	2 45	62	45	2	47	59	56
	3	69	38	11	55	58	48
	4	78	12	18	30	57	5
Occi.	5	87	52	22	49	55	30
	5	90	0	23	28	55	13

Sagitarius ♐

	Heures.	distance du Zenith		Cofté de la Long.		Cofté de la Latit.	
		o	'	part.	'	part.	'
Or.	h. 1						
Souftraire.	4 33	90	0	48	10	35	46
	4	85	5	46	10	38	20
	3	77	7	41	5	43	44
	2	70	50	33	51	49	33
	1	66	46	24	16	54	53
Ajoûtez.	Meri.	65	22	12	51	58	37
	1	66	46	0	54	60	0
	1 5	67	0	0	0	60	0
	2	70	50	19	2	59	9
	3	77	7	19	2	56	54
	4	85	5	25	53	54	8
Oc.	4 33	90	0	28	48	52	38

Taurus ♉

	Heures.	distance du Zenith		Cofté de la Long.		Cofté de la Latit.	
Oriët	6 47	90	0	23	28	55	13
Souftraire. Deuant.	6	81	51	25	11	54	28
	5	71	16	25	43	54	12
	4	60	46	24	13	54	54
	3	60	49	19	56	56	36
	2	42	6	11	29	58	53
	1	36	34	0	0	60	0
	1	35	48	2	39	59	56
	Meri.	33	25	21	17	56	6
Adjoûtez. Aprés.	1	35	48	37	46	46	37
	2	42	6	47	40	36	27
	3	50	49	52	27	29	9
	4	60	46	54	32	25	1
	5	71	16	55	12	23	30
	6	81	51	54	58	24	3
Occi.	6 47	90	0	54	11	25	46

Gemini ♊

	Heures.	distance du Zenith		Cofté de la Long.		Cofté de la Latit.	
Or.	7 27	90	0	28	48	52	38
	7	85	45	30	47	51	30
Souftraire.	6	75	46	33	59	49	27
	5	65	21	35	34	48	17
	4	54	45	35	27	48	24
	3	44	23	32	56	50	19
	2	34	55	26	6	54	1
	1	27	36	11	23	58	55
	0 30	25	26	0	0	60	0
	Meri.	24	39	12	51	58	37
Adjoûtez.	1	27	36	34	59	48	45
	2	34	55	46	18	38	47
	3	44	23	50	53	31	47
	4	54	45	51	27	29	9
	5	65	21	52	31	29	1
	6	75	46	51	33	30	43
	7	85	45	49	30	33	54
Oc.	7 27	90	0	48	10	35	56

Cancer ♋

	Heures.	distance du Zenith. (o ')	Costé de la Long. (part.)	Costé de la Latit. (part.)
Orient	beu. 1	0 '	part. 1	part. 1
	8 1	90 0	33 59	49 27
	8	89 51	34 6	49 22
Souftraire. (Devant midi.)	7	81 32	38 26	46 4
	6	72 22	41 19	43 31
	5	62 43	42 47	42 4
	4	52 53	42 45	42 6
	3	43 20	40 34	44 13
	2	34 36	34 40	48 58
	1	27 57	21 44	55 36
	Merid.	25 20	0 0	60 0
Adioûtez. (Apres midy.)	1	27 57	21 44	55 56
	2	34 36	34 40	48 58
	3	43 20	40 34	44 13
	4	52 53	42 45	42 6
	5	62 43	42 47	42 4
	6	72 22	41 19	43 31
	7	81 32	38 26	46 4
	8	89 51	34 6	49 22
Occi.	8 1	90 0	33 59	49 27

Leo ♌

	Heures.	distance du Zenith (o ')	Costé de la Long. (part.)	Costé de la Latit. (part.)
	h. 1	0 '	part. 1	part. 1
Or.	7 41	90 0	45 6	39 34
	7	84 5	47 14	37 0
Souftraire.	6	74 47	49 16	34 15
	5	65 4	50 9	32 57
	4	55 16	49 48	33 27
	3	45 47	47 44	36 21
	2	37 21	42 30	42 11
	Merid.	28 39	11 51	58 37
	0 37	29 36	0 0	60 0
Adioûtez.	1	31 4	7 10	59 34
	2	37 21	20 54	56 14
	3	45 47	28 10	52 59
	4	55 16	31 15	51 13
	5	65 4	51 46	50 54
	6	74 47	30 26	55 43
	7	84 5	27 26	53 21
Oc.	7 41	90 0	24 26	54 48

Capricorne ♑

	Heures.	distance du Zenith (o ')	Costé de la Long. (part.)	Costé de la Latit. (part.)
Orient (Souft. Deuãt.)	3 59	90 0	33 59	49 27
	3	83 0	28 2	53 3
	2	77 27	20 10	56 31
	1	73 54	10 36	59 3
	Merid.	72 40	0 0	60 0
Adioûte. Apres.	1	73 54	10 36	59 3
	2	77 27	20 10	56 31
	3	83 0	28 2	53 3
Occid.	3 59	90 0	33 59	49 27

Aquarius ♒

	Heures.	distance du Zenith (o ')	Costé de la Long. (part.)	Costé de la Latit. (part.)
Or.	4 19	90 0	24 26	54 48
	4	87 25	22 47	55 31
Souft.	3	80 4	16 17	57 45
	2	74 19	7 54	59 29
	1 12	71 11	0 0	60 0
	1	70 37	2 5	59 58
Adioûte.	Merid.	69 21	22 51	58 37
	1	70 37	23 11	55 20
	2	74 19	32 3	50 43
	3	80 4	38 55	45 39
	4	87 25	43 54	40 54
Oc.	4 19	90 0	45 7	39 33

PARALLAXES DV XLIX. DEGRE'
DE LATITVDE.

Virgo ♍

	Heures.	distance du Zenith		Costé de la Long.		Costé de la Latit.	
Oriët h. 1		0	'	part.	'	part.	'
Souftraire. Devant midy.	6 55	90	0	52	10	29	39
	6	81	17	53	9	27	50
	5	71	28	53	20	27	30
	4	61	47	52	26	29	9
	3	52	42	50	1	33	9
	2	44	56	44	54	39	48
	1	39	27	35	30	48	22
	Meri.	37	25	21	17	56	6
Ajoûtez. Aprés midy.	1	39	27	5	31	59	45
	1 24	41	15	0	0	60	0
	2	44	56	7	12	59	34
	3	52	42	15	26	57	52
	4	61	47	19	54	56	36
	5	71	28	21	40	55	57
	6	81	17	21	10	56	5
Occid. 6 55		90	0	19	22	56	47

Libra ♎

	Heures.	distance du Zenith		Costé de la Long.		Costé de la Latit.	
Or. h. 1		0	'	part.	'	part.	
Souftraire.	6 0	90	0	54	14	25	40
	5	80	13	53	47	26	36
	4	70	51	52	18	29	25
	3	62	22	49	18	34	12
	2	55	23	44	0	40	48
	1	50	41	35	34	48	19
	Meri.	49	0	24	5	54	57
Ajoûtez.	1	50	41	11	26	58	54
	2	55	23	0	11	60	0
	2 1	55	30	0	0	60	0
	3	62	22	8	16	59	26
	4	70	51	13	49	58	23
	5	80	13	16	54	57	34
Oc. 6 0		90	0	17	53	57	17

Pifces ♓

	Heures.	dist. Zenith		Costé Long.		Costé Latit.	
Oriët	5 5	90	0	19	22	56	47
	5	89	9	19	6	56	53
Souftraire. Devant.	4	80	13	14	57	58	6
	3	72	22	8	43	59	22
	2	66	6	0	16	60	0
	1 58	65	59	0	0	60	0
	1	62	1	10	6	59	9
	Meri.	60	35	21	17	56	6
Ajoûtez. Aprés.	1	62	1	31	40	50	58
	2	66	6	39	59	44	44
	3	72	22	45	54	38	38
	4	80	13	49	44	33	34
	5	89	9	52	1	29	54
Occid. 5 5		90	0	52	10	29	39

Aries ♈

	Heures.	dist. Zenith		Costé Long.		Costé Latit.	
Or.	6 0	90	0	17	53	57	17
	5	80	13	16	54	57	34
Souftraire.	4	70	51	13	49	58	23
	3	62	22	8	16	59	26
	2	55	30	0	0	60	0
	2 1	55	23	0	11	60	0
	1	50	41	11	26	58	54
	Meri.	49	0	24	5	54	57
Adjoûtez.	1	50	41	35	34	48	19
	2	55	23	44	0	40	48
	3	62	22	49	18	34	12
	4	70	51	52	18	29	25
	5	80	13	53	47	26	36
Occi. 6 0		90	0	54	14	25	40

Scorpius ♏

	Heures	distance du Zenith (o ')		Costé de la Long. (part. ')		Costé de la Latit. (part. ')	
Orient	h. '	o	'	part.	'	part.	'
Souftraire / Devant midy	5 5	90	0	52	10	29	39
	5	89	9	52	1	29	54
	4	80	13	49	44	33	34
	3	72	22	45	54	38	38
	2	66	6	39	59	44	44
	1	62	1	31	40	58	58
Adjoutez / Apres midy	Meri.	60	35	21	17	56	6
	1	62	1	10	6	59	9
	1 58	65	59	0	0	60	0
	2	66	6	0	16	60	0
	3	72	22	8	43	59	22
	4	80	13	14	57	58	6
	5	89	9	19	6	56	53
Occi.	5	90	0	19	22	56	49

Sagitarius ♐

	Heures	distance du Zenith (o ')		Costé de la Long. (part. ')		Costé de la Latit. (part. ')	
Or.	b. '	o	'	part.	'	part.	'
Souftraire	4 19	90	0	45	7	39	33
	4	87	25	43	54	40	54
	3	80	4	38	55	45	39
	2	74	19	32	3	50	43
	1	70	37	23	11	55	20
Adjoutez	Meri. 1	69	21	12	51	58	37
	1	70	37	2	5	59	58
	1 12	71	11	0	0	60	0
	2	74	19	7	54	59	29
	3	80	4	16	17	57	45
	4	87	25	22	47	55	31
Oc.	4 19	90	0	24	26	54	48

Taurus ♉

	Heures	distance du Zenith (o ')		Costé de la Long. (part. ')		Costé de la Latit. (part. ')	
Orient	6 55	90	0	19	22	56	47
	6	81	17	21	19	56	5
Souftraire / Devant	5	71	28	21	40	55	57
	4	61	47	19	54	56	36
	3	52	42	15	26	57	59
	2	44	56	7	12	59	34
	1 24	41	15	0	0	60	0
	1	39	27	5	31	59	45
Adjoutez / Apres	Meri. 1	37	25	21	17	56	6
	1	39	27	35	30	48	22
	2	44	56	54	39	48	
	3	52	42	50	1	33	9
	4	61	47	52	26	29	9
	5	71	28	53	20	27	30
	6	81	17	53	9	27	50
Occi.	6 55	90	0	52	10	29	39

Gemini ♊

	Heures	distance du Zenith (o ')		Costé de la Long. (part. ')		Costé de la Latit. (part. ')	
Or.	7 43	90	0	24	26	54	48
	7	84	5	27	26	53	21
	6	74	47	30	26	51	43
Souftraire	5	65	4	31	49	50	54
	4	55	16	31	15	51	13
	3	45	47	28	10	52	59
	2	37	21	20	54	56	14
	1	31	4	7	10	59	34
	0 37	29	36	0	0	60	0
Adjoutez	Meri. 1	28	39	12	51	58	37
	1	31	4	31	25	51	7
	2	37	21	42	30	42	21
	3	45	47	47	44	36	21
	4	55	16	49	48	33	27
	5	65	4	50	9	32	57
	6	74	47	49	16	34	15
	7	84	5	47	14	37	0
Oc.	7 41	90	0	45	6	39	34

PARAL-

PARALLAXES DU LII. DEGRÉ
DE LATITUDE.

Cancer ♋

	Heures	distance du Zenith (o /)	Costé de la Long. (part. /)	Costé de la Latit. (part. /)
Oriet	b. /	o — /	part. /	part. /
	8 17	90 0	30 35	51 37
	8	88 2	32 1	50 45
Souftraire. Devant Midy.	7	80 12	36 13	47 50
	6	71 34	38 56	45 39
	5	62 28	40 14	44 30
	4	53 15	39 56	44 47
	3	44 22	37 22	46 57
	2	36 26	31 7	51 18
	1	30 35	18 48	56 59
	Meri.	28 20	0 0	60 0
Adjoutez. Aprés midy.	1	30 35	18 48	56 59
	2	36 26	31 7	51 18
	3	44 22	37 22	46 57
	4	53 15	39 56	44 47
	5	62 28	40 14	44 30
	6	71 34	38 56	45 39
	7	80 12	36 13	47 50
	8	88 2	32 1	50 45
Occi.	8 17	90 0	30 35	51 37

Leo ♌

	Heures	distance du Zenith (o /)	Costé de la Long. (part. /)	Costé de la Latit. (part. /)
Or.	b. /	o — /	part. /	part. /
	7 53	90 0	42 43	42 18
Souftraire.	7	82 51	45 24	39 14
	6	74 6	47 24	36 48
	5	64 58	48 9	35 48
	4	55 46	47 37	36 30
	3	47 0	45 12	39 27
	2	39 18	39 43	44 59
	1	33 45	29 7	52 28
	Meri.	31 39	12 51	58 37
Adjoûtez.	0 43	32 46	0 0	60 0
	1	33 45	4 30	59 50
	2	39 18	17 16	57 28
	3	47 0	24 34	54 44
	4	55 46	27 59	53 4
	5	64 58	28 47	52 39
	6	74 6	27 40	53 14
	7	82 51	24 51	54 37
Oc.	7 53	90 0	20 58	56 13

Capricornus ♑

	Heures	distance du Zenith (o /)	Costé de la Long. (part. /)	Costé de la Latit. (part. /)
Orient	3 43	90 0	30 35	51 37
Souft. Devât.		85 17	26 13	53 58
	2	80 25	18 44	57 0
	1	76 48	9 50	59 11
Adjoût. Aprés.	Meri.	75 40	0 0	60 0
	1	76 48	9 50	59 11
	2	80 25	18 44	57 0
	3	85 17	26 13	53 58
Occi.	3 43	90 0	30 35	51 37

Aquarius ♒

	Heures	distance du Zenith (o /)	Costé de la Long. (part. /)	Costé de la Latit. (part. /)
Or.	4 7	90 0	20 58	56 13
	4	89 9	20 23	56 26
Souft.	3	82 17	14 13	58 17
	2	76 56	6 20	59 40
	1 18	74 20	0 0	60 0
	1	73 31	2 55	59 56
Adjoût.	Meri.	72 21	12 51	58 37
	1	73 31	22 24	55 40
	2	76 56	30 42	51 33
	3	82 17	37 17	47 0
	4	89 9	42 7	42 44
Oc.	4 7	90 0	42 33	42 18

R

PARALLAXES DV LII. DEGRE' DE LATITVDE.

Virgo ♍

	Heures		distance du Zenith (o /)		Costé de la Long. (part. /)		Costé de la Latit. (part. /)	
Oriët	b.	/	o	/	part.	/	part.	/
Souftraire. / Deuant Midi.	7	1	90	0	50	27	32	29
	7		89	53	50	29	32	26
	6		80	54	51	37	30	35
	5		71	41	51	44	30	23
	4		62	39	50	42	32	5
	3		54	14	48	4	35	55
	2		47	7	42	52	41	58
	1		42	13	33	59	49	27
	Meri.		40	25	21	17	56	6
Aioûtez. / Aprés midi.	1		42	13	7	22	59	33
	1	36	44	50	0	0	60	0
	2		47	7	4	15	59	50
	3		54	14	12	9	58	45
	4		62	39	16	59	57	39
	5		71	41	18	34	57	3
	6		80	54	18	21	57	8
Occi.	7		89	53	16	16	57	45
	7	1	90	0	16	13	57	46

Libra ♎

	Heures		distance du Zenith		Costé de la Long.		Costé de la Latit.	
	b.	/	o	/	part.	/	part.	/
Or. / Souftraire.	6	0	90	0	52	49	28	29
	5		80	50	52	20	29	21
	4		72	4	50	45	32	1
	3		64	12	47	39	36	27
	2		57	47	42	26	42	25
	1		53	31	34	30	49	5
	Meri.		52	0	24	5	54	57
Adjoûtez.	1		53	31	12	43	58	58
	2		57	47	2	26	59	57
	2	17	59	22	0	0	60	0
	3		64	12	5	30	59	45
	4		72	4	10	51	59	1
Oc.	5		80	50	13	53	58	22
	6	0	90	0	14	51	58	8

Pisces ♓

	Heures		distance du Zenith		Costé de la Long.		Costé de la Latit.	
Oriët	4	59	90	0	16	13	57	46
Souftraire. / Deuant.	4		81	46	12	18	58	44
	3		74	26	6	23	59	40
	2	11	69	34	0	0	60	0
	2		68	39	1	32	59	59
	1		64	53	11	5	58	58
Meri.			63	35	21	17	56	6
Adjoû. / Aprés.	1		64	53	30	49	51	29
	2		68	39	38	38	45	54
	3		74	26	44	21	40	25
	4		81	46	48	9	35	48
Occi.	4	59	90	0	50	27	32	29

Aries ♈

	Heures		distance du Zenith		Costé de la Long.		Costé de la Latit.	
Or.	6	0	90	0	14	51	58	8
	5		80	50	13	53	58	22
Souftraire.	4		72	4	10	51	59	1
	3		64	12	5	30	59	45
	2		59	22	0	0	60	0
	2	17	57	47	2	26	59	57
	1		53	31	12	43	58	38
Meri.			52	0	24	5	54	57
Adjout.	1		53	31	34	30	49	5
	2		57	47	42	26	42	25
	3		64	12	47	39	36	27
	4		72	4	50	45	32	1
Oc.	5		80	50	52	20	29	21
	6	0	90	0	52	49	28	29

Scorpius ♏

	Heures.	distance du Zenith		Costé de la Long.		Costé de la Latit.	
Oriët	h. 1	ò	1	part. 1		part. 1	
	4 59	90	0	50	27	32	29
Devant midy. Souftraire.	4	81	46	48	9	35	48
	3	74	26	44	21	40	25
	2	86	39	38	38	45	54
	1	64	53	30	49	51	29
	Meri.	63	35	21	17	56	6
Apres midy. Adjoûtez.	1	64	53	11	5	58	58
	2	68	39	1	32	59	59
	2 11	69	34	0	0	60	0
	3	74	26	6	23	59	40
	4	81	46	12	18	58	44
Occid	4 59	90	0	16	13	57	49

Sagitarius ♐

	Heures.	distance du Zenith		Costé de la Long.		Costé de la Latit.	
Or.	h. 1	ò	1	part. 1		part. 1	
	4 7	90	0	42	33	42	18
Souftraire.	4	89	9	42	7	42	44
	3	82	17	37	17	47	0
	2	76	56	30	42	51	33
	1	73	31	22	24	55	40
	Meri.	72	21	12	51	58	37
Adjoûtez.	1 18	73	31	2	55	59	56
	2	74	20	0	0	60	0
	2	76	56	6	20	59	40
	3	82	17	14	13	58	17
	4 7	89	9	20	23	56	26
Oc.	4 7	90	0	20	58	56	13

Taurus ♉

	Heures.	distance du Zenith		Costé de la Long.		Costé de la Latit.	
Oriët	7 1	90	0	16	13	57	46
Devant. Souftraire.	7	89	53	16	16	57	45
	6	80	54	18	22	57	8
	5	71	41	18	34	57	3
	4	62	39	16	39	57	39
	3	54	14	12	9	58	45
	2	47	7	4	15	59	50
	1 36	44	50	0	0	60	0
	1	42	13	7	22	59	33
	Meri.	40	25	21	17	56	6
Apres. Adjoûicez.	1	42	13	33	59	49	27
	2	47	7	42	52	41	58
	3	54	14	48	4	35	55
	4	62	39	50	42	32	5
	5	71	41	51	44	30	23
	6	80	54	51	37	30	35
	7	89	53	50	29	32	26
Occi.	7 1	90	0	50	27	32	29

Gemini ♊

	Heures.	distance du Zenith		Costé de la Long.		Costé de la Latit.	
Or.	7 53	90	0	20	58	56	13
Souftraire.	7	82	51	24	51	54	37
	6	74	6	27	40	53	14
	5	64	58	28	47	51	39
	4	55	46	27	59	53	4
	3	47	0	24	34	54	44
	2	39	18	17	16	57	28
	1	33	45	4	30	59	50
	0 43	32	46	0	0	60	0
	Meri.	31	39	12	51	58	37
Adjoûicez.	7	33	45	29	7	52	28
	2	39	18	39	43	44	59
	3	47	0	45	12	39	27
	4	55	46	47	37	36	30
	5	64	58	48	9	35	48
	6	74	6	47	24	36	48
	7	82	51	45	24	39	14
Oc.	7 53	90	0	42	33	42	18

PARALLAXES DV LIV. DEGRE?
DE LATITVDE.

Cancer ♋

	Heures	distance du Zenith (o ')		Cofté de la Long. (part. ')		Cofté de la Latit. (part. ')	
Oriët	h.	o	'	part.	'	part.	'
	8 28	90	0	28	7	53	0
	8	86	49	30	35	51	37
	7	79	19	34	40	48	58
	6	71	3	37	17	47	1
	5	62	21	33	28	46	3
	4	53	34	37	58	46	28
	3	45	9	35	11	48	36
	2	37	44	28	52	52	36
	1	32	22	17	3	57	31
	Meri.	30	20	0	0	60	0
	1	32	22	17	3	57	31
	2	37	44	28	52	52	36
	3	45	9	35	11	48	36
	4	53	34	37	58	46	28
	5	62	21	38	28	46	3
	6	71	3	37	17	47	1
	7	79	19	34	40	48	58
	8	86	49	30	35	51	37
Occid.	8 28	90	0	28	7	53	0

(Devant midy / Souftraire ; Apres midy / Adjoûtez)

Leo ♌

	Heures	distance du Zenith (o ')		Cofté de la Long. (part. ')		Cofté de la Latit. (part. ')	
Or.	h.	o	'	part.	'	part.	'
	8 3	90	0	40	42	44	5
	8	89	40	40	53	43	55
	7	82	2	44	7	40	39
	6	73	40	46	3	38	28
	5	64	57	46	44	37	38
	4	56	10	46	3	38	27
	3	47	52	43	27	41	21
	2	40	40	37	54	46	31
	1	35	34	27	44	53	13
	Meri.	33	39	12	51	58	37
	0 48	34	54	0	0	60	0
	1	35	34	2	56	59	56
	2	40	40	14	59	58	6
	3	47	52	22	13	55	44
	4	56	10	25	46	54	11
	5	64	57	26	43	53	43
	6	73	40	25	45	54	12
	7	82	2	23	5	55	23
	8	89	40	18	47	56	59
Oc.	8 3	90	0	18	32	57	4

(Souftraire ; Adjoûtez)

Capricorne ♑

	Heures	distance du Zenith (o ')		Cofté de la Long. (part. ')		Cofté de la Latit. (part. ')	
Orient	3 31	90	0	28	7	53	0
	3	86	48	24	58	54	33
	2	81	53	17	49	57	18
	1	78	44	9	19	59	16
Meri.	1	77	40	0	0	60	0
	1	78	40	9	19	59	16
	2	81	53	17	49	57	18
	3	86	48	24	58	54	33
Occid.	3 31	90	0	28	7	53	0

(Souft. / Des. ; Ajoûtez / Aprés)

Aquarius ♒

	Heures	distance du Zenith (o ')		Cofté de la Long. (part. ')		Cofté de la Latit. (part. ')	
Or.	3 57	90	0	18	32	57	4
	3	83	47	12	50	58	37
	2	78	42	5	19	59	46
	1 23	76	31	0	0	60	0
	1	75	27	3	28	59	54
Meri.	1	74	20	12	51	58	37
	1	75	27	21	54	55	52
	2	78	42	29	49	52	4
	3	83	47	36	10	47	52
Occi.	3 31	90	0	40	43	44	5

(Souft. ; Ajoûtez)

PARALLAXES DV LIV. DEGRÉ

DE LATITVDE.

Virgo ♍

	Heures.	distance du Zenith.		Cofté de la Long.		Cofté de la Latit.	
	h. /	o	/	part.	/	part.	/
Oriët							
	7 5	90	0	49	13	34	20
Souftraire / Devant midy.	7	89	14	49	22	34	6
	6	80	39	50	30	32	23
	5	71	51	50	35	32	16
	4	63	15	49	28	33	57
	3	55	17	46	43	37	39
	2	48	38	41	34	43	17
	1	44	4	33	2	50	5
	Meri.	42	25	21	17	56	6
Adjoûte / Aprés midy.	1	44	4	8	30	59	24
	1 45	47	18	0	0	60	0
	2	48	38	2	24	59	57
	3	55	17	10	0	59	10
	4	63	15	14	30	58	13
	5	71	51	16	27	57	42
	6	80	39	16	20	57	44
	7	89	14	14	20	58	16
Occi.	7 5	90	0	14	4	58	20

Libra ♎

	Heures.	distance du Zenith.		Cofté de la Long.		Cofté de la Latit.	
	h. /	o	/	part.	/	part.	/
Or.	6 0	90	0	51	47	30	18
Souftraire.	5	81	15	51	17	31	9
	4	72	55	49	39	33	41
	3	65	26	46	32	37	52
	2	59	24	41	24	43	26
	1	55	24	33	50	49	33
	Meri.	54	0	24	5	54	57
Adjoûtez.	1	55	24	13	51	58	28
	2	59	24	3	52	59	27
	2 28	62	3	0	0	60	0
	3	65	26	3	42	59	53
	4	72	55	8	53	59	20
	5	81	15	11	51	58	49
Oc.	6 0	90	0	12	49	58	37

Pisces ♓

	Heures.	distance du Zenith.		Cofté de la Long.		Cofté de la Latit.	
Oriët	4 55	90	0	14	4	58	20
Souftraire. / Devant.	4	82	47	10	3	59	4
	3	75	50	4	39	59	49
	2 20	72	0	0	0	60	0
	2	70	21	2	43	59	57
	1	66	48	11	42	58	51
	Meri.	65	35	21	17	56	6
Adjoûtez. / Aprés.	1	66	48	30	17	51	48
	2	70	21	37	44	46	39
	3	75	50	43	37	41	33
	4	82	47	46	24	38	3
Occid.	4 55	90	0	49	13	34	20

Aries ♈

	Heures.	distance du Zenith.		Cofté de la Long.		Cofté de la Latit.	
Or.	6 0	90	0	12	49	58	37
Souftraire.	5	81	15	11	51	58	49
	4	72	55	8	53	59	20
	3	65	26	3	42	59	53
	2 28	62	3	0	0	60	0
	2	59	24	3	52	59	52
	1	55	24	13	51	58	28
	Meri.	54	0	24	5	54	57
Adjoûtez.	1	55	24	33	50	49	33
	2	59	24	41	24	43	26
	3	65	26	46	32	37	52
	4	72	55	49	39	33	41
	5	81	15	51	17	31	9
Occi.	6 0	90	0	51	47	30	28

PARALLAXES DV LIV. DEGRE
DE LATITVDE.

Scorpius ♏

	Heures.	distance du Zenith		Costé de la Long.		Costé de la Latit.	
	h.	o	ı	part.	ı	part.	ı
Oriét	4 55	90	0	49	13	34	20
Souftraire. Deuant midy.	4	82	47	46	24	38	3
	3½	75	50	43	17	41	33
	2	70	21	37	44	46	39
	1	66	48	30	17	51	48
Meri.		65	35	21	17	56	6
Adjoûtez. Apres midy.	1	66	48	11	42	58	51
	2	70	21	2	43	59	57
	2 20	72	0	0	0	60	0
	3	75	50	4	49	59	49
	4	82	47	10	31	59	4
Occid.	4 55	90	0	14	4	58	20

Sagitarius ♐

	Heures.	distance du Zenith		Costé de la Long.		Costé de la Latit.	
Or.	h.	o	ı	part.	ı	part.	ı
Souftraire.	3 57	90	0	40	43	44	5
	3	83	47	36	10	47	52
	2	78	42	29	49	52	4
	1	75	27	21	54	55	52
Meri.		74	20	12	51	58	37
Adjoûtez.	1	75	27	3	28	59	54
	1 23	76	31	0	0	60	0
	2	78	42	5	19	59	46
	3	83	47	12	50	58	37
Oc.	3 57	90	0	12	32	57	4

Taurus ♉

	Heures.	distance du Zenith		Costé de la Long.		Costé de la Latit.	
Oriét	7 5	90	0	14	4	58	20
Souftraire. Deuant.	7	89	14	14	20	58	15
	6	80	39	16	10	57	44
	5	71	51	16	37	57	42
	4	63	15	14	30	58	13
	3	55	17	10	0	59	10
	2	48	38	2	24	59	57
	1 45	47	18	0	8	60	0
	1	44	4	8	30	59	24
Meri.		42	25	21	17	56	6
Adjoûtez. Apres.	1	44	4	33	2	50	5
	2	48	38	41	34	43	17
	3	55	17	46	43	37	39
	4	63	15	49	28	33	57
	5	71	51	50	35	32	16
	6	80	39	50	30	32	23
	7	89	14	49	22	34	6
Occid.	7 5	90	0	49	13	34	20

Gemini ♊

	Heures.	distance du Zenith		Costé de la Long.		Costé de la Latit.	
Or.	8 3	90	0	18	32	57	4
	8	89	40	18	47	56	59
Souftraire.	7	82	2	23	5	55	23
	6	73	40	25	45	54	12
	5	64	57	26	43	53	43
	4	56	10	25	46	54	11
	3	47	52	22	13	55	44
	2	40	40	14	59	58	6
	1	35	34	2	56	59	56
	0 48	34	54	0	0	60	0
Meri.		33	39	12	51	58	37
Adjoûtez.	1	35	34	27	44	53	13
	2	40	40	37	54	46	31
	3	47	52	43	29	61	21
	4	56	10	46	3	38	17
	5	64	57	46	44	37	38
	6	73	40	46	3	38	18
	7	82	0	44	7	40	19
Occid.	8 3	89	40	40	53	43	55
		90	0	40	41	44	5

CANON DES PROSTAPHERESES

DES ESTOILLES FIXES

en Latitude.

Sig	♈ ♎		♉ ♏		♊ ♐		Sig
0	I	II	I	II	I	II	0
1	0	23	11	20	19	14	29
2	0	46	11	39	19	25	28
3	1	9	11	59	19	36	27
4	1	32	12	18	19	46	26
5	1	55	12	37	19	56	25
6	2	18	12	56	20	5	24
7	2	41	13	14	20	14	23
8	3	3	13	32	20	23	22
9	3	26	13	50	20	32	21
10	3	49	14	8	20	40	20
11	4	12	14	26	20	48	19
12	4	34	14	43	20	55	18
13	4	57	15	0	21	2	17
14	5	19	15	16	21	8	16
15	5	42	15	33	21	14	15
16	6	4	15	49	21	20	14
17	6	26	16	5	21	26	13
18	6	48	16	20	21	31	12
19	7	20	16	36	21	36	11
20	7	31	16	51	21	40	10
21	7	53	17	6	21	44	9
22	8	14	17	20	21	47	8
23	8	36	17	34	21	50	7
24	8	57	17	48	21	52	6
25	9	18	18	1	21	54	5
26	9	39	18	14	21	56	4
27	10	0	18	26	21	58	3
28	10	20	18	38	21	59	2
29	10	40	18	51	22	0	1
30	11	0	19	3	22	0	0
0	I	II	I	II	I	II	0
Sig	♍ ♓		♌ ♒		♋ ♑		Sig

TABLE DV MOYEN MOVVEMENT
DE LA PREMIERE ESTOILE D'♈.

E N	A N S.						En mois communs.					En mois Bissextils.				
Racine	s	o	/	//	///	Ans.	/	//	///	////	v	Mois.	//	///	////	v	v'

Racine	s	o	/	//	///
Nabon. passare	5	54	5	29	
Iesus-Chrift.	0	4	43	22	0

Ans.	/	//	///	////	v
1	0	51	13	21	14
2	1	42	26	42	29
3	2	33	40	3	44
4	3	25	1	50	11
5	4	16	15	11	25
6	5	7	28	32	40
7	5	58	41	53	55
8	6	50	3	40	22
9	7	41	17	1	37
10	8	32	30	22	51
11	9	23	43	44	6
12	10	15	5	10	33
13	11	6	18	51	48
14	11	57	32	13	3
15	12	48	45	34	17
16	13	40	7	20	44
17	14	31	20	41	59
18	15	22	34	3	14
19	16	13	47	24	28
20	17	5	9	10	56

	s	o	/	//	///
20	0	0	17	5	9
40	0	0	34	10	18
60	0	0	51	15	27
80	0	1	8	20	36
100	0	1	25	25	45
200	0	2	50	51	31
300	0	4	16	17	17
400	0	5	41	43	3
500	0	7	7	8	49
600	0	8	32	34	35
700	0	9	58	0	21
800	0	11	23	26	7
900	0	12	48	51	53
1000	0	14	14	17	39
1100	0	15	39	43	25
1200	0	17	5	9	10
1300	0	18	30	34	56
1400	0	19	56	0	42
1500	0	21	21	26	28
1600	0	22	46	52	14
1700	0	24	12	18	0
1800	0	25	37	43	46
1900	0	27	3	9	32
2000	0	28	28	35	18
3000	0	42	42	52	57
4000	0	56	57	10	36
5000	1	11	11	28	15
6000	1	25	25	45	54

En mois communs.

Mois.	//	///	////	v	v'
Ianuier.	4	21	1	28	32
Feurier.	8	16	47	19	28
Mars.	12	37	48	48	0
Auril.	16	50	25	4	0
May.	21	11	26	32	32
Iuin.	25	24	2	48	32
Iuillet.	29	45	4	17	4
Aoust.	34	6	5	45	36
Septemb	38	18	47	1	36
Octobre.	42	39	43	30	8
Nouemb.	46	52	19	46	8
Decemb.	51	13	21	14	40

En mois Biffextils.

Mois.	//	///	////	v	v'
Ianuier.	4	21	1	28	32
Feurier.	8	25	12	32	0
Mars.	12	46	14	0	32
Auril.	16	58	50	16	32
May.	21	19	51	45	4
Iuin.	25	32	28	1	4
Iuillet.	29	53	29	29	36
Aoust.	34	14	30	58	8
Septemb.	38	27	7	14	8
Octobre.	42	48	8	42	40
Nouemb.	47	0	44	58	40
Decemb.	51	21	46	27	12

EN IOVRS.

Iours.	/	//	///	////	v	v'
1	0	0	8	25	12	32
2	0	0	16	50	25	4
3	0	0	25	15	37	36
4	0	0	33	40	50	8
5	0	0	42	6	2	40
6	0	0	50	31	15	12
7	0	0	58	56	27	44
8	0	1	7	21	40	16
9	0	1	15	46	52	48
10	0	1	24	12	5	20
11	0	1	32	37	17	52
12	0	1	41	2	30	24
13	0	1	49	27	42	26
14	0	1	57	52	55	28
15	0	2	6	18	8	0
16	0	2	14	43	20	32
17	0	2	23	8	33	4
18	0	2	31	33	45	36
19	0	2	39	58	58	8
20	0	2	48	24	10	40
21	0	2	56	49	23	12
22	0	3	5	14	35	44
23	0	3	13	39	48	16
24	0	3	22	5	0	48
25	0	3	30	30	13	20
26	0	3	38	55	25	52
27	0	3	47	20	38	24
28	0	4	55	45	50	56
29	0	4	4	11	3	28
30	0	4	12	36	16	0
31	0	4	21	1	28	32

RACINES DV MOYEN MOVVEMENT
DE LA PREMIERE ESTOILLE D'ARIES.

Ans.	0	I	II	III	IIII
1550	26	47	31	17	24
1551	26	48	22	30	46
1552 B	26	49	13	52	32
1553	26	50	5	5	53
1554	26	50	56	19	15
1555	26	51	47	32	36
1556 B	26	52	38	54	22
1557	26	53	30	7	43
1558	26	54	21	21	5
1559	26	55	12	34	26
1560 B	26	56	3	56	12
1561	26	56	55	9	34
1562	26	57	46	22	55
1563	26	58	37	36	16
1564 B	26	59	28	58	3
1565	27	0	20	11	24
1566	27	1	11	24	45
1567	27	2	2	38	6
1568 B	27	2	53	59	53
1569	27	3	45	13	14
1570	27	4	36	26	35
1571	27	5	27	39	56
1572 B	27	6	19	1	43
1573	27	7	10	15	4
1574	27	8	1	28	25
1575	27	8	52	41	47
1576 B	27	9	44	3	33
1577	27	10	35	16	54
1578	27	11	26	30	16
1579	27	12	17	43	37
1580 B	27	13	9	5	23
1581	27	14	0	18	44
1582	27	14	51	32	6

Racines en ans Gregoriens.

Ans.	0	I	II	III	IIII
1583	27	15	41	11	15
1584 B	27	16	32	43	1
1585	27	17	23	56	23
1586	27	18	15	9	44
1587	27	19	6	23	5
1588 B	27	19	57	44	52
1589	27	20	48	58	13
1590	27	21	40	11	34
1591	27	22	31	24	55
1592 B	27	23	22	46	42
1593	27	24	14	0	3
1594	27	25	5	13	24
1595	27	25	56	26	45
1596 B	27	26	47	48	32
1597	27	27	39	1	53
1598	27	28	30	15	14

Ans.	0	I	II	III	IIII
1599	27	29	21	28	36
1600 B	27	30	12	50	22
1601	27	31	4	3	43
1602	27	31	55	17	5
1603	27	32	46	30	26
1604 B	27	33	37	52	12
1605	27	34	29	5	34
1606	27	35	20	18	55
1607	27	36	11	32	16
1608 B	27	37	2	54	2
1609	27	37	54	7	24
1610	27	38	45	20	45
1611	27	39	36	34	6
1612 B	27	40	27	55	53
1613	27	41	19	9	14
1614	27	42	10	22	35
1615	27	43	1	35	56
1616 B	27	43	52	57	43
1617	27	44	44	11	4
1618	27	45	35	24	25
1619	27	46	26	37	47
1620 B	27	47	17	59	33
1621	27	48	9	12	54
1622	27	49	0	26	16
1623	27	49	41	39	37
1624 B	27	50	43	1	23
1625	27	51	34	14	44
1626	27	52	25	28	6
1627	27	53	16	42	27
1628 B	27	54	8	3	14
1629	27	54	59	16	35
1630	27	55	50	29	56
1631	27	56	41	43	17
1632 B	27	57	33	5	4
1633	27	58	24	18	25
1634	27	59	15	31	46
1635	28	0	6	45	7
1636 B	28	0	58	6	54
1637	28	1	49	20	15
1638	28	2	40	33	36
1639	28	3	31	4	58
1640 B	28	4	23	8	44
1641	28	5	14	22	5
1642	28	6	5	35	27
1643	28	6	56	48	48
1644 B	28	7	48	10	34
1645	28	8	39	23	55
1646	28	9	30	37	17
1647	28	10	21	50	38
1648 B	28	11	13	12	24
1649	28	12	4	25	46
1650	28	12	55	39	7

Ans.	0	I	II	III	IIII
1651	28	13	46	52	28
1652 B	28	14	38	14	15
1653	28	15	29	27	36
1654	28	16	20	40	57
1655	28	17	11	54	18
1656 B	28	18	3	16	5
1657	28	18	54	29	26
1658	28	19	45	42	47
1659	28	20	36	56	8
1660 B	28	21	28	17	55
1661	28	22	19	31	16
1662	28	23	10	44	37
1663	28	24	1	57	59
1664 B	28	24	53	19	45
1665	28	25	44	33	6
1666	28	26	35	46	28
1667	28	27	26	59	49
1668 B	28	28	18	21	35
1669	28	29	9	34	57
1670	28	30	0	48	18
1671	28	30	52	1	39
1672 B	28	31	43	23	25
1673	28	32	34	36	47
1674	28	33	25	50	8
1675	28	34	17	3	29
1676 B	28	35	8	25	16
1677	28	35	59	38	37
1678	28	36	50	51	58
1679	28	37	42	5	20
1680 B	28	38	33	27	6
1681	28	39	24	40	27
1682	28	40	15	53	48
1683	28	41	7	7	10
1684 B	28	41	58	28	56
1685	28	42	49	42	17
1686	28	43	40	55	38
1687	28	44	32	9	0
1688 B	28	45	23	30	46
1689	28	46	14	44	7
1690	28	47	5	57	29
1691	28	47	57	10	50
1692 B	28	48	48	32	36
1693	28	49	39	45	58
1694	28	50	30	59	19
1695	28	51	22	12	40
1696 B	28	52	13	34	27
1697	28	53	4	47	48
1698	28	53	56	1	9
1699	28	54	47	14	30
1700 B	28	55	38	36	17

S

CATALOGVE DE XXV. ESTOILLES FIXES,
obseruées exactement par Lansbergius, auec la Longitude & Latitude d'icelles, au commencement des ans de IESVS-CHRIST.

Denomination des Estoiles.	Distance de la premiere d'Aries.		Longitude au commencement des ans de Iesus-Chrift.			Latitude au commencement des ans de Iesus-Chrift.			Magnitude.
	°	'	Signe	°	'	°	'		
La premiere Estoile d'Aries.	0	0	Aries.	4	25	7	7	B	4
La plus Occidentale des Plejades.	25	54	Aries.	29	49	4	12	B	5
La plus Boreale hors les Plejades.	26	13	Taur.	0	38	4	36	B	6
La prochaine de celle-cy.	26	21	Taur.	0	46	4	29	B	6
La plus Australe des Plejades.	26	18	Taur.	0	39	3	55	B	5
La moyenne & luisante des Plejades.	26	42	Taur.	1	7	4	6	B	3
La plus Orientale des Plejades.	27	19	Taur.	1	44	4	2	B	5
Palilicium, œil du Taureau.	36	35	Taur.	11	0	5	44	A	1
Au ventre Meridional de Gemini.	75	18	Gem.	19	43	0	33	A	3
La Teste precedante Gem.	77	3	Gem.	21	28	9	40	B	2
La Teste suiuante de Gem.	80	8	Gem.	24	33	6	16	B	2
Le Chien mineur.	82	41	Gem.	27	6	16	16	A	1
L'Asne Austral	92	30	Canc.	9	55	0	12	A	4
Le cœur du Lion.	116	40	Leo.	1	5	0	12	B	1
La preced.4.Estoiles en l'aisle gauche de Virgo.	151	39	Virg.	6	4	1	21	B	3
La suiuante sous l'espaule Australe.	156	58	Virg.	11	23	2	43	B	3
L'Epic de la Vierge.	170	38	Virg.	25	2	2	0	B	1
La Balence Australe.	192	0	Libra.	16	25	0	12	B	2
La Balence Boreale.	196	6	Libra.	20	31	8	43	B	2
La supreme au front de Scorpius.	210	1	Scorp.	4	26	1	16	B	3
La moyenne au front de Scorp.	209	23	Scorp.	3	48	1	45	A	3
La plus Australe des trois.	209	48	Scorp.	3	13	5	10	A	3
Le Cœur du Scorpion.	216	48	Scorp.	11	13	4	11	A	1
La plus Boreale en la Corne preced.Capricor.	271	29	Capr.	5	54	7	20	B	3
La plus Australe.	271	42	Capr.	6	7	5	0	B	3

TABLE DES LONGITVDES, LATITVDES,

ASCENSIONS DROITES, DECLINAISONS

& Mediations des principales Estoiles fixes, calcu-
lées pour l'année complete 1630.
selon Tycho Brahe.

Noms des Estoiles.	Longit.		Latit.		Af.dr.		Decl.		Mediat.		Gradeur
	deg.	min.	deg.	m.	deg.	m.	deg.	m.	deg.	min.	
L'Aisle de Pegase.	4 Aries	3	12 B.35		358	31	13 B.	8	28 Pisc.	23	2
Le Chef d'Andromede, *Alpheratz.*	9	12	25	42	357	21	27	4	27 Pisc.	7	2
Le Ventre de la Baleine.	12	50	25 A. 1		23	20	12	6	23 Ar.	11	3
La Boreale du Ventre de la Baleine, *Baten elkaitos.*	16	40	20 A.19		23	21	12 A. 8		25	12	3
Celle qui reluit en l'extremité d'Eridanus, *Acarnar.*	21	55	53	30	43	54	40	27	16 Tau.	23	1
La Ceinture d'Andromede, *Mirach.*	25	14	25 B.59		12	15	33 B.15		13 Ar.	19	2
Celle qui reluit en la Chaire de Cassiopée.	30	29	51	53	357	28	57	25	27 Pisc.	14	3
La luisante au sommet du chef Aries la principale.	2 Tau.	32	9	57	26	39	21	43	28 Ar.	40	3
Celle de la poictrine de Cassiopée, *Schedir.*	2	43	46	36	5	0	54	32	5	27	3
Le pied senestre d'Andromede, *Alamac.*	9	4	27	47	25	53	40	3	27	53	2
La luisante en la machoire de la Baleine.	9	12	12 A.37		40	50	2	36	13	18	2
Le Chef de Meduze, *Algol.*	21	2	22 B.22		41	6	39	29	13 Tau.	33	3
Celle qui est au milieu des Plejades, ou Poussiniere.	24	49	4	0	51	23	22	56	23	47	3
La claire & reluisante au costé dextre d'iceluy, *Algenen fulgens.*	26	42	30	5	44	16	48	26	16	45	2
Des Hyades, la premiere qui est és narines de Taurus.	0 Gem.	37	5 A.46		59	42	14	41	1 Gem.	49	3
Celle qui est vers son œil Boreal.	1	42	4	2	60	26	16	36	2	30	3
L'œil Austral d'iceluy, *Aldebaran Palilicium.*	4	38	5	31	63	43	15	43	5	38	1
La claire du pied senestre d'Orion, *Rigel Algense.*	11	42	31	11	74	9	8 A.40		15	24	1
Celle qui est sous le ventre du Lieure.	14	32	43	57	78	10	21	5	19	8	3
Celle qui est en la poignée de son Espée.	15	3	25	36	76	30	2	48	17	35	3
Celle qui est en l'espaule gauche d'iceluy, *Bellatrix.*	15	48	16	53	76	21	5 B.57		17	29	2
La Cheurette du chartier, *Capella, Hircus, Alhaioth.*	16	41	22 B.11		21	23	45	31	13	45	1
La premiere de la Ceinture ou Baudrier d'Orion.	17	16	23 A.38		72	56	0 A.49		14	17	2
La claire hors la forme du Chien, *la Colombe de Noel.*	17	45	57 A.40		83	5	34 A.30		22	41	2
Celle du milieu des trois reluisantes au Baudrier d'Orion.	18	19	24	33	79	27	1 A.29		20	19	2
La derniere de ces trois du Baudrier d'Orion.	19	32	25	21	80	30	2 A.13		21	16	2
Celle qui est à l'extremité de la Corne Australe des Taur. *Alruccaba.*	19	37	2	14	78	53	20 B.49		19	47	3
Celle du genouil dextre d'Orion.	21	15	33		82	33	9 A.51		23	10	3
L'Estoile polaire en l'extremité de la queuë de la petite Ourde.	23	28	66 B. 2		6	58	87 B.20		7 Ar.	23	1
Celle qui est rouge & luisante en l'Espaule dextre d'Orion.	23	37	16 A. 6		83	48	7 B.16		24 Gem.	18	2
La suiuante au pied du Gemeau precedant, *Calx.*	0 Canc.	9	0 A.53		90	10	22	38	0 Can.	10	2
Le pied luisant des Gemeaux.	3	56	6 A.49		94	4	16	40	3	44	3
Celle du genoüil senestre du Gemeau precedant.	4	47	2 B.11		95	17	25	37	4	50	3
La luisante au gouuernail du Nauire, *Canobe.*	8	55	75 A. 0		93	49	51 A.37		3	30	1

TABLE DES LONGITVDES, LATITVDES,
ASCENSIONS DROITES, DECLINAISONS
& Mediations des principales Estoiles fixes, calculées pour l'année complete 1630. selon Tycho Brahe.

Noms des Estoiles.	Longit.	Latit.	Af. dr.	Decl.	Mediat.	
	deg. min.	deg. m.	deg. m.	deg. m	deg. min	
Vne tres claire en la bouche du grand Chien, *Sirius, Canicule.*	9 Canc. 0	39 A.30	97 15	16 A.12	6 Can. 39	1
Celle qui est au genoüil senestre du Gemeau subsequent.	9 51	2 6	100 33	21 B. 4	9 40	2
Celle de la teste du precedant Gemeau ; *Castor, Apollo.*	15 6	10 B. 2	107 44	32 37	16 20	2
Celle qui est au chef du Gemeau subsequent, *Herculles Pollux.*	18 8	6 38	110 40	28 52	19 6	2
Le petit Chien, *Procyon.*	20 44	15 57	110 1	6 B. 8	18 28	2
Celle qui est au bras Austral de Cancer.	8 Leo 29	5 8	129 32	13 B.15	7 Can. 7	3
La claire & luisante au Cœur du Hydre, *Alphard.*	22 11	22 A.24	137 24	7 A. 4	14 Leo.55	1
La plus Australe d'icelles.	22 45	4 52	146 45	18 B.34	24 25	3
Le Cœur du Lion, *Regulus, Basilisens.*	24 42	0 26	147 10	13 B.45	24 45	1
Celle qui est au bout de la queuë du Lion, *Denebalased.*	16 Virg.28	12 18	172 33	16 38	22 Virg. 5	1
Celle de sa main senestre, *Espy de la Vierge*, *Hazimeth albacel.*	18 Lib. 41	1 A.59	196 27	9 A.10	17 Libr.51	1
L'informe d'entre les iambes de Bootés, *Arcture, Alramech.*	19 5	31 B. 2	209 45	21 B. 9	1 Scor.55	1
La claire & luisante de la Couronne Boreale, *Alphecca, Munir.*	7 Scor. 4	44 B.23	229 45	28 0	22 Scor.12	2
La plus claire du bassin Austral de la Balence.	9 56	0 B.26	217 39	14 A.26	10 Scor. 5	2
Celle qui est au milieu des trois reluisantes au front du Scorpion.	27 Scor.24	1 A.54	234 37	21 A.39	26 Scor.55	3
Le Cœur du Scorpion, *Antares.*	4 38	4 A.28	241 45	25 31	3 Sag. 45	1
Celle qui est au Chef d'Hercules, *Ras alcheti.*	10 Sag. 55	37 23	254 25	14 B.53	15 39	3
Celle du genoüil dextre d'*Ophincus.*	12 49	7 18	252 20	15 A. 8	13 39	3
Celle de sa iambe dextre.	14 48	2 12	253 45	20 26	14 58	3
Celle du Chef d'icelux serpentaire, *Ras alangue.*	17 15	35 57	259 28	12 I 35	16 20	3
La claire & Lucide de la teste du Dragon.	22 49	75 3	267 2	51 37	27 18	3
La claire & luisante de la Lyre, *Vega.*	10 Capr.8	61 47	276 5	38 29	5 Cap.35	1
La claire & luisante de l'aisle de l'Aigle, A quila, *Altaïr.*	26 34	29 2.21	293 10	7 57	21 Cap.25	1
La plus claire de l'espaule dextre du Verseau.	28 15	10 42	326 43	2 A. 5	24 Aqu.24	4
La queuë du Cygne, *Deneb Adigege.*	0 Pisc.18	59 1.56	307 13	43 B.52	4 Aqu.51	2
Le scheat de Pegase.	24 14	31 8	341 5	26 2	9 Pisc.30	2
La queuë Australe de la Baleine.	27 21	20 47	6 13	20 A. 1	6 Ar. 30	1

TABLE DES ASCENSIONS DROITES.

Sig Deg	♈ 0	♈ '	♉ 0	♉ '	♊ 0	♊ '	♋ 0	♋ '	♌ 0	♌ '	♍ 0	♍ '
1	0	55	28	51	58	51	91	6	123	14	153	3
2	1	50	29	49	59	54	92	12	124	16	154	0
3	2	45	30	46	60	57	93	17	125	18	154	57
4	3	40	31	44	62	0	94	22	126	20	155	54
5	4	35	32	42	63	3	95	27	127	22	156	51
6	5	30	33	40	64	6	96	33	128	24	157	48
7	6	25	34	39	65	9	97	38	129	25	158	45
8	7	20	35	37	66	13	98	43	130	26	159	42
9	8	15	36	36	67	17	99	48	131	27	160	37
10	9	11	37	35	68	21	100	53	132	27	161	33
11	10	6	38	34	69	25	101	58	133	28	162	29
12	11	1	39	33	70	29	103	3	134	29	163	25
13	11	57	40	32	71	33	104	8	135	29	164	21
14	12	52	41	31	72	38	105	13	136	29	165	17
15	13	48	42	31	73	43	106	17	137	29	166	12
16	14	43	43	31	74	47	107	22	138	29	167	8
17	15	39	44	31	75	52	108	27	139	28	168	3
18	16	35	45	31	76	57	109	31	140	27	168	59
19	17	31	46	32	78	2	110	35	141	26	169	54
20	18	27	47	33	79	7	111	39	142	25	170	49
21	19	23	48	33	80	12	112	43	143	24	171	45
22	20	19	49	34	81	17	113	47	144	23	172	40
23	21	15	50	35	82	22	114	51	145	21	173	35
24	22	12	51	36	83	27	115	54	146	20	174	30
25	23	9	52	38	84	33	116	57	147	18	175	25
26	24	6	53	40	85	38	118	0	148	16	176	20
27	25	3	54	42	86	43	119	3	149	14	177	15
28	26	0	55	44	87	48	120	6	150	11	178	10
29	26	57	56	46	88	54	121	9	151	9	179	5
30	27	54	57	48	90	0	122	12	152	6	180	0

S iij

TABLE DES ASCENSIONS DROITES.

Sig	♎		♏		♐		♑		♒		♓	
Deg	0	'	0	'	0	'	0	'	0	'	0	'
1	180	55	208	51	238	51	271	6	303	14	333	3
2	181	50	209	49	239	54	272	12	304	16	334	0
3	182	45	210	46	240	57	273	17	305	18	334	57
4	183	40	211	44	242	0	274	22	306	20	335	54
5	184	35	212	42	243	3	275	27	307	22	336	52
6	185	30	213	40	244	6	276	33	308	24	337	48
7	186	25	214	39	245	9	277	38	309	25	338	45
8	187	20	215	37	246	13	278	43	310	26	339	41
9	188	15	216	36	247	17	279	48	311	27	340	37
10	189	11	217	35	248	21	280	53	312	27	341	33
11	190	6	218	34	249	25	281	58	313	28	342	29
12	191	1	219	33	250	29	283	3	314	29	343	25
13	191	57	220	32	251	33	284	8	315	29	344	21
14	192	52	221	31	252	38	285	13	316	29	345	17
15	193	48	222	31	253	43	286	17	317	29	346	12
16	194	43	223	31	254	47	287	22	318	29	347	8
17	195	39	224	31	255	52	288	27	319	28	348	3
18	196	35	225	31	256	57	289	31	320	27	348	59
19	197	31	226	32	258	2	290	35	321	26	349	54
20	198	27	227	33	259	7	291	39	322	25	350	49
21	199	23	228	33	260	12	292	43	323	24	351	45
22	200	19	229	34	261	17	283	47	324	23	352	40
23	201	15	230	35	262	22	294	51	325	21	353	35
24	202	12	231	36	263	27	295	54	326	20	354	30
25	203	9	232	38	264	33	296	57	327	18	355	25
26	204	6	233	40	265	38	298	0	328	16	356	20
27	205	3	234	42	266	43	299	3	329	14	357	15
28	206	0	235	44	267	48	300	6	330	11	358	10
29	206	57	236	46	268	54	301	9	331	9	359	5
30	207	54	237	48	270	0	302	12	332	6	360	0

TABLE DES ANGLES DE L'ECLIPTIQVE
ET DV MERIDIEN.

Signes.	♈ ♎		♉ ♏		♊ ♐		
Deg.	Deg.	Min.	Deg.	Minut.	Deg.	Minut.	Deg.
1	66	30	69	33	78	6	29
2	66	31	69	45	78	28	28
3	66	32	69	57	78	50	27
4	66	33	70	16	79	13	26
5	66	35	70	23	79	35	25
6	66	37	70	37	79	58	24
7	66	40	70	51	80	21	23
8	66	42	71	5	80	44	22
9	66	46	71	20	81	8	21
10	66	49	71	35	81	32	20
11	66	53	71	50	81	56	19
12	66	57	72	6	82	20	18
13	67	2	72	22	82	45	17
14	67	6	72	38	83	10	16
15	67	13	72	55	83	35	15
16	67	19	73	12	84	0	14
17	67	26	73	29	84	25	13
18	67	33	73	47	84	50	12
19	67	40	74	5	85	15	11
20	67	47	74	23	85	40	10
21	67	55	74	42	86	6	9
22	68	3	75	1	86	32	8
23	68	11	75	20	86	58	7
24	68	20	75	40	87	24	6
25	68	30	76	0	87	50	5
26	68	40	76	20	88	16	4
27	68	50	76	41	88	42	3
28	69	0	77	2	89	8	2
29	69	11	77	23	89	34	1
30	69	22	77	44	90	0	0
Signes.	♓ ♍		♒ ♌		♑ ♋		Deg.

TABLE DE LA DECLINAISON
DV SOLEIL.

Signes.	♈ ♎		♉ ♍		♊ ♐		
Deg.	Deg.	Min.	Deg.	Minut.	Deg.	Minut.	Deg.
0	0	0	11	30	20	12	30
1	0	24	11	51	20	25	29
2	0	48	12	12	20	37	28
3	1	12	12	33	20	49	27
4	1	36	12	53	21	0	26
5	2	0	13	13	21	11	25
6	2	23	13	33	21	22	24
7	2	47	13	53	21	32	23
8	3	11	14	13	21	42	22
9	3	35	14	32	21	51	21
10	3	58	14	51	22	0	20
11	4	22	15	10	22	9	19
12	4	45	15	28	22	17	18
13	5	9	15	47	22	25	17
14	5	32	16	5	22	32	16
15	5	55	16	23	22	39	15
16	6	19	16	40	22	46	14
17	6	42	16	57	22	52	13
18	7	4	17	14	22	57	12
19	7	28	17	31	23	3	11
20	7	50	17	47	23	7	10
21	8	13	18	3	23	12	9
22	8	35	18	19	23	15	8
23	8	58	18	34	23	19	7
24	9	20	18	49	23	23	6
25	9	42	19	4	23	25	5
26	10	4	19	18	23	27	4
27	10	26	19	32	23	28	3
28	10	47	19	46	23	29	2
29	11	9	19	59	23	30	1
30	11	30	20	12	23	30	0
Signes.	♓ np		≈ Ω		♑ ♋		Deg.

FIN DES TABLES.

www.ingramcontent.com/pod-product-compliance
Lightning Source LLC
Chambersburg PA
CBHW060424200326
41518CB00009B/1481